財務報表分析

（第二版）

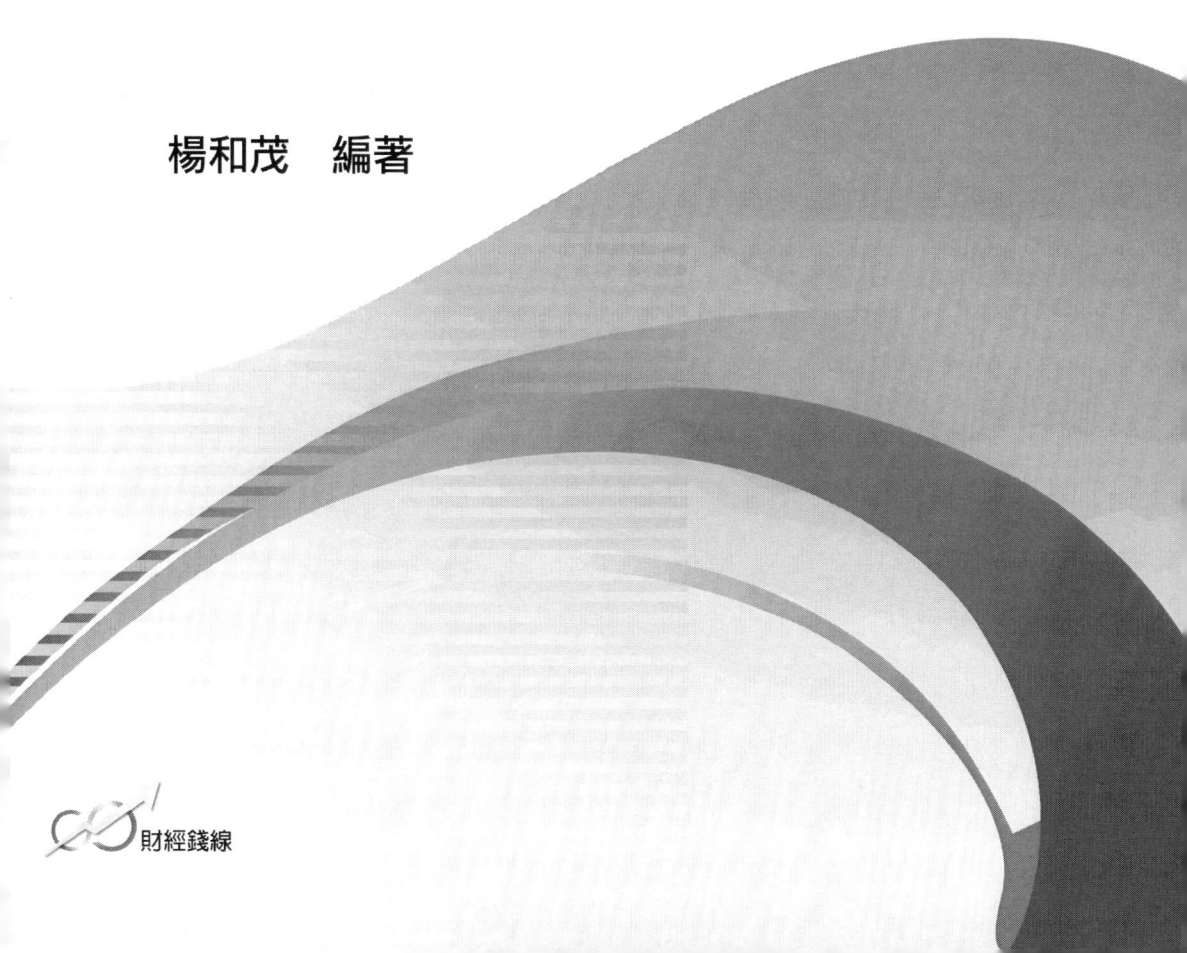

楊和茂　編著

前 言

　　財務報表分析是會計學與財務管理專業的一門必修課，它是在學習財務會計等專業課程之後學習和重點掌握的一門課程。通過本課程的學習，要求學生不僅要掌握財務報表分析的基本理論與方法，更重要的是能夠對企業財務報告進行分析與評價。換言之，通過以前課程的學習，學生已站在會計信息提供者——主要是會計人員的角度，掌握了如何編製和提供財務報表，通過本課程的學習，應當掌握如何站在會計信息使用者的角度使用財務報表，從而恰當地利用會計信息。

　　本書在編寫的過程中盡量考慮到財務報表分析教學的具體情況，全面系統地論述了財務報表分析的基本原理、基本程序和基本方法。具體內容分為十四章。為配合教學的需要，每章後均附有復習題，正文中則穿插了大量案例，全面介紹了各個章節的要點。

　　本書在編寫過程中力求突出以下幾個特點：①內容新穎。市面上財務報表分析相關教材不少，但根據最新的會計準則及相關法規編寫的內容新穎、符合時代發展潮流的教材比較匱乏。2014 年在原《企業會計準則》基礎上進行修訂，補充頒布了新的企業會計準則體系，這一系列法律、規範的變化，亟需對以往的會計教材進行修訂。作為對財務會計信息進一步加工和利用的財務報表分析，自然也不例外。本書就是在這樣的一個背景下編寫，本書最大的特色就在於完全按照新的會計準則體系及相關法律、法規編寫，避免了教學與實務的脫節。②視角獨特。本書認為，應從多角度出發，對財務報表進行全面的解讀與分析，並且，對財務報表的分析是首先從閱讀財務報表入手，然後再展開專項分析，最後再進行綜合分析與評價的過程。為此，本書在內容安排上不僅包括了一般的償債能力分析、獲利能力分析等財務比率分析，同時也重點介紹了資產負債表、利潤表、現金流量表等基本財務報表的解讀與分析要點，並大幅介紹了財務報表分析的結構性、橫向、縱向、生命週期、綜合分析、質量分析等多層次、多角度的分析。這種

多角度、全過程的分析有助於讀者從不同側面對財務報表進行較為系統、全面的研究，有利於提高學生分析和解決問題的能力。

在本書編寫過程中，參考了大量的國內外相關著作、教材和文獻資料，吸收和借鑑了同行的相關成果，謹向有關作者表示深深的感謝！當然，由於時間倉促，作者水平有限，書中錯誤或遺漏之處在所難免，敬請廣大讀者批評指正。

編者：楊和茂

教學建議

● 教學目的

　　財務報表分析是會計專業、財務管理專業本科生開設的專業必修或專業選修課。這門學科在會計學和財務管理的基礎上，吸收了管理學、價值評估、金融學等相關學科的研究成果，已經發展成一門獨立的、綜合性和應用性很強的學科。主要介紹和分析財務報表的基本思路、方法、程序及影響因素，既從財務報表本身也從財務報表外部等多角度進行綜合分析和評估。鑒於此，本課程教學目的在於：通過本課程的學習，使學生掌握財務報表分析的方法與程序，並從多角度進行財務報表的全面評價。教師通過講授這門課程，努力做到讓學生瞭解理論是永恆的、理論的運用是靈活的，在此基礎上，引導學生綜合運用基本理論與方法，解決管理中的實際問題。

● 前期需要掌握的知識

會計學、管理會計、財務管理、管理學等課程相關知識。

● 課時分佈建議

教學內容	學習要點	課時安排 本科生	課時安排 研究生	案例使用建議
第1章 財務報表分析概述	（1）瞭解財務報表分析的內涵 （2）瞭解財務報表分析的歷史、定義和目標 （3）瞭解財務報表分析的方法 （4）瞭解財務報表分析的評價標準 （5）瞭解財務報表分析的局限性	1	2	結合本章案例、圖表進行分析和討論
第2章 財務報表分析的依據與程序	（1）瞭解財務報表分析的依據 （2）瞭解財務報表分析資料之間的關係 （3）瞭解財務報表分析的程序	1	2	結合本章知識，分析和討論財務報表分析程序的合理性
第3章 資產負債表解讀與分析	（1）瞭解資產負債表的性質和作用 （2）瞭解資產項目的解讀與分析 （3）瞭解負債項目的解讀與分析	2	2	結合本章知識，分析和討論資產負債表的解讀方法是否正確
第4章 利潤表與所有者權益變動表解讀	（1）瞭解利潤表的性質和作用 （2）瞭解利潤表的項目解讀 （3）瞭解所有者權益變動表的解讀與分析	2	2	結合本章知識，分析和討論利潤表和所有者權益變動表的解讀方法是否正確

表(續)

教學內容	學習要點	課時安排 本科生	課時安排 研究生	案例使用建議
第5章 現金流量表解讀	(1) 瞭解現金流量表的概念和作用 (2) 瞭解現金流量表總量分析 (3) 瞭解現金流量表重要項目的解讀和分析 (4) 瞭解現金流量表補充資料分析	2	2	結合本章知識，分析和討論現金流量表的解讀方法是否正確
第6章 會計報表附註與合併財務報表解讀	(1) 瞭解會計報表附註的作用 (2) 瞭解會計報表附注重要項目的解讀和分析 (3) 瞭解合併財務報表的解讀 (4) 瞭解合併財務報表的局限性	1	1	結合本章知識，分析和討論會計報表附註的重要性和其他缺陷
第7章 償債能力分析	(1) 瞭解償債能力分析的意義 (2) 瞭解短期償債能力分析 (3) 瞭解長期償債能力分析	2	2	結合本章知識，分析償債能力是否科學
第8章 獲利能力分析	(1) 瞭解獲利能力分析的意義 (2) 瞭解資產獲利能力分析 (3) 瞭解投資者獲利能力分析	2	2	結合本章知識，分析獲利能力是否科學
第9章 獲現能力分析	(1) 瞭解獲現能力分析的意義 (2) 瞭解現金流量的財務比率分析 (3) 瞭解現金流量比率分析的問題	2	2	結合本章知識，分析獲現能力分析是否科學
第10章 資產運用效率分析	(1) 瞭解資產運用效率分析的意義 (2) 瞭解資產運用效率指標分析 (3) 瞭解影響資產週轉率的因素	4	4	結合本章知識，分析資產運用效率分析是否科學
第11章 財務報表的結構性分析	(1) 瞭解財務報表結構性分析的意義 (2) 瞭解資產負債表的結構性分析 (3) 瞭解利潤表的結構性分析 (4) 瞭解現金流量表的結構性分析	4	4	結合本章知識，分析對財務報表結構性分析的意義和作用
第12章 財務報表綜合分析	(1) 瞭解財務報表綜合分析的意義 (2) 瞭解財務報表各種綜合分析的方法	2	3	結合本章知識，對財務報表綜合分析的各種方法進行補充和評價
第13章 企業可持續性盈利分析	(1) 瞭解企業可持續性盈利分析的意義 (2) 瞭解企業可持續性盈利分析的各種方法	1	1	結合本章知識對企業可持續性盈利分析的缺點與優點進行分析
第14章 財務報表的「生命週期」分析	(1) 瞭解生命週期分析對財務報表分析的意義 (2) 瞭解財務報表的生命週期分析	2	2	結合本章知識對生命週期的財務報表分析進行補充和評價
課時總計		28	31	

目 錄

1 財務報表分析概述 ··· (1)
  1.1 財務報表分析的內涵 ·· (1)
    1.1.1 財務報表分析的歷史 ·· (1)
    1.1.2 財務報表分析的定義 ·· (3)
    1.1.3 財務報表分析者的類別 ···································· (4)
    1.1.4 財務報表分析、預計分析和基本分析 ················ (5)
    1.1.5 財務報表分析與其他相關學科的關聯與區別 ······ (5)
  1.2 財務報表分析的評價標準依據 ·································· (7)
    1.2.1 經驗標準依據 ·· (7)
    1.2.2 歷史標準依據 ·· (8)
    1.2.3 行業標準依據 ·· (8)
    1.2.4 預算標準依據 ·· (8)
  1.3 財務報表分析的評價方法類型 ·································· (9)
    1.3.1 比較分析法 ··· (9)
    1.3.2 比率分析法 ··· (10)
    1.3.3 因素分析法 ··· (11)
  1.4 財務報表的局限性分析 ··· (12)
    1.4.1 財務報表分析的局限性 ·································· (12)
    1.4.2 財務報表分析的調整 ···································· (13)
  本章小結 ·· (14)
  復習題 ··· (15)

2 財務報表分析的依據與程序 ·· (16)
  2.1 財務報表分析的其他資料類型 ································ (16)
    2.1.1 相關政策和法律規範文件資料 ······················· (16)
    2.1.2 市場信息情報資料 ··· (16)
    2.1.3 行業信息資料 ·· (16)
    2.1.4 獨立審計報告資料 ··· (17)
  2.2 財務報表分析資料之間的關係 ································ (18)

2.2.1　基本財務報表之間的關係 …………………………………（18）
　　　2.2.2　基本財務報表與會計報表附註之間的關係 …………………（19）
　　　2.2.3　財務報表與其他資料之間的關係 ……………………………（20）
　　　2.2.4　其他資料之間的關係 …………………………………………（20）
　2.3　財務報表分析的基本程序 ……………………………………………（20）
　　　2.3.1　明確分析目的，制訂分析工作方案 …………………………（21）
　　　2.3.2　收集、整理和核實資料 ………………………………………（22）
　　　2.3.3　選擇適宜的分析方法，進行分析工作 ………………………（22）
　　　2.3.4　編寫財務分析報告 ……………………………………………（22）
　本章小結 ………………………………………………………………………（22）
　復習題 …………………………………………………………………………（23）

3　資產負債表解讀與分析 …………………………………………………（24）

　3.1　企業活動與資產負債表分析 …………………………………………（24）
　3.2　資產負債表在會計信息中的性質與作用 ……………………………（25）
　　　3.2.1　資產負債表的性質 ……………………………………………（25）
　　　3.2.2　資產負債表對會計信息的作用 ………………………………（25）
　3.3　資產負債表格式與會計信息的重要性分析 …………………………（27）
　　　3.3.1　資產負債表的格式類型 ………………………………………（27）
　　　3.3.2　按會計信息重要性設計資產負債表的格式 …………………（27）
　3.4　資產負債表的局限性分析 ……………………………………………（28）
　　　3.4.1　資產負債表反應財務狀況的局限性分析 ……………………（28）
　　　3.4.2　資產負債表的「非量化」性分析 ……………………………（28）
　　　3.4.3　資產負債表的主觀性分析 ……………………………………（28）
　　　3.4.4　資產負債表的間接性分析 ……………………………………（29）
　3.5　資產項目的解讀與分析 ………………………………………………（29）
　　　3.5.1　資產項目解讀與分析的現實意義 ……………………………（29）
　　　3.5.2　資產項目解讀與分析的基本步驟 ……………………………（30）
　　　3.5.3　總資產項目的解讀與分析 ……………………………………（32）
　　　3.5.4　流動資產項目的解讀與分析 …………………………………（33）
　　　3.5.5　非流動資產項目的解讀與分析 ………………………………（44）
　3.6　負債項目的解讀與分析 ………………………………………………（54）
　　　3.6.1　負債項目的解讀和分析的現實意義 …………………………（54）

3.6.2　負債項目解讀與分析的基本步驟 ……………………… (55)
　　　3.6.3　流動負債項目的解讀與分析 …………………………… (56)
　　　3.6.4　非流動負債項目的解讀與分析 ………………………… (63)
　3.7　所有者權益項目的解讀與分析 ………………………………… (69)
　　　3.7.1　所有者權益項目的分析程序 …………………………… (69)
　　　3.7.2　所有者權益項目的解讀與分析 ………………………… (70)
本章閱讀資料 …………………………………………………………… (74)
本章小結 ………………………………………………………………… (75)
復習題 …………………………………………………………………… (76)

4　利潤表和所有者權益變動表解讀與分析 ………………………… (77)
　4.1　企業活動與利潤表分析 ………………………………………… (77)
　4.2　利潤表在會計信息中的性質與作用 …………………………… (78)
　　　4.2.1　利潤表的性質 ……………………………………………… (78)
　　　4.2.2　利潤表對會計信息的作用 ………………………………… (78)
　4.3　利潤表格式與會計信息的重要性分析 ………………………… (79)
　　　4.3.1　利潤表的格式類型 ………………………………………… (80)
　　　4.3.1　按會計信息重要性設計利潤表的格式 …………………… (80)
　4.4　利潤表的局限性分析 …………………………………………… (80)
　　　4.4.1　利潤表反應盈利狀況的局限性分析 ……………………… (81)
　　　4.4.2　利潤表的「非量化」性分析 ……………………………… (81)
　　　4.4.3　利潤表的「主觀性」解讀與分析 ………………………… (81)
　　　4.4.4　利潤表的「間接性」解讀與分析 ………………………… (81)
　4.5　利潤表的解讀與分析 …………………………………………… (82)
　　　4.5.1　利潤表解讀與分析的基本程序 …………………………… (82)
　　　4.5.2　利潤表中各種收益項目關係分析 ………………………… (82)
　　　4.5.3　利潤表的重點項目的解讀與分析 ………………………… (86)
　4.6　所有者權益變動表的解讀與分析 ……………………………… (100)
　　　4.6.1　所有者權益變動表的重要性分析 ………………………… (100)
　　　4.6.2　所有者權益變動表的性質與作用 ………………………… (100)
　　　4.6.3　所有者權益變動表對會計信息的作用 …………………… (100)
　　　4.6.4　所有者權益變動表的格式類型 …………………………… (101)
　　　4.6.5　所有者權益變動表的局限性分析 ………………………… (103)

4.6.6　所有者權益變動表反應所有者權益變動的真實狀況……………（103）
　　　4.6.7　所有者權益變動表的「非量化」性分析……………………（103）
　　　4.6.8　所有者權益變動表的解讀與分析要點………………………（104）
　本章閱讀資料……………………………………………………………（104）
　本章小結…………………………………………………………………（105）
　復習題……………………………………………………………………（106）

5　現金流量表的解讀與分析……………………………………………（107）
　5.1　企業活動與現金流量表關係分析……………………………………（107）
　5.2　現金流量表對會計信息的重要作用…………………………………（108）
　　　5.2.1　便於管理者判斷企業的日常管理是否能延續……………（108）
　　　5.2.2　便於外部投資人和債權人對企業的償債能力作出判斷…（108）
　　　5.2.3　有利於分析和評價企業各項業務活動的有效性…………（108）
　　　5.2.4　能夠客觀評價企業未來的「獲現能力」…………………（109）
　　　5.2.5　有助於分析企業的收益質量………………………………（109）
　　　5.2.6　能幫助報表使用者瞭解企業的財務風險…………………（109）
　　　5.2.7　能幫助報表使用者判斷企業的財務實力…………………（109）
　5.3　現金流量表的格式類型及結構特徵…………………………………（109）
　　　5.3.1　現金流量表的格式類型……………………………………（109）
　　　5.3.2　按會計信息重要性設計現金流量表的格式………………（111）
　5.4　現金流量表的局限性分析……………………………………………（112）
　　　5.4.1　現金流量表本身及編製的局限性分析……………………（112）
　　　5.4.2　現金流量表的「非量化」性分析…………………………（112）
　5.5　現金流量表的解讀與分析……………………………………………（113）
　　　5.5.1　現金流量表的解讀與分析基本程序………………………（113）
　　　5.5.2　現金流量總量的解讀與分析………………………………（113）
　　　5.5.3　現金流量表重要項目解讀與分析…………………………（122）
　　　5.5.4　現金流量表補充資料的解讀與分析………………………（137）
　本章閱讀資料……………………………………………………………（144）
　本章小結…………………………………………………………………（146）
　復習題……………………………………………………………………（147）

4

6 會計報表附註和合併財務報表解讀與分析 (148)
6.1 會計報表附註解讀與分析 (148)
6.1.1 會計報表附註的作用 (148)
6.1.2 會計報表附註的內容 (150)
6.1.3 會計報表附注重點項目的解讀與分析 (153)
6.2 合併財務報表解讀與分析 (158)
6.2.1 合併財務報表對會計信息的作用 (158)
6.2.2 合併財務報表的基本特徵分析 (159)
6.2.3 合併財務報表解讀與分析要點 (159)
6.2.4 合併財務報表的局限性分析 (164)
本章小結 (165)
復習題 (166)

7 償債能力的解讀與分析 (167)
7.1 償債能力解讀與分析的現實意義 (167)
7.1.1 有利於債權人判斷其債權收回的保障程度 (167)
7.1.2 有利於投資者進行投資決策 (168)
7.1.3 有利於經營者優化融資結構、降低融資成本 (168)
7.1.4 有利於政府宏觀機構進行宏觀經濟管理 (168)
7.1.5 有利於經營關聯企業開展業務往來 (168)
7.2 短期償債能力的解讀與分析 (168)
7.2.1 營運資本的解讀與分析 (169)
7.2.2 流動比率的解讀與分析 (172)
7.2.3 速動比率的解讀與分析 (174)
7.2.4 現金比率的解讀與分析 (176)
7.2.5 影響短期償債能力的因素 (177)
7.3 長期償債能力的解讀與分析 (178)
7.3.1 資產負債率的解讀與分析 (179)
7.3.2 產權比率的解讀與分析 (182)
7.3.3 有形淨值債務率的解讀與分析 (184)
7.3.4 利息保障倍數的解讀與分析 (185)
7.3.5 非流動負債與營運資本比率的解讀與分析 (187)

7.3.6　影響長期償債能力的其他因素 …………………………………………（188）
　本章小結 ………………………………………………………………………………（189）
　復習題 …………………………………………………………………………………（189）

8　獲利能力的解讀與分析 ……………………………………………………（192）
　8.1　獲利能力解讀與分析的意義 ……………………………………………………（192）
　　　8.1.1　有利於投資者進行投資決策 …………………………………………（192）
　　　8.1.2　有利於債權人衡量投入資金的安全程度 ……………………………（192）
　　　8.1.3　有利於政府職能機構履行社會職責 …………………………………（193）
　　　8.1.4　有利於企業職工判斷職業的穩定性 …………………………………（193）
　　　8.1.5　有利於企業經營者提高管理能力 ……………………………………（193）
　8.2　銷售獲利能力的解讀與分析 ……………………………………………………（193）
　　　8.2.1　銷售毛利率的解讀與分析 ……………………………………………（193）
　　　8.2.2　營業利潤率的解讀與分析 ……………………………………………（194）
　　　8.2.3　銷售利潤率的解讀與分析 ……………………………………………（196）
　8.3　資產獲利能力的解讀分析 ………………………………………………………（198）
　　　8.3.1　總資產報酬率的解讀與分析 …………………………………………（198）
　　　8.3.2　長期資本收益率的解讀與分析 ………………………………………（199）
　8.4　投資者獲利能力的解讀與分析 …………………………………………………（201）
　　　8.4.1　淨資產收益率的解讀與分析 …………………………………………（201）
　　　8.4.2　每股收益的解讀與分析 ………………………………………………（202）
　　　8.4.3　每股淨資產的解讀與分析 ……………………………………………（205）
　　　8.4.4　市盈率的解讀與分析 …………………………………………………（206）
　　　8.4.5　市淨率的解讀與分析 …………………………………………………（208）
　　　8.4.6　股利支付率的解讀與分析 ……………………………………………（209）
　本章小結 ………………………………………………………………………………（210）
　復習題 …………………………………………………………………………………（211）

9　獲現能力的解讀與分析 ……………………………………………………（213）
　9.1　獲現能力的解讀與分析的意義 …………………………………………………（213）
　　　9.1.1　有助於評價企業創造淨現金流量的能力 ……………………………（213）
　　　9.1.2　有助於評價企業的償債能力和現金支付能力 ………………………（213）

9.1.3　有助於防止企業未來的財務風險 ·················· (213)
　9.2　現金流量的財務比率的解讀與分析 ····················· (214)
　　　9.2.1　現金償債能力的解讀與分析 ····················· (214)
　　　9.2.2　獲現能力的解讀分析 ··························· (217)
　　　9.2.3　財務彈性的解讀分析 ··························· (220)
　　　9.2.4　現金流量比率解讀與分析應注意的問題 ·········· (221)
　本章小結 ··· (222)
　復習題 ··· (222)

10　資產運用效率的解讀與分析 ··································· (223)
　10.1　資產運用效率的解讀與分析的意義 ····················· (223)
　　　10.1.1　有利於企業管理層改善經營管理 ················ (223)
　　　10.1.2　有助於投資者進行投資決策 ····················· (223)
　　　10.1.3　有助於債權人進行信貸決策 ····················· (224)
　　　10.1.4　有助於政府管理機構進行宏觀決策 ·············· (224)
　10.2　資產運用效率指標的解讀與分析 ······················· (225)
　　　10.2.1　總資產週轉率的解讀與分析 ····················· (225)
　　　10.2.2　流動資產週轉率的解讀與分析 ·················· (227)
　　　10.2.3　固定資產週轉率的解讀與分析 ·················· (228)
　　　10.2.4　應收帳款週轉率的解讀與分析 ·················· (229)
　　　10.2.5　存貨週轉率的解讀與分析 ······················· (232)
　　　10.2.6　營業週期的解讀與分析 ························· (233)
　　　10.2.7　影響資產週轉率的因素分析 ····················· (234)
　本章小結 ··· (235)
　復習題 ··· (236)

11　財務報表的結構性分析 ······································· (237)
　11.1　資產負債表的資本結構的分析 ·························· (237)
　　　11.1.1　資產負債表的資本結構的含義 ·················· (237)
　　　11.1.2　最佳資本結構的影響因素 ······················· (237)
　　　11.1.3　資本結構的具體分析 ··························· (239)
　11.2　負債結構的具體分析 ····································· (242)

  11.2.1　流動負債結構變動分析 ……………………………………(242)
  11.2.2　非流動負債結構的變動分析 …………………………………(243)
  11.2.3　總負債結構的變動分析 ………………………………………(244)
 11.3　所有者權益結構變動分析 …………………………………………(245)
  11.3.1　所有者權益結構變動分析 ……………………………………(245)
  11.3.2　負債與所有者權益結構變動分析 ……………………………(246)
 11.4　利潤表的結構變動分析 ……………………………………………(247)
  11.4.1　營業毛利的結構分析 …………………………………………(247)
  11.4.2　營業利潤的結構分析 …………………………………………(248)
  11.4.3　利潤總額的結構分析 …………………………………………(249)
 11.5　現金流量表的結構分析 ……………………………………………(249)
  11.5.1　經營活動現金流量的結構性分析 ……………………………(250)
  11.5.2　投資活動現金流量的結構性分析 ……………………………(252)
  11.5.3　籌資活動現金流量的結構性分析 ……………………………(254)
 11.6　總現金流量的結構性分析 …………………………………………(256)
  11.6.1　總現金流入結構分析 …………………………………………(256)
  11.6.2　總現金流出結構分析 …………………………………………(257)
 本章小結 ………………………………………………………………………(257)
 復習題 …………………………………………………………………………(258)

12　財務報表綜合分析 ……………………………………………………(259)
 12.1　財務報表綜合分析的意義與特徵 …………………………………(259)
  12.1.1　財務報表綜合分析的內涵與特徵 ……………………………(259)
  12.1.2　財務報表綜合分析的意義 ……………………………………(260)
  12.1.3　財務報表綜合分析的依據和方法 ……………………………(260)
 12.2　沃爾評分法 …………………………………………………………(261)
  12.2.1　沃爾評分法的含義 ……………………………………………(261)
  12.2.2　沃爾評分法的評價 ……………………………………………(261)
 12.3　杜邦分析法 …………………………………………………………(262)
  12.3.1　杜邦分析法的含義和特點 ……………………………………(262)
  12.3.2　杜邦財務分析體系 ……………………………………………(262)
  12.3.3　杜邦分析法的作用 ……………………………………………(264)
 12.4　經濟增加值評價法 …………………………………………………(265)

12.4.1　經濟增加值的內涵 ……………………………………………（265）
　　12.4.2　經濟增加值的局限性 …………………………………………（267）
12.5　平衡計分卡評價方法 …………………………………………………（268）
　　12.5.1　平衡計分卡 ……………………………………………………（268）
12.6　綜合評分法的評價方法 ………………………………………………（271）
　　12.6.1　綜合評分法的意義 ……………………………………………（271）
12.7　財務預警分析評價法 …………………………………………………（272）
　　12.7.1　財務預警分析的意義 …………………………………………（272）
　　12.7.2　一元判定模型 …………………………………………………（272）
　　12.7.3　多元線性判定模型 ……………………………………………（273）
12.8　「四尺度」評價法 ……………………………………………………（274）
　　12.8.1　質量尺度 ………………………………………………………（274）
　　12.8.2　作業時間尺度 …………………………………………………（274）
　　12.8.3　資源利用尺度 …………………………………………………（274）
　　12.8.4　人力資源尺度 …………………………………………………（274）
12.9　「雷達圖」分析法 ……………………………………………………（275）
　　12.9.1　「雷達圖」分析法概述 ………………………………………（275）
　　12.9.2　「雷達圖」分析法的分析步驟 ………………………………（275）
本章小結 ………………………………………………………………………（276）
復習題 …………………………………………………………………………（277）

13　**企業可持續性盈利分析** …………………………………………………（278）
13.1　企業可持續性盈利分析的目的 ………………………………………（278）
　　13.1.1　企業可持續發展能力的含義 …………………………………（278）
　　13.1.2　企業可持續性發展能力分析的目的 …………………………（278）
　　13.1.3　影響企業可持續性盈利的主要因素分析 ……………………（279）
13.2　企業可持續盈利能力分析 ……………………………………………（280）
　　13.2.1　商譽競爭力分析法 ……………………………………………（280）
　　13.2.2　人才競爭力分析法 ……………………………………………（281）
　　13.2.3　產品競爭力分析法 ……………………………………………（282）
13.3　增長率分析法 …………………………………………………………（283）
　　12.3.1　內含增長率分析法 ……………………………………………（283）
　　13.3.2　可持續增長率分析法 …………………………………………（283）

9

13.4 市值比率分析法 ……………………………………………… (284)
　　13.4.1 市值/面值比率法 ……………………………………… (284)
　　13.4.2 托賓Q比率分析法 …………………………………… (285)
本章小結 ……………………………………………………………… (285)
復習題 ………………………………………………………………… (286)

14 財務報表的「生命週期」分析 …………………………………… (287)
14.1 財務報表的「生命週期」分析含義 ……………………………… (287)
14.2 財務報表的「生命週期」分析的作用 …………………………… (287)
　　14.2.1 為報表分析者提供客觀事實依據 …………………… (287)
　　14.2.2 為決策者提供決策依據 ……………………………… (287)
14.3 企業生命週期概述 ……………………………………………… (288)
　　14.3.1 企業「生命週期」含義 ……………………………… (288)
　　14.3.2 企業生命週期的現實意義 …………………………… (288)
14.4 財務報表的「生命週期」分析 ………………………………… (288)
　　14.4.1 財務報表的創業期分析 ……………………………… (289)
　　14.4.2 財務報表的成長期分析 ……………………………… (290)
　　14.4.3 財務報表的震盪期分析 ……………………………… (290)
　　14.4.4 財務報表的成熟期分析 ……………………………… (291)
　　14.4.5 財務報表的衰退期分析 ……………………………… (292)
本章小結 ……………………………………………………………… (293)
復習題 ………………………………………………………………… (293)

1 財務報表分析概述

　　財務報表是會計人員根據會計準則編製的，可以通過會計課程學習這些會計準則。然而，在會計課程上對財務報表的解釋通常是從如何利用會計準則編製財務報表的角度出發的，而並非是如何從財務報表中找出關於企業營運決策等信息的角度出發的。因此，這本書的目的之一就是將會計課程和財務課程的知識結合起來。

　　財務報表是反應商業活動的透視鏡，財務報表分析便是通過對透視鏡的校準使得商業活動匯聚焦點。這樣，財務報表上的瑕疵會使透視鏡蒙上灰塵從而導致焦點不清晰。因此，財務報表分析的目的就是去除這些瑕疵或灰塵以調整焦點。

　　所謂財務報表分析是指報表使用者，即企業投資人、企業債權人、潛在投資人、政府機關、金融機構及職員等主體充分利用財務報表所反應的企業經營成果與營運狀況信息，形成某種分析結果，並使之成為各種經濟決策（如投資決策、融資決策、擴張或縮減規模等決策類型）和營運管理決策的重要依據之一。正是基於這種目標，則有必要使得學生能夠系統瞭解財務報表分析的內容與本質。本章主要介紹財務報表分析的含義、目的、基本程序、依據以及基本方法，同時也初步介紹了財務報表的預計分析和基本分析兩種基於財務報表分析的新分析方法。

1.1　財務報表分析的內涵

1.1.1　財務報表分析的歷史

　　瞭解一門學科的歷史有助於加深對該學科的理解。因此，在介紹財務報表分析的內涵之前，應首先對財務報表分析的歷史作簡要回顧。

1.1.1.1　為貸款銀行服務的信用分析

　　最早的財務報表分析，主要是為銀行服務的信用分析。一般認為，財務報表分析產生於19世紀末20世紀初，最初由美國的銀行家所倡導。美國南北戰爭之後，出現了修建鐵路的高潮，經濟一度繁榮，但不久後便發生了週期性經濟危機。許多企業陷入困境，瀕臨破產，紛紛向銀行申請貸款以維持生存。於是，借貸資本在企業資本中的比重不斷增加。銀行需要對貸款企業進行信用分析，以便決定是否批准一筆貸款，並且在批准後保持對該貸款的控制。最初，銀行主要以企業經營者個人信用作為分析判斷的基礎。但是，隨著經濟的高度發展、生產技術的日益複雜和企業規模的不斷擴大，經營者的個人信用已逐漸失去意義，銀行對企業財務狀況的分析主要集中到企業經營

是否穩定上來。銀行要求企業提供財務報表，以判斷其是否有充分的償還能力。於是，信用分析就成為早期財務報表分析的主要目的及內容。

　　信用分析，就是分析借款企業能否按期清償通過銀行信用和商業信用取得的貸款。銀行能否按期收回貸款，主要取決於借款企業是否具有償債能力，以及是否願意維持良好的信譽。評價償債能力主要是看企業債務的多少及可用於償債的資產的多少和資產流動性如何。假設企業負債較多，而權益資金較少，則貸款銀行不能按期收回貸款的風險較大；當企業資產的流動性較差時，即實物資產轉換成現金需要的時間較長，不容易積聚足夠的現金用以償還到期債務，則貸款銀行按期收回貸款的風險就會增加。根據上述理念，早期以信用分析為主要內容的財務報表分析，主要是側重於對財務狀況的分析、判斷。公元 1900 年，美國人托馬斯‧烏杜洛發表了《鐵道財務諸表分析》，提出了財務報表分析的基本概念。此後，在美國銀行從事貸款業務的亞歷山大‧沃爾發表了《財務報表比率分析》，提出了極具代表性的流動比率，即借貸對照表上資產部分的流動資產與負債部分的流動負債之間的比例為 2：1，即「2：1」法則，亦稱作「銀行家比率」。在此基礎上，他又繼續提出了流動比率、負債比率等，使財務報表分析技術逐漸充實完善。

1.1.1.2　為投資人服務的收益分析

　　由於銀行在財務報表分析中發揮了其特有的洞察力，對貸款企業的發展前途及其在本行業的地位與經營狀況做出了較準確的判斷，因此，銀行的分析結果不僅為銀行本身使用，同時也引起了企業其他投資股東的興趣，他們往往以銀行對企業的評價作為自己行為決策的參考。此外，企業之間進行交易往來時也很自然地借用銀行分析的結論作為對對方企業實施經營方針的依據，財務報表分析的重要作用越來越被人們認識。銀行紛紛設置經營諮詢機構，通過提供財務報表分析資料和其他調查資料為企業及其他有關單位或個人的經營決策進行諮詢服務和業務方面的指導。財務報表分析的內容也不再僅僅局限於信用分析，還逐漸向其他領域拓展。資本市場形成後，形成了收益分析，財務報表分析也擴展到為投資人服務。

　　隨著社會籌資範圍的擴大，股權投資人增加，社會公眾進入資本市場，他們要求瞭解的信息比貸款銀行更廣泛。如果說債權人的收益是固定的，主要關心企業的風險，那麼投資人則不僅重視企業的風險，還重視企業的報酬。投資人更關心企業的收益能力、籌資結構、利潤分配等。由信用分析過渡到收益分析是一個重要的變化，此時，企業由被動地接受銀行分析過渡到主動地進行自我分析，促使財務報表分析成為一門新興的學科。收益分析的出現，使財務報告分析形成了比較完善的包括償債能力和收益能力分析的外部財務分析體系。

1.1.1.3　為企業管理層服務的營運決策分析

　　公司成長到一定階段或者公司經營一段時間之後，管理層需要洞悉企業的商業信息，便於能夠正確制定經營決策，正是管理層的這種需求，會計人員開始為管理層提供這些商業信息，從而慢慢形成了財務報表分析由專門為外部人員服務轉移到為內部管理者服務了。此時，財務報表分析的主要目的就是為企業管理層提供改善內部管理

服務所需要的信息。

　　管理層為改善收益能力和償債能力，以取得投資人和債權人的支持，進行了內部分析。內部分析不僅使用公開報表的數據，而且利用內部的數據進行分析，找出管理行為和報表數據的關係，通過改善管理來改善未來的財務報表。管理分析不僅用於評價企業，而且也用來尋找改善這些評價的線索。

　　自從財務報表分析的內部分析出現以後，內部分析和外部分析構成了較為完整的財務報表分析框架體系，如下圖1-1所示。

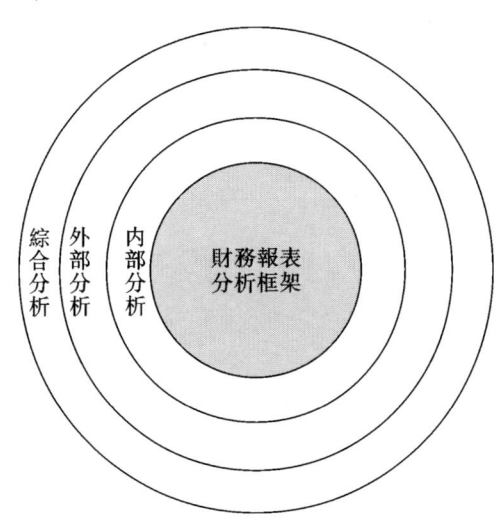

圖1-1　財務報表分析框架體系

1.1.2　財務報表分析的定義

　　關於財務報表分析的定義，美國哥倫比亞大學佩因曼（Stephen. H. Peinman）教授認為，財務報表分析的目的就是去除這些瑕疵或灰塵以調整焦點。美國南加州大學教授麥格斯（Water B. Meigs）認為，財務報表分析的本質是搜集與決策有關的各種財務信息，並加以分析與解釋的一種技術。美國紐約市立大學貝斯汀（Leopold A. Bemstein）認為，財務報表分析是一種判斷的過程，旨在評估企業現在或過去的財務狀況及經營成果，其主要目的在於對企業未來的狀況及經營業績進行最佳預測。臺灣政治大學教授洪國賜等人認為，財務報表分析以審慎選擇財務信息為起點，將其作為探討的根據；以分析信息為中心，揭示其相關性；以研究信息的相關性為手段，評核其結果。中國著名會計學家餘緒纓教授認為，財務報表分析是為滿足與企業相關利益集團的信息需要而對會計核算信息進行加工、深化的一門學科。

　　美國投資管理與研究協會（association for investment management and research, AIMR）1993年發表的由彼得·努森（Peter Knutson）教授所著的專題論文《20世紀90年代及其以後的財務報告》中曾有一段精彩的描述：「分析的功能在於使那些金融市場的參與者形成他們自己對未來經濟事項的預期，尤其是金融、時間安排及企業未

3

來現金流量的不確定性。通過這一程序，分析師們就會形成關於各個公司的絕對價值和相對價值的意見，作出或使他人作出投資決策，從而有利於資本的有效配置以及資本市場的淨化。」

綜上觀點，財務報表分析是以公開披露的財務報表所提供的信息為基礎，結合可以獲得的諸如產品市場及資本市場等與企業密切相關的各個方面的信息，全面分析企業財務狀況、預測企業未來財務前景，並據此評估企業的投資價值。

以上含義表明了財務報表分析具有以下三個具體特徵，如下圖1-2所示。

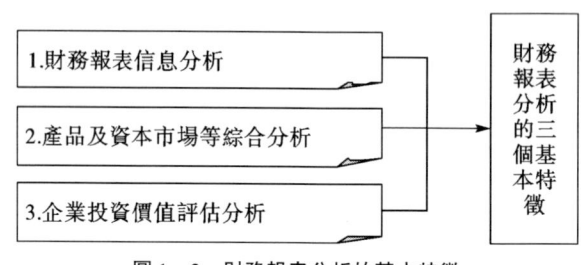

```
1.財務報表信息分析  ──┐
2.產品及資本市場等綜合分析 ──┤→ 財務報表分析的三個基本特徵
3.企業投資價值評估分析 ──┘
```

圖1-2　財務報表分析的基本特徵

1.1.2.1　財務報表分析是對會計信息的深加工

財務報表分析是在財務報表所披露會計信息的基礎上，對會計信息進行深加工，從而為財務報表使用者提供關於企業經營狀況的判斷依據。

1.1.2.2　財務報表分析是一個綜合評價過程

在財務報表分析過程中，通過對財務報表的會計信息比較分析，對經營成果進行綜合評價，從而對企業的經營活動作出判斷、評價和預測。

1.1.2.3　科學的評價標準和適用的分析方法是財務報表分析的重要手段

財務報表分析要清楚反應影響企業經營情況及其績效的原因、科學的評價標準和適用的分析方法在財務報告分析中有著重要作用。它既是分析的重要手段，也是判斷、評價和預測的基礎。

此外，財務報表主要是反應在過去一段時期內企業全部經營活動的成果或提供企業某個時點的財務狀況。財務報表僅是企業會計人員遵循會計準則進行會計處理所得出的有關信息。儘管在某些方面財務報表所提供的信息能為部分報表使用者提供各種主要信息來源，但財務報表本身所提供的會計信息並不能完全滿足使用者進行經濟決策的需要。因此，這也是我們需要進一步對財務報表進行分析的主要原因，通過進一步分析，能夠為大多數財務報表使用者提供更為完整、更為科學的信息。

1.1.3　財務報表分析者的類別

許多投資者發現選擇和管理投資不是他們的長處，因此他們求助於專業財務分析師。在任何領域，專家都是指那些能使用專業技術完成任務的人。實際上，專家把自己看成好的技術使用者。從財務報表分析者的角度看，財務報表分析者包括了外部分

析師和內部分析師兩種。

1.1.3.1　外部分析師

　　許多專業分析師是從公司外部觀察公司的內部狀況，我們稱他們為外部分析師。如，信用分析師、證券分析師、投資銀行家、投資顧問或股票經紀人等。

1.1.3.2　內部分析師

　　在公司裡，企業管理層把公司籌集的資金投資於經營性資產。經營性投資始於一個想法或戰略。這些戰略可能包括新產品開發、新渠道建設、新技術引進等。企業管理層可能有好的直覺，確信他們的想法是好主意。但他們可能會過分自信，完全相信自己的想法。像外部的直覺投資者一樣，他們需要對自己的直覺進行分析，他們與投資者（股東）之間的委託關係要求他們重視投資者的價值。他們必須評估自己的想法是否具有可行性。

　　內部分析師和外部分析師有一點不同：內部分析師擁有更多的內部信息進行工作，但內部分析師對外部的信息存在一定的缺乏。而外部分析師可以得到公司公布的財務報表以及許多補充信息，但他們一般得不到關鍵的內部信息。因此，本書更多的是從內部分析師的角度出發的，對企業的經營狀況和經營成果作出合理、科學的分析，為外部分析師提供更多的信息，而並非為外部分析師提供更多的有關價值投資、價格評估等決策參考信息。

1.1.4　財務報表分析、預計分析和基本分析

　　財務報表經常作為公司經營信息的來源，我們通常也將財務報表放在信息分析的首位，但財務報表在基本分析中還有另一個重要作用：為公司提供預測未來收益、未來現金流量、未來淨資產。因此，財務報表不僅幫助報表分析者提供公司的經營成果和經營狀況，還可以為分析者提供未來預測所需要的信息，建立預測的一種思考方式，提供一個預測框架。

　　如果我們考慮財務報表中的各個欄目：銷售收入、費用和使用的資產，就能夠更加清晰公司如何取得好的經營成果。並且，如果我們能預測完整的、詳細的財務報表，報表分析者就能預測驅動收益和現金流的各項因素，從而進行預測。

1.1.4.1　預計分析的含義

　　預測未來的財務報表就稱之為預計分析，因為這涉及給未來準備預計的財務報表。如果期望實現，預計報表就是將來要公布的財務報表。

1.1.4.2　基本分析的含義

　　由於預測是基本分析的核心，預計分析是預測的核心，因此，基本分析實際上要編製預計財務報表，並通過預計進行評估和估值。

1.1.5　財務報表分析與其他相關學科的關聯與區別

　　明確了財務報表分析的內涵和目標，還應進一步理解財務報表分析與經濟活動分

析、會計、財務管理等學科的關係。

1.1.5.1　財務報表分析與經濟活動分析的關聯與區別

經濟活動分析是指利用會計、統計、業務核算、計劃等有關資料，對一定期間的經濟活動過程及其結果進行比較、分析和研究。經濟活動分析是挖掘內部潛力，提高管理水平的工具。它與財務報表分析的相同點在於「分析」，如有著相同的或相類似的分析程序、分析方法、分析形式等。兩者的區別在於以下幾個方面：

（1）對象與內容不同

財務報表分析的對象是企業的財務活動，包括資金的籌集、投放、運用、消耗、回收、分配等；而經濟活動分析的對象是企業的經濟活動，除財務活動外，還有生產活動等。

（2）依據不同

財務報表分析的依據主要是企業的財務報表資料及有關的市場利率、股市行情等信息；經濟活動分析的資料包括企業內部的各種會計資料、統計資料、技術或業務資料。

（3）主體不同

財務報表分析的主體具有多元性，既可以是企業的投資者、債權人，也可以是企業的經營者、職工、業務關聯企業等；經濟活動分析通常是一種經營分析，分析主體主要是企業經營者或職工。

1.1.5.2　財務報表分析與會計的關聯與區別

研究財務報表分析與會計的關係，可以分別從財務報表分析與財務會計的關係、財務報表分析與管理會計的關係兩方面進行。

（1）財務報表分析與財務會計的關係

從財務報表分析與財務會計的關係看，它們的交叉點在於「財務報表」。財務報表是財務會計學科對會計要素進行確認、計量、記錄和報告的一項重要內容，是財務會計工作的最終成果，而財務報表也是財務報表分析的客體。

財務報表分析中的財務分析要以會計原則、會計政策的選擇為依據進行，因此，從某種程度上說，財務報表分析也是財務會計的一部分。在西方的財務會計教科書中，通常都含有財務報表分析部分。

（2）財務報表分析與管理會計的關係

財務報表分析與管理會計的關係比較含糊，有人可能覺得兩者是不相關的。其實，財務報表分析與管理會計在對企業內部生產經營方面還是有一定聯繫的。管理會計在一些步驟上要應用財務報表分析方法；財務報表分析也需要以一些必要的管理會計資料為依據進行。但是財務報表分析無論是從理論體系還是從方法論體系上都與管理會計有所區別，兩者是不可相互取代的。

1.1.5.3　財務報表分析與財務管理的關聯與區別

從財務報表分析與財務管理的關係來看，它們的相同點在於「財務」，都將財務問

題作為研究對象。它們的區別主要表現在以下幾個方面：

(1) 職能與方法不同

財務報表分析的職能與方法的著眼點在於分析；財務管理的職能與方法的著眼點在於管理，而管理包含預測、決策、計劃、預算、控制、分析、考核等。但財務管理中的財務報表分析往往僅局限於對財務報表的比率分析，這並非財務報表分析的全部含義。

(2) 研究財務問題的側重點不同

財務報表分析側重於對財務活動狀況和結果的研究，財務管理側重於對財務活動全過程的研究。

(3) 服務對象不同

財務報表的服務對象包括投資者、債權人、經營者等所有相關人員，而財務管理的服務對象主要是企業內部的經營者和所有者。

(4) 分析結果的確定性不同

財務報表分析的結果具有確定性，因為它以實際的財務報表等資料為基礎進行分析；而財務管理結果通常是不確定的，因為它的結果往往是根據預測值及概率估算的。

可見，財務報表分析與經濟活動分析、財務會計、管理會計、財務管理等學科有一定的聯繫，但是，它們都不能完全替代財務報表分析。財務報表分析正是在以上學科基礎上形成的一門獨立的邊緣學科。所謂獨立學科，就是說它與企業經濟活動分析、財務會計、管理會計、財務管理相互並列，而不是某學科的組成部分；所謂邊緣學科，就是說財務報表分析與企業經濟活動分析、財務會計、管理會計、財務管理等有交叉，是在各學科有關分析內容基礎上形成的應用學科，而不是與這些學科毫不相關。正如管理會計是在經濟管理學與會計學基礎上形成的邊緣學科，管理經濟學是在管理學與經濟學基礎上形成的邊緣學科一樣。作為一門邊緣學科，財務報表分析的建立並不一定要取代經濟活動分析、財務會計、管理會計、財務管理中的分析內容，而是在補充、完善、發展這些相關理論學科的基礎上建立起來的一門學科。

1.2 財務報表分析的評價標準依據

孤立地看企業財務報表的數據沒有任何意義。那麼，如何判斷報表數據所體現的企業財務狀況和經營成果的好壞呢？這就需要借助一些評價標準。因此，選擇財務報表分析的評價標準是企業財務報表分析的一個基本步驟和重要環節。選擇不同的評價標準，即便是分析同一個問題，也會得出不同的結論。

在實踐中，財務報表分析的評價標準主要包括經驗標準、歷史標準、行業標準和預算標準。

1.2.1 經驗標準依據

所謂經驗標準，是指依據大量且長期的經時間檢驗而形成的標準。例如，在西方

國家，20世紀70年代以來的財務管理實踐就形成了流動比率的經驗標準為2：1，速動比率的經驗標準為1：1，等等。經驗標準有助於財務報表分析者觀察企業的經營活動是否合乎常規。

其實，經驗標準來源於特定的經營環境。如果企業經營環境發生了變化，經驗標準可能失去其原有的意義。例如，隨著經營環境的變化，現在企業流動比率很難達到2：1，用傳統的流動比率來評價企業的短期償債能力已經不合適了。同時，經驗標準並非人們常說的平均水平。換句話說，平均水平未必能夠成為經驗標準。

1.2.2 歷史標準依據

歷史標準是指本企業過去某個時期（例如上年或上年同期）的實踐形成的標準。歷史標準是本企業曾經達到的標準，因此，歷史標準比較可靠，也比較現實。它有助於財務報表分析者揭示差異，進行差異分析，查明產生差異的原因，為改進企業經營管理提供依據；另一方面，可以通過本期實際與若干期的歷史資料比較，進行趨勢分析，瞭解和掌握經營活動的變化趨勢及其規律，為預期提供依據。

在實踐中，歷史標準可以是本企業歷史最高水平的標準，也可以是企業正常經營條件下的標準，還可以是本企業連續多年平均水平的標準。不過，常用的歷史標準是上年的歷史標準。

當然，「企業的未來未必是歷史的必然延伸」。如果企業的經營環境發生重大變化，歷史標準就可能使財務報表分析者「刻舟求劍」。

1.2.3 行業標準依據

每一個行業都有以行業活動為基礎並反應行業特徵的一些標準，這些標準就是所謂的行業標準。行業標準可以選擇國內外先進水平、競爭對手的標準，這比較有利於找出本企業與同行業水平的差距，明確今後的努力方向。但是，運用行業標準要謹慎。雖然兩個企業處於同一行業，但是它們可能不可比。因為它們可能占據行業價值鏈的不同環節，而且所採用的會計政策也可能不同。

目前，在企業中流行「標杆」（benchmarking）標準，它是一種行業標準的「變異」。所謂「標杆」，就是同行業具有可比性的先進企業，「標杆」標準就是具有可比性的「同行業先進水平」的標準。採用「標杆」標準有助於企業「與同行業先進水平比」。不過，並不存在完全相同的兩個企業，「標杆」的確定也是相對的。

1.2.4 預算標準依據

在實行預算管理的企業裡面，預算標準是現成的指標。預算標準有助於判斷企業實際財務狀況和經營成果與預算目標之間的差異，並尋求差異的原因。不過，應注意的是，預算標準是企業內部的標準，只適合企業內部的財務分析。這時通常需要將財務報表分析與預算管理相結合。

1.3　財務報表分析的評價方法類型

財務報表分析的方式是實現財務報表分析的手段。由於分析目標不同，在實際分析時必須要適應不同目標的要求，採用多種多樣的分析方法，包括評價方法和預測方法。下面介紹幾種常用的分析方法：

1.3.1　比較分析法

1.3.1.1　比較分析法的含義

比較分析法是財務報表分析中最常用的一種分析方法，也是一種基本方法。它是指將實際達到的數據同特定的各種標準相比較，從數量上確定其差異，並進行差異分析或趨勢分析的一種分析方法。所謂差異分析，是指通過差異揭示成績或差距，作出評價，並找出產生差異的原因及其對差異的影響程度，為今後改進企業的經營管理指引方向的一種分析方法。所謂趨勢分析，是指將實際達到的結果同不同時期財務報表中同類指標的歷史數據進行比較，從而確定財務狀況、經營狀況和現金流量的變化趨勢和變化規律的一種分析方法。由於差異分析和趨勢分析都是建立在比較的基礎上，所以統稱為比較分析法。

1.3.1.2　比較的形式

比較分析法有絕對數比較和相對數比較兩種形式。

（1）絕對數比較

絕對數比較，即利用財務報表中兩個或兩個以上的絕對數進行比較，以揭示其數量差異。例如，企業去年實現的總資產合計數為人民幣5,000萬元，今年的總資產合計數為人民幣4,000萬元，則今年與去年總資產的絕對差異額為人民幣-1,000萬元。

（2）相對數比較

相對數比較，即利用財務報表中有相關關係的數據的相對數進行比較，如將對絕對換算成百分比、結構比重、比率等進行比較，以揭示相對數之間的差異。例如，企業去年的營業成本占營業收入的百分比為80%，今年的營業成本占營業收入的百分比為75%，則今年與上年相比，營業成本占營業收入的百分比下降了5%，這就是利用百分比進行比較分析。對某些由多個個體指標組成的總體指標，可以通過計算每個個體指標占總體指標的比重，進行比較，分析其構成變化和趨勢，這就是利用結構比重進行比較分析。也可以將財務報表中存在一定關係的項目數據組成比率進行對比，以揭示企業某一方面的能力，如償債能力、營運能力等，這就是利用比率進行比較分析。

1.3.1.3　比較分析法的類型

比較分析法可以分為結構分析法、橫向分析法、縱向分析法和生命週期分析法、可持續性分析法及質量分析法等主要方法（詳見後面各章節內容）。

1.3.1.4 運用比較分析應注意的問題

比較分析法只適用於同質指標的數量對比，因此，在運用此法時應特別注意相關指標的可比性。具體來說應注意以下幾點：

（1）指標內容、範圍和計算方法的一致性

比如，在運用比較分析法時，要大量運用資產負債表、利潤表、現金流量表等財務報表中的數據，必須注意這些項目的內容、範圍及使用這些項目數據計算出來的經濟指標的內容、範圍和計算方法的一致性，只有具有一致性才具有可比性。

（2）會計計量標準、會計政策和會計處理方法的一致性

財務報表中的數據來自帳簿記錄，而在會計核算中，如果會計計量標準、會計政策和會計處理方法發生變動，則必然影響數據的可比性。為此，在運用比較分析法時，必須將發生變化的不具可比性的數據進行調整，使之具有可比性才可以進行比較。

（3）時間單位和長度的一致性

在採用比較分析法時，必須注意使用數據的時間及其長度的一致，包括月、季、年度的對比，不同年度的同期對比，特別是本企業的連續數期對比或本企業與先進企業的對比，選擇的時間長度和選擇的年份都必須具有可比性，這樣可以保證通過對比分析作出的判斷和評價具有可靠性和準確性。

（4）企業類型、經營規模和財務規模及目標大體一致

這主要是指本企業與其他企業對比應當注意一點，只有大體一致，企業之間的數據才具有可比性，比較的結果才具有實用性。

1.3.2　比率分析法

1.3.2.1　比率分析法的含義和作用

比率是兩個數相比所得的值。任何兩個數字都可以計算出比率，但是要使比率具有意義，計算比率的兩個數字就必須相互聯繫。比如，一個企業的產品年產量和職工人數有關係，通過年產量和職工人數這兩個數字計算出的比率，就可以說明這個企業的勞動生產率。在財務報表中，這種具有重要聯繫的相關數字比比皆是，可以計算出一系列有意義的比率，這種比率通常叫做財務比率。利用財務比率，包括一個單獨的比率或者一組比率，以表明某一個方面的業績、狀況或能力的分析，就稱為比率分析法。

比率分析法是財務報表分析中的一種重要方法。由於比率是由密切聯繫的兩個或兩個以上的相關數字計算出來的，所以通過比率分析，往往利用一個或幾個比率就可以獨立地揭示和說明企業某一方面的財務狀況和經營業績，或者說明某一方面的能力。比如，總資產報酬率可以揭示企業的總資產所取得的利潤水平和能力；投資收益率可以在一定程度上說明投資者的獲利能力，如此等等。比率分析法揭示信息的範圍有一定局限，只適用於某些方面。在實際運用比率分析法時，必須以比率所揭示的信息為起點，結合其他有關資料和實際情況，作更深層次的研究，才能作出正確的判斷和評價，更好地為決策服務。因此，在財務報表分析中要重視比率分析法的應用，又要和其他分析方法密切配合，合理運用，以提高財務報表分析的效果。

1.3.2.2 財務比率的類型

在比率分析法中應用的財務比率有很多,為了有效應用,一般要對財務比率進行科學的分類。但目前還沒有公認的、權威的分類標準。比如,美國早期的會計著作對某一年份財務報表的比率分類中,將財務比率分成五類:獲利能力比率、資本結構比率、流動資產比率、週轉比率和資產流轉比率。在這五種比率中又包括一些具體比率。這種分類現在已經不多見了。英國特許公認會計師公會編著的特許公認會計師公會(the association of chartered cetified accountant,ACCA)財務資格證書培訓教材《財務報表解釋》一書中,將財務比率分為獲利能力比率、清償能力比率、償債能力比率、資產運用效率比率(亦稱營運能力比率)及獲現能力比率。本書採用中國的分類標準。在本書的以後章節中對這幾類比率的分析方法將作具體的介紹和說明。

1.3.3 因素分析法

因素分析法也是財務報表分析常用的一種技術方法,它是指把整體分解為若干局部的分析方法,具體包括比率因素分解法和差異因素分解法。企業的活動是一個有機整體,每個指標的高低,都受不止一個因素的影響。從數量上測定各因素的影響程度,可以幫助人們抓住主要矛盾,或者更有說服力地評價企業狀況。

1.3.3.1 比率因素分析法

比率因素分析法是指把一個財務比率分解為若干個影響因素的方法。例如,資產收益率可以分解為資產週轉率和銷售利潤率兩個比率的乘積。在財務報表分析中,財務比率的分解有著特殊意義。財務比率是財務報表分析的特有概念,財務比率分解是財務報表分析所特有的方法。企業的償債能力、獲利能力、營運能力等是用財務比率評價的,對這些能力的分析必須通過財務比率的分解來完成(詳細分析請參考後面各章節的相關內容)。財務分析中著名的「杜邦分析體系」就是比率因素分析法的代表。因此,許多學者認為,財務報表分析最重要的方法就是比率分析(包括比率的比較和比率的分解)。

1.3.3.2 定基替代法

定基替代法是測定比較差異成因的一種定量方法。按照這種方法,需要分別用實際值替換影響因素的基數(可以是歷史數、預算數等),以測定各因素對財務指標的影響。

案例【1-1】某公司的 2011 年度產品銷售收入與預算產品銷售收入的比較數據如表 1-1 所示。

表 1-1　　　某公司 2011 年實際與預算產品收入情況分析表

項目	2011 年預算金額	2011 年實際金額
產品銷售收入(萬元)	50,000	54,000
銷售數量(萬件)	5,000	6,000
銷售單價(元/件)	10	9

可以看出，該公司2011年度實際實現的產品銷售收入比預算金額超了4,000萬元，下面用定基替代法計算超額完成預算的各項影響因素。

銷售數量變化引起的收入變化：(60,000,000 - 50,000,000) × 10 = 100,000,000 (元)

銷售價格變化引起的收入變化：(9 - 10) × 6,000 = -60,000,000 (元)

數量和價格共同引起的變化：100,000,000 - 60,000,000 = 40,000,000 (元)

這種分析方法得出的差異，是「純粹」的價格和數量差異，這兩種差異之和等於總的差異額。

在實際分析中，上述比較分析法、比率分析法、因素分析法往往是結合使用的。例如，在比較之後需要分解，以深入瞭解差異的原因；分解之後還需要比較，以進一步認識其特徵。不斷地比較和分解，構成了財務報表分析的主要過程。此外，在財務報表分析中，有時還使用迴歸分析、模擬模型等技術方法。除了大量使用上述定量分析方法，也常採用演繹推理等定性分析的方法。例如，對於財務報表質量分析，就要以資產、利潤、現金流量等概念為研究起點，逐漸推理並展開研究，形成較為完整的分析體系。

1.4　財務報表的局限性分析

1.4.1　財務報表分析的局限性

財務報表分析是以財務報表提供的信息為基礎的，財務報表客觀上存在局限性，必然導致財務報表分析的局限性，同時容易讓財務報表使用者產生判斷偏差。

會計計量的歷史成本屬性具備可靠性，但相關性不足，公允價值計量屬性相關性高，可靠性卻難以保障，而且公允價值信息具有順週期性，金融危機中體現得尤為明顯。

1.4.1.1　財務報表分析方法的局限性

財務報表分析方法旨在克服單項財務指標分析所存在的局限。然而財務報表分析方法本身也存在一定的局限。第一，未從企業經營的角度進行分析。目前的財務報表分析僅以報表數據為基礎，並通過簡單的數據或比率分析來判斷企業經營成果的優劣，而沒有將財務報表分析上升到企業經營的高度。因此，這種分析不能找出企業活動與其財務狀況和經營成果之間的內在聯繫，且容易割裂財務報表與企業經營活動之間的關係，導致財務分析與企業管理分析脫節。第二，未關注企業會計質量的高低。會計政策的可選擇性影響了財務報表數據，為盈餘管理提供了空間。目前的財務報表分析只是對經過會計系統處理後的財務數據的單純分析，並未對影響會計質量高低的會計政策、會計估計及披露進行分析和評價，因而難以保證作為分析基礎的財務報表數據的準確性和客觀性。

1.4.1.2　財務衡量模型無法滿足信息時代發展需要

不論是傳統的以歷史成本為計量基礎，還是歷史成本和公允價值並行的雙重計量

屬性，財務衡量模式偏重有形資產的評估和管理，對無形資產和智力資產的評估與管理顯得無力。無形資產和智力資產的評估實質是對智力勞動成果的衡量，對無形資產和智力資產的評估需要根據實際投入成本、市場現實的與潛在的交易價格、未來預期現金流量等大量主觀、客觀的信息，需要採用重置成本、市價調整、現金流量貼現等財務模型，需要評估人員具有深厚的專業知識及豐富的實踐經驗。雖然公允價值評估第三級現金流量貼現評估技術可以借鑑，但主要針對金融工具、衍生金融工具和套期保值業務的公允價值評估對於第三級評估技術的應用也是嚴格限制、謹慎使用的。由此可見，傳統財務衡量模式僅滿足以投資促成長的工業時代，而不能有效滿足信息時代的需求。

1.4.1.3 現有財務分析沒有反應戰略性軟指標

現有的財務分析主要是結合財務報表進行指標分析，而這些指標並沒有關注到企業戰略性軟指標範疇，主要包括企業品牌價值、技術、知識、人才、行業特徵、產品開發能力等指標。這些戰略性軟指標是衡量企業價值的重要組成部分，在關注企業財務指標的同時也應該考慮這些因素。

1.4.2 財務報表分析的調整

1.4.2.1 注重歷史分析與環境分析

財務報表分析的核心不是指標的計算，而是對指標所進行的價值判斷。這種價值判斷與企業的歷史狀況和企業所處外部環境狀況密不可分。

歷史分析就是要把企業的財務指標與本企業的歷史數據進行比較。以盈利能力分析為例，企業通過改變相關會計政策而進行盈利管理一般只造成利潤的時間性差異，而不是永久性差異，如通過延長折舊年限、降低年折舊率雖然可以提高當年的利潤水平，但如果進行適當的歷史分析，就會發現會計政策的不一致性及企業利潤的異常變化。

環境分析包括微觀行業環境和宏觀經濟環境。從微觀行業環境分析角度看，綜合評分法的行業指標作為評價基準是非常好的實踐，但微觀行業環境分析還遠不止於此。從宏觀經濟環境分析角度看，需要財務分析師有戰略眼光和敏銳的洞察力。2008年爆發的金融危機暴露出了公允價值較之於歷史成本加劇了市場波動的順週期效應。但從公允價值的定義來看，有序交易是其運用的一個前提，但在「價格下跌—資產減計—恐慌性拋售—價格進一步下跌」的惡性循環中並不存在有序交易，當時的公允價值信息已經不具有公允反應資產價值的特徵。另一方面，在經濟繁榮時期，宏觀經濟環境分析有助於解讀財政政策、貨幣政策、利率政策對企業的影響，有助於洞悉市場泡沫，有助於提高價值判斷的準確性。

1.4.2.2 財務指標和非財務指標相結合

企業的經濟業務日益複雜，國內外經濟形勢日益複雜，如果只應用財務指標進行分析，很有可能無法完全反應企業真實的經營狀況。當企業大量地投資於顧客、供應

商、員工、流程、科技創新等方面後，企業創造出無形資產、智力資產價值時，財務指標是無法評估的，相應績效衡量也不準確。近年來越來越重視非財務指標的應用，可以從《企業績效評價操作細則》中「定性評議指標」的結合窺見一斑。非財務指標反應的往往是那些關係到企業長遠發展的關鍵因素。通過把財務和非財務指標結合起來加以應用，可使企業得到更加準確的評價，彌補了僅分析財務指標的不足，可使整個財務報表分析更加全面。

1.4.2.3 「量化」和「非量化」指標相結合

在分析企業財務報表時，企業除了用一些非財務指標進行補充評價外，還需要對企業的經營狀況進行「非量化」指標的補充。由於企業的經營成果往往很難完整地表現出來，有一些是可以「量化」進行衡量的。如，營業收入、貨幣資金、應收帳款等均可以通過「量化」形式反應出來。但是，企業很多方面是無法用「量化」衡量的。如，品牌價值、員工積極性、品牌競爭力及客戶質量、銀行信用等。所以，如果不把「量化」和「非量化」的指標相結合起來，就無法完全反應企業真實的經營狀況。在評估企業經營成果時，只有對企業的經營狀況進行「量化」和「非量化」指標相結合評價分析，才能更進一步對企業財務報表分析更加完整。

1.4.2.4 從經營角度全方位綜合考慮

財務報表分析的核心在於「真實評價」企業的經營狀況和財務成果。它要求在進行財務報表分析的時候不能僅側重於技術分析，應全面、系統、動態地分析企業的財務狀況及其經營成果，還要從經營戰略角度進行全方位綜合考慮。因此，財務報表分析不僅要關注財務報表本身，還要結合會計報表附註，對於上市公司各種管理層的管理報告也是值得詳細解讀的重要信息來源。「董事、監事、高級管理人員和員工情況」反應了企業基層員工到高層管理人員的綜合素質，「公司治理結構」是企業取得經營業績的基石，「董事會報告」反應了企業戰略發展方向。財政部 2007 年推出《企業內部控制規範》，從 2010 年 1 月開始在上市公司及大型國有企業中執行，2010 年底，執行企業要出具內控自我評價報告，這將為財務分析提供大量有價值的表外信息。

本章小結

財務報表分析能夠預測企業未來的財務狀況和經營成果，判斷投資、籌資和經營活動的成效，評價公司管理業績和企業決策。財務報表分析幫助我們改善了決策，減少了盲目性。本章從總體上介紹了財務報表分析的歷史、定義、目標和方法。

財務報表分析的歷史經歷了為貸款銀行服務的信用分析、為投資人服務的收益分析、為經營者服務的管理分析三個階段，自此形成了內部分析和外部分析，並構成了完整的財務報表分析體系。財務報表分析與經濟活動分析、財務會計、管理會計、財務管理等相關學科既有一些聯繫，也存在不少區別。

財務報表分析，就是以財務報表為主要依據，採用科學的評價標準和適用的分析方法，遵循規範的分析程序，通過對企業的財務狀況、經營成果和現金流量等重要指

標進行比較分析，從而對企業的財務狀況、經營情況及其績效作出判斷、評價和預測的一項經濟管理活動。投資人、經營者、政府機構、企業職工、業務關聯企業、社會公眾等，都可以從財務報表分析中獲得益處。

財務報表分析的方法是實現財務報表分析的手段，財務報表分析使用的主要方法是比較分析法、比率分析法和因素分析法。

復習題

1. 什麼是財務報表分析？財務報表分析的目標是什麼？
2. 什麼是比較分析法？運用比較分析法應注意什麼問題？
3. 在財務報表分析中經常使用的評價標準有哪些？
4. 什麼是因素分析法？
5. 什麼是預計分析和基本分析？
6. 某公司的本年實際利潤與預算利潤的比較數據如下：

實際銷售收入：(100,000×4.8) ＝480,000（元）

預算銷售收入：(110,000×4.6) ＝506,000（元）

差異： 26,000（元）

要求：分別用定基因素分析法分析其差異。

7. 案例分析：世界通信與美國電報電話公司的經營業績比較。

在申請破產保護之前，世界通信的業務規模僅次於美國電報電話公司，2001年度和2002年度第一季度世界通信與美國電報電話公司的經營業績比較如表1－2所示（單位：百萬美元）。

表1－2　2001年度和2002年第一季度世界通信與美國電報電話公司的經營業績比較

單位：百萬美元

公司名稱	2001年度			2002年度		
	經營收入	對外報告經營收益	剔除線路成本影響後的經營收益	經營收入	對外報告經營收益	剔除線路成本影響後的經營收益
世界通信	35,179	2,392	－642	8,120	240	－578
美國電話電報公司	52,550	－6,842	－6,842	12,023	－297	－297

根據以上案例，請回答：

（1）進行比較分析時，可選擇的標準有哪些？

（2）世界通信和美國電報電話公司業績相比較有什麼作用？

（3）世界通信與美國電報電話公司的經營業績比較的結果是什麼？

（4）分析在虛增利潤的同時，會對現金流量產生什麼影響？

2 財務報表分析的依據與程序

除財務報表外，財務報表分析所使用的資料還包括一些用於揭示與會計系統直接或間接相關的財務或非財務信息。其他分析對於充分實現財務報表分析的目的也具有十分重要的意義。

2.1 財務報表分析的其他資料類型

這些資料主要包括相關政策、法律規範文件、市場與行業信息及審計報告等類型。

2.1.1 相關政策和法律規範文件資料

這方面的信息主要包括產業政策、價格政策、信貸政策、分配政策、稅務法規、財務法規、金融法規等。從企業的行業性質、組織形式等方面分析企業財務對政策法規的敏感程度，合理揭示經濟政策調整及法律法規變化對企業財務狀況與經營業績的影響。

2.1.2 市場信息情報資料

市場信息情報主要包括消費品市場、生產資料市場、資本市場、勞動力市場、技術市場等，其中任何一部分都與企業財務及經營相關。例如，商品供求與價格會影響企業的銷售數量與收入；勞動力供求與價格會影響企業資本結構與資本成本，影響企業的人工費用，進而影響企業損益；技術市場的供求與價格則會影響無形資產規模、結構及相關的費用和收入。因此，在進行企業財務報表分析時，必須關注各種市場的供求與價格信息，以便從市場環境的變化中揭示企業財務既定狀況的成因及其變化趨勢。

2.1.3 行業信息資料

關注行業平均水平與先進水平的信息。因為財務業績和財務潛力都具有時空相對性，必須通過時間上的縱向比較與空間上的橫向比較，才能予以客觀評價和揭示。其中，縱向比較就是將同一企業不同時期的相關財務指標進行比較，從指標的動態變化上評價業績和揭示潛力。縱向比較的有關信息主要來源於企業內部。而橫向比較主要是將企業的財務指標與同行業平均水平和先進水平及國家統一規範的評價標準值相比較，確定財務狀況和經營業績的行業差距，據以評價財務業績和揭示財務潛力。另外，

在分析行業先進水平和平均水平的同時，還要關注行業前景信息，即市場前景和政策前景。其中，市場前景是指行業所經營的項目在市場需求及價格方面的變動趨勢。若趨勢看好，企業的財務狀況與經營業績有望獲得持續穩定發展，企業的財務狀況和經營業績也會因此獲得不斷優化的潛力和空間；相反，必然導致經營發展受限制。因此，要想合理預測企業財務狀況與經營業績的變化趨勢，為決策者提供可靠的決策依據，必須關注行業信息。

2.1.4 獨立審計報告資料

審計報告是註冊會計師根據中國註冊會計師審計準則的要求，在完成特定的審計程序後出具的對被審計單位財務報表表示意見的書面文件，它是審計工作的最終結果，具有法定證明效力。由於審計報告是由仲介機構出具的，具有「公開、公正、公平」的作用。註冊會計師在審計報告中對被審計單位特定時期內與財務報表反應有關的所有重要方面發表審計意見，報表使用者可以根據財務報表信息，結合審計意見，對被審計單位的財務狀況、經營成果作出正確判斷。因此，進行任何目的的財務報表分析，都應事先查閱審計報告，瞭解註冊會計師對公司財務報表的審計意見。

按照《中國註冊會計師審計準則》的規定，註冊會計師在完成其報表審計任務後可以視實際情況形成不同的審計意見，審計報告分為標準審計報告和非標準審計報告。非標準審計報告是指標準審計報告之外的其他審計報告，包括帶強調事項段的無保留意見的審計報告和非無保留意見的審計報告。非無保留意見的審計報告又包括保留意見的審計報告、否定意見的審計報告和無法表示意見的審計報告。

2.1.4.1 標準審計報告

無保留意見的審計報告是註冊會計師對企業的財務報表進行全面審計後，發表肯定性意見的一種審計報告。

2.1.4.2 帶強調事項段的無保留意見的審計報告

審計報告的強調事項段是指註冊會計師在審計意見段之後增加的對重大事項予以強調的段落。

2.1.4.3 保留意見的審計報告

保留意見的審計報告是註冊會計師對公司的財務報表進行全面審計以後，發表的在整體上對公司的財務報表予以肯定，但在個別方面提出了與上市公司董事會和經營者不一致的意見。

2.1.4.4 否定意見的審計報告

否定意見是註冊會計師對上市公司的財務報表進行全面審計以後，發表的全盤否定公司財務報表的審計報告。否定意見意味著註冊會計師認為公司的財務報表沒有按照適用的會計準則和相關會計制度的規定編製，未能在所有重大方面公允反應被審計單位的財務狀況、經營成果和現金流量。

當出具否定意見的審計報告時，註冊會計師應當在審計意見段中使用「由於上述

問題造成的重大影響」「由於受到前段所述事項的重大影響」等術語。

2.1.4.5 無法表示意見的審計報告

無法表示意見的審計報告是註冊會計師對公司的財務報表進行全面審計以後,不能發表肯定意見和保留意見,又不能發表否定意見的一種審計報告。如果審計範圍受到限制可能產生的影響非常重大和廣泛,不能獲取充分、適當的審計證據,以至於無法對財務報表發表審計意見,註冊會計師應當出具無法表示意見的審計報告。

此外,財務報表分析所用的其他資料還有:與財務報表分析有關的定額、計劃、統計和業務等方面的資料。如果企業是上市公司,財務報表分析所用的其他資料還應包括招股說明書、上市公告、定期報告、臨時公告等。

綜上所述,財務報表分析的依據(資料)可歸納為如下圖2-1所示的內容。

```
        ┌─────────────────────────────────────┐
        │ 財務報表:資產負債表、利潤表、現金流量 │
        │      表、所有者權益變動表              │
      ┌─┴─────────────────────────────────────┴─┐
      │ 財務報表附註:會計政策、會計估計及其變更、或有事項、資產負債表日後 │
      │       事項、關聯方關係及其交易、重要與非常項目等              │
    ┌─┴─────────────────────────────────────────┴─┐
    │ 其他相關信息:企業背景、內部控制制度、企業發展策略、臨時性公告、招股說明書、 │
    │      市場占有率、資本市場變化、產業政策、經濟週期、審計報告等            │
    └──────────────────────────────────────────────┘
```

圖2-1 財務報表分析的其他資料依據

2.2 財務報表分析資料之間的關係

2.2.1 基本財務報表之間的關係

資產負債表、利潤表、現金流量表和所有者權益增減變動表構成了企業的基本財務報表,這幾張報表分別從不同角度,分別反應了企業的財務狀況、經營成果及現金流量情況。幾張報表側重點不同,反應的內容也不一樣,但這並不意味著這幾張報表是孤立的,報表之間、報表內的各項目之間沒有任何聯繫;相反,這幾張報表之間存在著一定的勾稽關係,報表內有關項目之間也有一定的內在聯繫。同時,它們以其各自不同的功能和動靜屬性,共同勾勒出企業財務狀況和經營成果的全貌。就資產負債表和利潤表的關係來說,資產負債表的理論依據是:資產＝負債＋所有者權益。利潤表的理論依據是:利潤＝收入－費用。收入的增加必然引起資產的增加或負債的減少,費用的增加必然引起負債的增加或資產的減少,因而利潤的增加必然引起所有者權益的增加。資產負債表、利潤表、現金流量表和所有者權益變動表構成了企業的主表,它們之間的關係表現為動態與靜態的關係。資產負債表是反應企業特定時點財務狀況的報表,是一張靜態報表;利潤表、現金流量表和所有者權益變動表分別反應企業特定時段的經營成果、現金流量和股東權益的變化,是動態報表。為全面反應企業資金運動的狀況,需要對這兩種狀況同時進行反應。企業的資金運動是沿著「期初相對靜止—期中絕對運功—期末新的相對靜止」這一運動形式循環往復的。期末的相對靜止

同期初的相對靜止不同，期末的相對靜止是其中絕對運動基礎上的新的相對靜止。因此，動態報表和靜態報表必然有一定的勾稽關係。具體來說，期末、期初資產負債表上淨資產的差異必然等於利潤表的淨利潤，期末、期初資產負債表上貨幣資金及現金等價物的差異必然等於現金流量表的現金及現金等價物淨額，期末、期初資產負債表上所有者權益的差異也必然在所有者權益變動表中得到體現。

從對未來現金流量的反應來看，各個基本財務報表之間是一種從不同側面反應、相互補充、相互依賴的關係。資產負債表是反應企業特定時點經濟資源的分佈和權益結構的報表。利用企業資產、負債的當前價值和流動性情況可以在一定程度上預測未來現金流量情況，因為現在是未來的基礎。從資產負債表的前後期的對比，也可以預測利潤的增加潛力。雖然通過資產負債表的前後期對比情況可以瞭解企業的經營成果，但這種經營成果的確定方法卻太過籠統，只能確定總的利潤情況，不能進而說明經營成果能在多大程度上預測未來現金流量。為此，必須用專門的利潤表來詳細反應企業盈虧的情況。但利潤表本身也有缺陷，因為投資者關心的是現金流量情況，而利潤表卻是按權責發生制來確認利潤的，這就可能造成企業一方面報告了巨額的利潤，另一方面卻出現現金流量不足、財務狀況緊張的尷尬局面。為了全面反應企業經營情況對未來現金流量的影響，需要按收付實現制編製現金流量表。現金流量表一方面可以反應企業現金的流量情況，從而對未來現金流量情況作出預測；另一方面可以通過比較利潤和現金流量的差異，判斷盈利能力的高低。

2.2.2 基本財務報表與會計報表附註之間的關係

基本財務報表與會計報表附註都是財務報告的組成部分，兩者之間既有聯繫又有區別。具體來說，這兩者的聯繫是：第一，兩者都是提供有關企業財務狀況、經營成果、現金流量等的信息。這些信息主要以定量化的形式表現，即使附註中有許多定性化的說明，也是為正確理解定量化信息服務的，對於與企業財務狀況、經營成果、現金流量關係不大的信息原則上不在報表及其附註中提供。第二，都要遵循公認會計原則（generally accepted accounting principles，GAAP），並經過註冊會計師的審計。

兩者之間的區別在於：第一，披露的方式不同。基本財務報表採用固定性的表格形式，附註披露形式較為靈活，主要採取文字說明的形式，也有許多表格和圖示。第二，基本財務報表提供的是貨幣化的定量信息，附註中既有定量信息，也有定性信息。第三，基本財務報表中提供的是主要信息，附註主要提供一些有助於對主表進行理解的補充和解釋性信息。第四，基本財務報表中的信息應嚴格滿足會計確認標準的要求，附註中信息不一定遵循確認標準。第五，基本財務報表中的信息比較直觀，不易被忽視，附註中信息如不認真研究，可能易被忽視和不被理解。

基於以上論述，在實踐中要恰當處理好兩者的關係。

（1）基本財務報表應提供一些重要信息，對於次要的信息應在報表中合併反應或在附中披露。附註只能對表內信息起補充和解釋作用，它不能用來更正或取代表內信息。

（2）附註主要提供一些解釋性或說明性信息，重要信息應盡量在基本財務報表中

提供，而不在附註中提供。對於一些不符合確認標準而不得不在附註中提供的重要信息，不能僅僅滿足於此，要加緊研究其確認與計量問題，盡早納入表內。

（3）附註是對主表的補充和揭示，但附註中的信息也有主要和次要的問題，附註中的信息披露應做到既充分又適當。所謂「充分」，是指附註中應按照會計準則要求提供與基本財務報表有關的所有重要信息。所謂「適當」，是指附註中的信息也應考慮相關性和重要性，對於一些與基本財務報表關係不大，重要性不高，會計準則又未作要求的信息，可以不披露，或在其他信息資料中提供；適當性還指應在滿足決策有用性和履行受託責任的前提下，盡量保護企業的商業秘密，避免不利於企業或使其競爭對手得益的信息洩露。實踐中一般來說，滿足了《中華人民共和國證券法（以下簡稱《證券法》）、《中華人民共和國企業會計準則》（以下簡稱《企業會計準則》）等對附註披露的要求，也就滿足了充分性和適當性的要求。

（4）哪些信息應在表內反應，哪些信息應在附註中披露，也應有一定靈活性。要結合企業實際情況，具體問題具體分析。某些信息對某類企業可能較為重要，需要在表內反應，對其他企業則不甚重要，在附註中披露即可；反之亦然。同時附註中的信息也需要考慮披露程度的詳細與簡單，概括地說，多個投資主體從詳披露，單個投資主體從簡披露；上市公司從詳披露，小規模企業從簡披露。

此外，還要注意控制過多使用附註，削弱基本報表作用的趨勢；也要警惕忽視報表附註的問題。

2.2.3 財務報表與其他資料之間的關係

財務報表與其他資料之間既相互獨立又相互聯繫。比如，從行業分析資料中能夠全面分析出財務報表存在的問題與差距。從財務報表的信息中也可以發現是否符合國家相關法律如《中華人民共和國稅法》（以下簡稱《稅法》）的關聯度等。

2.2.4 其他資料之間的關係

財務報表分析的其他資料之間既相互獨立又相互聯繫。比如，行業分析資料、國家經濟政策、法律法規和審計報告之間存在各自的獨立性，但他們又彼此相互影響。例如，一個國家的經濟政策必然會影響到一個行業，同樣，國家的法律法規也必然影響到審計報告。

2.3　財務報表分析的基本程序

財務報表分析是一個複雜的過程。管理者的內部信息對理解會計信息至關重要，管理者對會計的操縱權也可能使會計信息反應的問題與真實經濟狀況存在差異。一般的外部信息使用者很難掌握內部信息，更無法判斷管理者所做的估計和判斷的合理性，即使有審計報告予以鑒證，仍然無法排除其主觀成分。這樣，一般的外部信息使用者往往無法準確地認識企業的業績狀況，而有效地進行財務報表分析來提高分析者對企

業業績和未來的前景的認識。為了有效地分析會計信息，使分析工作能夠順利進行並對分析過程中的判斷作出恰當的評價，因此保證分析質量，建立規範與合理的財務報表分析程序有著十分重要的意義。

建立規範而合理的分析程序，目的是使分析工作能夠有序地順利進行，並對分析過程中的正確判斷和最終結果做出恰當的評價。雖然財務報表分析是一個研究和探索的過程，具體分析程序和內容是根據分析目的個別設計的，不存在唯一的分析程序，但是分析過程的一般程序讓財務報表分析具有一定程度的類似性。財務報表分析工作，一般應當按照圖2-2所示的程序進行。

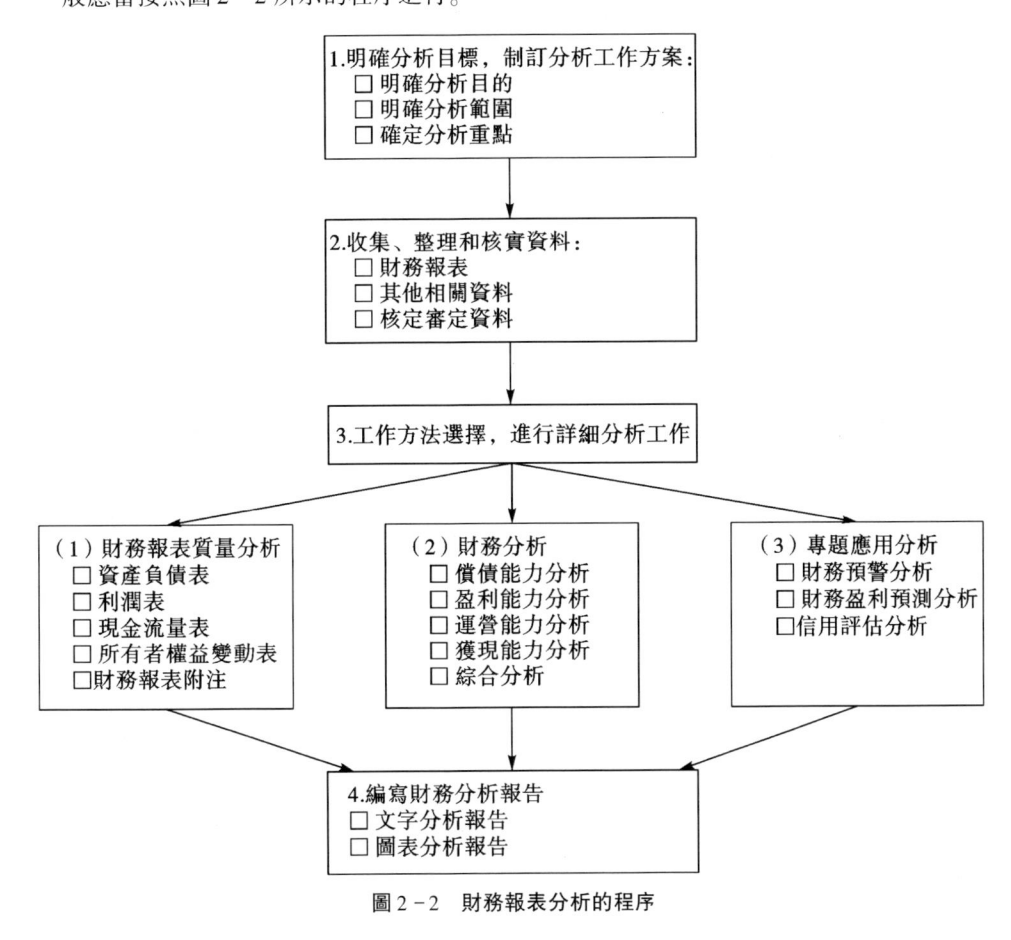

```
┌─────────────────────────────────┐
│ 1.明確分析目標，制訂分析工作方案： │
│    □ 明確分析目的                │
│    □ 明確分析範圍                │
│    □ 確定分析重點                │
└─────────────────────────────────┘
              ↓
┌─────────────────────────────────┐
│ 2.收集、整理和核實資料：          │
│    □ 財務報表                    │
│    □ 其他相關資料                │
│    □ 核定審定資料                │
└─────────────────────────────────┘
              ↓
┌─────────────────────────────────┐
│ 3.工作方法選擇，進行詳細分析工作  │
└─────────────────────────────────┘
       ↓           ↓            ↓
┌──────────────┐ ┌──────────┐ ┌──────────────┐
│(1)財務報表質量│ │(2)財務分析│ │(3)專題應用分析│
│   分析        │ │□償債能力分析│ │□財務預警分析 │
│□資產負債表   │ │□盈利能力分析│ │□財務盈利預測 │
│□利潤表       │ │□運營能力分析│ │  分析         │
│□現金流量表   │ │□獲現能力分析│ │□信用評估分析 │
│□所有者權益   │ │□綜合分析    │ │               │
│  變動表      │ │              │ │               │
│□財務報表附注 │ │              │ │               │
└──────────────┘ └──────────┘ └──────────────┘
       ↓           ↓            ↓
┌─────────────────────────────────┐
│ 4.編寫財務分析報告               │
│    □ 文字分析報告                │
│    □ 圖表分析報告                │
└─────────────────────────────────┘
```

圖2-2　財務報表分析的程序

2.3.1　明確分析目的，制訂分析工作方案

明確分析目的是財務報表分析的靈魂，財務報表分析過程始終是圍繞著分析目標而進行的。分析目標確定之後，就應當根據分析目標確定分析的內容和範圍，並明確分析的重要內容，分清主次和難易，並據此制訂分析工作方案。分析工作方案一般包括：分析的目的和內容、分析人員的分工和職責、分析工作的步驟、完成各步驟的標

準和時間等。只有制訂周密的工作方案才能保證分析工作的順利進行。

2.3.2　收集、整理和核實資料

收集、整理和核實資料是保障分析質量和分析工作順利進行的基礎性程序。一般來說，在分析的技術性工作開始之前就應佔有主要資料，切忌資料不完全就著手技術性的分析。

整理資料是根據分析的目的和分析人員的分工，將資料進行分類、分組，並做好登記和保管工作，以便使用和提高效率。

核實資料是這道程序的一個重要環節，目的是保證資料真實、可靠和正確無誤。對企業財務報表及其他相關資料要全面審閱，如發現有不正確或不具有可比性之處，應要求改正或剔除、調整。經過註冊會計師審計過的財務報表，必須認真審閱註冊會計師的審計報告，特別關注非標準意見的審計報告。另外，對其他資料也應該核實，摸清其真實可靠程度，並分清有用和無用，對無用的資料、真實可靠程度低的資料應當捨棄不用。

2.3.3　選擇適宜的分析方法，進行分析工作

分析方法恰當與否，對分析的結果和分析的質量有重要影響。一般應根據分析的目標、內容選用適宜的分析方法。在分析過程中，對各項數據和原因作出判斷，整個分析過程就是判斷過程。分析結束後，要對分析的對象作出中肯評價，評價要態度鮮明，切忌模稜兩可，莫衷一是。一般認為，可以依次從財務報表質量分析、財務分析入手（詳細內容參考後面章節內容）。

此外，在對企業進行全面瞭解後，還可以根據分析目的，進行有針對性的專題分析。例如，作為收購與兼併的各方，企業的競爭優勢從潛在利益、合併後的成本和收益均是分析的重點，這是談判的重要依據及確定價格的重要參考。此類專題分析還包括財務預警分析、財務盈利預測分析、資產重組、債務重組、信用評估等。

2.3.4　編寫財務分析報告

財務分析報告是分析組織和人員反應企業財務狀況和財務成果意見的報告性書面文件。財務分析報告要對分析目的作出明確回答，評價要客觀、全面、準確，要作出必要的分析，說明評價的依據。對分析的主要內容、選用的分析方法、採用的分析步驟也要簡明扼要地敘述，以備審閱分析報告的人瞭解整個分析過程。此外，分析報告中還應當包括分析人員針對分析過程中發現的矛盾和問題提出的改進措施或建議。如果能對今後的發展提出預測性意見，則具有更大的作用。

本章小結

財務報表分析是一個複雜的過程。為了有效地分析財務信息，並對分析過程中的判斷作出恰當的評價，必須建立規範與合理的財務報表分析程序。本章在介紹財務報

表分析程序的基礎上，詳細闡述了財務報表分析的基本依據，以及這些財務報表分析資料之間的關係。

財務報表分析所使用的資料一般來說可以分為財務報表和財務報表以外的其他資料。財務報表的其他資料包括行業政策、法律法規、經濟政策、審計報告等。

財務報表分析基本上依據財務報表、附表、附註、財務報表分析資料和其他相關資料，它們之間的關係表現為：①基本報表之間的關係；②基本報表與附表之間的關係；③基本報告與其他資料之間的關係；④其他資料之間的關係。

財務報表分析工作，一般應當按照以下程序進行：①明確分析目的，確定分析方案；②收集、整理和核實資料；③選擇適宜的分析方法，進行分析工作；④編寫財務分析報告。

復習題

1. 財務報表分析程序一般包括哪些步驟？
2. 基本財務報表之間有何種關係？
3. 基本財務報表與附註有什麼關係？
4. 基本財務報表與其他資料有什麼關係？
5. 你認為未來財務報表的形式是怎樣的？
6. 建設銀行因放貸要求信貸部拿出一份 A 公司的財務分析報告。信貸部門就 A 公司的財務報表數據產生了激烈爭論。主任老劉說：「這樣吧，我們以該公司的審計報告為準，因為審計報告是社會仲介機構出具的，具有客觀公正性，我們就據此寫財務分析報告了。」你認為老劉的說法對嗎？應當怎樣利用財務報表分析的依據？

3 資產負債表解讀與分析

資產負債表是企業的基本財務報表之一，它反應企業在某一特定時點的財務狀況。對資產負債表的解讀和分析歷來是財務報表分析的重點。尤其是對債權人和投資者進行債務能力分析和資本保值分析有著重要意義。另外，對資產結構的考察也有助於判斷企業的盈利能力。本章首先介紹企業活動與資產負債表之間的關係、然後再介紹資產負債表的作用和結構特徵，在這兩者的基礎上，分別介紹資產、負債、所有者權益項目的質量分析與解讀要點。

3.1 企業活動與資產負債表分析

每次購買股票事實上就是購買企業，而任何人要購買一個企業就應瞭解被購買的那個企業。這就要求分析師們通過參觀工作和訪問公司管理層來得以實現。但是，我們也可通過財務報表觀察該企業。財務報表是觀察公司的放大鏡，因此我們不僅需要對公司經營感興趣，而且還要知道那些活動是如何體現在財務報表之中的。這樣，報表使用者就能夠清楚「數字背後的故事」了。

企業總是首先從股東那裡獲得現金。由於現金是非生產性資產，因此在投入生產經營之前，公司就將這筆現金投資於經營資產，包括土地、工廠、設備及存貨等。待這些經營資產的全部或部分被流轉、出售之後，回收的部分則又變成現金流入公司，再重新投入到生產性經營之中或用於股東分配。

其次，企業從債權人那裡通過授信獲得現金。這些現金基本用於經營性物資，如銀行借款、預收帳款等均是從債權人那獲得現金用於經營性生產。同時企業本身也採取對債務人授信方式將現金流出企業，如預付客戶的部分貨款、購買可供出售金融資產等方式將現金流出企業。

通過上述兩種獲取現金的途徑，形成了企業活動、投資活動兩種資金運動。然而，這種資金的運動關係則形成了資產負債表的結構與對應關係。即經營性資產 = 總負債 + 股東權益。

圖3-1中通過股東、債權人、債務人的現金流方向充分地解釋了經營活動和財務活動之間的關係，這種關係即奠定了資產負債表的結構形成基礎。

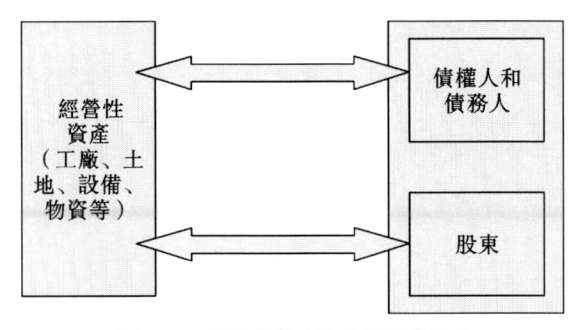

圖 3－1　資產負債表的結構形成基礎

3.2　資產負債表在會計信息中的性質與作用

3.2.1　資產負債表的性質

資產負債表亦稱平衡表（balance sheet）、財務狀況表，是總括反應企業在某一特定日期財務狀況的財務報表。分析者要想瞭解企業更多的內部信息，首先須閱讀企業的財務報表。資產負債表不僅能提供某一特定日期的資產狀況，還能夠提供形成的狀況的內部信息，為報表使用者和分析者提供經營決策信息和營運狀況。

3.2.2　資產負債表對會計信息的作用

3.2.2.1　能夠幫助報表使用者瞭解企業各種經濟資源的分佈與結構

首先，財務報表使用者通過資產負債表就可以一目了然地從資產負債表中瞭解到企業在某一特定時日所擁有的資產總量及其結構。如資產負債表能夠反應出貨幣資金總量、應收帳款總額、存貨總額及資產總額等。其次，可以清楚企業所擁有資源的分佈及其結構。例如，資產負債表可以反應出總資產的構成包括了負債和所有者權益等。最後，能夠判斷企業的規模和風險狀況。例如，營運資本過少，則企業營運將發生資金週轉困難、負債過大，可能會影響企業的盈利能力，具體影響包括增強和削弱兩種情況。

3.2.2.2　能幫助報表使用者瞭解企業資金來源情況

企業資金的來源主要依賴投資者（股東）和債權人兩個主體。在成立企業之初，投資者（股東）將現金或資產投入企業，企業通過現金購買生產性物資及勞動力。然後，企業在進行生產加工時，由於產品和原材料市場中的供應商為企業提供一定的信用或結算時間差所形成的現金，這種應付未付的現金發生，使得供應商成為企業的債權人，而此時企業也變成了債務人。

3.2.2.3 能幫助報表使用者瞭解企業的規模和經營風險

報表使用者通過資產負債表的總資產額可以判斷企業規模的大小。如總資產為人民幣1,000萬元的企業的規模比總資產為人民幣1億元的企業規模可能要小。同時，報表使用者通過對資產負債表的資產分佈情況的瞭解，能夠初步判斷出企業存在的各種風險。如資產負債表總資產中貨幣資金越少，則說明企業可能存在支付能力問題，企業負債過高，可能存在無法償付的風險等。

3.2.2.4 能幫助報表使用者瞭解企業的信用狀況

報表使用者通過資產負債表的總資產額可以判斷企業的信用狀況。如資產負債表中的應付帳款過高，則能說明該企業的債權人對企業的信用比較放心，正因為企業的信用較好，因此債權人可以增加對債務人的借款額度。又比如，通過資產負債表的銀行借款的多少，能夠判斷銀行對企業的信用評估。如果企業信用較高，則企業從銀行獲取的借款就會增多；反之，就減少。

3.2.2.5 能幫助報表使用者初步瞭解企業的競爭狀況

報表使用者通過資產負債表的總資產額可以初步瞭解企業所提供的產品及勞務在同行業所在的市場中的競爭狀況。如資產負債表中的應收帳款過高，則能說明該企業所提供產品及勞務在市場中的競爭能力相對較弱；如應收帳款過低，則表明了企業所提供的產品及勞務在市場中的競爭能力相對較強，尤其是掌握領先核心技術的企業，一般來說，應收帳款都較低。又例如，假設一家企業的預收帳款比較多，也說明企業的客戶對企業所提供的產品及勞務有較大的依賴性，正是這種依賴性導致客戶提前預訂產品及勞務。

3.2.2.6 能幫助報表使用者預測企業未來的盈利能力

報表使用者通過對資產負債表的瞭解，能夠對企業未來的盈利能力作出預測評估。例如，通過未分配利潤的數據，可以解讀到企業的盈利能力情況，然而，通過未分配利潤就可以預測企業未來的盈利能力；再比如，假設企業的資產負債表中固定資產總額所占總資產比重較小，則說明企業的盈利能力可能就弱，這主要是因為固定資產的盈利能力一般要高於流動資產的盈利能力所致。

3.2.2.7 能幫助報表使用者判斷企業的財務實力

報表使用者通過對資產負債表的瞭解，能夠對企業的財務實力做出評估與判斷。例如，通過實收資本（股本）的多少，可以判斷出企業財務實力的強弱。通過借款數額的多少，可以判斷企業資金的來源情況，從而評估出企業的財務實力。

3.2.2.8 能幫助報表使用者初步瞭解管理層的管理風格

企業的管理風格一般可分為激進經營、穩妥經營和保守經營三種主要類型。報表使用者可以通過資產負債表的資產結構、負債結構初步瞭解企業管理層的管理風格。如，假設管理層採取的是激進經營風格，則表明企業的營運可能存在高風險，但也可能為企業帶來高收益。

3.3 資產負債表格式與會計信息的重要性分析

一般來說，不同的報表使用者，對財務報表所提供的信息有不同的要求。例如，金融機構更關心債務人能否償還借款債務。而對於企業的投資者來說，更關注企業的盈利能力。因此，為方便報表使用者對會計信息的選擇，就需要對財務報表的格式按報表使用者對會計信息的需要進行專門設計。接下來要介紹的是資產負債表的格式類型。

3.3.1 資產負債表的格式類型

根據報表使用者對資產負債表所能提供的會計信息的要求，在資產負債表中就必須對企業的資產加以一定的分類和組合，即資產負債表應按一定的格式來反應會計信息。儘管各國都對財務報表的格式作了規範，但具體的報表格式卻又有很大差別。資產負債表的格式，目前國際上流行的主要有報告式（垂直式）和平衡式（帳戶式）兩種。

3.3.1 按會計信息重要性設計資產負債表的格式

在中國，資產負債表的格式為平衡式。在資產負債表的左方，從上到下，是按資產的流動性進行排列的。在資產負債表的右方負債欄，是按流動性的大小程度進行排列的。資產負債表的這種格式主要是反應企業的流動性強弱，使得報表使用者通過這種格式結構，能清楚看到這家企業是否能維持正常持續性的經營。假設流動性過低，則可能表明企業存在經營停止或不暢的風險。

在美國式資產負債表中，負債在所有者權益之前，對資產和負債項目的排列順序，則是以資產和負債的流動性為標準的。在資產方，流動資產在前，非流動資產在後；在負債方，流動負債在前，非流動負債在後。這匯總流動資產排列的列示方法突出了企業的償債能力。

在西歐其他一些國家，資產負債表的格式往往與中國和美國不同。這些國家的資產負債表中的各項資產項目的排列順序與中國正好相反。他們是將非流動性項目排在流動性項目之前。例如，英國式的資產負債表，資產方是非流動資產在前，流動資產在後；負債方是非流動負債在前，流動負債在後，同時列示流動資產的淨額（淨營運資產）。這種固定資產前列的列示方法突出了企業的經營能力。

綜上所述，資產負債表項目的格式的差異主要是為了反應出不同會計信息，也反應了報表使用者對資產負債表項目所提供信息的重要性方面存在差異。

3.4 資產負債表的局限性分析

本章前面的內容我們重點分析了資產負債表的性質和作用，資產負債表對會計信息的重要性及資產負債表的格式對會計信息的認知差異。我們清楚了資產負債表在財務報表中佔有重要的地位，但我們也應該客觀認識到，資產負債表也存在著明顯的局限性。這些局限性主要體現在不能真正反應企業的財務狀況、不能精確反應非量化的財務信息等。

3.4.1 資產負債表反應財務狀況的局限性分析

會計人員在會計處理時，資產的入帳價值原則上一般採取的是根據資產取得時實際發生的各種成本入帳。這樣一來，資產負債表中的大部分資產項目都是以歷史成本入帳。而普遍存在的通貨膨脹對歷史成本造成了強烈的衝擊，使得各時期的歷史成本的貨幣購買力失去可比性，當初取得資產的成本同它們的現行成本產生越來越大的差距。在通貨膨脹環境下，如果再按歷史成本原則編製企業的財務報表，不僅會影響到財務報表所有項目計量的真實性，而且也會使得某些個別資產的歷史成本明顯地脫離顯性價值，從而影響了企業財務狀況和經營成果的準確性與可靠性。

資產負債表中還有一些項目是按照公允價值計量的。如交易性金融資產、投資性房地產等，的確，公允價值如果運用得當，能大大提高會計信息的有用性。但是，如果企業不恰當地運用公允價值，那麼，對公允價值的濫用反而會導致會計信息成為「數字游戲」，違背公允價值的精神和目標。

資產負債表中還有一些項目是根據會計政策和估計來進行會計處理的。如固定資產折舊假設是按平均年限法計算，那麼資產負債表中反應出的固定資產淨額與該資產在市場上的實際價值可能完全不符，此時資產負債表中所反應的根本不是資產的實性資產，而是一項標準化的結構（非實性資產）。

3.4.2 資產負債表的「非量化」性分析

會計處理的記帳原則是以貨幣為計量單位。基於這一會計原則，資產負債表作為反應某一時點企業財務狀況的重要財務報表，就必然會遺漏許多無法用貨幣進行計量的資產項目，如企業的信譽、品牌、商標權、員工素質、企業文化等，這類企業重要性資產統都與企業的盈利能力息息相關，但由於國際上目前沒有統一的計量標準，也確實無法用貨幣進行數量化，因此造成了資產負債表僅能反應量化資產，而不能反應出企業的「非量化」資產。

3.4.3 資產負債表的主觀性分析

根據中國企業會計準則規定，會計人員在進行會計處理時，往往對資產項目是採取估計方法進行的。例如，資產減值準備、固定資產折舊和無形資產攤銷等，儘管是

企業根據當時的情形合理估計的，但這些估值難免帶有管理層和會計人員的主觀性，這種主觀性也必然會影響到資產項目的客觀性，直接影響了資產負債表所反應的會計信息的可靠性。

3.4.4 資產負債表的間接性分析

由於資產負債表反應了企業某一時點的財務狀況，是報表分析者進行財務報表分析的重要基礎之一。但在實際工作中，企業管理層可能迫於某種壓力，如盈利壓力或償債壓力，對報表進行加工或粉飾，這樣就直接導致資產負債表所提供的會計信息得不到直接披露，甚至故意引起報表使用者的「誤解」。對於資產負債表的這種間接性，其必然結果是無法真實反應出企業的財務狀況。

3.5　資產項目的解讀與分析

3.5.1 資產項目解讀與分析的現實意義

資產是資產負債表中的一個基本要素，是企業重要的經濟資源，也是企業是否能獲得價值增長所依賴的重要物質基礎之一。因此，對資產項目進行分析就顯得十分必要，就資產項目的解讀和分析而言，主要存在以下幾個方面的實際意義：

3.5.1.1　有助於瞭解企業的財務狀況

通過對資產的分析，我們能夠清楚地瞭解到企業的資產結構及分佈狀況。比如，企業擁有多少貨幣資金、應收帳款、固定資產等，並且能夠解讀到這些資產的數量和它們分別在總資產中所占的比重。

3.5.1.2　資產本身具備盈利性的重要特徵

企業首先通過籌資活動獲取現金，然後通過投資活動獲取生產性資產，再通過運用這些生產性資產進行各種日常管理活動（如，加工、製造、包裝等），最後通過產品或勞務的出售或提供獲取價值增值。從這個角度看，企業的資產在開始時就具備了盈利的特性。

3.5.1.3　資產是衡量企業風險大小的重要標誌之一

通過對資產項目的分析，可以評估企業風險大小。比如，企業的資產如果具備很高的使用和實用價值，那麼企業所擁有的資源是豐富的，可能說明企業未來的盈利能力較好，否則，則可能容易出現企業經營虧損的風險。又比如，假設該企業的資產具有很高的增值性，表明企業不但具有良好的盈利性，也具備良好的償債能力，能抵禦債務風險。

3.5.1.4　資產對現金總流入有重要的影響

資產數量的多少、資產的變現能力、資產的加工能力、資產的先進程度與否，不

但決定了企業提供產品和勞務的質量和服務能力，也決定了企業的現金流入的速度和大小。比如，一個企業的資產能更快更好地為市場提供產品及服務，那麼可以說，這家企業能獲取更多的現金總流入。

3.5.1.5 資產對企業競爭力有直接的影響

如果一個企業通過對生產性資產的運用，能夠提供高於市場標準和行業標準的產品和服務，那麼可以表明企業能夠為市場提供更佳的產品和服務，從而提高該企業在同行業市場中的競爭能力，達到提升企業的競爭力的目的。

3.5.1.6 資產規模表明企業擁有和控制資源的能力狀況

資產規模越大，說明企業擁有或可控制的資源越多，這樣能較大程度地為企業提供發展所需的生產性資源。企業營運管理水平的高低，在某種程度上也是指企業管理層運用資產的水平的高低。企業的管理層能擁有和控制更多的企業資源，並且能高效率地運行這些資產，提高資產利用效率，這充分說明企業管理層的營運管理能力較好。

總之，由於資產是企業重要的一項經營要素，通過對資產項目的分析，不僅能夠正確瞭解企業的財務狀況，我們也能夠比較全面地瞭解企業的盈利性、風險性、競爭性，還能夠很好地評估企業管理層的管理水平的高低。

3.5.2 資產項目解讀與分析的基本步驟

通過對資產項目的解讀和分析的現實意義的瞭解，我們對資產項目的分析就可以建立一個基本程序，並通過這些分析的基本程序進一步瞭解資產項目對企業的影響性，通過影響性分析便能為企業管理層提供如何提升資產營運能力有更多的積極促進作用。總體說來，資產項目的解讀和分析的基本步驟主要包括以下四步：

第一步，對資產總額進行解讀與分析。

一般來說，如果企業的資產總額越大，直接表明其生產經營規模可能越大，間接表明企業的經濟實力和未來盈利能力也就越強；反之，則說明生產經營規模越小或企業未來盈利能力越弱。比如，一家資產總額1,000萬人民幣的生產規模相對於另一家資產總額1億元人民幣的生產規模。另外，一定數額的資產總額還是某些市場、行業或業務的「准入證」。例如，外資銀行、合資銀行的最低註冊資本（資產總額）為3億元人民幣等值的自由兌換貨幣，擬上市的股份制企業的註冊資本必須不少於3,000萬元人民幣。資產總額越大，同時也說明企業抗風險的能力越強。比如，假設資產總額很少的企業一旦發生虧損，則企業破產的風險極高。

第二步，對資產的流動性進行解讀和分析。

資產的流動性大小，直接表明企業資產轉變為現金的速度的大小。因此，資產的流動性越高，則一定程度上能夠說明公司的資金回流的速度越高。那些不能或不準備變換為現金的資產，其流動性弱。另外，流動性越強的企業，也能夠說明企業有足夠的債務償還能力，能增加企業債權人的信心，從而達到穩固企業價值鏈的作用。當然，報表分析者通過對資產的流動性的解讀與分析，能夠有助於企業管理層作出科學的管理決策，包括籌資決策、增資擴產等日常管理決策。如果一家企業的流動性弱，則可

以採取股東增資或減少分紅，或者採取借款等方式解決流動性問題。

第三步，對資產的非流動性進行解讀和分析。

資產的非流動性雖然在一定程度上會削弱流動性，但能提供比流動性資產更高的增值潛力。一個企業的非流動性資產越高，可能表明企業的盈利能力越強。例如，一個企業的無形資產價值越高，則很大程度上能說明該企業的盈利能力也很強。再比如，一家企業的固定資產越多，則說明企業能提供更多的產品，通過更多的產品獲取的現金總收入也越多。另外，非流動性資產的質量也關乎企業的長期盈利能力。如企業如果擁有更多高科技、先進性的設備，就能提供性能更好、質量更佳的產品為顧客服務，從而大大增加企業的盈利空間。

第四步，對資產的質量進行解讀和分析。

資產的質量是指資產的變現能力及可以被企業進一步運用後在未來獲取價值創造的能力。所謂資產質量的好壞，主要表現在資產的帳面價值與其變現價值量或被進一步利用的未來收益（可以用資產的可變現淨值或公允價值來計量）之間的差異上。因此，在對資產項目進行分析時，必須對資產的質量進行解讀和分析。一般來說，資產按質量可以主要分為以下四大類：

3.5.2.1 帳面價值等同於實際價值的資產

在資產項目中，有的資產的帳面價值和實際價值（變現價值）完全等同，如貨幣資金。

3.5.2.2 帳面價值基本等同於實際價值的資產

在資產項目中，也存在某些資產的帳面價值和實際價值（變現價值）基本等同的資產。當然我們在這裡所理解的不是完全等同，也可能帳面價值是稍低於實際價值（變現價值），但這些資產存在貶值的風險較低或極低。如應收票據、其他應收款等。

3.5.2.3 帳面價值高於實際價值的資產

資產項目中有些資產的帳面價值往往高於其實際價值（變現價值）。這裡說的情況是這些資產存在較大的貶值風險。如應收帳款、交易性金融資產等，存貨、投資性房地產、工程物資等，由於這些資產受市場因素的影響非常明顯，如果在通脹時期，交易性金融資產的貶值速度就可能較高。還有部分存貨和部分技術含量較高、技術進步較快的高科技固定資產，因存在一定的貶值風險，所以也存在帳面價值被高估的風險。另外，由於「應計制」原則的要求而暫作「資產」處理的有關項目，如長期待攤費用等純攤銷性的「資產」項目，這些項目並不能為企業未來提供實質性幫助，沒有實際利用價值。

3.5.2.4 帳面價值低於實際價值的資產

由於資源的稀缺性和通貨膨脹等因素的影響，會計上按照成本模式計量資產項目的帳面價值可能已嚴重低於其市場價值。如無形資產、可供出售金融資產（存在貶值和升值兩種方向）等長期資產項目按歷史成本入帳，則可能產生嚴重的價值低估現象。

3.5.3 總資產項目的解讀與分析

資產負債表中的總資產包括流動資產和非流動資產兩類。如果資產總額中流動資產所占比重較大，則容易導致企業的盈利性較差。如貨幣資金的盈利性比固定資產的盈利性小。但流動資產所占比重過小，又容易導致企業缺乏流動性而影響企業的正常營運。因此，企業總資產項目中應該既保持充足的流動性，又必須保證企業有足夠的充足的盈利性。

一般來說，衡量企業資產的流動性往往通過流動資產（分子）與非流動資產（分母）的比值（倍數）來衡量。其計算公式如下：

企業資產流動性＝流動資產÷非流動資產

如果該比值越大，則說明企業有足夠的流動性，但缺乏足夠的盈利性；反之，則表明企業儘管有足夠的盈利性，但由於流動性的缺乏，可能導致企業營運終止。

案例【3-1】A、B公司2011年12月31日資產負債表中流動資產與非流動資產的數據分別如下表3-1所示，請根據這兩家公司的資產數據計算該公司的企業資產流動性並進行相關性分析。

表3-1　　　　　　　　A、B公司的資產總額相關數據　　　　　單位：人民幣萬元

項目	A公司	B公司
流動資產合計數	3,000.00	5,800.00
非流動資產合計數	2,500.00	7,200.00
資產總額	5,500.00	13,000.00

計算過程（單位：萬元）：

A公司：企業資產流動性＝3,000÷2,500≈1.2（倍）

B公司：企業資產流動性＝5,800÷7,200≈0.81（倍）

通過上面計算結果表明：A公司的流動性比B公司的流動性要強。

同理，衡量企業資產的盈利性往往通過非流動資產（分子）與流動資產（分母）的比值（倍數）來衡量。其計算公式如下：

企業資產盈利性＝非流動資產÷流動資產

案例【3-2】A、B公司2011年12月31日資產負債表中流動資產與非流動資產的數據參見案例【3-1】，請根據這兩家公司的資產數據計算該公司資產的盈利性並進行比較分析。

計算過程（單位：萬元）：

A公司：企業資產盈利性＝2,500÷3,000≈0.83（倍）

B公司：企業資產盈利性＝7,200÷5,800≈1.24（倍）

通過上面計算結果表明：A公司資產未來的盈利性比B公司未來的盈利性要高。

如果該比值越大，則說明企業資產有足夠的盈利性，但缺乏足夠的流動性；反之，

則表明企業儘管有足夠的流動性，但由於盈利能力的缺乏，可能導致企業經營出現虧損或未來出現虧損的可能性增加。

另外，如果從資產總額數據分析，B公司的資產總額比A公司的資產總額高出一倍以上（B資產總額是A資產總額的2.36倍），也能夠表明B公司的盈利性要高於A公司。

一般來說，流動資產的流動性在成長型的企業較高，而在成熟型的企業則相對較低；在工業企業較高（達到1.5倍左右），在服務企業相對較低（達到2倍左右）。

3.5.4 流動資產項目的解讀與分析

對流動資產項目進行解讀與分析時，首先應當對流動資產總額進行數量判斷，即將單項流動資產與資產總額進行比較。其計算公式可以表述為：

單項流動資產流動性＝流動資產總額÷單項流動資產金額

單項流動資產流動性的比值越高，說明該項資產的流動性越強；反之，則越弱。當然，對流動資產項目的分析還須結合企業所在的行業特點、企業經營規模的大小以及企業所處的生命週期階段特徵來給以補充。

在基本確認了流動資產的數額後，還須對流動資產各個項目的具體情況進行詳細解讀與分析，即分析各項資產為企業帶來的盈利性、風險性和流動性等幾個方面。

3.5.4.1 貨幣資金的解讀與分析

對貨幣資金的解讀與分析，最主要的是分析其占流動資產總額的比重高低，然後通過實際數值評估貨幣資金對企業的流動性、盈利性、風險性進行分析。

案例【3-3】A、B公司2011年12月31日資產負債表中流動資產與總資產的數據如下表3-2所示。請根據這兩家公司的資產數據計算該公司貨幣資金的流動性並進行相關性分析。

表3-2　　　　　　　　A、B公司的資產相關數據　　　　　　單位：人民幣萬元

項目	A公司	B公司
貨幣資金	500.00	800.00
交易性金融資產	200.00	350.00
應收票據	1,500.00	2,600.00
應收帳款	750.00	1,900.00
其他應收款	50.00	150.00
流動資產合計數	3,000.00	5,800.00
…	…	…
非流動資產合計數	2,500.00	7,200.00

計算過程（單位：萬元）：

A公司的貨幣資金流動性＝3,000÷500＝6.0（倍）

B 公司的貨幣資金流動性 = 5,800 ÷ 800 = 7.25（倍）

根據上述計算結果，我們能夠發現，B 公司的貨幣資金流動性（7.25 倍）高於 A 公司的貨幣資金流動性（6.0 倍）。同樣的道理，由於 A 公司貨幣資金的流動性相對較高，則 B 公司相對於 A 公司來說，具有較強的支付能力，存在資金斷裂的風險自然比 A 公司要低；但由於流動資產的流動性越高，也容易造成資金閒置，不但增加了資金成本，對企業的盈利性相對來說，A 公司的盈利能力應該高於 B 公司。

一般來說，企業既要盡量做到資金充足又不形成浪費；既要保持合理的流動性又不能存在風險，也不能削弱企業的盈利能力。除了對其進行流動性分析是不夠的，還應該分析其盈利性和風險性，則應該圍繞下面幾個方面展開全面分析：

（1）收支規模與現金存量分析

一般而言，如果一家企業的資產規模越大，相應的貨幣資金的規模也就越大；業務收支頻繁且絕對額較大的企業，處於貨幣資金形態的資產也會越多。這種情況下，企業應適度降低貨幣資金存量，以避免資金閒置浪費及影響企業盈利。

（2）籌資能力與現金存量分析

如果企業的業績優良、信譽良好，在證券市場上籌集資金和向銀行借款就比較容易，那麼企業就沒有必要持有大量的貨幣資金。

（3）獲現能力與現金存量分析

如果企業的管理人員能夠妥善地利用貨幣資金，科學地組織企業的投資活動和營運管理活動，就能不斷提高企業的獲利能力和獲現能力。那麼，適當地減少現金存量對企業就基本無太大影響。但如果企業管理層不能改善管理水平，企業無法獲得良好的獲利能力和獲現能力，那麼企業則應該保持一定的現金存量，以防止企業現金不足所引發的財務困難。

（4）行業差異與現金存量分析

如果企業所處的行業存在差異，則其持有的合理的貨幣資金的規模也會存在差異。例如，一家化妝品行業的企業的毛利水平比另一家傳統製造業的企業的毛利水平要高，因此，化妝品行業的現金存量一般就比傳統製造業要低，其原因就是化妝品行業的盈利水平比傳統製造業相對要高。即使是在虧損的情況下，化妝品行業的現金存量也應該低於傳統行業，其原因是化妝品行業支付原材料、人工的付現成本比傳統製造業低得較多。

綜上所述，對貨幣資金的分析不僅要分析其流動性，還須進一步解讀和分析其對企業的盈利性、風險性等。因此，對貨幣資金的解讀和分析則要全面分析企業的收支規模、籌資能力、企業管理層管理能力及行業差異等多個方面。下圖 3-2 總結了貨幣資金解讀與分析的基本思路和方法路徑。

3.5.4.2 交易性金融資產的解讀與分析

根據國際會計準則的定義，金融資產是指屬於以下各項的任何資產：①現金；②從另一企業收取現金或另一金融資產的合同權利；③在潛在有利的條件下，與另一企業交換金融工具的合同權利；④另一企業的權益工具。其中，權益工具是指能證明

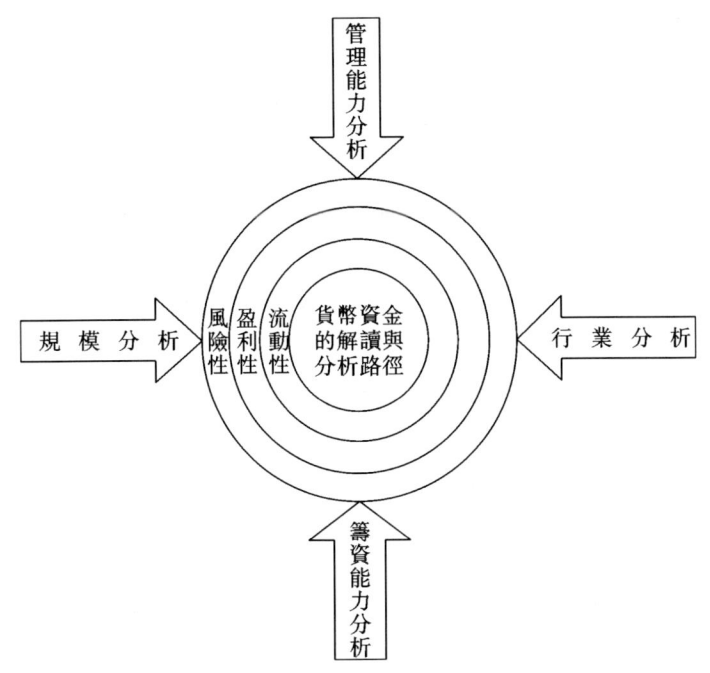

圖3-2　貨幣資金的解讀與分析路徑

擁有某個企業在扣除所有負債後的資產中剩餘權益的合同，如企業發行的普通股，企業發行的、使持有者有權以固定價格購入固定數量該企業普通股的認股權證等。金融資產主要包括庫存現金、應收帳款、應收票據、其他應收款、應收利息、債權投資、股權投資、基金投資、衍生金融資產等。而交易性金融資產主要是指企業為了近期內出售而持有的金融資產，例如，企業以賺取差價為目的從二級市場購入的股票、債券、基金等。

　　證券投資是企業資本運作的主要形式。在會計上，企業進行的股權投資既可能被確認為交易性金融資產，也可能被確認為長期股權投資或可供出售金融資產；企業進行的債券投資既可能被確認為交易性金融資產，也可能被確認為持有至到期投資或可供出售金融資產。具體被確認為哪一類取決於投資的目的和意圖，具體在分析判斷時可參考圖3-3所示。

　　從交易性金融資產的定義不難看出，企業持有交易性金融資產的基本目的在於「交易」，或者說是通過頻繁的交易來賺取價差，而非為了控制和影響被投資單位。正因如此，交易性金融資產以公允價值為基本計量屬性，無論是在其取得時的初始計量還是在資產負債表日的後續計量，交易性金融資產均以公允價值計量。企業在持有交易性金融資產期間，其公允價值變動在利潤表上以「公允價值變動損益」計入當期損益，同時增加或減少交易性金融資產的帳面價值；出售交易性金融資產時，不僅要轉銷交易性金融資產的帳面價值、確認出售損益，還要將原來計入「公允價值變動損益」的金額轉入「投資收益」。

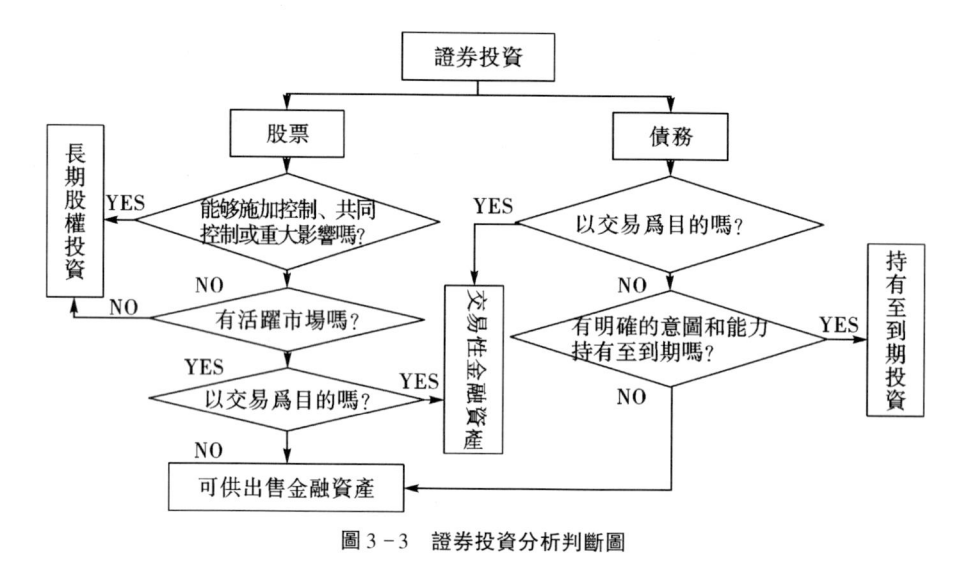

```
                        ┌─────────┐
                        │ 證券投資 │
                        └────┬────┘
                   ┌─────────┴─────────┐
              ┌────┴────┐          ┌───┴───┐
              │  股票   │          │ 債務  │
              └────┬────┘          └───┬───┘
                   │                   │
         YES ╱能夠施加控制、╲    YES  ╱以交易為目的嗎？╲
    ┌──────╱共同控制或重大影╲    ┌──╲              ╱
    │      ╲  響嗎？        ╱    │   ╲            ╱
    │       ╲              ╱     │    ╲  NO     ╱
    │        ╲NO          ╱      │     ╲       ╱
┌───┴───┐    ╲           ╱       │      ╲     ╱
│長期股權│     ╲         ╱        │    ╱有明確的意圖和能力╲  YES  ┌─────┐
│投資   │      ╲       ╱         │   ╲持有至到期嗎？    ╱──────│持有至│
└───┬───┘       ╲     ╱          │    ╲              ╱        │到期 │
    │            ╲   ╱           │     ╲            ╱         │投資 │
    │NO    ╱有活躍市場嗎？╲       │      ╲   NO    ╱           └─────┘
    └─────╲              ╱       │       ╲       ╱
           ╲            ╱    ┌───┴──┐
            ╲YES       ╱     │交易性│
             ╲        ╱      │金融資│
              ╲      ╱       │ 產  │
         ╱以交易為目的嗎？╲    └───┬──┘
        ╲              ╱ YES────┘
         ╲            ╱
          ╲  NO      ╱
           ╲        ╱
            ┌──────┴───────┐
            │可供出售金融資產│
            └──────────────┘
```

圖3-3 證券投資分析判斷圖

對交易性金融資產的解讀與分析，最主要的是分析其占流動資產總額的比重高低，然後通過實際數值評估交易性金融資產對企業的流動性、盈利性、風險性進行分析。

案例【3-4】A、B公司2011年12月31日資產負債表中流動資產與流動資產總額的數據如上表3-2所示。那麼請根據這兩家公司的資產數據計算該公司交易性金融資產的流動性並進行相關性分析。

計算過程（單位：萬元）：

A公司的交易性金融資產流動性＝3,000÷200＝15.0（倍）

B公司的交易性金融資產流動性＝5,800÷350≈16.6（倍）

根據上述計算結果，我們能夠發現，B公司的交易性金融資產流動性（16.6倍）高於A公司的交易性金融資產流動性（15.0倍）。

與貨幣資金解讀分析同理，企業既要保證維持企業營運所需要的貨幣資金，又不能削弱企業的盈利能力。當資金閒置時，就必須購買交易性金融資產，這樣既保證資金的充足性，又不影響企業的貨幣資金運動，最終增強企業的流動性。總體來說，對貨幣資金的解讀與分析還應該包括盈利性和風險性兩種分析，具體應從下面幾個方面進行。

（1）收支規模與交易性金融資產規模分析

一般而言，如果一家企業的資產規模越大，相應的貨幣資金的規模也就越大；業務收支頻繁且絕對額較大的企業，處於貨幣資金形態的資產也會越多。這種情況下，企業應適度增加交易性金融資產的投資規模，這樣既不影響企業的支付能力，也能夠在短期內為企業獲取價值收益。

（2）資本市場環境與交易性金融資產規模分析

如果資本市場比較發達，具備穩定的投資機會，企業可以適度增加交易性金融資產的投資規模，以增加企業盈利能力；反之，則應以減少該資產的投資規模為宜。

(3) 獲現能力與交易性金融資產規模分析

如果企業管理層能夠通過營運獲得很好的現金增長,那麼企業則應該適度增加交易性金融資產規模,這樣企業貨幣資金在不影響營運資金的情況下也能為企業創造價值。

(4) 行業差異與交易性金融資產規模分析

如果企業所處的行業存在差異,則其持有的交易性金融資產的規模也會存在差異。例如,假設某個行業處在微利時期,而企業又有充裕的現金流量,那麼這家企業自然應該增加交易性金融資產的規模。但是,如果某個行業處在盈利的旺盛時期,那麼企業必須盡量將現金投入到企業營運管理中,以獲取比短期投資更高的經濟效益。

(5) 生命週期與交易性金融資產規模分析

由於企業所處的生命週期不同,企業持有的交易性金融資產的規模也會存在差異。例如,假設某個行業處在成長階段,企業應盡量保證企業成長所需的貨幣資金,則盡量不投資交易性金融資產,以免出現資金短缺。但是,當行業處在成熟期階段時,由於市場盈利能力趨於一個相對正常水平,那麼可以利用此時比較豐富的現金資源盡量增加交易性金融資產的投資,以獲取一定的經濟效益。

綜上所述,對貨幣資金的分析不僅要分析其流動性,也須進一步解讀和分析其對企業的盈利性、風險性等。因此,對貨幣資金進行解讀和分析則需要分析企業的收支規模、資本市場分析、獲現能力、行業差異及生命週期五個方面。下圖3-4總結了交易性金融資產解讀與分析的基本思路和方法路徑。

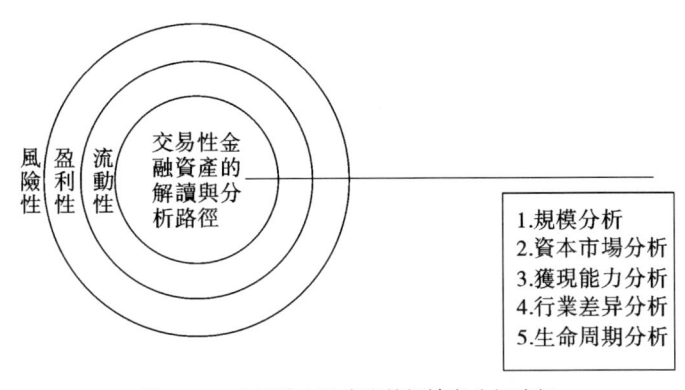

圖3-4 交易性金融資產的解讀與分析路徑

3.5.4.3 應收票據的解讀與分析

由於應收票據的確認需要債權人或債務人簽發的表明債務人在約定時日應償付約定金額的書面文件,因而具有較強的法律約束力。其中,根據《中華人民共和國票據法》(以下簡稱《票據法》)的相關規定,票據貼現具有可追索權,即如果票據承兌人到期不能兌付,背書人負有連帶責任。這樣,對企業而言,已貼現的商業匯票就是一種「或有負債」。

對應收票據的解讀與分析,最主要的是分析其占流動資產總額的比重高低,然後

通過實際數值評估應收票據對企業的流動性、盈利性、風險性進行分析。

案例【3-5】A、B公司2011年12月31日資產負債表中流動資產與流動資產總額的數據如上表3-2所示，請根據這兩家公司的資產數據計算該公司應收票據的流動性並進行相關性分析。

計算過程（單位：萬元）：

A公司的應收票據流動性 = 3,000÷1,500 = 2.0（倍）

B公司的應收票據流動性 = 5,800÷2,600 ≈ 2.23（倍）

根據上述計算結果，我們能夠發現，B公司的應收票據流動性（2.23倍）高於A公司的應收票據流動性（2.0倍）。

與貨幣資金解讀分析同理，企業一方面需要保障企業營運所需要的貨幣資金，需降低企業的財務成本，同時也必須降低企業資產的風險。一般而言，應收帳款的解讀與分析除了進行流動性分析外，還應該分析其對企業的盈利性和風險性，應該圍繞下面幾個方面進行：

（1）貨幣資金規模與應收票據規模分析

如果企業貨幣資金本身存在支付困難，那麼企業則應適度減少應收票據規模；反之，可適度增加應收票據規模。

（2）經濟效益與應收票據規模分析

通常，如果企業的經濟效益較好，那麼可以抵消因為應收票據而增加的財務利息費用，因此，可以適度增加應收票據數額，以進一步擴大市場份額。反之，則盡量減少因應收票據所引起的利息費用的增加，達到提高企業效益的目的。

（3）客戶信用狀況與應收票據規模分析

由於《票據法》中規定了商業票據具有「連帶責任」，當客戶資金情況不能支付到期票據，此時的應收票據實質上就變成了「或有負債」了，因此，企業應客觀評估票據簽發人的信用狀況。如果該簽債務人的信用狀況較好，則可適度增加；如果信用狀況不佳，則盡量避免接收應收票據，因為這樣不僅需要支付更多的利息費用，還要承擔債權無法及時收回的風險。

（4）銀行實力與應收票據規模分析

商業票據分為銀行承兌匯票和商業承兌匯票。所謂銀行承兌匯票是由債務人簽發，銀行承擔連帶責任的一種商業票據。因此，銀行承兌匯票具有較高的償付性，一般不會導致債權人產生「或有負債」。所以，如果債務人簽發的是銀行承兌匯票，那麼企業應客觀評估銀行實力，才能保證應收票據到期如期得到支付。假設該銀行不具備承擔票據或銀行承擔了過多的銀行承兌票據，那麼銀行本身容易出現支付困難。只有對銀行實力進行評估，才能夠確定應收票據是否增加數量。否則，應盡量減少應收票據規模。

（5）競爭能力與應收票據規模分析

如果企業在所處的行業中有較好的競爭能力，那麼企業盡量不接收債務人的商業票據；反之，如果競爭能力較差，則可適度增加應收票據規模，只有這樣，才能更快

地獲得市場份額的增長，不斷提升企業的競爭能力。

綜上所述，對應收票據的分析不僅要分析其流動性，還須進一步解讀和分析其對企業的盈利性、風險性等。因此，要對應收票據進行解讀和分析就必須要分析企業的現金規模、經濟效益、客戶信用、銀行實力及競爭能力五個方面。下圖3-5歸納了應收票據解讀與分析的基本思路和方法路徑。

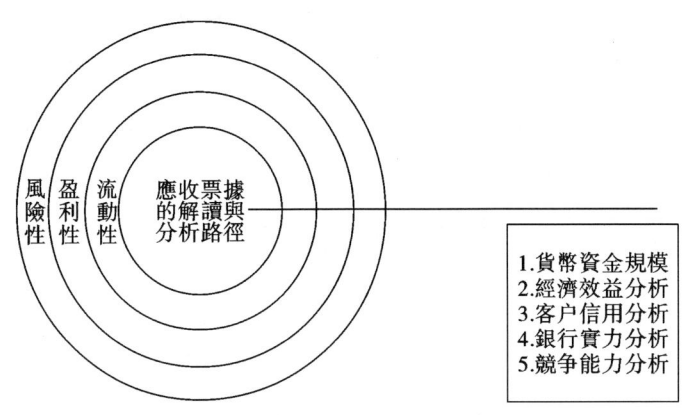

圖3-5　應收票據的解讀與分析路徑

3.5.4.4　應收帳款的解讀與分析

應收帳款是由於企業採取賒銷形式所獲得的一項債權。應收帳款的基本確認條件必須有兩點：①貨物已轉移；②貨物所有權已轉移。由於應收帳款存在回收難的風險，也存在資金使用成本的問題，因此，必須對應收帳款進行詳細的解讀與分析。

對應收帳款的解讀與分析，最主要的是分析其流動資產總額的比重高低，然後通過實際數值評估應收帳款對企業的流動性、盈利性、風險性進行分析。

案例【3-6】A、B公司2011年12月31日資產負債表中流動資產與流動資產總額的數據如上表3-2所示。請根據這兩家公司的資產數據計算該公司應收帳款的流動性並進行相關性分析。

計算過程（單位：萬元）：

A公司的應收帳款流動性＝3,000÷750＝4.0（倍）

B公司的應收帳款流動性＝5,800÷1,900≈3.05（倍）

根據上述計算結果，我們能夠發現，A公司的應收帳款流動性（4.0倍）高於B公司的應收帳款流動性（3.05倍）。

企業一方面需要獲得市場份額增長，提升盈利能力，同時還需加快企業資金回流速度，降低企業帳款風險。另外，對應收帳款的解讀與分析還應該結合其對企業的盈利性和風險性兩方面進行，具體包括以下幾點：

(1) 貨幣資金規模與應收帳款規模分析

如果企業貨幣資金規模不足，本身存在一定的現金支付困難，那麼企業必須適度減少應收帳款規模；反之，可適度增加應收帳款規模。

（2）客戶信用狀況與應收帳款規模分析

由於賒銷存在一定的風險，這種風險主要來自無法及時收回貨款。因此，企業應客觀評估客戶的信用狀況。如果客戶的信用狀況不良，那麼就應該對該客戶盡量實行現款銷售而避免賒銷方式；如果客戶信用狀況嚴重不佳，企業則寧可採取終止合作，也不要選擇賒銷方式與之合作。

（3）競爭能力與應收帳款規模分析

如果企業在所處的行業中有較好的競爭能力，那麼企業盡量不採取賒銷方式，以最大限度減少應收帳款規模；反之，如果競爭能力較差，則可適度增加應收帳款規模，只有這樣，才能更快地獲得市場份額的增長，不斷提升企業的競爭能力。

（4）帳款管控能力與應收帳款規模分析

在企業採取賒銷的銷售政策下，企業必須要加強自身帳款的管理能力，不斷提升和加強各種帳款管理和催收的能力及技巧；否則，帳款回收的可能性不大。引起公司帳款的風險和損失。狀況管理能力越強，則可適度增加應收帳款規模；反之，則應盡量降低規模。

（5）帳款帳齡與應收帳款規模分析

企業的應收帳款往往都存在固定的貨款回收時間，一旦超過了貨款回收的時間，容易造成貨款損失。因此，必須對應收帳款進行帳齡分析，帳齡期內的帳款，一般屬安全範圍；超過帳齡的，則安全系數較低。同時，如果超過帳齡期的貨款的金額越大，那麼企業的帳款風險越高，一旦發生損失，對企業的盈利性也有較高的衝擊。

綜上所述，對應收帳款的分析不僅要分析其流動性，還須進一步解讀和分析其對企業的盈利性、風險性等。因此，對應收帳款的解讀與分析必須全面分析企業的現金規模、客戶信用、競爭能力及帳款的管控能力四個方面。下圖3-6歸納了應收帳款解讀與分析的基本思路和方法路徑。

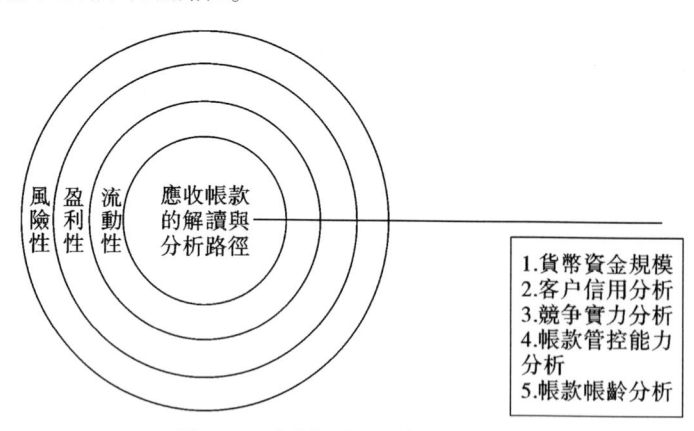

圖3-6　應收帳款的解讀與分析路徑

3.5.4.5　預付帳款的解讀與分析

流動資產中，預付帳款其實是一項特殊的流動資產。由於款項已經提前進行了支

付，而商品或勞務接收則在後面的時間內，因此，除非發生另外一些特殊情況，如貨款接受方不能按約提供產品及勞務時，預付帳款可能帶來現金流入。除了特殊情況之外，該項資產只能在未來帶來收益而不能給企業產生現金流入，即在這種債權到期收回時，回流到企業的並非是貨幣資金，而是存貨或某項服務（如商業保險單、技術服務、諮詢服務等），因此，該項目存在變現性難的特點。根據會計準則相關規定，如果預付帳款過多，則計入應付帳款項目；但本書為了學員進一步瞭解資產項目的解讀與分析，因此，還是將預付帳款作為資產項目解讀與分析的內容之一。

對預付帳款的解讀與分析，最主要的是分析其流動資產總額的比重高低，然後通過實際數值評估預付帳款對企業的流動性、盈利性、風險性進行分析。

案例【3-7】X、Y 公司 2011 年 12 月 31 日資產負債表中流動資產與流動資產總額的數據如下表 3-3 所示。那麼請根據這兩家公司的資產數據計算該公司預付帳款的流動性並進行相關性分析。

表 3-3　　　　　　　　　X、Y 公司的流動資產相關數據　　　　　　單位：萬元

項目	X 公司	Y 公司
預付帳款	800.00	2,500.00
流動資產合計數	6,000.00	8,000.00

計算過程（單位：萬元）：

X 公司的預付帳款流動性 = 6,000 ÷ 800 = 7.5（倍）

Y 公司的預付帳款流動性 = 8,000 ÷ 2,500 = 3.2（倍）

根據上述計算結果，我們能夠發現，X 公司的預付帳款流動性（7.5 倍）高於 Y 公司的預付帳款流動性（3.2 倍）。

對於企業來說，應盡量減少貨幣資金支出，增加貨幣資金儲備。因此，對預付帳款的解讀與分析除了分析其流動性，還需要分析其盈利性和風險性，具體包括以下幾點：

(1) 貨幣資金規模與預付帳款規模分析

如果企業貨幣資金規模不足，本身存在一定的現金支付困難，那麼企業必須適度減少預付帳款規模；反之，可適度增加應預付帳款規模，以獲得供應商的良好服務或提前預訂獲取某項服務或勞務的權利。

(2) 供應商供貨能力與預付帳款規模分析

由於預付存在到期回收的風險。因此，企業應客觀評估供應商的供貨能力和服務水平。如果客戶的供貨能力及提供勞務能力不足，則盡量不採取提前預付貨款方式合作，或者根本不合作。但是，如果企業所需的勞務或服務是必需的並且又是目前或未來市場中緊缺的，儘管提供方可能存在供貨或提供勞務能力不足，也應該採取預付現金方式，以獲得更多該項服務或貨物的權利，避免企業出現供應短缺的狀況。

(3) 供應鏈成本與預付帳款規模分析

如果企業和供貨商有良好的合作背景，則企業可從價值鏈的長遠角度考慮，盡量

為價值鏈的服務商提供更多的財務支持，以幫助供貨商或勞務提供商能夠利用企業的財務支持降低供應鏈成本，從而達到降低企業採購成本、增強企業競爭能力的目的，為了共同的目的，企業可以選擇增加預付帳款。不然的話，則還是應盡量減少預付帳款規模，以釋放企業的流動性和增強企業現金支付能力和償債能力。

總之，對預付帳款的分析不僅要分析其流動性，還須進一步解讀和分析其對企業的盈利性、風險性等。因此，對預付帳款進行解讀與分析就需要分析企業的現金規模、供應商供貨能力、盈利能力三個方面。下圖3-7歸納了預付帳款解讀與分析的基本思路和方法路徑。

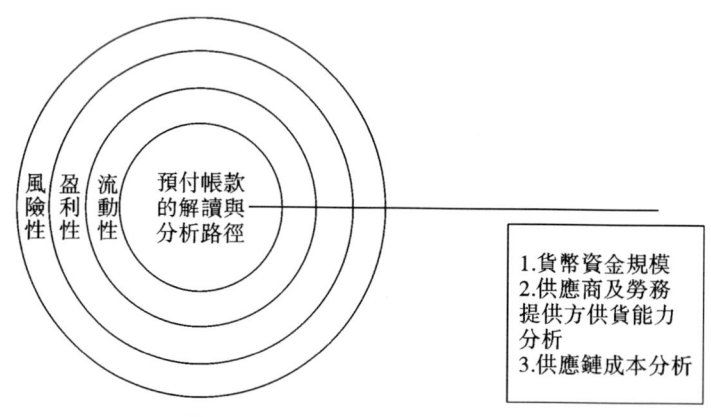

圖3-7　預付帳款的解讀與分析路徑

3.5.4.6　其他應收款的解讀與分析

其他應收款即為「其他」，則與主營業務產生的債權（應收帳款等）比較其數額不應過大。正是由於其他應收款一般在企業流動資產中所占的比重相對較小，對企業的流動性、盈利性和風險性均不能引起較大的影響。因此，本章就不在此進行詳細分析，如果想瞭解該項流動性資產的解讀和分析的話，可以參考上述幾項資產的解讀和分析方法。

但是，如果該項資產數額過大，時間過長的話，則屬於不正常現象，容易產生一些不明原因的占用，這就需要管理層關注其他應收款的質量問題了。分析其質量問題需要報表分析者進一步借助企業本身的會計報表附註，進行認真、仔細的分析，通過其構成項目的具體內容和具體發生時間來進行解讀和分析。特別是對那些金額較大、時間較長、來自關聯方的應收款項目，更要報表分析者警惕企業惡意或故意利用該資產項目粉飾利潤、讓大股東無償占用資金及轉移銷售收入、偷逃稅款等。

3.4.5.7　存貨的解讀與分析

流動資產中，存貨是一項重要的流動資產，也是一項對企業流動性、盈利性、風險性有較大影響的資產。一旦存貨管理失控，企業不僅有虧損風險，而且也存在停止營運的可能。因此，對存貨的解讀與分析，必須在思想上給予高度重視。

對預付帳款的解讀與分析，依然是重點圍繞其對企業的流動性、盈利性、風險性

三方面進行分析，詳細分析請參考案例3-8。

案例【3-8】X、Y公司2011年12月31日資產負債表中流動資產與流動資產總額的數據如下表3-4所示，請根據這兩家公司的資產數據計算該公司存貨的流動性並進行相關性分析。

表3-4　　　　　　　　X、Y公司的流動資產相關數據　　　　　　單位：萬元

項目	X公司	Y公司
存貨	4,200.00	3,200.00
流動資產合計數	6,000.00	8,000.00

計算過程（單位：萬元）：

X公司的存貨流動性＝6,000÷4,200≈1.43（倍）

Y公司的存貨流動性＝8,000÷3,200＝2.5（倍）

根據上述計算結果，我們能夠發現，Y公司的存貨流動性（2.5倍）高於X公司的存貨流動性（1.43倍）。

對於企業來說，應盡量控制存貨，增加企業流動性和短期償債能力。同時，對存貨的解讀與分析還應該從盈利性和風險性兩個方面進行。

(1) 分析存貨結構與存貨規模分析

存貨主要分為原材料、在產品、產成品及庫存商品等項目。由於資產負債表上的「存貨」項目是一個集合數據，但這些具體項目又分別具有不同的用途和特性，因此，還需要分析存貨結構。在存貨規模中，假如產成品的規模偏高，將可能明顯影響企業的盈利性和資產的流動性。因此，必須對存貨結構進行科學分析，保證存貨的結構是合理的，是符合企業實際需要的。

(2) 業績規模與存貨規模分析

如果企業市場佔有率很高、產品競爭能力較強，因為市場對企業的產品本身具有一定的依賴度，那麼企業的存貨適度增加是能夠接受的。但是，如果企業本身業績規模較小、產品競爭力弱，那麼企業就必須盡量控制存貨規模，這樣能降低企業存貨的風險，增加企業資產的流動性，對企業的盈利能力有正面的促進作用；反之，則不但削弱了企業的流動性，還增加企業的經營風險。

(3) 存貨帳齡與存貨規模分析

企業的存貨往往都存在變現難和較長時間才能變現這兩種客觀情況，一旦存貨規模較大，則企業存貨變現的難度加大、變現時間拖長，這都將嚴重影響企業的現金回流速度及償付能力。

(4) 成本效益與存貨規模分析

如果通過企業的存貨規模相對較大，則企業需要為這些存貨付出的成本也相應地大量增加（如倉儲人員、物流人員、貨物損失成本、倉儲成本等成本費用）。因此，必須盡量控制存貨規模，以降低倉儲物流成本。如日本企業的精益生產方式就是很好降低和控制倉儲物流成本的典範。

（5）盈利能力與存貨規模分析

企業存貨規模過高，容易造成積壓甚至滯銷，這勢必對企業的盈利能力產生極大的挑戰。一旦滯銷，企業將付出沉重的代價，不僅無法帶來盈利，甚至對企業來說是滅頂之災。因此，存貨規模的大小應與企業的盈利能力為前提；否則，企業將隨時出現虧損甚至倒閉的風險。

（6）存貨的入帳方法與存貨規模分析

存貨的計價方法，是按照取得時的成本進行初始計量的。但根據《企業會計準則第1號——存貨》的規定，企業應當採用先進先出法、加權平均法或個別計價法確定存貨的實際成本。在實務中，由於存貨的發生時間具有連續性，每個時間的採購成本並非是固定的，而是會發生變化的，這樣，按會計準則對存貨計價時，由於同一種物質的價格並不相同，按照各種計價方法計算的初始成本顯然有差異，這樣，就容易造成管理層利用計價方法的不同而粉飾報表。企業存貨規模越大，粉飾效果就會越好。因此，報表分析者應查明企業是否存在利用存貨計價方法政策的調整來達到粉飾報表的目的。

總之，對存貨的分析不僅要分析其流動性，還須進一步解讀和分析其對企業的盈利性、風險性等。因此，對存貨進行解讀與分析就需要分析企業的存貨結構、業績規模、存貨帳齡、成本效益、盈利能力、計價方式六個方面。下圖3-8歸納了存貨的解讀與分析的基本思路和方法路徑。

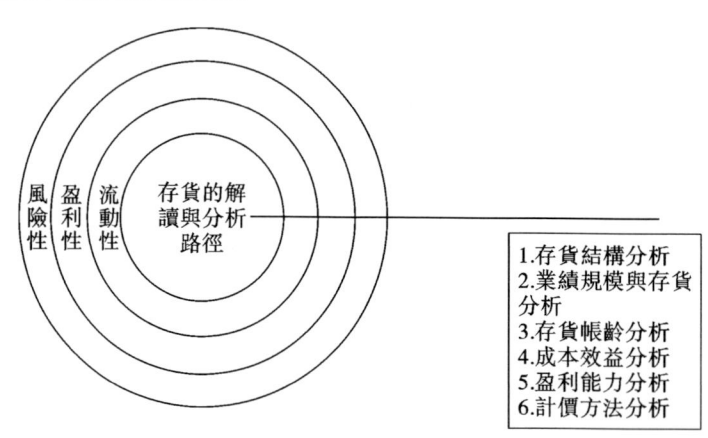

圖3-8　存貨的解讀與分析路徑

3.5.5　非流動資產項目的解讀與分析

3.5.5.1　可供出售金融資產的解讀與分析

企業可供出售金融資產是企業長期持有，且不符合長期股權投資和持有至到期投資的資產。由於該項資產屬於長期持有的性質，除了考慮長期盈利性之外，也必然需要考慮其長期所帶來的風險性。當然，如果企業的非流動資產過多，也勢必影響企業日常營運所需的流動性。與流動資產解讀與分析的路徑同理，對可供出售金融資產的

解讀與分析也需要分析其流動性、盈利性和風險性。其流動性的詳細分析請參考案例 3-9。

案例【3-9】X、Y 公司 2011 年 12 月 31 日資產負債表中非流動資產與非流動資產總額的數據如下表 3-5 所示。那麼請根據這兩家公司的非流動資產數據計算該公司可供出售金融資產的流動性並進行相關性分析。

表 3-5　　　　　　　　X、Y 公司的非流動資產相關數據　　　　　　　　單位：萬元

項目	X 公司	Y 公司
可供出售金融資產	3,000.00	3,500.00
非流動資產合計數	12,000.00	18,000.00

計算過程（單位：萬元）：

X 公司的可供出售金融資產流動性 = 12,000 ÷ 3,000 = 4.0（倍）

Y 公司的可供出售金融資產流動性 = 18,000 ÷ 3,500 ≈ 5.14（倍）

根據上述計算結果，我們能夠發現，X 公司的可供出售金融資產流動性（4.0 倍）小於 Y 公司的可供出售金融資產流動性（5.14 倍）。或者可以理解為 X 公司的非流動資產中更多地用於投資理財，假如公司的流動性缺乏時，無法及時對企業的流動性進行補充，從而影響企業流動性。

對於企業來說，運用理財手段進行投資，獲取投資價值增長，這本無可厚非，但如果企業過分關注理財投資為企業所帶來的盈利，則勢必造成主營業務受到一定程度的影響。同時，對可供出售金融資產的解讀與分析還應該從盈利性和風險性兩個方面進行，主要包括以下幾點：

（1）對可供出售金融資產的盈利性進行分析

由於可供出售金融資產處置損益計入當期損益，通過分析該部分金融資產的增減變動，可以預見公司的持續獲利能力，並結合證券市場的變動對未來期間的損益情況進行分析預測。

（2）對可供出售金融資產對利潤影響分析

在解讀財務報告時，關注可供出售金融資產的增減變動及餘額是十分必要的。由於可供出售的金融資產在持有期間以公允價值計量，但並不影響公司業績，只有在處置後才對公司業績有影響。這樣做的好處在於可以避免持有可供出售金融資產期間公允價值波動對企業當期損益的影響。

（3）對投資環境及被投資者財務狀況分析

如果投資環境惡化、被投資者財務狀況比較糟糕，那麼報表分析者應該盡快對可供出售金融資產進行調整，避免企業遭受虧損。但是，如果投資環境良好、被投資企業的財務狀況也相對較好的話，企業可適度增加該非流動資產的投資，以期未來獲得更好的收益。

總之，對可供出售金融資產的解讀與分析不僅要分析其流動性，還須進一步解讀和分析其對企業的盈利性、風險性等。下圖 3-9 歸納了可供出售金融資產的解讀與分

析路徑的解讀與分析的基本思路和方法路徑。

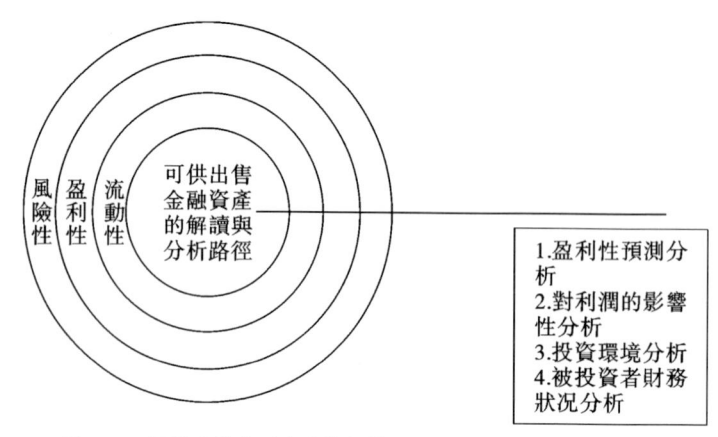

圖3-9 可供出售金融資產的解讀與分析路徑的解讀與分析路徑

3.5.5.2 持有至到期投資的解讀與分析

此類金融資產是指到期日固定、回收金額固定或可確定，且企業有明確意圖和能力持有至到期的非衍生金融資產，包括企業持有的在活躍市場上有公開報價的國債、企業債券、金融債券等。持有至到期投資的目的主要是定期收取利息、到期收回本金，並力圖獲得長期穩定的收益。由於該項資產屬於長期持有的性質，除了考慮長期盈利性之外，也必然需要考慮其長期所帶來的風險性。與可供出售金融資產解讀與分析的路徑同理，對持有至到期投資的解讀與分析也需要分析其流動性、盈利性和風險性。流動性的詳細分析請參考案例3-10。

案例【3-10】X、Y公司2011年12月31日資產負債表中非流動資產與非流動資產總額的數據如下表3-6所示。那麼請根據這兩家公司的非流動資產數據計算該公司持有至到期投資的流動性並進行相關性分析。

表3-6　　　　　　　X、Y公司的非流動資產相關數據　　　　單位：人民幣萬元

項目	X公司	Y公司
持有至到期投資	1,200.00	2,500.00
非流動資產合計數	12,000.00	18,000.00

計算過程（單位：萬元）：

X公司的持有至到期投資流動性 = 12,000 ÷ 1,200 = 10.0（倍）

Y公司的持有至到期投資流動性 = 18,000 ÷ 2,500 = 7.2（倍）

根據上述計算結果，我們能夠發現，X公司的持有至到期投資流動性（10.0倍）高於Y公司的持有至到期投資流動性（7.2倍）。

持有至到期投資的盈利性、風險性分析主要包括以下幾點：

（1）持有至到期投資對利潤的貢獻度分析

由於持有至到期投資是固定回收本金、固定收取利息，具備穩定收益的特點。因此，對利潤的貢獻度也是可預見的，如果公司持有至到期投資過高的話，則對企業的盈利能力將有一定程度的削弱（任何風險性低的資產的收益性也不高）。因此，企業欲想獲取更大的利潤貢獻，還得依靠企業的營運管理水平獲取高收益。

（2）對被投資者的信用狀況進行分析

由於持有至到期投資的收益是固定的。所以，當企業沒有收到利息等收益，則存在投資虧損的高風險。因此，不僅在投資前需要對被投資企業的盈利能力進行分析，投資期間還必須對企業的信用狀況和盈利能力同時進行分析評估，從而盡量避免企業投資的風險性，降低企業投資風險。

（3）企業生命週期階段分析

當企業處在生命週期階段，企業此時的貨幣資金非常充裕，則應該加大該項資產的投資。如果企業處在成長階段，則應該減少該項非流動資產的投資，以增強公司的貨幣流動性，增加支付能力和償債能力。

總之，對持有至到期投資的解讀與分析不僅要分析其流動性，還須進一步解讀和分析其對企業的盈利性、風險性等。下圖3-10歸納了持有至到期投資的解讀與分析的基本思路和方法路徑。

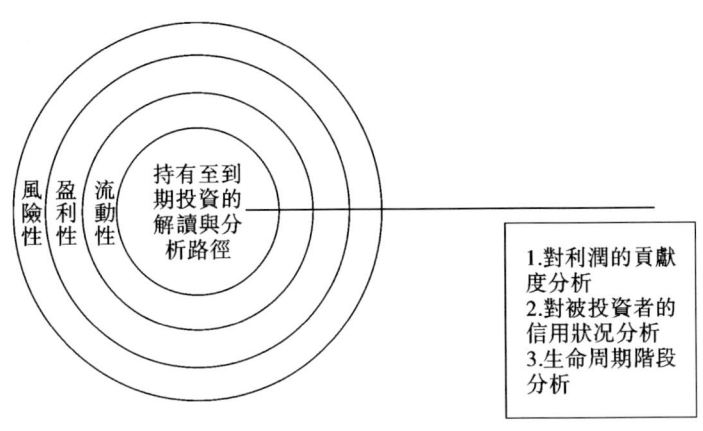

圖3-10 持有至到期投資的解讀與分析路徑

3.5.5.3 長期股權投資的解讀與分析

長期股權投資是企業持有的對其子公司、合營企業及聯營企業的權益性投資及企業持有的對被投資單位不具有控制、共同控制或重大影響，並且在活躍市場中沒有報價、公允價值不能可靠計量的權益性投資。企業進行長期股權投資的目的多種多樣，有的是為了建立和維持與被投資企業之間穩定的業務關係，有的是為了控制被投資企業，有的是為了增強企業多元化經營的能力，創造新的利潤源泉。不過，大多數企業進行長期股權投資的目的就是為了增加企業的利潤，作為對自身經營活動的補充。與可供出售金融資產解讀與分析的路徑同理，對持有至到期投資的解讀與分析也需要分析其流動性、盈利性和風險性。其流動性的詳細分析請參考案例3-11。

案例【3-11】 X、Y 公司 2011 年 12 月 31 日資產負債表中非流動資產與非流動資產總額的數據如下表 3-7 所示。那麼請根據這兩家公司的非流動資產數據計算該公司長期股權投資的流動性並進行相關性分析。

表 3-7　　　　　　X、Y 公司的非流動資產相關數據　　　　單位：人民幣萬元

項目	X 公司	Y 公司
長期股權投資	4,000.00	5,000.00
非流動資產合計數	12,000.00	18,000.00

計算過程（單位：萬元）：

X 公司的長期股權投資流動性 = 12,000 ÷ 4,000 = 3.0（倍）

Y 公司的長期股權投資流動性 = 18,000 ÷ 5,000 = 3.6（倍）

根據上述計算結果，我們能夠發現，X 公司的長期股權投資流動性（3.0 倍）小於 Y 公司的長期股權投資流動性（3.6 倍）。

長期股權投資的盈利性、風險性分析主要包括以下幾點：

（1）長期股權投資初始成本的確認分析

根據中國相關會計準則，長期股權投資初始成本分為企業合併取得和非合併取得，分別進行確定。其中企業合併取得又分為同一控制下的企業合併取得和非同一控制下的企業合併取得。

①同一控制下的企業合併取得的長期股權投資，應當在合併日按照取得被合併方所有者帳面價值的份額作為長期股權投資的初始投資成本。長期股權投資初始投資成本與支付的現金、轉讓的非現金資產及所承擔債務帳面價值之間的差額，應當調整資本公積；資本公積不足衝減的，調整留存收益。這一會計處理方法的實質是按權益結合法核算合併業務。

②非同一控制下的企業合併取得的長期股權投資，初始投資成本為投資方在購買日為取得對被購買方的控制權而付出的資產、發生或承擔的負債及發行的權益性證券的公允價值，即以付出的資產等的公允價值作為初始投資成本。這一會計處理方法的實質是按購買法核算企業合併業務。

③除企業合併形成的長期股權投資以外，其他方法取得的長期股權投資，應當結合長期股權投資的取得形式，按照取得投資時對價付出資產的公允價值確認初始投資成本。

綜上所述，採用權益法核算，投資企業的「長期股權投資」帳面價值隨被投資企業當期發生盈利或虧損上下浮動；而採用成本法，投資企業的「長期股權投資」帳面價值不隨被投資企業當期發生盈利或虧損上下浮動。個別企業正是利用成本法核算的這個「空間」，選擇長期股權投資來轉移企業的資產，或將經營事務在此長期掛帳。

另外，從成本法和權益法的核算特點不難看出，成本法只有在被投資單位宣告發放現金股利或利潤時才確認投資收益，因而其確認的投資收益是有現金流作保障的；而權益法下增加的長期股權投資可能是中看不中用的。對此，報表使用者應特別予以

注意。也正因為如此，中國新會計準則規定將母公司對子公司的投資核算方法統一改為成本法，避免了母公司在沒有現金流入的情況下分配利潤而導致現金流出，從而有效地防範了企業資金鏈斷裂的風險。

（2）長期股權投資構成分析

長期股權投資構成分析主要是從企業投資對象、投資規模、持股比例等方面進行分析，通過對其構成進行分析，可以瞭解企業投資對象的經營狀況及其收益等方面的情況，從而有助於判斷長期股權投資的質量。

（3）長期股權投資對企業經營風險分析

由於長期股權投資意味著企業的一部分資金，特別是現金投出後在很長時間內將無法收回，如果企業資金不是十分充裕，或者企業缺乏足夠的籌資和調度資金的能力，那麼長期股權投資將會使企業長期處於資金緊張狀態，甚至陷入困境。另外，由於長期股權投資數額大、時間長、其間難以預料的因素很多，因而風險也會很大，一旦失敗，將會給企業帶來重大的、長期的損失和負擔，有時可能是致命的打擊。當然，風險和收益是相對應的，長期股權投資的收益有時也會很高，甚至在企業自身經營不善時，長期股權投資的投資收益會成為企業收益與現金流量的重要源泉，成為企業的「救命稻草」。可見，長期股權投資就像是一把「雙刃劍」，關鍵看企業是否運用得當。

（4）對被投資者的信用狀況進行分析

由於持有至到期投資的收益是固定的，所以，當企業沒有收到利息等收益，則存在投資虧損的高風險。因此，不僅在投資前需要對被投資企業的盈利能力進行分析，投資期間還必須對企業的信用狀況和盈利能力同時進行分析評估，盡量避免企業投資的穩定性，降低企業投資風險。

（5）企業生命週期階段與長期股權投資分析

當企業處在生命週期階段，企業此時的貨幣資金非常充裕，則應該加大該項資產的投資。如果企業處在成長階段，則應該減少該項非流動資產的投資，以增強公司的貨幣流動性，增強支付能力和償債能力。

總之，對長期股權投資的解讀與分析不僅要分析其流動性，還須進一步解讀和分析其對企業的盈利性、風險性等。下圖3-11歸納了長期股權投資的解讀與分析的基本思路和方法路徑。

3.5.5.4 固定資產和在建工程的解讀與分析

固定資產是企業維持日常生產經營的一項重要基本資產。固定資產的高低、科技程度都會對企業的生產性營運起到重要作用。對固定資產和在建工程的解讀與分析同樣需要分析其流動性、盈利性和風險性三個方面。其流動性的詳細分析請參考案例3-12。

案例【3-12】X、Y公司2011年12月31日資產負債表中非流動資產與非流動資產總額的數據如下表3-8所示。那麼請根據這兩家公司的非流動資產數據計算該公司持有至到期投資的流動性並進行相關性分析。

表3-8　　　　　　　X、Y公司的非流動資產相關數據　　　　單位：人民幣萬元

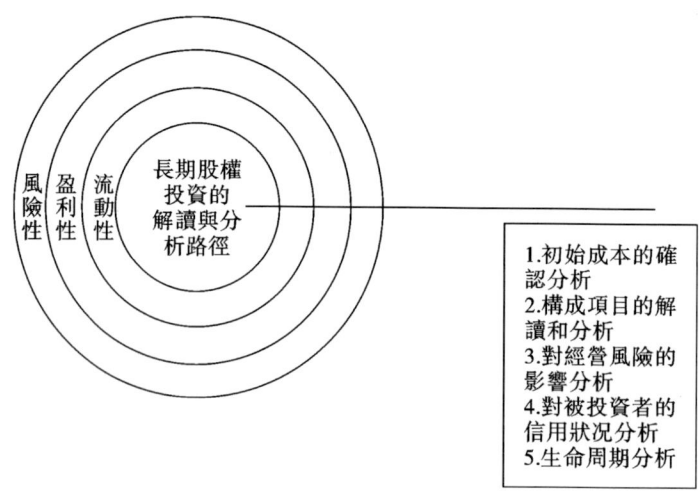

```
         ┌─────────────────────┐
         │ 長期股權           │  1.初始成本的確
風 盈 流 │ 投資的             │    認分析
險 利 動 │ 解讀與             │  2.構成項目的解
性 性 性 │ 分析路             │    讀和分析
         │ 徑                 │  3.對經營風險的
         │                    │    影響分析
         └─────────────────────┘  4.對被投資者的
                                   信用狀況分析
                                 5.生命周期分析
```

圖 3-11　長期股權投資的解讀與分析路徑

項目	X 公司	Y 公司
固定資產淨額與在建工程合計數	3,200.00	5,200.00
非流動資產合計數	12,000.00	18,000.00

計算過程（單位：萬元）：

X 公司的固定資產和在建工程流動性 = 12,000 ÷ 3,200 ≈ 3.75（倍）

Y 公司的固定資產和在建工程流動性 = 18,000 ÷ 5,200 ≈ 3.46（倍）

根據上述計算結果，我們能夠發現，X 公司的固定資產和在建工程流動性（3.75倍）稍高於 Y 公司的固定資產和在建工程流動性（3.46倍）。

固定資產和在建工程的盈利性、風險性分析主要包括以下幾點：

（1）固定資產規模對盈利性分析

對固定資產和在建工程進行解讀和分析，首先應對其總額進行數量判斷，即將固定資產與資產總額進行比較。如果其比值越高，則說明公司的盈利能力越強（流動資產的盈利能力一般低於固定資產的盈利能力）；比值越低，說明企業的盈利能力一般較低。

（2）固定資產的真實性分析

固定資產的會計政策主要包括固定資產折舊和固定資產減值準備兩個方面。由於計提固定資產折舊和固定資產減值準備具有一定的靈活性，所以如何進行固定資產折舊及如何計提固定資產減值準備，會給固定資產帳面價值帶來很大的影響。因此，在實務中，一些企業往往利用固定資產會計政策選擇的靈活性，虛增或虛減固定資產帳面價值和利潤，結果造成會計信息失真。因此，財務分析人員必須認真分析企業的固定資產會計政策，正確評價固定資產帳面價值的真實性。

（3）在建工程的真實性分析

在建工程本質上是正在形成中的固定資產，它是企業固定資產的一種特殊表現形式。在建工程占用的資金屬於長期資金，但是投入前屬於流動資金。如果工程管理出現問題，會使大量的流動資金沉澱，甚至造成企業流動資金週轉困難。因此，在分析該項目時，應深入瞭解工程的工期長短，及時發現存在的問題。

對在建工程的分析還要注意其轉為固定資產的真實性和合理性，謹防企業利用在建工程完工虛增資產和收入的造假行為。

(4) 固定資產的先進程度分析

固定資產的先進程度如何，直接影響到企業的生產效率。因此，必須對固定資產的使用年限、先進程度、投入產出狀況等各方面進行綜合評估，通過對這些固定資產的綜合分析，及時對那些耗能高、產出低的固定資產採取更新、調整等措施，避免公司生產效率的降低。

(5) 固定資產的行業分析

不同的行業，固定資產占總資產的比重各不相同。如商業企業的固定資產比例就相對製造業較低。科技型企業的固定資產占總資產比重比重型工業要低。因此，在解讀固定資產和在建工程的實務中，學員應該結合行業的特點進行分析，避免模式化產生錯誤分析。

總之，對固定資產和在建工程的解讀與分析不僅要分析其流動性，還須進一步解讀和分析其對企業的盈利性、風險性等。下圖3-12歸納了固定資產和在建工程的解讀與分析的基本思路和方法路徑。

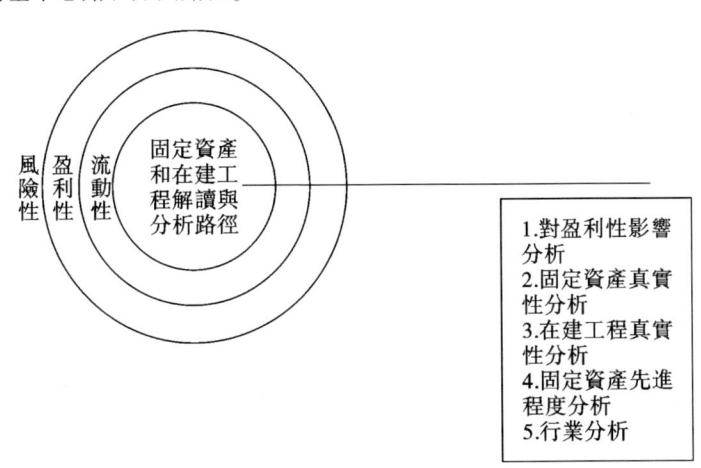

圖3-12　固定資產和在建工程的解讀與分析路徑

3.5.5.5　無形資產和商譽的解讀與分析

無形資產是指企業擁有或控制的沒有實物形態的非貨幣性資產。商譽是指在非同一控制下的企業合併中，購買方付出的合併成本超出合併中取得的被購買方可辨認淨資產公允價值的差額。但這兩者均對企業的長期盈利能力有著非常重要的影響。因此，對無形資產和商譽的解讀與分析主要應分析其質量和盈利性。無形資產和商譽的質量

和盈利性分析主要包括以下幾點：

(1) 無形資產和商譽規模對盈利性分析

一般來說，企業的無形資產和商譽價值越高，則說明企業具有越強的盈利能力，並且能為企業帶來相對較長期的穩定收益；反之，則越低，收益越不穩定。

(2) 研究與開發支出確認的真實性

在原來的會計制度中，對於無形資產依法申請取得前發生的研究與開發費用，是採用了一律費用化的做法，即應於發生時確認為當期費用。但是，2006年頒布的新會計準則要求區分研究階段支出與開發階段支出，其中開發階段的支出如果符合條件，就可以確認為無形資產，即資本化處理；其他費用仍舊費用化。這一變化的潛在影響是：企業執行此項新準則將增加企業資產價值，增加開發期企業的收益。但是，也要注意某些企業將一些本不符合資本化條件的開發支出資本化，從而達到虛增利潤和資產的目的。

(3) 無形資產攤銷政策分析

企業應當正確地分析判斷無形資產的使用壽命，對於無法預見無形資產為企業帶來經濟利益限的，應當視為使用壽命不確定的無形資產，對該類無形資產不應攤銷；使用壽命有限的無形資產則應當考慮與該項無形資產有關的經濟裡一樣的預期實現方法，採用適當的攤銷方法，將其應攤銷金額在使用壽命期內系統合理地攤銷。分析時應仔細審核無形資產的攤銷是否符合會計準則的有關規定。尤其是無形資產使用壽命的確定是否正確，有無將本能確定使用壽命的無形資產作為使用壽命不確定的無形資產不予攤銷；攤銷方法的確定是否考慮了經濟利益的預期實現方法；攤銷方法和攤銷年限有無變更、變更是否合理等。

總之，對無形資產和商譽的解讀與分析包括對其質量和盈利性進行分析，圖3-13歸納了無形資產和商譽的解讀與分析的基本思路和方法路徑。

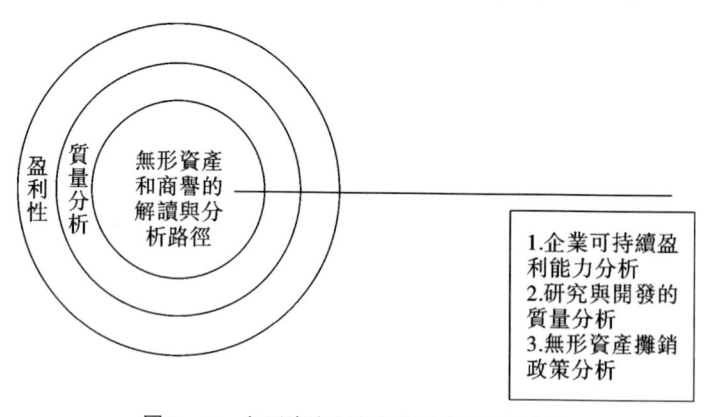

圖3-13 無形資產和商譽的解讀與分析路徑

3.5.5.6 長期待攤費用的解讀與分析

長期待攤費用本身沒有交換價值，不可轉讓。它實質上是按照權責發生制原則對

費用的資本化,其反應的內容是應當資本化而又沒有具體資產做載體的項目。該項目根本沒有變現性,其數額越大,表明資產的質量越低。因此,對企業而言,這類資產數額應當越少越好,占資產總額的比重越低越好。

在分析長期待攤費用時,應注意企業是否存在根據自身需要將長期待攤費用當做利潤的調節器。即在不能完成利潤目標或者相差很遠的情況下,將一些影響利潤的本不屬於長期待攤費用核算範圍的費用轉入;而在利潤完成情況超目標時,又會出於「以豐養欠」的考慮,加快長期待攤費用的攤銷速度,將長期待攤費用大量提前轉入攤銷,以達到降低和隱匿利潤的目的,為以後各期經營業績的提高奠定基礎。

3.5.5.7 遞延所得稅資產的解讀與分析

遞延所得稅負債和遞延所得稅資產的確認體現了交易或事項發生以後,對未來期間計稅的影響,即會增加未來期間的應交所得稅或是減少未來期間的應交所得稅,在所得稅會計核算方面貫徹了資產、負債等基本會計要素的界定。

值得注意的是,遞延所得稅資產的確認應當以未來期間可能取得的應納稅所得額為限。即企業有明確的證據表明其在可抵扣暫時性差異轉回的未來期間能夠產生足夠的應納稅所得額,進而利用可抵扣暫時性差異,則應以可能取得的應納稅所得額為限,確認相關的遞延所得稅資產。在可抵扣暫時性差異轉回的未來期間內,企業無法產生足夠的應納稅所得額用以抵減可抵扣暫時性差異的影響,使得與遞延所得稅資產相關的經濟利益無法實現,該部分遞延所得稅資產不應確認,但應在會計報表附註中進行披露。據此,如果企業在資產負債表中確認了遞延所得稅資產,則表明企業有明確的證據表明其在可抵扣暫時性差異轉回的未來期間能夠產生足夠的應納稅所得額,進而利用可抵扣暫時性差異;如果在企業在資產負債表中未確認遞延所得稅資產,則不一定表明企業不存在可抵扣暫時性差異,可能企業只是無法取得足夠的應納稅所得額而未確認相關的遞延所得稅資產。

另外,一般情況下,在個別財務報表中,遞延所得稅資產與遞延所得稅負債是以抵消後的淨額列示的。所以,資產負債表中列報的遞延所得稅資產或遞延所得稅負債代表了對企業未來期間納稅義務的淨影響額。

3.5.5.8 其他非流動資產的解讀與分析

其他非流動資產,是指除上項資產以外的資產。就其數量判斷而言,即為「其他」,其數額不應過大,若它們數額較大,則需要進一步分析。

一般來說,其他非流動資產中除了「特準儲備物資」外,企業的其他長期資產往往是不正常的,如待處理海關罰沒物資、稅務糾紛凍結物資、未訴訟凍結財產、海外糾紛凍結財產等。這些掛在帳上的所謂「資產」,能否保證變現不能確定。雖然,這種資產的質量極差。另外,即便是特準儲備物資,其變現性和流動性也是很差的。這是因為特準儲備物資是專為特大自然災害所儲備的,因此非常重要,任何單位、個人未經有關部門批准不得隨意處理。所以,在分析資產的流動性和償債能力時,一般應將其他非流動資產扣除。

3.6 負債項目的解讀與分析

3.6.1 負債項目的解讀和分析的現實意義

負債是資產負債表中的基本要素之一，是企業能夠控制並有償或無償使用的重要經濟資源。在企業營運管理中，企業為了獲得比自身資源更豐厚的價值，必須通過舉債獲得更多的各種社會資源，也是企業一種重要的融資活動。當然，舉債也可能給企業帶來經營風險和虧損。因此，對負債項目進行分析也是十分必要的，對企業負債項目的解讀與分析具有十分重要的現實意義，主要體現在以下幾個方面：

3.6.1.1 有利於加深對企業財務狀況的瞭解

報表分析者和報表使用者通過對資產的瞭解之後，再對負債進行解讀分析，能夠對企業的財務狀況有進一步的瞭解，能掌握更多的內部信息。通過對負債項目的分析，能夠清楚企業的資產結構及負債情況。比如，企業擁有多少資產、多少負債，也能進一步準確評估企業的經營風險。

3.6.1.2 合理的負債有利於企業獲得價值增長

企業不但需要通過自身的資源創造利潤，同時，也須控制更多的其他資源，這樣能為企業創造更多的邊際效益，發揮財務槓桿作用，為股東創造更多的價值。當然，如果企業管理層對這些沒有所有權但能控制資源營運不良時，同樣不會給企業帶來邊際貢獻的增加，反而不僅會大大影響其籌資能力，導致資金緊張，影響企業正常的生產經營活動，還可能為企業帶來財務風險。因此，對負債的解讀和分析其實質上是對企業的經營效率和財務風險進行客觀評價。

3.6.1.3 負債是衡量企業財務風險的重要標誌之一

通過對負債項目的解讀與分析，能夠評估企業財務風險程度的高低。比如，企業的負債總額如果高於或等於企業的資產總額，說明企業已經步入了破產的邊緣；如果企業的負債總額遠遠少於企業的資產總額，說明企業的財務風險較小，引發財務危機的可能性也相對較低。

3.6.1.4 負債對現金總流入有重要的影響

負債數量、借款渠道等都對企業的現金總流入發揮了重要的作用。如果企業現金發生短缺或缺少流動性時，企業可以快速地通過舉債得以解決。總之，借款額度、借款渠道的多少都會影響企業現金總流入。

3.6.1.5 借款利息可以在稅前扣減

根據中國稅法規定，借款利息可以在稅前扣減，但支付給投資者的利潤卻不能在稅前扣減。在考慮所得稅因素後，企業實際負擔的利息實際上應是扣除所得稅後的餘額。比如，一個企業的所得稅率為25%，那麼企業每支付1元的利息，就少交所得稅

0.25元，實際負擔只有0.75元。利息的淨支出僅相當於總成本的75%。這樣，如果一個企業借款的利率為10%，但考慮所得稅因素後，實際上只有7.5%，因此，只要投資報酬率高於7.5%就是有利的。

3.6.1.6　完善公司治理機制

另外，從所有權角度看，企業的融資結構其實就構成了企業所有權安排的合約結構。故在企業融資結構之中，負債其實不僅僅是一種資本的來源，其本身就是一種公司治理機制。正因如此，威廉姆森（Williamson）指出：「負債和股權是兩種可以相互替代的治理結構，而不僅僅是融資工具。」

總之，負債是企業的一項重要經營要素，通過對負債項目的解讀與分析，不僅能夠正確評估企業的財務狀況，也能夠比較全面地瞭解企業的盈利性、風險性、流動性。

3.6.2　負債項目解讀與分析的基本步驟

通過上節對負債項目的解讀和分析的現實意義的介紹，使得我們對負債項目的分析同樣可以建立一個基本程序，並通過這些分析的基本程序進一步瞭解負債項目對企業的重要性和影響性，通過重要性和影響性的分析便能為企業管理層利用所控制的資源更好地為股東創造價值。總結起來，負債項目的解讀與分析的基本步驟主要包括以下四個層面：

第一層面，對負債結構進行解讀與分析。

所謂的負債結構是指企業流動負債與非流動負債的比值。

其計算公式為：

負債結構 = 流動負債 ÷ 非流動負債

如果負債總額中，流動負債過高而非流動負債過低，則表明企業短期內的償債能力較弱；反之，則說明企業短期償債能力比長期償債能力要強。此部分內容將在後面關於財務報表的結構性分析內容中進行詳細闡述。

第二層面，對負債的質量進行解讀和分析。

負債的質量是指負債形成的來源是否真實，是否存在人為因素，以及評價負債是否能被企業科學運用並能為企業的未來創造價值及創造價值能力的高低。

第三層面，對負債的盈利性等目的進行解讀和分析。

企業負債，一般是為了獲得更大的盈利性，或者是為了獲得更大的市場份額而採取的基本管理決策，這也是企業通過負債的基本目的。因此，必須對負債是否能為企業帶來盈利等目的性進行全面解讀和分析。通過對負債的目的進行解讀，使得報表分析者能夠清楚負債對企業的實際作用和現實意義。

第四層面，對負債的風險性進行分析。

企業進行負債是為了獲取盈利或其他目的，但並非沒有風險。如果舉債過高，則可能為企業帶來虧損，甚至發生財務危機乃至破產風險。因此，必須對負債是否能為企業帶來風險行全面的解讀和分析。通過對負債的風險性評估，能夠讓報表使用者瞭解企業經營管理是否健康、安全。

以上為負債解讀和分析的四個基本層面，如圖 3-14 所示。學員可以根據這四個層面對企業的負債情況進行全面瞭解。

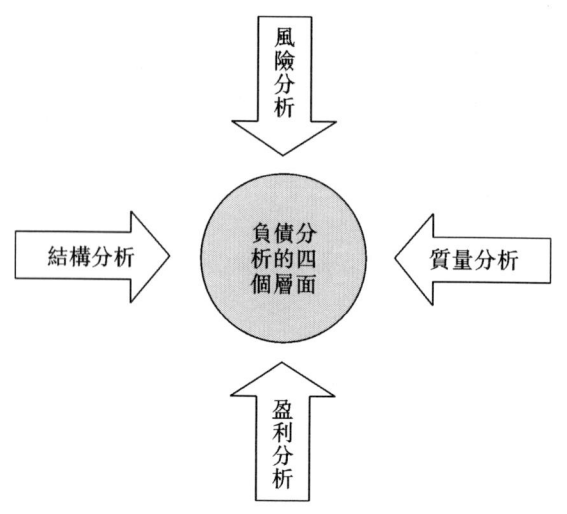

圖 3-14　負債的解讀和分析的四個層面

3.6.3　流動負債項目的解讀與分析

解讀和分析流動負債，首先應對其總額進行數量上的總體判斷，即將流動負債與非流動負債、負債總額、流動資產和資產總額進行注意比較，然後通過比較後的結構進行綜合評價分析。同時，對流動負債項目的解讀和分析除了對構成流動負債項目的各個要素進行分別分析外，還應當充分結合企業所在的行業、企業自身的生產經營規模及企業經營生命週期，以便能得到更為全面的會計信息，為管理決策提供有價值的參考依據。

3.6.3.1　短期借款的解讀與分析

短期借款主要是企業為瞭解決企業臨時資金困難所發生的。針對短期借款的借款期短、彈性大的這些特點，其解讀和分析主要圍繞下面幾點展開：

（1）對短期借款的各種契約或合約進行查閱

短期借款是企業通過向其他單位、金融和非金融機構以及個人簽訂合約而獲取的，短時期內不僅需要償付本金，還需要支付一定的利息費用。因此，對短期借款應首先查閱其短期借款合約或契約，其目的是為了查閱短期借款的真實情況。同時，也是為了獲取短期借款的不同來源、渠道，通過對短期借款的方法、渠道的進一步瞭解，達到進一步瞭解短期借款的真實構成情況。只有對這些構成情況（如借款日期、借款利率、還款日期等）有了充分的認識，才能有利於公司管理層正確管理好這些借款，以免出現問題。

（2）對短期借款的目的等動機進行評估

短期借款的目的無非是企業為了獲取更多價值創造的機會。其主要目的是為了讓

企業獲得短期的盈利能力。當然，不排除企業採取短期借款的目的也有的是為了讓企業保持一定的資金流動性等。可見，短期借款的目的具有多重性，這些目的都是直接導致短期借款產生的必要條件。所以，學員在分析短期借款時，就必須針對短期借款的不同目的性，對短期借款進行分析，只有如此，才能夠正確對短期借款進行解讀和分析。

（3）對短期借款的到期償付能力進行分析

由於短期借款不但有明確固定的還款日期，並且規定的還款期也較短。因此，不僅要對短期借款的利息費用承擔能力進行分析，還應當充分測算借款到期時企業的現金流量，保證借款到期時企業有足夠的資金償還利息。如果企業到期不能償付利息和歸還本金，那麼企業就存在償付能力不足的問題，就需要公司管理層盡快採取各種辦法加大貨幣資金回收力度。比如，盡快消化存貨，盡量減少採購規模或採購量，盡量降低生產營運成本等具體措施，這些辦法都可讓企業在短期內達到減少資金支出的目的，從而提高企業的短期支付能力。

（4）對企業的盈利狀況進行分析

短期借款可以解決企業資金臨時需要困難，同樣也會為企業帶來盈虧兩種情況。當企業盈利的時候，企業應加大短期借款力度，這樣能為股東創造更多的價值；反之，則應該減少借款，避免企業股東價值受損。對企業創造價值和損失價值的借款參考案例分析 3-13。

案例【3-13】假設 A、B 兩家公司的自有資本均為人民幣 1,000 萬元、貸款利率均為 7%、資本利潤率分別為 8% 和 3%、借款額均為人民幣 1,000 萬元，試分別計算並分析 A、B 兩公司通過借款後對股東價值的影響。

計算過程及結果詳見下表 3-9 所示。

表 3-9　　　　　　　　A、B 公司的舉債對股東價值影響　　　　　　　單位：人民幣萬元

項目	A 公司	B 公司
自有資本	1,000.00	1,000.00
借款前資本利潤率	8%/年	3%/年
借款前利潤額	=1,000×8%=80	=1,000×3%=30
借款額	1,000.00	1,000.00
借款資本額＝自有資本＋借款額	2,000.00	2,000.00
借款利息額	=1,000×7%=70	=1,000×7%=70
借款後利潤額	=2,000×8%－70=90	=2,000×3%－70=－10
借款後資本利潤率	=90÷1000=9%	=－10÷1000=－1%
資本利潤率變動率	=9%－8%=＋1%	=－1%－3%=－4%

從上表 3-9 中可以看出，由於 A 公司為盈利企業，借款後的資本利潤率為 9%，高於借款前的資本利潤率，為股東多創造了 1% 的價值。而 B 公司由於是微利企業，借

款反而減少了股東4%的價值。

　　總之，對短期借款的解讀與分析不僅要對其質量和盈利性，更需要對其真實性和風險性進行分析，這樣才能作出全面更細緻的掌握。圖3-15歸納了短期借款的解讀與分析的基本思路和方法路徑。

（風險性／盈利性／質量分析／結構性／短期借款的解讀與分析路徑）

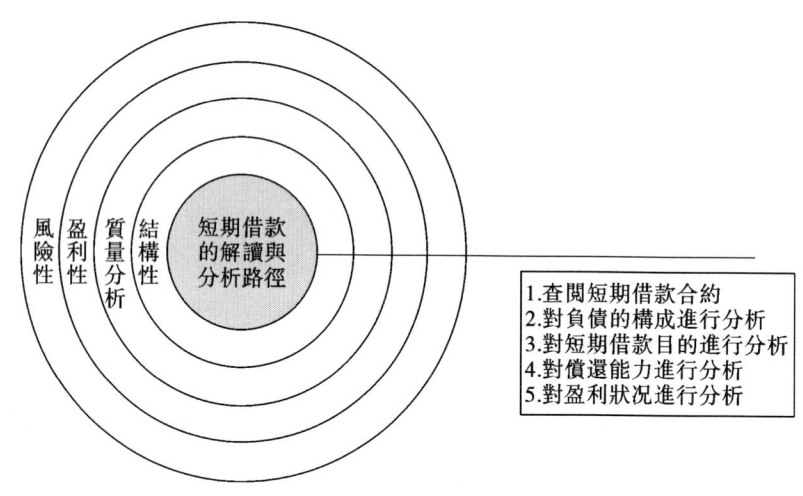

1. 查閱短期借款合約
2. 對負債的構成進行分析
3. 對短期借款目的進行分析
4. 對償還能力進行分析
5. 對盈利狀況進行分析

圖3-15　短期負債的解讀與分析路徑

3.6.3.2　應付票據的解讀與分析

　　根據中國《票據法》的相關規定，商業匯票在付款時間上具有法律強制約束力，是企業一種到期必須償付的「剛性」債務。按照規定，如果應付商業匯票到期，企業的銀行存款帳戶不足以支付票款，銀行除退票外，還要比照簽發空頭支票的規定，按票面金額的1%處以罰金；如果銀行承兌匯票到期，企業未能足額繳存票款，銀行將支付票款，再對企業執行扣款，並按未扣回金額每天加收0.5‰的罰息。因此學員及報表分析者在進行報表分析時，應當認真分析企業的應付票據的真實性、質量、償還能力及對盈利性的影響，其解讀和分析主要圍繞下面幾點展開：

　　（1）對應付票據的構成情況進行分析

　　報表分析者要對應付票據進行解讀，首先必須對應付票據的構成情況（包括應付票據的期限、金額大小、貼現利率及到期利率等）進行詳細瞭解，並檢查企業的應付票據登記帳簿。這樣，便能準確掌握每筆應付票據的詳細信息，同時也方便對每筆商業票據做到定期跟蹤管理，則不容易出現管理混亂現象。

　　（2）正確評估貨幣資金和應付票據狀況

　　由於應付票據到期時需要支付一定的財務利息，如果利息偏高，則勢必影響企業的利潤。因此，報表分析者要正確評估企業的貨幣資金狀況，如果貨幣資金狀況良好，企業可適度減少應付票據的使用，以盡量減少財務費用的發生。如果市場機會良好，但企業缺乏貨幣資金，則可增加應付票據的使用，以達到獲取比財務費用更高的利潤。

　　（3）對應付票據的到期償付能力進行分析

由於應付票據和短期借款一樣，不但有固定的還款日期、較短的還款期，同樣還要支付利息費用。因此，除了要對短期借款的利息費用承擔能力進行分析外，也應當充分測算票據到期時企業的現金流量，保證票據到期時企業有足夠的資金償還利息。如果企業到期不能償付利息和歸還本金，那麼企業就存在償付能力不足的問題。

（4）從商業票據對企業的盈利能力進行分析

由於應付票據需要支付財務利息費用，因此，企業管理層應盡量控制票據的使用。對不需使用商業匯票的盡量不開出，這樣可以減少財務費用支出，增加企業的盈利能力。

總之，對應付票據的解讀與分析包括質量、結構、盈利性和風險性四個方面。下圖3-16歸納了應付票據解讀與分析的基本思路和方法路徑。

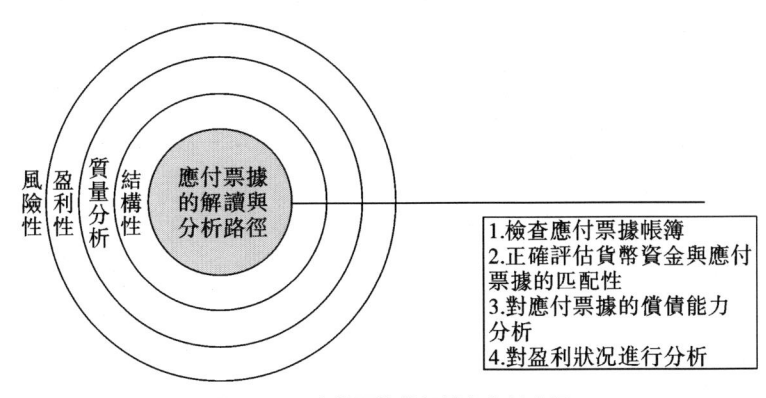

圖 3-16　應付票據的解讀與分析路徑

3.6.3.3　應付帳款的解讀與分析

應付帳款主要是企業為了獲得短期流動性而增加的負債，反應企業的信用狀況。因此，在進行應付帳款的解讀與分析時，應當認真分析企業的應付帳款的真實性、信用狀況、償還能力三個方面，具體如下：

(1) 對應付帳款的真實情況進行分析

首先，報表分析者要對應付帳款的真實性進行解讀，所謂真實性包括應付帳款的期限、金額大小等。需要查閱每筆應付帳款形成的原因與依據，這樣才能對應付帳款的真實情況、構成情況有足夠的認識，才能做到「萬無一失」。

(2) 正確評估公司的信用狀況

如果出現延遲支付的情況，都將嚴重影響企業的信用危機。因此，報表分析者需要編製應付帳款的帳齡分析表，從帳齡分析表中判斷出企業的信用狀況，如是否有違反合同規定的情況發生，或者發生的頻率是多少等。

(3) 對應付帳款的到期償付能力進行分析

雖然應付帳款不需要支付利息費用，但根據合同規定有雙方約定的固定還款期限。如果付款期限一旦超過合同規定的還款時間，或者說企業的應付帳款到期了仍然沒有貨幣資金進行支付，此時，債權人將採取一定措施來阻止這種合同違約的惡化。比如立即停止向企業繼續提供商品或勞務，那麼，企業將面臨現實的問題，即生產經營無法正常維持的糟糕狀況。所以，企業應根據應付帳款付款期限及時安排好資金支出。

總之，對應付帳款的解讀與分析包括真實性、信用狀況、償還能力三個方面。下圖3-17歸納了應付帳款解讀與分析的基本思路和方法路徑。

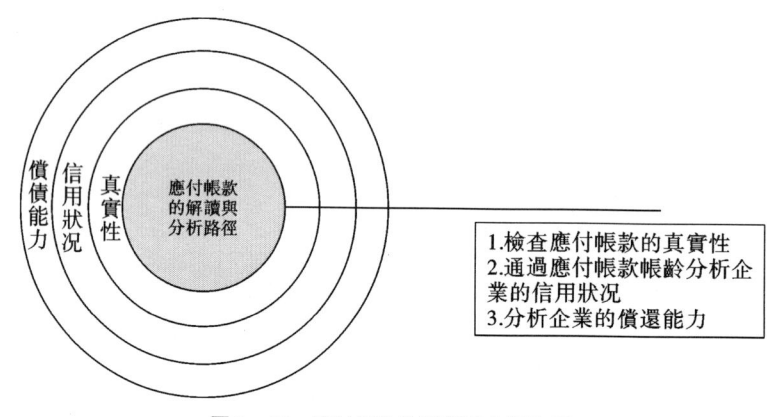

圖3-17 應付帳款的解讀與分析路徑

3.6.3.4 預收帳款的解讀與分析

預收帳款是一種「良性」債務，對企業來說，預收帳款越多越好。因為預收帳款作為企業的一項短期資金來源，在企業發送商品或提供勞務前，可以無償使用；同時，也預示著企業的產品銷售情況良好，供不應求。因此，在進行預收帳款的解讀與分析時，應當認真分析企業的預收帳款的真實性、競爭能力兩個方面，具體如下：

(1) 對預收帳款的真實性進行分析

首先，報表分析者要對預收帳款的真實性進行解讀，所謂真實性包括預收帳款的單位數量、每筆金額大小等。需要查閱每筆預收帳款形成的原因與依據，這樣才能掌握預收帳款的真實情況。另外，還應該檢查預收帳款的「人為現象」，即故意將應付帳

款項目調節為預收帳款項目。

（2）正確評估公司競爭能力

如果公司預收帳款總額占營業收入的比重越大，則說明公司的競爭能力越強；反之，則弱。如果企業的預收帳款呈逐年上升趨勢，那麼表明企業的競爭能力在逐步提升；反之，則呈現逐步下降趨勢。其計算公式可表示為：

企業產品競爭能力 = 預收帳款總額 ÷ 營業收入總額

總之，對應付帳款的解讀與分析包括真實性、競爭性兩個方面。下圖3－18歸納了預收帳款解讀與分析的基本思路和方法路徑。

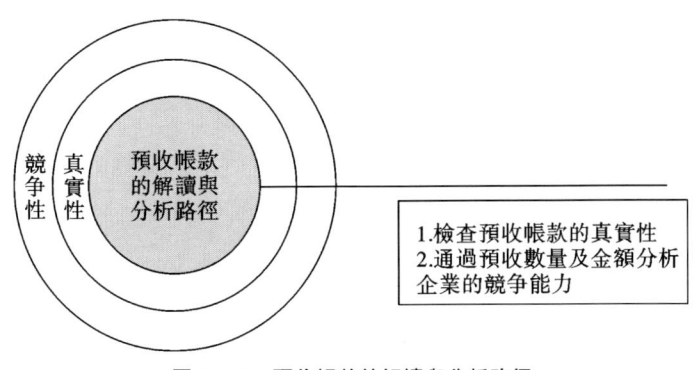

圖3－18　預收帳款的解讀與分析路徑

3.6.3.5　應付職工薪酬的解讀與分析

對應付職工薪酬的解讀和分析，報表分析者應主要分析應付職工薪酬的真實構成，應密切關注企業管理層是否有惡意通過該項目來達到調節利潤的目的。例如，企業發生虧損的時候，將一些費用調節為該項目，以減少虧損或「人為」盈利。即不但要清楚應付職工薪酬是否為企業真正的負債，也要預防企業管理層利用不合理的預提方式提前確認費用和負債，從而達到隱瞞利潤、少繳稅款的目的。

另外，也需要關注應付職工薪酬的金額情況。如果企業應付職工薪酬項目餘額突然增大，則可能意味著企業快速擴張、資金緊張、人為操縱等現象。

因此，對應付職工薪酬的解讀和分析，主要包括其金額真實性分析和金額變動性分析。如下圖3－19所示。

3.6.3.6　應付股利的解讀與分析

應付股利（利潤）是指企業根據股東大會或類董事會審議批准的利潤分配方案確定分配給投資者的現金股利或股票股利。值得注意的是，股票股利實質上是股東權益結構調整的重大財務決策，不涉及現實負債問題。所以，資產負債表上所反應的應付股利指的是企業應付未付的現金股利。

分析者對應付股利的解讀和分析應該從應付股利的構成情況情況進行分析，應同時根據應付股利的現金支付情況判斷出企業的獲現能力，具體分析如下：

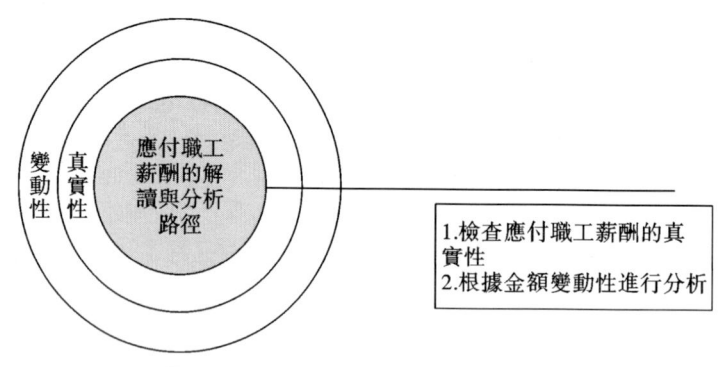

圖 3-19　應付職工薪酬的解讀與分析路徑

（1）檢查應付股利的結構情況並分析

通過對應付股利的構成情況（如應付利潤占未分配利潤的比重），這樣不僅可以判斷分析企業的盈利能力，還能解讀到企業的經營管理狀況。另外，如果應付股利過大，難免引起投資者的不滿，可能影響到投資人對管理層經營的信心問題，最終將影響企業的經營決策。

（2）根據應付股利的現金支付情況分析獲現能力

如果企業的流動負債中含有大量的應付股利，則可能表明企業有較大的盈利能力，也可能說明企業沒有足夠的現金進行支付。因此，對應付股利的分析，不僅能判斷企業的盈利能力，更重要的是能清楚企業的獲現能力如何。在正常經營的企業中，企業應逐年提高應付股利的現金支付比例，不應像國內大部分企業都採取股票股利的方式。這樣，不僅能提高投資者的信心，為企業經營管理層提供良好的決策氛圍，也能夠促進經營管理層要不斷提高獲現能力，為企業的持續營運有足夠的貨幣資金作支撐和保障。

綜上所述，對應付股利的解讀和分析路徑歸納如圖 3-20 所示。

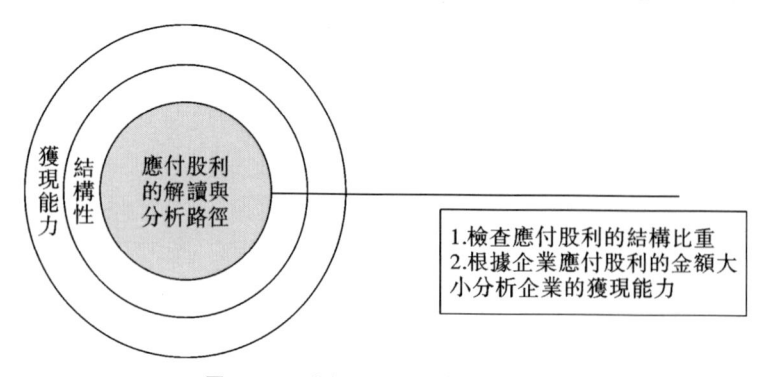

圖 3-20　應付股利的解讀與分析路徑

3.6.3.7 應交稅費的解讀與分析

由於應交稅費是剛性支出，所以基本上不存在過多的「人為」因素。在對應交稅費進行解讀和分析時，更多的是檢查其所涉及的稅種和收費項目即可。

3.6.3.8 其他應付款的解讀與分析

對其他應付款的解讀與分析，主要做到以下三個方面分析即可：

(1) 關注其欠款的真實性

檢查是否存在企業之間的各種違規行為。如非法拆借、轉移收入等行為。

(2) 關注其欠款的時間性

檢查其是否掛帳時間過長。對其他應付款應編製其他應付款帳齡分析表，這樣便於跟蹤每筆其他應付款的欠款時間，採取積極措施回收。

(3) 關注其欠款的額度大小

報表分析者應重點檢查其他應付款中數額較大的項目，並對這些數額大的項目進行分析評估，避免造成公司信用損失。

綜上所述，對其他應付款的解讀和分析路徑歸納如圖 3-21 所示。

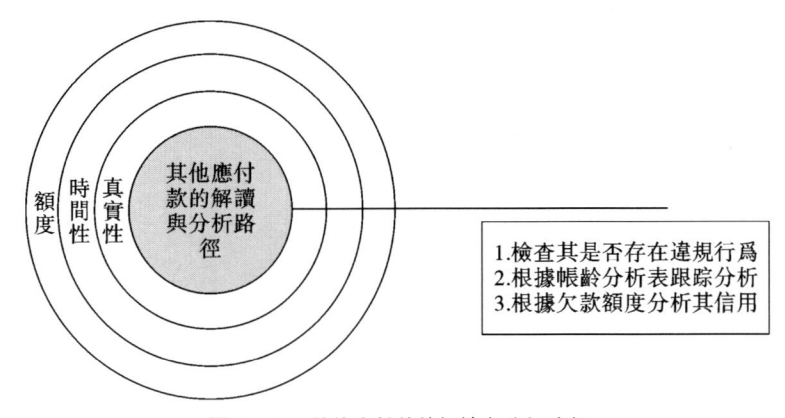

圖 3-21 其他應付款的解讀與分析路徑

3.6.4 非流動負債項目的解讀與分析

解讀與分析非流動負債，應該圍繞以下幾點進行：

第一點，對非流動負債的總額進行分析判斷。

所謂對其總額進行數量上的判斷，即將非流動負債與負債總額進行比較。一般來說，關於非流動負債占負債總額的比重，處於生命週期階段中的嬰兒期、成長型、衰退期三個極端的企業的非流動負債占負債總額比重較高，而處在生命週期階段中的成熟型企業則相對較低一些。

第二點，對非流動負債的風險性進行分析判斷。

所謂非流動負債的風險性是指對企業所帶來的償付能力的判斷。一般來說，企業的非流動負債越高，說明企業的長期償付能力較弱，存在一定的財務風險。而對於那

些非流動負債較低的企業，很明顯它的未來償付能力較強。另外，必須關注長期借款的使用，一般來說，這用於非流動資產項目。假設用於流動資產項目，那麼其未來的償付風險較高。

第三點，對非流動負債的長期盈利性進行分析判斷。

所謂非流動負債的長期盈利性分析是指對企業所處的行業、競爭地位與資本實力等各方面綜合的分析。如果一家企業處在高盈利的行業、具備良好的資本實力，則一定程度上說明該企業的盈利能力較好。

按照以上對非流動負債的解讀與分析的幾點內容，下面對各項非流動負債進行詳細的解讀和分析。

3.6.4.1 長期借款的解讀與分析

長期借款期限長、利率高且是固定的，主要適用於補充長期資產需要。它可以一次性償還本息，也可以分次還本付息。當然，任何事情都有利有弊，長期借款也自然存在缺點，主要表現為有較多的限制和約束，企業必須嚴格按借款協議規定的用途、進度等使用借款，這在一定程度上可能會約束企業的生產經營和借款。

解讀和分析長期借款應注意以下問題：

（1）長期借款數量規模分析

一般來說，長期借款數量規模與固定資產、無形資產的數量規模相匹配。主要是因為長期借款的目的就是為了滿足企業擴大再生產所需要的資產投資的需要，並且發放貸款的金融與非金融機構對此項長期貸款規定有明確的用途，也設立了嚴格的監管程序。由於長期借款更多的是獲得固定資產、無形資產，因此，長期借款必須與當期固定資產、無形資產的規模相適應。一般而言，長期借款應當以小於固定資產與無形資產之和的數額為上限；否則，企業有轉移資金用途之嫌，如將長期借款指標用於炒股或期貨交易等。

（2）長期借款利息費用對盈利的衝擊影響分析

長期借款除借款期限較長外，累計起來企業還需要支付較高的利息費用。如果企業處在生命週期的成長階段或微利時期，則企業可能存在虧損的風險。因此，企業採取長期借款方式，必須充分預測企業不僅在現在乃至未來的盈利都能較好的情況下才做出這種舉措；否則，會對企業未來的盈利造成一定的衝擊風險。

（3）對長期借款償還能力進行評估分析

長期借款分為一次性到期還本付息、分期還本付息、等額還本付息等幾種具體情況。如何規劃好還本付息，應給充分結合企業的還款能力和未來的償還能力進行。假如企業短期內的現金流情況較好，則選擇分期還本比一次性到期還本付息要好。假如預計企業未來的現金流情況良好，則選擇一次性還本付息比分期還本付息要好。因此，對於長期借款的償還能力，企業應結合目前的財務狀況和未來的財務狀況一併評估。

總之，對長期借款的解讀和分析，不僅要從其數量規模上，還應分析其對盈利的衝擊影響及其償付能力，如圖 3-22 所示。

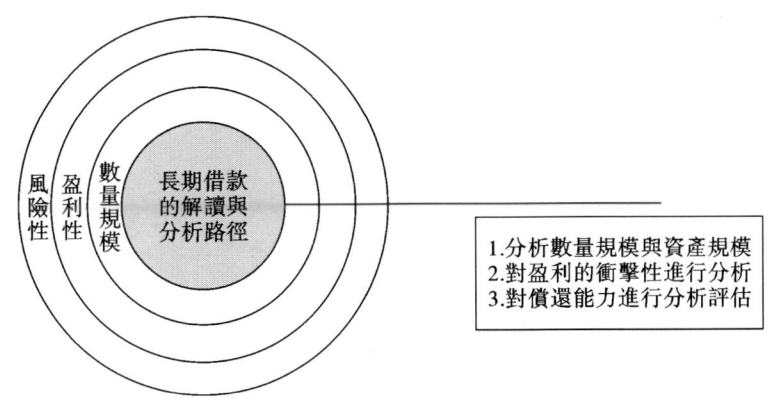

圖 3-22　長期借款的解讀與分析路徑

3.6.4.2　應付債券的解讀與分析

對應付債券的解讀與分析，主要可以從以下幾點進行：

（1）對其數量規模進行分析

與長期借款同理，對應付債券的解讀與分析也要注意應付債券的數量規模應當與固定資產、無形資產的數量規模相匹配。同長期借款的目的一樣，應付債券也是為了滿足企業擴大再生產的需要，因此應付債券必須與當期固定資產、無形資產的規模相適應。另外，應付債券是企業面向社會募集的資金，債權人分散，如果企業使用資金不利或轉移用途，將會波及企業債券的市價和企業的聲譽。所以，在進行報表分析時，應付債券的數額、增減變動及其對企業財務狀況的影響給以足夠的關注。

（2）對企業的信用狀況進行分析

相對於長期借款而言，發行債券需要經過一定的法定手續，但對款項的使用沒有過多的限制。能夠發行企業債券的單位只能是經濟效益較好的上市公司或特大型企業，往往經過金融機構嚴格的信用等級評估。所以，持有一定數額的應付債券，尤其是可轉換債券，表明企業的商業信用較高。

（3）對應付債券的類別進行分析

所謂應付債券的類別是指是否可以進行債權轉換，如發行可轉換債權。由於可轉換債券可在經過一定時期或到期後轉換為股票的權利。一旦發生債權轉換，則企業不需要動用現金進行償還，這樣反而能大大減輕企業的償債能力。由於發行可轉換債券，使得債權人不僅能獲得固定的收益，當企業效益好的時候，還可以行使轉換選擇的權利，因此，應付債券比長期借款對債權人來說更具有吸引力，發生這種情況往往是債權人認為企業能夠創造出比借款更高的價值，事實上債權人認為應付債券比長期借款的風險性要低，這些都被認為是應付債券的優點。

總之，對應付債券的解讀和分析，不僅要從其數量規模上，還應對其信用狀況和類型一併進行分析，如圖 3-23 所示。

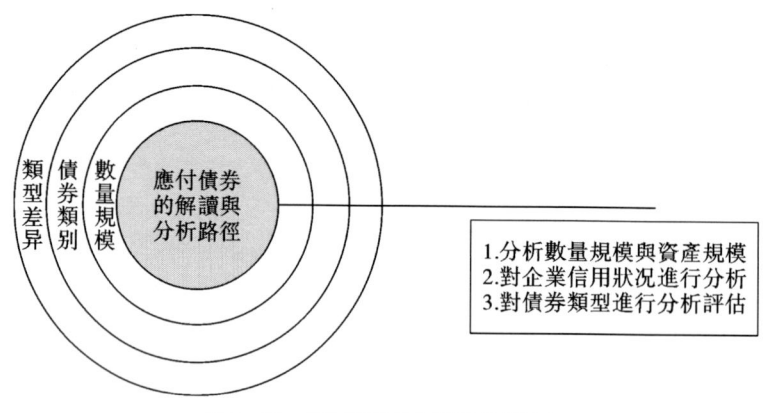

図 3-23　應付債券的解讀與分析路徑

3.6.4.3　長期應付款的解讀與分析

對長期應付款的解讀與分析，主要可以從以下幾點進行：

（1）對所獲得資產進行盈利性分析

由於長期應付款是獲取固定資產所產生的，因此，必須對所獲取的固定資產進行投資盈利性分析，如果所投資固定資產能給企業帶來價值收益，那麼該項投資是成功的；否則，基本可認為該資產的投資是失敗的。

（2）分析現金流對長期應付款的支付能力

與長期借款和應付債券相比，融資租賃和分期付款方式在獲得固定資產的同時借到一筆資金，然後分期償還資金及其利息，有利於減輕一次性還本付息的負擔，但是一般融資租賃所支付的利息費用比長期借款和應付債券都要高一些，這也導致企業的盈利能力或有所降低。同時也意味著在未來一定期間內企業每年都會發生一筆固定的現金流出，對企業的短期償債能力有負面影響。因此，在進行報表分析時，應結合會計報表附註中對長期應付款具體項目的披露，對長期應付款的數額、增減變動及其對企業目前及未來財務狀況的支付能力影響給予高度的關注，避免引起支付困難。

對長期應付款的解讀和分析主要是從投資盈利性和支付能力兩方面進行。如圖 3-24 所示。

3.6.4.4　專項應付款的解讀與分析

對專項應付款的解讀和分析比上述非流動負債的解讀分析要簡單一些。這是因為專項應付款是從政府取得的，如政府鼓勵企業進行產業升級、調整產業結構、鼓勵科技創新、環保等，是政府為企業投入的具有專項或特定用途的一筆款項。企業將該款項用於特定的工程項目，待工程項目完工形成長期資產時，專項應付款應轉入資本公積。可見，專項應付款一般無須償還，而且還會在將來增加股東價值。

另外，對專項應付款的解讀和分析必須認識到企業獲得這項資金的現實意義。由於企業能夠獲得國家專項或特定用途的撥款，這意味著企業獲得了國家的政策支持，具有良好的發展前景，是一個正面信號。

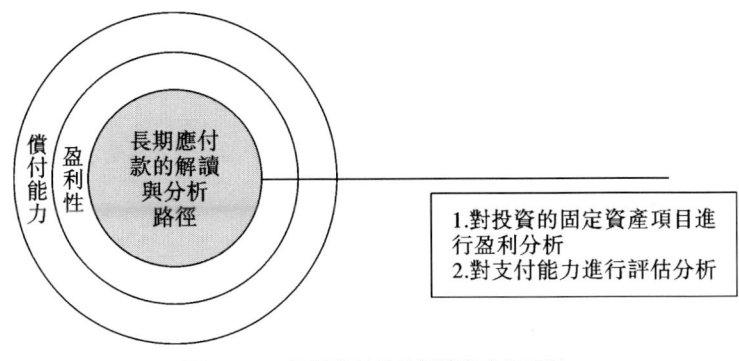

圖 3−24　長期應付款的解讀與分析路徑

因此，專項應付款儘管在會計處理上被當成一項非流動負債，但實質上它是一項「良性」資產。如果其數額越大，意味著未來淨資產（股東權益）也會有較大增長。總結起來，對專項應付款的解讀與分析主要圍繞企業發展前景與股東權益兩個方面進行，如圖 3−25 所示。

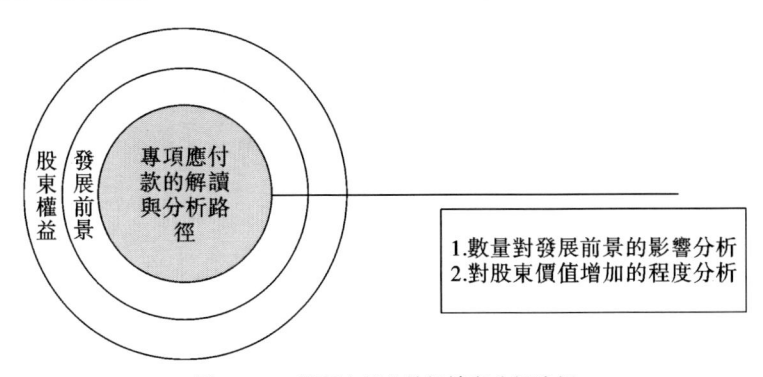

圖 3−25　專項應付款的解讀與分析路徑

3.6.4.5　預計負債的解讀與分析

預計負債是因或有事項而確認的負債。或有事項是指過去的交易或事項形成的，其結果須由某些未來事項的發生或不發生才能決定的不確定事項。例如，對外提供擔保、未決訴訟、產品質量保證等。與或有事項相關的義務滿足一些條件時，應當確認為預計負債，並在資產負債表中列示；否則，則屬於或有負債。或有負債只能在表外披露，不能在表內確認。分析預計負債時應注意以下幾點：

（1）預計負債的確認必須滿足一定的條件

根據中國新的企業會計準則的相關規定，形成預計負債必須同時滿足一定的條件才可以確定。這些條件包括了以下三點：

①該義務是企業承擔的現時義務；
②履行該義務很可能導致經濟利益流出企業；
③該義務的金額能夠計量。

只有同時滿足上述三個條件的或有事項才能被確認為預計負債；否則，應該在財務報表外反應。

對預計負債的確認必須是謹慎的。由於一旦將或有事項確認為預計負債，這不僅增加了企業的債務承擔能力，也會增大成本費用，從而使得企業的利潤減少。另外報表分析者應該進一步分析企業是否存在粉飾報表的行為。有的企業管理層為了調節盈利，將未滿足條件的或有負債確認為預計負債；或者是將本已滿足條件的或有事項仍然僅作表外披露，不予確認，從而達到調節利潤的目的。在對預計負債進行解讀分析時，還可以借助會計報表附註中或有事項的有關說明和其他資料進行判斷。

(2) 預計負債確認的持續性分析

預計負債的確認與存貨、固定資產等有所不同。存貨、固定資產等是按歷史成本入帳，而預計負債的計量是在初始確認並計量後，還需要持續不斷地根據資產負債表日的最佳估計數對預計負債的帳面價值進行復核或調整，也就是說，預計負債往往需要經過多次確認和計量。因此，報表分析者應對每次確認都進行是否滿足條件的分析；否則，容易出現錯誤判斷。

(3) 預計負債並不是「真實負債」

對預計負債數額的計量往往是企業根據一些客觀條件進行主觀估計的結果，這導致估計數並不一定與最終的結果一致。例如，對於逾期會敗訴的被告而言，因為未決訴訟將產生一項預計負債，但其最終結果都是由訴訟的最終調解或判決來決定。因此，預計負債與實際負債存在差異，實際負債是需要償還的，預計負債是可能不需要償還的。所以，這裡提醒報表分析者應該特別關注到這一點。

總之，對預計負債的解讀與分析包括其滿足條件的分析、持續性確認分析和真實性分析三種，如圖 3－26 所示。

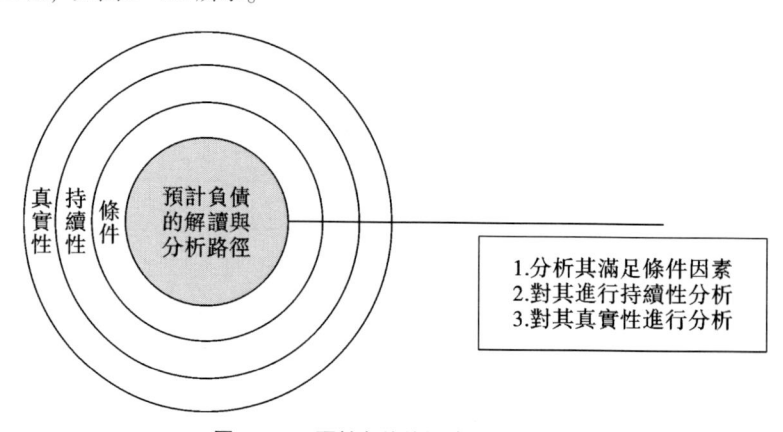

圖 3－26　預計負債的解讀與分析路徑

3.6.4.6　遞延所得稅負債的解讀與分析

遞延所得稅負債的形成原因和遞延所得稅資產項目的形成原因基本上是相同的，均是會計人員在進行納稅會計處理時，採用資產負債表債務法核算所得稅時所形成的。

應納稅暫時性差異在轉回期間將增加企業未來期間的應納稅所得額和應交所得稅，導致企業經濟利益的流出。從其形成的當期來看，構成企業應支付稅金的義務，應作為遞延所得稅負債確認。

除企業會計準則中明確規定可不確認遞延所得稅負債的情況以外，企業對於所有的應納稅暫時性差異均應及時確認為遞延所得稅負債，並在當期資產負債表日中得到正確反應。除直接計入所有者權益的交易或事項及企業合併事項外，在確認遞延所得稅負債的同時，應增加利潤表中的所得稅費用。可見，遞延所得稅負債不僅代表了企業未來的納稅義務，預示了未來的現金流出，而且對所有者權益會產生直接或間接的影響。

因此，報表分析者在對遞延所得稅負債進行分析和解讀時，主要通過遞延所得稅負債的確認條件和對企業未來利潤表的影響分析這兩個途徑，如下圖3-27所示。

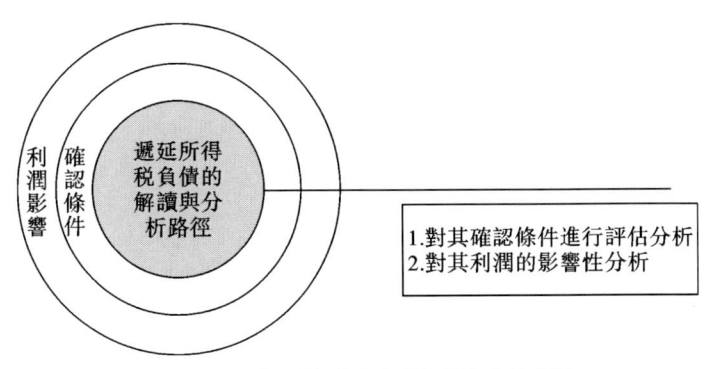

圖3-27　遞延所得稅負債的解讀與分析路徑

3.7　所有者權益項目的解讀與分析

3.7.1　所有者權益項目的分析程序

所有者對企業淨資產的要求權形成了企業的所有者權益。因此，所有者權益實質上是指所有者在企業資產中享有的經濟利益，其金額為資產減去負債後的餘額，即所有者權益是一種剩餘權益。具體而言，所有者權益在資產負債表上反應為實收資本（股本）、資本公積、盈利公積、未分配利潤四個部分。因此，所有者權益的解讀和分析可以通過投資者、債權人等提供有關資本來源、淨資產的增減變動、分配能力等與其營運管理決策相關的內部會計信息。因此，報表分析者或學員在進行財務報表解讀和分析時，應著重對所有者權益的金額、增減變動及其對企業財務狀況的影響進行分析。

對所有者權益項目的解讀和分析程序有如下兩個步驟：
首先，應對其總額進行初步分析和判斷。

所有者權益代表了一個公司淨資產數量的多寡。一個企業的所有者權益越大，則說明企業所擁有的財務實力越強。如果一個企業的所有者權益增長越快，除非是股東增資形成，否則一定表明了企業的盈利能力增強。一般來說，企業所有者權益一般為正數，但假如正數很小，那麼說明企業已到了破產的邊緣了。而如果一個企業的所有者權益為負數，表明企業已經「資不抵債」了，進入了實質性破產階段。

其次，對其項目進行結構分析。

所謂構成分析，即將對構成所有者權益項目的期初期末變動情況進行逐一分析。實收資本的期初期末數額一般不會發生變化（除非公司體制轉變，如私有制轉變為公有制，對外發行股份增加所致），而資本公積、盈餘公積、未分配利潤的數額如果期末高於期初，則說明企業營運管理良好，其營運結果讓企業股東（投資者）獲得了價值增長。

報表分析者在瞭解了所有者權益的分析步驟之後，接下來就必須詳細分析所有者權益各個構成項目，分析步驟如圖3-28所示。只有進一步對構成所有者權益的各個項目進行詳細的解讀與分析，才能夠對企業的所有者權益的解讀和分析更為全面、更為徹底，有「一覽眾山小」的感覺；否則，容易形成「一葉障目」的境況。

對所有者權益項目進行解讀和分析時可結合企業的另一張基本財務報表——所有者權益（股東權益）變動表進行。

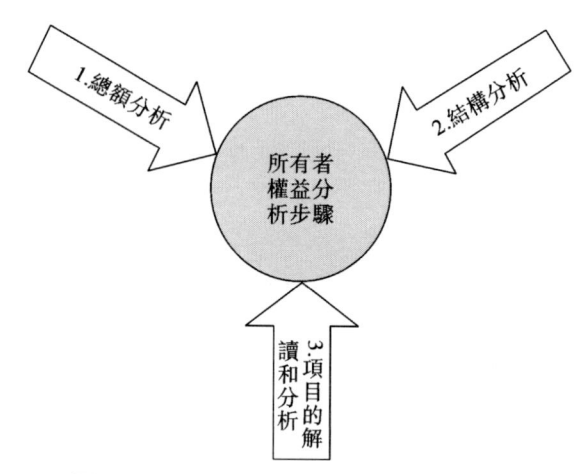

圖3-28 所有者權益的解讀與分析的基本步驟

3.7.2 所有者權益項目的解讀與分析

3.7.2.1 實收資本的解讀與分析

對實收資本的解讀與分析，可以從以下幾個方面進行：

（1）對註冊資本的合法性進行分析

由於實收資本並不等同於註冊資本，一般實收資本都大於註冊資本。自2006年1月1日起，開始實施新《中華人民共和國公司法》（以下簡稱《公司法》）。新《公司

法》對註冊資本的規定做了修訂，規定註冊資本採用授權資本制，即規定公司的註冊資本可以先繳納一部分，其餘部分在一定期限內繳足。比如，新《公司法》規定，有限責任公司全體股東的首次出資不得低於註冊資本的20%，其餘部分由全體股東自公司成立之日起兩年內繳足；其中，投資公司可以在五年內繳足。另外，註冊資本也是一種准入「門檻」。根據中國《公司法》規定，擬上市公司的註冊資本的最低限額為人民幣3,000萬元。

對於以上有關新《公司法》規定的註冊資本的相關內容，報表使用者應當予以高度關注。一旦企業的實收資本數額低於註冊資本額，就需要進一步閱讀會計報表附註及公司章程的有關說明，判斷其是否符合《公司法》中的相關法律規定，是否存在註冊資本不到位或存在抽逃註冊資本等違法行為。

（2）對實收資本的數量規模進行分析

分析實收資本（股本）首先應分析實收資本的數量規模。因為企業的實收資本直接反應了企業生產經營性的物質基礎條件的好壞。如果其實收資本（股本）總額越大，說明企業物資基礎就越雄厚，也表明企業具有很強的經濟實力；反之，則說明公司財務實力弱，物資基礎差，經濟實力弱。

（3）對實收資本的變動情況進行分析

除了對其合法性、數量規模分析外，還需要考察實收資本（股本）的增減變動情況。除非企業出現增資、減資等情況，實收資本（股本）在企業正常持續經營期間一般是不會發生變動的。實收資本（股本）的變動將會影響企業投資者對企業的所有權和控制權，而且對企業的償債能力、獲利能力都會產生影響。當然，企業投資者增加投入資本，會使營運資本增加，表明投資者對企業未來充滿信心。

綜上所述，對實收資本的解讀和分析的路徑歸納如圖3-29所示。

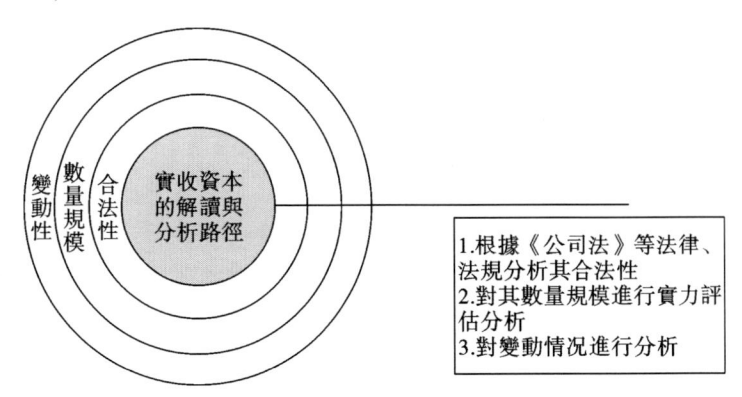

圖3-29　實收資本的解讀與分析路徑

3.7.2.2　資本公積的解讀與分析

報表分析者在解讀和分析資本公積項目時重點應考慮下述問題：

（1）瞭解資本公積與實收資本（股本）、留存收益的區別

報表分析者通過對資本公積與實收資本（股本）、留存收益的區別分析，有助於分

析者領悟資本公積的實質。資本公積與實收資本（股本）的區別主要表現在：

①從來源和性質分析，實收資本（股本）是指投資者按照企業章程或合同、協議的約定實際投入企業，並依法進行註冊的資本，它體現了企業所有者對企業的基本產權關係；資本公積是投資者的出資中超出其在註冊資本中所占份額的部分，以及直接計入所有者權益的利得和損失，它不直接表明所有者與企業的基本產權關係。

②從用途方面分析，實收資本（股本）的構成比例是確定所有者參與企業財務經營決策的基礎，也是企業進行利潤分配（或股利分配）的依據，同時還是企業清算時確定所有者對淨資產的要求權的依據；資本公積的用途主要用來轉增資本（或股本），資本公積則不體現各所有者的佔有比例，也不能作為所有者參與企業財務經營決策或進行利潤分配（或股利分配）的依據。資本公積與留存收益的區別體現在，留存收益是企業從歷年實現的利潤中提取或形成的留存於企業的內部累積，來源於企業生產經營活動實現的利潤；資本公積的來源不是企業實現的利潤，而主要來自資本溢價（或股本溢價）等。

（2）對資本公積項目來源的真實性進行分析

由於資本公積是所有者權益的有機組成部分，而且它通常會直接導致企業淨資產的增加，由此，應特別注意企業是否存在通過資本公積項目來改善財務狀況的情況。如果該項目的數額本期增長過大，就應進一步瞭解資本公積的構成。因為有的企業為了小集團利益，通過虛假評估來虛增淨資產（比如，通過將自用房地產轉換為採用公允價值模式計量的投資性房地產，且對該資產的公允價值進行操縱），以達到粉飾資產負債率和企業信用形象的目的。

（3）對資本公積項目的使用範圍進行分析

資本公積可以用來轉增資本。但應當注意的是，並非所有的資本公積項目都可用來轉增資本，能夠用來轉增資本的必須是有資產作保障的已實現的資本公積，如股本（資本）溢價。至於長期股權投資採用權益法核算時因被投資範圍除淨損益以外所有者權益的其他變動，投資企業按應享有份額而增加或減少的資本公積，以及企業持有的可供出售金融資產在持有期間的公允價值變動等其他資本公積項目，因沒有現金流或其他資產作保障，不能用來轉增資本，否則會造成虛假出資。因此，報表分析者必須通過其使用範圍分析其變動情況，真正做到「火眼金睛」。歸納起來，對資本公積的解讀和分析的路徑如圖3－30所示。

3.7.2.3 留存收益的解讀與分析

留存收益是留存在企業的一部分淨利潤，一方面可以滿足企業維持或擴大在生產經營活動的資金需要，保持或提高企業未來營運的獲利能力；另一方面可以保證企業有足夠的資金用於償還債務，保護債權人的權益。所以，留存收益增加，將有利於資本的保全、增強企業實力、降低籌資風險、緩解財務壓力。留存收益的增減變化及變動金額的多少，取決於企業的盈虧狀況和企業的利潤分配政策。所以，對留存收益項目的解讀和分析的主要內容包括：瞭解留存收益使用範圍、總額變動原因和變動趨勢及未分配利潤的解讀和分析，從而科學評價其變動的合理性。

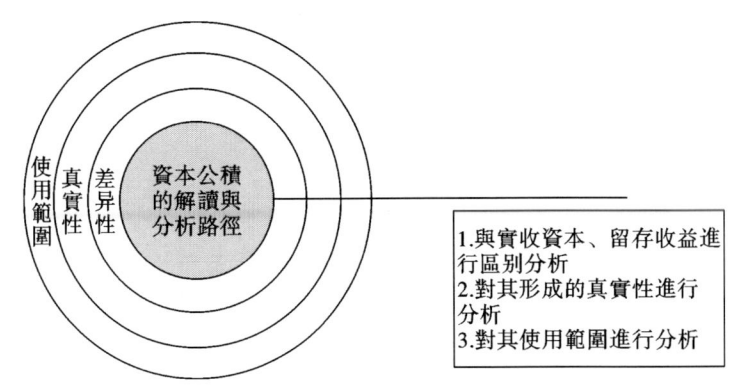

圖 3-30　資本公積的解讀與分析路徑

（1）對盈餘公積的使用範圍分析判斷

由於企業的盈餘公積是指企業按照有關規定從淨利潤中按一定比例提取的累積資金，包括法定盈餘公積和任意盈餘公積。企業所提取的盈餘公積一般可用於企業彌補虧損、繼續擴大生產經營、轉增註冊資本或用以派發現金股利等。對於盈餘公積的使用範圍，報表分析者應對此有良好的理解。

（2）對盈餘公積的總金額進行分析判斷

由於盈餘公積是按規定從企業淨利潤中提取的，因此其總量越大越好，越大則說明企業不但有充裕的物質基礎保證，維持企業持續營運，保持企業的獲利能力；同時也能讓企業保持良好的債務支付能力，故而企業應在盈利的時候盡量多計提盈餘公積。另外，如果企業任意盈餘公積所占比重較大，說明企業在不斷加強資本累積，謀求更長遠的發展和良好的長遠利益。

（3）對盈餘公積的變動性進行分析判斷

如果盈餘公積的期末期初數發生變化，說明企業存在不同變化的意圖，如轉增資本或分派股利的情況發生了。但是這裡更值得注意的一點是，盈餘公積期初期末的變化，也可能是因為彌補虧損所致。一旦發現企業出現了彌補虧損的情況，就必須對企業的營運管理進行分析，這樣才能夠透過盈餘公積項目的分析瞭解到企業的營運管理狀況。

（4）對未分配利潤解讀與分析

由於未分配利潤相對於盈餘公積而言，屬於未確定用途的留存收益，所以，企業在使用未分配利潤上有較大的自主權，受國家法律法規的限制比較少。

對未分配利潤的解讀和分析基本和上述留存收益的分析方法一樣。但值得注意的是，報表分析者在對未分配利潤進行解讀和分析時應特別關注：未分配利潤是一個變量，既可能是正數（未分配的利潤），也可能是負數（未彌補的虧損）。可將該項目的期末數與期初數配比，以觀察其變動的曲線和發展趨勢，然後通過這種變化的觀察，瞭解企業的營運管理狀況和企業的未來的發展狀況。

歸納起來，對留存收益的解讀和分析的路徑如圖 3-31 所示。

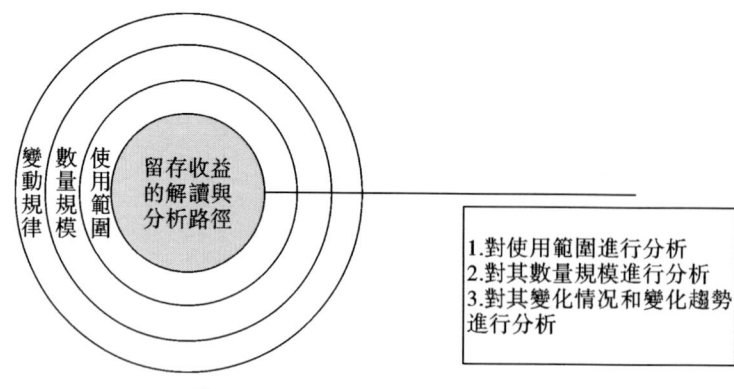

圖 3-31　留存收益的解讀與分析路徑

本章閱讀資料

「財務總監辭職年年有，然而今年特別多。」僅 4 月以來，平均兩三天就有財務總監辭職的公告發布。財務總監掌管著企業的財務信息和現金資源，上市公司的財務總監更有著令人豔羨的地位和高薪，為何這個「金領」職業出現如此高的離職率？記者觀察到，儘管在披露上市公司財務總監辭職的原因上，「身體原因」「個人原因」幾乎成了其離職的「標準答案」，然而事實恐怕遠非這麼簡單。

據統計，在今年財務總監離職的 29 家 A 股上市公司中，有 7 家公司明確稱財務總監的辭職是因個人身體和個人精力問題，其中包括聚光科技的匡志宏、雅本化學的馬立凡、太陽電纜的鄭用江、洪濤股份的盧國林、九安醫療的張鳳雲、陽谷華泰的賀玉廣和 *ST 炎黃的李世界。這 7 人中，匡志宏、鄭用江和李世界是徹底辭職，而其他人只是從財務總監這一職務上卸任，卻並未離開公司。如馬立凡繼續擔任雅本化學董事、副總經理；盧國林繼續擔任洪濤股份董事；賀玉廣繼續擔任陽谷華泰董事、董事會秘書、副總經理；張鳳雲繼續擔任九安醫療工會主席。業內人士認為，他們因工作壓力而離職的可能性較大。

上海一家會計師事務所的負責人陳甲乙告訴記者，近年來，由於監管層要求上市公司財務數據的披露越來越規範和嚴格，而公司要求財務總監要完成的目標任務又越來越多，上市公司財務總監的工作壓力非常大。除了會計核算，定期、及時給出真實健康的財務報表，他們還負責企業財務管理，包括資金、單位財產的整體統籌安排……這還遠遠不夠，帳房先生式和總會計師式的財務總監已滿足不了現代企業的需求，上市公司和準上市公司的財務總監更重要的職責在於要有財務戰略，會資本營運。

「不排除財務總監最瞭解公司發展情況，發現公司績效並不如想像中好，又不願意帳目持續粉飾作假，所以選擇離開。」海通證券投行人士程江告訴記者。

而這個離職原因，在上月從萬安科技辭職的郭志林身上或許可以看到影子。2011 年 6 月 10 日，萬安科技成功登陸中小板，郭志林曾十分自豪地說：「萬安科技上市過

程中，財務沒有走過彎路，一條直路到了證監會。」然而，今年2月21日，該公司發布首份成績單——2011年業績快報顯示，公司當期淨利潤同比下滑39.58%。3月23日，其又發布了2012年一季度業績預告，淨利潤繼續下滑，同比下降50%～80%。業績變臉讓萬安科技一時間陷入了包裝上市質疑的尷尬，股價也應聲下跌。

值得一提的是，就在一季度業績預告發布那天，郭志林提交了辭呈，同時辭職的還有內部審計負責人周佳飛。4月17日，萬安科技發布了2011年業績快報修正公告，稱經會計師事務所預審計，對公司資產減值損失及費用跨期核算等會計事項進行了調整，導致淨利潤進一步減少。此前，或因公司業績變臉而辭職的財務總監還有應建森，在露笑科技上市了3個多月後即「起身告辭」。

「一些企業在上市前，往往大玩各種會計手法和資本運作伎倆，以期在投資者和發審委面前製造高成長假象，助其順利通過首次公開募股（initial public offerings，IPO）審核，並在發行中獲得更多融資。」上海一家擔當了多家上市公司審計機構的會計師事務所審計人員陳敬這樣說，「不過，『紙包不住火』，財務造假的風險頗大，一旦事發，儘管財務總監是授意而為，也難辭其咎。」

雲南綠大地生物科技，如今的A股*ST大地，就是一個典型案例。4月17日，*ST大地發布重大訴訟進展公告稱，2012年3月29日，公司已收到昆明市中級法院刑事裁定書，裁定撤銷一審判決，發回原審昆明市官渡區人民法院重審。這就意味著，公司前董事長何學葵、前財務總監蔣凱西、龐明星等很可能獲刑加重。此前的3月15日，因昆明市檢察院抗訴一審量刑過輕，被稱為「銀廣夏第二」的綠大地造假案在昆明市中級法院開庭審理，不過，沒有當庭宣判。

北京工商大學商學院副教授崔學剛認為，目前上市公司財務總監頻頻辭職與證監會日益加強對資本市場的監管也不無關係。「別說是財務作假，即使是業績包裝，在未來披露財務數據時也會有很多難做的事，且會如影隨形，越來越難。尤其是財務數據存在問題的時候，財務總監處境艱難。一些財務總監深知這一點，因此，紛紛在公司上市不久後及時離職。」

——摘自2012年4月24日《北京商報——上市公司財務總監離職潮背後》

本章小結

本章以資產負債表的解讀與分析的性質、作用和結構特徵為起點，重點介紹了構成資產負債表的解讀分析程序、方法與步驟及其主要項目的解讀與分析要點。

對資產項目的解讀與分析，首先要關注資產總額，它表明了企業的經營規模。然後，要分析資產的流動性，資產的流動性是衡量資產質量的一個重要尺度。最後關注其盈利性和風險性，通過償債能力和對利潤的影響的具體分析，使得報表分析者能夠更全面解讀到資產項目的本質。在分析具體的資產項目時，要重點關注貨幣資金、應收帳款、存貨、長期股權投資、固定資產、無形資產等的規模和質量，尤其是要注意會計政策選擇和資產減值因素對資產淨額的影響。

負債是債權人對企業資產的要求權。負債的一個基本特徵在於其是需要償還的，

並且，大多數負債的使用是有代價的。負債的數額和資產的數額配比，可以揭示企業的財務風險。為了便於分析企業的財務狀況和償債能力，應當將負債分為流動負債和非流動負債兩大類，兩者分別揭示了企業面臨的短期和長期償債能力風險。分析時一方面要關注流動負債和非流動負債與資產負債表左側流動資產和非流動資產項目之間的對應關係，從而判斷其規模的合理性；另一方面，要重點注意短期借款、應付款項、應交稅費、長期借款、應付債券、預計負債等主要負債項目的確認和計量，對負債的質量進行判斷。另外，由於大多數企業都有隱瞞負債的傾向，所以還要特別注意企業負債披露的完整性。

所有者權益代表了企業的所有者（股東）對企業的剩餘權益。所有者權益的規模代表了企業的真實財務實力；同時，其結構也表明了所有者對企業的信心及經營者的業績如何。因此，解讀和分析所有者權益，應從總量、結構、合法性、使用範圍四個主要方面，對所有者權益的質量進行判斷。

復習題

1. 資產負債表的作用如何？你認為對資產負債表進行分析有何意義？
2. 對資產項目的分析應遵循怎樣的分析程序？你認為資產負債表中哪些資產項目是分析的重點？重點項目的解讀和分析的內容是什麼？
3. 對負債項目的分析應遵循怎樣的分析程序？你認為資產負債表中哪些負債項目是分析的重點？重點項目的解讀和分析的內容是什麼？
4. 對所有者權益的分析應從哪幾個方面入手？你認為解讀所有者權益項目時應重點關注哪些問題？

4 利潤表和所有者權益變動表解讀與分析

資本的屬性是追逐利潤，作為經營主體的企業自然也不應例外。對企業投資者（股東）來說，其投資的主要目的就是為了獲取比投資更多的利潤和價值。根據投資的目的和要求，就必須要求會計部門定期編製利潤表，用於調整經營策略及評價投資效果。當企業盈利狀況良好、盈利狀況不佳或虧損時，利潤表的主要目的就是幫助決策者和管理者對經營策略進行收縮和壓縮成本費用開支，以扭轉虧損局面。而當企業盈利的時候，企業決策者和管理者則必須進行加大投資或採取其他擴張性經營管理策略，達到更好的盈利目的。

因此，利潤表不但能體現企業一段時期內的經營業績，同時它也反應了企業經營的未來前景以及是否有為投資者創造財富的條件和能力，從而在財務報表的解讀分析中，將利潤表的解讀與分析視為工作重點，由此產生的盈利性指標基本都建立在利潤表中。

本章首先介紹了企業活動與利潤表分析，其次介紹利潤表的解讀和分析程序，然後介紹利潤表的作用和結構，然後再分別闡述利潤表中有關收益項目的關係和重點項目方面。

4.1 企業活動與利潤表分析

公司從資本市場（股東、債權人及債務人三方構成資本市場）獲取資金投向經營性資產，進而在經營中使用經營性資產獲取市場所需要的產品或勞務，然後將所生產的產品和勞務銷售給顧客，當顧客的回報價值高於各種成本費用時，則產生了經營性收益。這包括從供應商那裡購進原材料、從市場上購進勞動力、從設備上那裡購進設備等生產性資料一起用於生產商品或勞務賣給客戶或消費者。從財務角度來說，財務活動涉及的是資本市場交易；從經營角度出發，經營活動則涉及與消費者和供應商在產品和投入品市場的交易；從財務角度出發，財務活動涉及向顧客或消費者銷售產品或勞務所產生價值扣除耗費的各種資源後的剩餘價值。圖 4−1 解釋了企業的這種活動過程。

與供應商的交易涉及企業的資源耗費，這種價值損失稱為經營費用。購買的商品和勞務之所以有價值，在於他們能夠與經營資產聯合生產產品和勞務，這些產品和服務最終賣給顧客或消費者獲取經營收入，從而形成了經營收入和經營費用的差額，這

图 4-1　企业活动与利润表关系

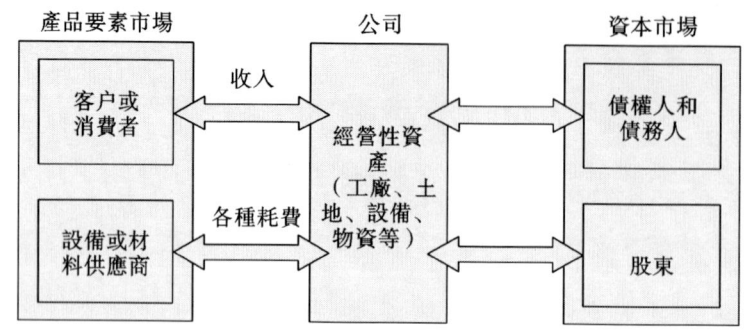

个差额就称为经营收益，即经营收益＝经营收入－经营费用。然而，经营收益的这种计算公式就形成了利润表的结构及逻辑关系了。假设经营收益为正数，则说明公司的价值得到了增加。然而假设经营收益为负数，则说明公司的价值减少了。

4.2　利润表在会计信息中的性质与作用

4.2.1　利润表的性质

利润表属于动态财务报表，是一定时期内经营所获得成果的报表。所以，报表分析者可以依据对这张报表的解读，并通过一定的分析就能够知道企业未来是否能创造价值。在某种程度上，利润表是反应过去时期内为原有投资者创造价值的能力，这种理解当然能帮助潜在投资者分析企业是否具有继续为投资者创造价值的能力。

4.2.2　利润表对会计信息的作用

4.2.2.1　能够帮助报表使用者了解企业过去经营成果

首先，投资者的投资回报是否有保障，保障程度如何？分析者可以从利润表中了解到过去一段时期内的经营成果。通过对历史经营成果的了解，能解读到企业经营活动所需的经营政策、经营环境、经营背景、经营策略及管理能力等各方面状况，有利于为下一步经营方针的制订奠定客观基础。

4.2.2.2　能帮助报表使用者预测企业未来经营成果

当然，报表分析者和报表使用者对利润表解读和分析的目的，并不仅仅是只局限于关注企业历史的经营成果，更主要和最核心的另一个目的则是报表分析者和使用者希望通过对这些历史的经营成果的了解和掌握，达到进一步判断企业未来所面临经营环境、经营背景、经营策略及经营能力能否为企业的未来发展带来持续性的价值创造。

4.2.2.3　能帮助报表使用者了解企业的竞争实力

一个企业市场份额的大小，往往决定了企业在未来一定时期内的竞争能力或竞争

實力。如果企業的銷售業績占市場份額越高，則說明企業在市場中的競爭能力或競爭實力越強；反之，則說明競爭能力和競爭實力較弱。另外，通過盈利的計算，也能夠幫助企業判斷其所處生命週期階段，假設是企業成長期，則說明企業的盈利能力不是非常強，而等企業步入成熟期後，企業盈利能力則大大增強了。

4.2.2.4　能幫助報表使用者瞭解企業成本管控能力

報表使用者通過利潤表的解讀和分析，可以瞭解成本費用構成情況。假如企業的成本費用率過高，則一定程度上說明企業的成本費用管控能力相對較弱；反之，則較強。

4.2.2.5　能夠幫助債權人預測企業的償債能力

企業的償債能力受多種因素的影響，而獲利能力的強弱是決定償債能力的一個重要因素。不管是債權人還是債務人，都關心企業的盈利能力。債權人關心自己的債權能都得到償還，債務人則擔心自己的債務不償還時對企業有沒有影響。當然，最關注的是企業的長期債權人，他們更看重企業的未來發展，因為歸根究柢，借款本金的償還和利息的支付都需要由借款所產生的效益——獲利能力決定。如果企業的獲利能力不強，影響資產的流動性，就會使企業的財務狀況逐漸惡化，進而影響企業的償債能力。

4.2.2.6　能幫助報表使用者瞭解企業的收益類型

報表使用者通過對利潤表的解讀和分析，能夠瞭解企業的收益來源是屬於主營業務、其他業務、投資業務和其他業務的收益。通過對這些收益來源的構成分析，便可以判斷企業的經營管理是否存在問題。如投資業務所產生的收益過高，則說明企業主營業務的收入相對較弱，或者說企業的收益主要來自於投資所創造的價值。

4.2.2.7　評價和考核企業管理者的績效

利潤表中的各項數據，實際上體現了企業在生產、經營和投資及理財方面的管理效能。利潤表能夠直接反應企業經營管理績效成果，也是公司經營管理者受託責任履行的最終結果，所以利潤表是投資人（股東）評價考核其委託責任是否得到承諾與履行的重要依據。

4.3　利潤表格式與會計信息的重要性分析

一般來說，不同的報表使用者，對財務報表所提供的信息有不同的要求。例如，對於企業投資者和長期債權人來說，他們都關注企業的盈利能力，尤其更關注企業是否具有長期盈利能力。因此，為方便報表使用者對會計信息的選擇，就需要對利潤表的格式按報表使用者對會計信息的需要進行專門設計。接下來要介紹的是利潤表的格式類型。

4.3.1 利潤表的格式類型

利潤表是通過一定的表格來反應企業的經營成果的。由於不同國家和企業對財務報表信息的需要不完全一樣，根據報表使用者對利潤表所能提供的會計信息要求，在利潤表中就必須根據報表使用者對會計信息的不同要求進行格式設計，即利潤表應按一定的格式來反應會計信息。目前，世界各國的利潤表主要有單步式和多步式兩種格式。

4.3.1 按會計信息重要性設計利潤表的格式

單步式利潤表通常採用左右對照的帳戶式結構，即把表格分為左右兩個部分，左邊反應各種費用及損失類項目，右邊反應企業各種收入及利得類項目，兩者相減的差額，即為本期實現的淨利潤（或淨虧損）總額。

單步式利潤表的優點是比較直觀、簡單、易於編製。它的缺點在於不能揭示利潤各構成要素之間的內在聯繫，一些有用的資料，如銷售毛利、營業利潤、利潤總額等中間性信息無法直接從利潤表中得到，不便於報表使用者對企業進行盈利分析與預測。

而多步式利潤表的結構通常採用上下加減的報告式結構。在該表中，淨利潤的計算分解為多個步驟，以提供各種各樣的中間信息。中國利潤表分以下幾個步驟編製。

①以營業收入為基礎，減去營業成本、營業稅金及附加、銷售費用、管理費用、財務費用、資產減值損失，加上公允價值變動收益（減去公允價值變動損失）和投資收益（減去投資損失），計算出營業利潤；

②以營業利潤為基礎，加上營業外收入，減去營業外支出，計算出利潤總額；

③以利潤總額為基礎，減去所得稅費用，計算出淨利潤（或淨虧損）。

普通股或潛在普通股已公開交易的企業，以及正處於公開發行普通股或潛在普通股過程中的企業，還應當在利潤表中列示每股收益信息。此外，為了報告企業的綜合收益，利潤表的最後還分別在利潤表中列示其他綜合收益和綜合收益總額信息。

多步式利潤表格式基本上能夠彌補單步式利潤表格式的缺陷，它能清晰地反應企業淨利潤的形成步驟，準確解釋利潤表各構成要素之間的內在聯繫。它提供了十分豐富的中間信息，便於報表使用者進行企業盈利分析，評價企業的盈利狀況。但多步式利潤表格式也存在一定的不足，如加減步驟較多、計算繁瑣，且容易使人產生收入與費用的配比有先後順序之誤解。

4.4 利潤表的局限性分析

本章前面的內容我們重點分析了利潤表的性質和作用，利潤表對會計信息的重要性及利潤表的格式對會計信息的功效。我們清楚了利潤表和資產負債表一樣，在財務報表中佔有非常重要的地位，但我們也應該客觀認識到，利潤表也存在著一定的局限性。這些局限性主要體現在不能真正反應企業的盈利狀況，不能精確反應非量化的財

務信息等。

4.4.1 利潤表反應盈利狀況的局限性分析

會計人員在會計處理時，所耗費的資源的費用是按照攤銷原則操作的。這樣一來，由於企業大部分資產項目都是以歷史成本入帳，因此，根據歷史成本入帳的資產的費用攤銷則明顯存在不合理性。在通貨膨脹環境下，如果再按歷史成本原則編製企業的利潤表，不僅會影響到利潤表所有成本費用項目計量的真實性，而且也會使得某些收益的歷史成本明顯地脫離實際價值，從而影響企業盈利狀況的準確性與可靠性。

再例如，利潤表中還有一些成本費用項目是根據會計政策和估計來進行會計處理的。如固定資產折舊是按平均年限法計算，那麼利潤表中反應出的固定資產攤銷額與該資產在市場上的實際價值可能完全不符，此時利潤表中所反應的根本不是企業的真實盈利水平，而是一項標準化模式作業的產物。

4.4.2 利潤表的「非量化」性分析

同樣的道理，利潤表中無法反應許多無法用貨幣進行計量的項目，如企業的信譽、品牌、商標權、員工素質、企業文化、客戶滿意度等，這類核心資產都與企業的盈利能力息息相關，但由於國際上目前沒有統一的計量標準，也確實無法用貨幣進行數量化，因此造成了利潤表僅能反應量化收入、成本、費用，而不能反應出企業真實的「非量化」收益。

4.4.3 利潤表的「主觀性」解讀與分析

根據中國企業會計準則規定，會計人員在進行會計處理時，往往對資產項目是採取估計方法進行的。例如，資產減值準備、固定資產折舊和無形資產攤銷等，儘管是企業根據當時的情形合理估計的，但這些估值難免出現管理層和會計人員的主觀性，這種主觀性也必然會影響到資產項目在一定時期內所耗費的客觀性，直接影響利潤表所反應的盈利信息的可靠性。

4.4.4 利潤表的「間接性」解讀與分析

由於利潤表反應了企業在一段時期內的經營成果，是報表分析者進行財務報表分析的重要基礎之一，但在實際工作中，企業管理層可能迫於某種壓力，如盈利壓力或償債壓力，對報表進行加工或粉飾，這樣就直接導致利潤表所提供的盈利信息和經營成果得不到直接披露，甚至故意引起報表使用者對企業盈利能力的「誤解」。對於利潤表的這種間接性，其必然結果是無法真實反應出企業歷史和未來的盈利狀況。

4.5 利潤表的解讀與分析

4.5.1 利潤表解讀與分析的基本程序

由於利潤表能夠充分反應出企業利潤的整個形成過程，因此，解讀和分析利潤表時，應該做到以下幾個基本程序：

首先，必須關注形成利潤的各個重點項目，如銷售毛利、主營業務利潤、其他業務利潤等項目，以達到具體瞭解企業利潤形成的主要因素，正所謂只要掌握關鍵問題，其他問題都能迎刃而解。

其次，再對利潤表中各個收入、費用項目進行逐一解讀與分析，評價分析這些利潤構成項目的真實性、合法性、完整性。通過這些主要因素分析預測企業未來能否盈利。

最後，通過對利潤表中各項重要項目和利潤表中各構成項目的逐一解讀和分析，最後綜合評估預測企業未來盈利能力和盈利前景狀況。

綜上所述，下圖4-2描述了利潤表的解讀和分析的基本程序。

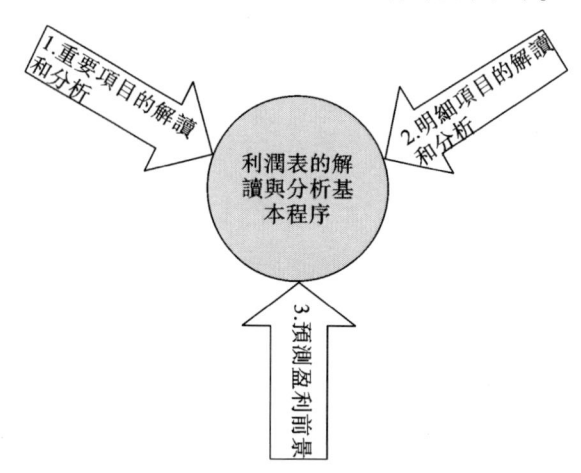

圖4-2　利潤表的解讀與分析的基本程序

4.5.2 利潤表中各種收益項目關係分析

對於企業的盈利能力進行評價需要報表分析者進行完整的主觀分析，儘管依賴的是利潤表的客觀數據，但對未來的預測則更多的是分析者的主觀行為起決定作用。因此，對利潤表的不同利潤是由不同的內容所構成的，形成每個獨立的部分單元，而每個單元部分對於盈利的持續性和重要性顯然存在差異，如其他業務收入相對於主營業務收入來說，不但可能金額小，而且一般都是非持續性的。其他業務利潤對企業未來的盈利的作用幾乎可以忽略，而主營業務利潤在對預測企業未來盈利方面起到關鍵的

參考作用，因此須首先解讀和分析利潤表中各種收益項目之間的關係。

對利潤表各收益項目的關係分析是指這些收益之間存在的數理關係、順序關係等。比如，先有父親後有子女，這主要指的是先後順序關係；而1加2等於3，則表明1和2共同完成了3或者3減去1等於2，這是最簡單的數理關係。根據數理關係和順序關係則可以將企業利潤分為：①營業利潤與非營業利潤；②經常業務利潤與非經常業務利潤；③內部利潤和外部利潤；④經常性損益和非經常性損益四種主要項目關係。

4.5.2.1 營業利潤與非營業利潤關係分析

所謂營業利潤是指企業通過主營業務活動所取得的盈利。而非營業利潤是指通過非主營業務活動所取得的淨收益（如企業的投資收益、公允價值變動收益、處置非流動資產收益等）。企業的盈利能力，通常是依靠其主營業務活動來完成的。企業一旦偏離了主營業務活動，要麼在一定程度上說明企業的盈利前景堪憂，要麼說明企業可能變更了主營業務活動範圍，將以前非主營業務調整為主營業務或增加了新的營業活動類型。如一個房地產企業改變營業範圍，從房地產業務為主轉為以投資為主的企業，我們就可以認為這家公司的主營業務發生了根本轉變，從一家當地產企業轉變為投資企業，這裡所描述的營業活動或範圍是指企業並沒有發生主營業務的改變營業活動。

企業的營業活動是公司賺取利潤的根本途徑，表明公司有目的的活動取得成果的可能性程度大小。國內外大量的實證研究結果表明，企業只有獲得營業利潤的持續增長才能真正意味著企業具有盈利穩定性和持久性。因此，一個能夠具備良好發展前景的企業，一般來說，其營運所獲得的營業利潤應該遠遠高於非營業利潤。如果一個公司的非營業利潤佔了大部分，則可能意味著該公司在自己的行業中處境不妙，需要以非主營活動來維持收益，這無疑是相當危險的，這種盈利也只能稱為「曇花一現」。

但是營業利潤和非營業利潤之間存在一定的關係，這種關係可以用下列公式來表示。

營業利潤＋非營業利潤＝利潤總額

或者： 利潤總額－營業利潤＝非營業利潤

又如： 利潤總額－非營業利潤＝營業利潤

4.5.2.2 經常業務利潤和非經常業務利潤關係分析

所謂經常業務利潤是用企業日常連續發生或連續發生頻率很高的業務活動所產生的淨收益（如銷售收益、長期證券投資收益等）。而非經常業務利潤企業發生頻率不高或發生概率較低業務活動所產生的淨收益（如處置非流動資產收益、短期證券投資收益等），因此又常常被稱為一次性業務利潤或偶然業務利潤。正因為非經常業務利潤對企業來說是沒有任何保障的，因而這種收益並不能代表企業的盈利能力，企業經營者更不能希望長久地以其來為投資者（股東）創造價值與財富。

同樣，經常業務利潤和非經常業務利潤之間也存在一定的數理關係，這種關係可以用下列數學公式來表示。

經常業務利潤＋非經常業務利潤＝利潤總額

或者： 　　　　　　利潤總額－經常業務利潤＝非經常業務利潤
又或者： 　　　　　利潤總額－非經常業務利潤＝經常業務利潤
同時也可以將四種業務利潤用一個計算公式進行描述。
營業利潤＋非營業利潤＝非經常業務利潤＋經常業務利潤＝利潤總額
或者：營業利潤－非經常業務利潤＝經常業務利潤－非營業利潤
學員應該對上述各收益項目之間的關係形成的計算公式分析出各收益之間的相互數理關係。

4.5.2.3　內部利潤和外部利潤

所謂企業的內部利潤是指依靠企業生產經營活動取得的收益，它一般具有較好的持續性。而所謂企業的外部利潤則通常是指企業獲得的政府補貼、稅收優惠或接受捐贈等從公司外部輸送而形成的收益。按常理來說，外部收益的持續性一般具有不穩定性和非持久性（除非一些國家長期補貼的行業，如農副產品等與民生相關性高的公共事業類行業），因此一般收益性較差，因此如果企業外部收益比例越大，則往往能夠說明企業總收益的質量越低；反之，則說明其質量越高。而內部利潤恰好相反，如果企業的總收益中內部利潤較高，外部利潤較少，則說明企業自身的盈利能力較好，具有源源不斷的「造血」機能。

同樣，我們也可以用數學公式來描述內部利潤和外部利潤之間的關係。
其數學計算公式為：
　　　　　　　　　　內部利潤＋外部利潤＝利潤總額
或者： 　　　　　　　利潤總額－內部利潤＝外部利潤
又或者： 　　　　　　利潤總額－外部利潤＝內部利潤
同時也可以將六種業務利潤用一個計算公式進行描述。
營業利潤＋非營業利潤＝經常業務利潤＋非經常業務利潤＝內部利潤＋外部利潤＝利潤總額
或者：營業利潤－非經常業務利潤＝經常業務利潤－非營業利潤
又或者： 　經常業務利潤－外部利潤＝內部利潤－非經常業務利潤
又或者： 　營業利潤－外部利潤＝內部利潤－非營業利潤
學員應該對上述利潤表中各個收益項目之間的關係進行很好的理解和掌握。

4.5.2.4　經常性損益和非經常性損益

利潤表中的「淨利潤」僅僅是會計準則意義上的「確認損益」，其中還包括不影響正常獲利能力的「非經常性損益」，因此並不能真正反應企業未來的獲利能力。所以，在閱讀和分析企業的利潤表時，尤其是在分析上市公司的獲利能力時，一定要注意非經常性損益對收益總額的影響。

所謂非經常性損益是指與公司正常經營業務並無直接關係，或者雖然與正常經營業務有一定的相關，但由於其性質特殊和偶發性，影響報表使用人對公司經營業務和盈利能力作出正常判斷的各項交易和事項產生的損益。根據中國證監會《公開發行證

券的公司信息披露解釋性公告第 1 號——非經常性損益》（2008）的規定，非經常性損益通常包括以下項目：

①非流動性資產處置損益，包括已計提資產減值準備的衝銷部分；

②越權審批，或無正式批准文件，或偶發性的稅收返還、減免；

③計入當期損益的政府補助，但與公司正常經營業務密切相關、符合國家政策規定、按照一定標準定額或定量持續享受的政府補助除外；

④計入當期損益的對非金融企業收取的資金占用費；

⑤企業取得聯營企業及合營企業的投資成本小於取得投資時應享有被投資單位可辨認淨資產公允價值產生的收益；

⑥非貨幣性資產交換收益；

⑦委託他人投資或管理資產的損益；

⑧因不可抗力因素，如遭受自然災害而計提的各項資產減值準備；

⑨債務重組損益；

⑩企業重組費用，如安置職工的支出、整合費用等；

⑪交易價格顯失公允的交易產生的超過公允價值部分的損益；

⑫同一控制下企業合併產生的子公司期初至合併日的當期淨損益；

⑬與公司正常經營業務無關的或有事項產生的損益；

⑭除同公司正常經營業務相關的有效套期保值業務外，持有交易性金融資產、交易性金融負債產生的公允價值變動損益，以及處置交易性金融資產、交易性金融負債和可供出售金融資產取得的投資收益；

⑮單獨進行減值測試的應收款項減值準備轉回；

⑯對外委託貸款取得的損益；

⑰採用公允價值模式進行後續計量的投資性房地產公允價值變動產生的損益；

⑱根據稅收、會計等法律、法規的要求對當期損益進行一次性調整對當期損益的影響；

⑲受託經營取得的託管費收入；

⑳除上述各項之外的其他營業外收入和支出；

㉑其他符合非經常性損益定義的損益項目。

從上述規定不難看出，非經常性損益可能被計入了營業外收支項目，不影響營業利潤；也可能被計入了營業收入，直接影響到營業利潤的計算。分離「非經常性損益」的作用在於認定企業的持續盈利能力，因為真正能夠對企業的盈利能力產生持久性影響的應當是經常性損益，而並非非經常性損益。另外，由於非經常性損益的調整通常被上市公司用來調節利潤，因此倍加引人注目。

其數理關係和計算公式，學員可參考前面幾種收益之間的計算公式。

其數學計算公式為：

經常性損益＋非經常性損益＝利潤總額

或者：　　　　　利潤總額－經常性損益＝非經常性損益

又或者：　　　　利潤總額－非經常性損益＝經常性損益

同時也可以將八種業務利潤用一個計算公式進行描述。

營業利潤＋非營業利潤＝經常業務利潤＋非經常業務利潤＝內部利潤＋外部利潤＝經常性損益＋非經常性損益＝利潤總額

或者：　　營業利潤－非經常性損益＝經常性損益－非營業利潤

又或者：　經常性損益－外部利潤＝內部利潤－非經常性損益

又或者：　營業利潤－經常性損益＝內部利潤－非經常性損益

還或者：　營業利潤－經常性損益＝內部利潤－非經常性損益

同樣，學員應該對上述利潤表中各個收益項目之間的關係進行很好的理解和掌握。

4.5.3 利潤表的重點項目的解讀與分析

4.5.3.1 營業收入的解讀與分析

營業收入是企業生產營運管理的最終環節，是體現企業全部業務活動所產生的最終成果的重要性標誌。同時，營業收入也是多項財務指標（如銷售利潤率、應收帳款週轉率、杜邦財務體系等）的計算的重要依據。因此，對營業收入的解讀和分析，不僅要對營業收入的真實性、構成內容進行分析和解讀，還應對其合法性進行分析和解讀，其解讀和分析的要點主要集中體現在以下幾個方面：

（1）對營業收入確認的真實性進行分析

營業收入的確認分析，具體來講，就是在什麼情況下企業可以認為它已經取得了營業收入。比如，銷售商品收入在同時滿足以下條件時才能予以確認。

①認真分析企業是否已將商品或勞務所有權的主要風險和報酬轉移給購買方或勞務接收方；如果沒有發生風險和報酬轉移，則不能確認為營業收入；

②仔細分析企業是否保留通常與所有權相聯繫的繼續管理權以及對已售出的商品擁有的實施控制權；如果企業繼續保留繼續管理權和擁有實際控制權，則不能確認為營業收入；

③分析收入的金額是否能夠可靠地計量，是否相關的經濟利潤很可能流入企業以及相關的已發生或將要發生的成本能夠可靠地計量；如果不能，則不能確認為營業收入。

④充分利用非財務信息營業收入的真實性進行分析。如分析價值鏈中的客戶數據，可以看出營業收入的真實情況。

（2）對營業收入的構成內容進行分析

對營業收入不僅僅要瞭解一個總額，還要仔細分析其具體構成情況。

①營業收入的品種構成。從目前的情況來看，大多數企業都從事多種商品或勞務的經營活動。在從事多品種經營的條件下，企業不同商品或勞務的營業收入構成對信息使用者具有十分重要的意義：佔總收入比重大的商品或勞務是企業過去業績的主要增長點。並且，信息使用者還可以利用這一信息對企業未來的盈利趨勢進行預測。企業管理者則可以對此作為生產經營決策的依據。

②營業收入的地區構成。當企業為不同地區提供產品或勞務時，營業收入的地區

構成對信息使用者也具有重要價值；占總收入比重大的地區是企業過去業績的主要增長點。從消費者的心理與行為特徵來看，不同地區的消費者對不同品牌的商品具有不同的偏好，不同地區的市場潛力則在很大程度上制約企業的未來發展。

③關聯方交易在營業收入中的比重。有的公司為了獲取不當利益，往往利用關聯方交易來進行所謂的「盈餘管理」。關聯方交易與財務報表粉飾並不存在必然聯繫，如果關聯方交易確實以公允價格定價，則不會對交易的雙方產生異常的影響。但事實上有些公司的關聯方交易採取了協議定價的方法，定價的高低取決於公司的需要，使得利潤在關聯方公司之間轉移，這種在關聯方公司內部進行的「搬磚頭」式的關聯銷售是很難有現金流入的，因此這樣的收益質量很差。對此，要關注會計報表附註對於關聯方交易的披露，分析關聯方交易之間商品價格的公平性。

④主營業務收入與其他業務收入在總營業收入中的構成。主營業務收入，是指企業經營主營業務所取得的收入。其他業務收入則是指企業除主營業務以外的其他銷售或其他業務所取得的收入，如材料代銷、包裝物出租等收入。正常情況下，主營業務收入應當構成營業收入的主要來源，其他業務既為「其他」，那麼其所占收入總額的比重不應過大，一般在30%以下。企業應保持相當數量的主營業務收入；否則，有副業衝擊主業之嫌，表明企業的資源占用可能不盡合理。由於新會計準則實施後的利潤表不再在主表中披露主營業務收入和其他業務收入，因此該項分析應結合會計報表附註中對營業收入的詳細解釋進行。

（3）對營業收入確認的合法性進行分析

在明確收入確認條件的基礎上，應重點分析以下兩個方面，以確保收入的合法性。

①應嚴格區分本期收入、上期收入或未來後期收入的界限；如果不能區分，則存在合法性的質疑；

②對企業收入的特殊情況確認的分析，如企業提供的商品是否需要安裝或檢驗才能確認為收入；另外，對一些附有銷售退回條件的商品的收入確認等。

（4）對營業收入的數量規模進行風險性分析

企業營業收入數量規模的高低往往與企業的風險成正比。收入越低，則表明企業的風險較高，尤其是經營風險；反之，則風險越低。因此，報表分析者可以通過其營業收入的數量規模判斷企業所處的經營階段，並且可以判斷該階段企業的經營風險程度。

（5）從營業收入的規模判斷企業的盈利能力

通常來說，營業收入規模越小，盈利能力則較弱（當然不能排除一些高利潤的新興行業，儘管規模小，可能盈利能力不弱）。而如果營業收入規模越大，則往往表明企業具備一定競爭能力，有較高的盈利可能性。

（6）營業收入與其他報表中相關項目的配比關係

這裡所講的其他報表是指資產負債表、利潤表。對營業收入的分析必須結合這些其他報表進行，主要從以下幾個方面展開：

①營業收入與企業規模（資產總額）的配比。企業是一個經濟實體，其生產經營的目標是創造經濟效益，而經濟效益必須通過營業收入來取得。因此，企業應保持相

當數量的營業收入。分析營業收入數額是否正常，可以將營業收入與資產負債表的資產總額配比，如果不配比則可能存在營業收入數額異常。營業收入代表了企業的經營能力和獲利能力，這種能力應當與企業的生產經營規模相適應。這種分析應當結合行業特徵、企業生產經營規模及企業經營生命週期來開展。比如，主營業務收入占資產總額的比重，處於成長或衰退階段的企業較低，處於成熟階段的企業較高；工業企業和商業企業較高，有些特殊行業（如航天、飯店服務業）較低。若兩者不配比（過低或過高），需要進一步查清原因。

②營業收入與應收帳款配比。通過將營業收入與應收帳款配比，可以觀察企業的信用政策，是以賒銷為主，還是以現金銷售為主。一般而言，如果賒銷比重較大，應進一步將其與本期預算、與企業往年同期實際、與行業水平進行比較，以評價企業主營業務收入的質量。

③營業收入與相關稅費配比。財務報表中其他一些項目，如利潤表中的「營業稅金及附加」「應交稅費」，現金流量表中的「交納的各種稅費」「收到的稅費返還」等也與營業收入存在一定的配比性。因為營業收入不僅要影響所得稅，更重要的是，它還是有關流轉稅項目的計稅基礎；取得營業收入不僅會增加資產，也會伴隨稅金的支付。

④營業收入與其現金流量的配比。營業收入與現金流量表中有關經營活動的現金流量項目之間也應當存在一定的配比關係。如果營業收入高速增長，而「銷售商品、提供勞務收到的現金」等經營活動的現金流量卻沒有相應的增長，則很可能意味著營業收入質量不高，甚至是捏造的。

（7）從營業收入的規模判斷企業的競爭能力

營業收入規模較小的企業，往往表明企業的競爭能力相對較弱，通過競爭獲得的市場份額較低。如果企業的營業收入的規模越大，則能夠表明企業的市場競爭能力相對較強，能過獲得較大的市場份額。因此，企業的營業收入規模大小，一般程度上則直接表明企業競爭能力或競爭實力。當然，具體情況要具體分析，同時也要結合不同的行業進行不同的分析和判斷。

歸納起來，對營業收入的解讀和分析的路徑如圖 4-3 所示。

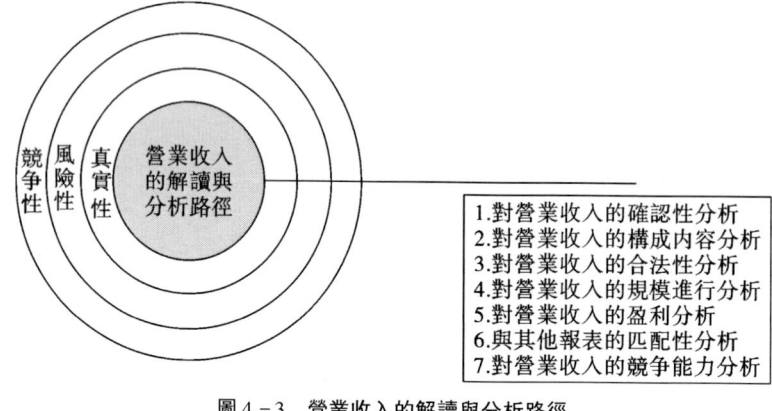

圖 4-3　營業收入的解讀與分析路徑

4.5.3.2 營業成本的解讀與分析

營業成本是企業獲得營業收入所付出的資源總耗費額。對營業成本的分析,能夠清晰企業所耗費資源與收入的配比,計算其差額以評價企業經營情況的好壞。尤其關係到企業的業績評價,因此對企業營業成本的真實性要進行分析,另外,還應該評價企業管理層的管理能力,同時還需要評價其盈利水平。歸納起來其解讀和分析的要點主要集中體現在以下幾個方面:

(1) 對營業成本確認的真實性進行分析

所謂營業成本的真實性分析主要是指構成營業成本的內容和成本計算方法是否正確。如固定資產的計提原則、存貨的計價、各種預提費用等是否符合會計準則。也要對成本構成的其他項目是否合理進行分析,如是否是未確認的費用轉入成本等。

同時,要特別關注企業是否存在人為故意或惡意操縱營業成本的行為。如對以下幾種情況,則企業應該重點分析:①不轉成本,將營業成本作資產掛帳,導致當期費用低估,資產價值高估,誤導會計信息使用者;②將資產列作費用,導致當期費用高估,資產價值低估,既歪曲了利潤數據,也不利於資產管理。

(2) 對營業成本匹配性分析

營業成本的匹配性分析是指成本構成是否與銷售收入匹配?與資產的規模是否匹配?如果營業成本中的固定資產折舊費用與資產不成比例,那麼可能存在人為因素或錯誤因素等。

(3) 營業成本與盈利能力的結合分析

如果營業成本占營業收入的比重高,則說明企業的盈利能力較弱;反之,則較強。因此,通過營業成本與盈利能力的分析能判斷企業應盈利狀況。

(4) 營業成本與管理能力的結合分析

如果營業成本占營業收入的比重高,尤其是明顯高於同行業,或者營業成本占營業收入的比重發生明顯變化(如比上期明顯高或者與同期相比變化幅度較大),則說明管理層對成本的管控能力較弱。如果持續性降低,則說明管理層的成本的管控能力較強。當然,也需要認真分析營業成本變動的具體原因,如是否受整體原材料供應量的影響,國家政策的影響等。

歸納起來,對營業成本的解讀和分析的路徑如圖4-4所示。

4.5.3.3 營業稅金及附加的解讀與分析

營業稅金及附加也是企業為獲取收益所必須承付的代價,也是國家財政的主要收入來源。因此,對營業稅金及附加的解讀和分析必須從其合法性和匹配性兩個方面展開。

(1) 營業稅金及附加的合法性分析

營業稅金及附加所涉及的內容包括營業稅、消費稅、城市維護建設稅、資源稅和教育費附加等。因此,應根據國家相關稅法規定,分析其是否按國家稅法規定納稅,是否按稅法規定的稅目、稅種及稅率進行稅金繳納,如果存在漏項或計算錯誤,這都應該是其合法性方面存在問題。

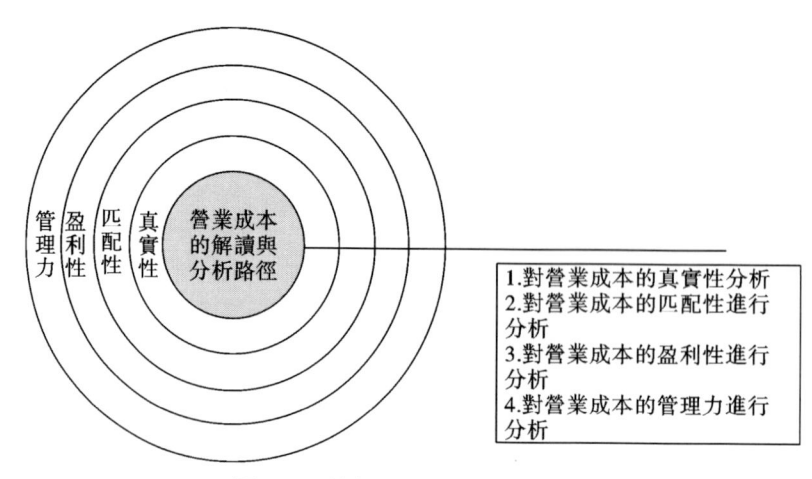

图 4-4　營業成本的解讀與分析路徑

(2) 營業稅金及附加的匹配性分析

分析時，應將該項目與企業的營業收入進行配比，並進行前後期間的比較分析。通過比較分析後發現兩者之間具有不配比性，則應查明是否企業有稅收政策的不同（如某項目存在稅收優惠或出口退稅之類），如果不存在稅收政策的差異，則可能說明企業在納稅方面存在問題或者是收入方面存在問題。

歸納起來，對營業稅金及附加的解讀和分析的路徑如圖 4-5 所示。

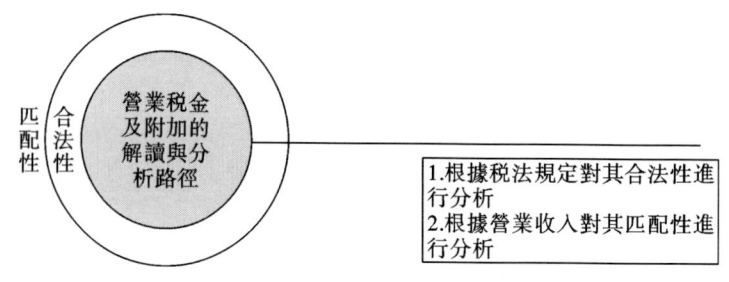

圖 4-5　營業稅金及附加的解讀與分析路徑

4.5.3.4　銷售費用的解讀與分析

銷售費用是一種期間費用。它是隨著時間推移而發生的，與當期商品銷售直接相關，而與產品的產量、產品的製造過程無直接關係，因而在發生的當期從損益中扣除。從銷售費用的功能來分析，有的與企業的業務活動規模有關，有的與企業從事銷售活動人員的待遇有關，有的與企業的未來發展、開拓市場、擴大企業品牌的知名度等有關（展覽費、廣告費等）。因此，對銷售費用的解讀和分析必須從其真實性和匹配性兩個方面展開。

(1) 銷售費用的真實性分析

銷售費用一般包括企業產品包裝費、運輸費、裝卸費、保險費、展覽費、廣告費、

商品維修費、差旅費、銷售機構辦公費、銷售人員工資、福利性費用、業務招待費等費用。因此，對銷售費用的解讀和分析，首先應分析其構成費用的項目的完整性、費用項目的真實性。比如，是否存在將本屬於銷售費用的計入其他費用項目或成本項目。

（2）銷售費用與營業收入的匹配性分析

分析時，應將該項目與企業的營業收入進行配比，並進行前後期間的比較分析。通過比較分析後發現兩者之間具有不配比性，則應查明是否是因為企業銷售政策的不同（如某階段實施品牌推廣，則會大大增加該項費用），如果不存在銷售政策的差異，則可能說明企業在銷售費用的管理方面偏弱。

歸納起來，對銷售費用的解讀和分析的路徑如圖4－6所示。

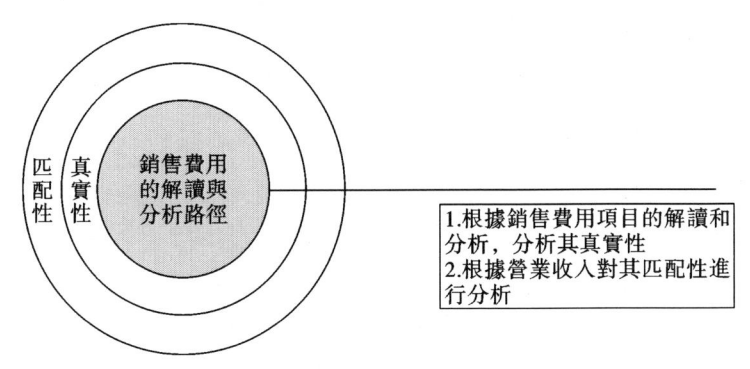

圖4－6　銷售費用的解讀與分析路徑

4.5.3.5　管理費用的解讀與分析

管理費用也是一種期間費用，和銷售費用的解讀和分析同理。因此，對管理費用的解讀和分析也應從其真實性和匹配性兩個方面展開。

（1）管理費用的真實性分析

企業在籌建期間發生的開辦費、董事會和行政管理部門在企業的經營管理中發生的或者應由企業統一負擔的公司經費、工會經費、董事會費、訴訟費、業務招待費、房產稅、車船使用稅、土地使用稅、印花稅、技術轉讓費、礦產資源補償費、研究費用、排污費等。因此，對管理費用的解讀和分析，首先應分析其構成費用項目的完整性、費用項目的真實性。比如，是否存在將本屬於管理費用的計入其他費用項目或成本項目。

同時，當企業是大型集團化公司或者存在關聯公司時還應該進行關聯方交易分析。所謂關聯方交易分析主要是分析企業是否存在向關聯方企業租入固定資產、無形資產的使用權以及接受其勞務等業務活動，是否存在向上級單位或母公司上繳的「管理費」等，因此，在對管理費用進行解讀和分析時就需要密切注意這種交易的真實性，警惕人為因素。

（2）管理費用與營業收入、資產規模的匹配性分析

分析時，應將該項目與企業的營業收入進行配比，並進行前後期間的比較分析。

通過比較分析後發現兩者之間具有不配比性，則應查明是否是更多的管理措施的不同（如大量壞帳損失等情況），如果不存在管理措施的差異，則可能說明企業存在管理費用管理不力或控制不力的問題。

同時，還應該結合其資產規模進行解讀和分析。一般來說，企業的資產規模越大，則往往會增加管理人員和管理設備，從而大大增加了管理費用。因此，管理費用與企業規模之間存在一定的配比關係。

歸納起來，對管理費用的解讀和分析的路徑如圖4-7所示。

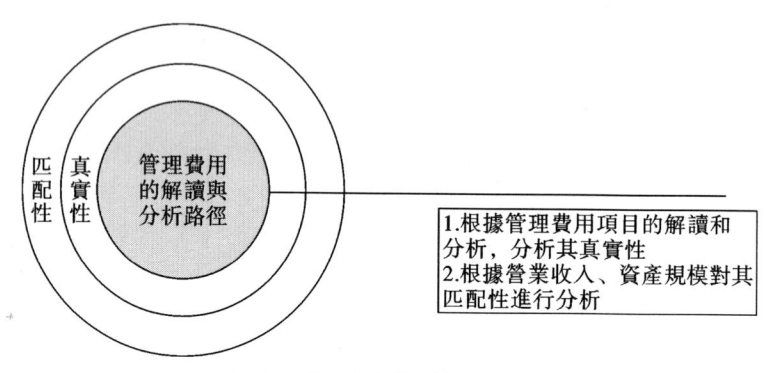

圖4-7　管理費用的解讀與分析路徑

4.5.3.6　財務費用的解讀與分析

財務費用和銷售費用、管理費用同屬企業的三項期間費用。和前兩者的分析原理相同，即對財務費用的解讀和分析也是從其真實性和匹配性兩個方面展開。

（1）財務費用的真實性分析

財務費用具體包括的項目內容有：利息支出（減利息收入）、匯兌差額、支付給金融機構的手續費及企業發生或受到的現金折扣等。但是，要值得注意的是，籌建期間發生的貸款利息支出不屬於財務費用，而應計入開發費用；而貸款購買的固定資產所發生的利息費用，應計入固定資產原值。因此，對各種不同業務所發生的利息費用，有的應該做資本化處理，有的需要費用化處理，兩者之間必須區分開來，否則勢必影響財務費用的真實性。

（2）財務費用與存款、貸款規模的匹配性分析

在對財務費用進行解讀和分析時，由於貸款和存款的利率都是根據合同或者固定比例的，因此應將財務費用和存款規模、貸款規模進行配比，這樣能夠發現利息費用計算是否正確，以此來判斷財務費用計算是否存在錯誤。當然，也需要進一步分析資產規模與財務費用總額之間的匹配性。如果資產規模很小，財務費用很高，則往往企業貸款存在一定的不合理性。

歸納起來，對財務費用的解讀和分析的路徑如圖4-8所示。

4.5.3.7　資產減值損失的解讀與分析

資產減值損失分析的作用在於，通過資產減值損失項目的規模大小及減值率可以

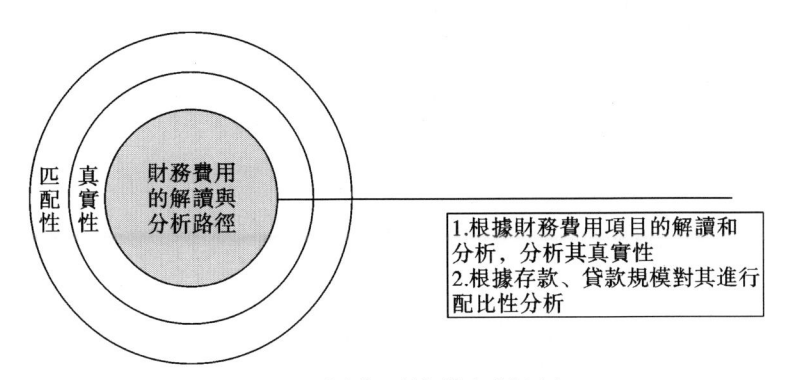

图4-8 財務費用的解讀與分析路徑

分析和評價企業資產管理的質量和盈餘管理傾向。即對財務費用的解讀和分析也是從其真實性和匹配性兩個方面展開。

(1) 資產減值損失的合法性分析

根據中國企業會計準則的相關規定，要求企業會計人員應當在每個會計期末（月末、季末、半年末、年末等）對企業的各項有形資產進行全面盤點和檢查，並根據謹慎性原則的要求，合理地預計各項資產可能發生的損失，對可能發生的各項資產減值損失計提相應的減值準備。因此，報表分析者應檢查會計人員對資產減值損失的會計處理，分析其中是否存在不按企業會計準則進行會計處理的，即是否合法操作。

(2) 資產減值損失的真實性分析

對資產減值準備的計提，顯然一方面是減少了資產的價值，另一方面也形成一項費用，對企業的利潤有直接抵減作用。因此，報表分析者應關注資產減值準備中所指的具體是哪些資產（如具體債權、存貨、固定資產和投資性資產等），一旦發生應計提沒有計提的，應在財務報表說明中或會計報表附註中給以披露。因此，報表分析者還應結合會計報表附註進行相關閱讀分析。

歸納起來，對資產減值損失的解讀和分析的路徑如圖4-9所示。

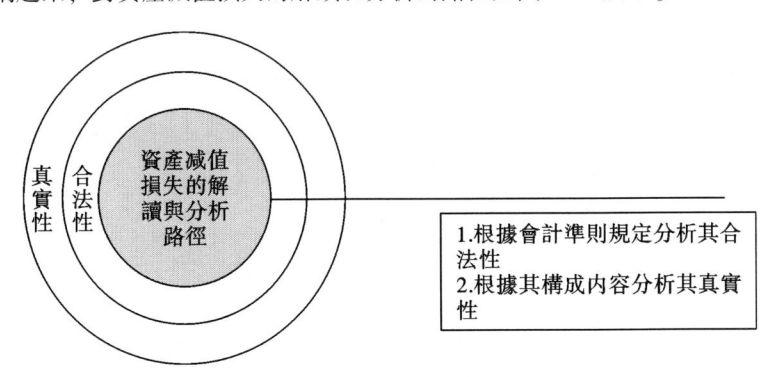

圖4-9 資產減值損失的解讀與分析路徑

4.5.3.8 公允價值變動損益的解讀與分析

解讀和分析公允價值變動損益項目時應注意以下幾點：

(1) 公允價值變動的真實性分析

公允價值變動損益代表的是一種已確認但尚未實現的損益，只有將相應的投資類資產處置時，原來計入公允價值變動損益的金額轉入投資收益後，才形成企業實實在在的利益。由於只有在相關資產處置之後獲得的收益才算是到手的收益，資產持有期間的公允價值變動即浮盈並未真實獲取，顯然不能用於向股東分配。對此，2007 年底中國證監會在《關於證券公司 2007 年年度報告工作的通知》中就已指出，證券公司可供分配利潤中公允價值變動收益部分，不得向股東進行現金分配。

同時，新會計準則規定，只有當投資企業已經實現收益並變現為企業淨資產增加時，才能將該收益記入投資收入科目。與此同時，為了滿足投資者決策的需要，新會計準則中引入了公允價值變動科目，以反應資產的現時價值。由於公允價值並沒有帶來現金流入和淨資產的增加，從而只有當處置投資時，才可以將公允價值變動轉入投資收益科目。新會計準則在投資收益科目的設置上，一方面以服務投資者決策為出發點，穩健地看待上市公司的投資收益；另一方面，也把上市公司的動態利潤變動加以反應，體現了促進企業可持續發展的這一理念。

(2) 公允價值變動對盈利能力的分析

如果該項目在營業利潤、利潤總額、淨利潤中所占的比重過大，則在一定程度上說明企業的主營業務活動（基本活動）的盈利能力較差，未來利潤結構的波動性將會較大；反之，則說明企業的主營業務活動的盈利能力較強。

歸納起來，對公允價值變動的解讀和分析的路徑如圖 4-10 所示。

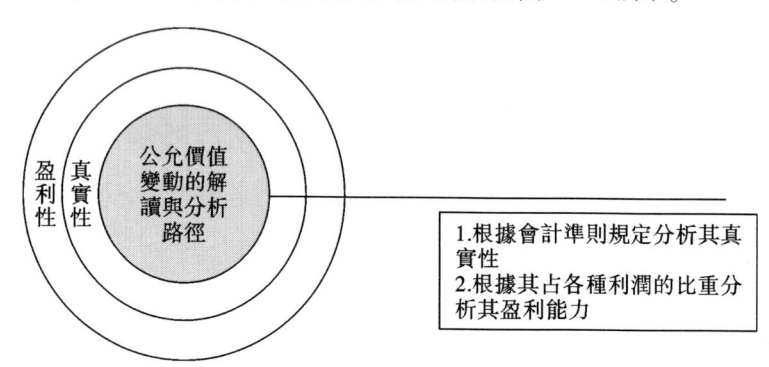

圖 4-10 公允價值變動的解讀與分析路徑

4.5.3.9 投資收益（虧損）的解讀與分析

投資收益（虧損）是企業通過對外投資而獲得收益（虧損），因此對投資收益（虧損）的解讀和分析，應重點關注下列內容：

(1) 投資收益的真實性分析

由於投資收益的會計處理方法存在差異，例如，長期股權投資有成本法和權益法

兩種核算方法。不恰當地採用成本法可以掩蓋企業的投資損失，或轉移企業的資產；而不恰當地採用權益法則可以虛報企業的投資收益。對此，應結合對長期股權投資項目的分析，判斷企業核算方法的選擇正確與否。同時，也應分析企業是否存在利用關聯方交易「人為編造」投資收益。

(2) 投資收益的盈利性分析

投資是通過讓渡企業的部分資產而獲取的另一項資產，即通過其他單位使用投資者投入的資產所創造的效益而分配取得的，或通過投資改善貿易關係等手段達到獲取利益的目的。正是由於對外投資這種間接獲取收益的特點，其投資收益的高低及其真實性不易控制。如果上市公司的證券投資在總投資中的比例較高，且投資其他上市公司證券在證券投資中所占的比例很高，該上市公司的投資收益會隨著證券市場的波動而變動，其可持續性獲利能力會比較差。

另外，根據中國的新會計準則相關規定，投資收益包括長期股權投資收益和金融資產投資收益。一般而言，長期股權投資所得的投資收益是企業在正常的生產經營中所取得的可持續投資收益。例如，下屬公司生產經營狀況好轉，有了比較大的收益，這部分的投資收益越高，那麼表明企業的可持續發展能力越強，對於投資者來說，這種企業越具有投資價值。但也有一些投資收益項目帶有很多的偶然性或屬於一次性收入，如出售可供出售金融資產的投資收益。分析時應結合會計報表附註中對投資收益項目的具體解釋，判斷投資收益對企業盈利能力的長期影響。

歸納起來，對投資收益（虧損）的解讀和分析的路徑如圖 4-11 所示。

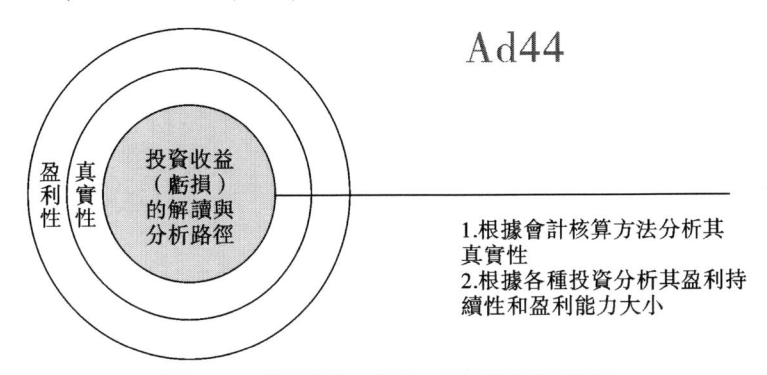

圖 4-11 投資收益（虧損）的解讀與分析路徑

4.5.3.10 營業利潤的解讀與分析

營業利潤的計算是指將營業收入扣除營業稅金及附加、營業成本、各項期間費用、資產減值損失、公允價值變動及投資收益（損失）後的餘額。因此對營業利潤的解讀和分析，應結合上述相關內容進行。

(1) 營業利潤的真實性分析

營業利潤的真實性分析應結合營業收入、營業稅金及附加、營業成本、期間費用及投資收益、資產減值損失、公允價值變動等項目的真實性一併分析。如果這些相關

內容的真實性都存在，則說明營業利潤的真實性也是存在的；否則，不存在真實的說法。

（2）營業利潤的盈利能力分析

一個企業的營業利潤越高，說明企業的盈利能力越強；反之，則越弱。因此，企業的營業利潤是企業盈利的一個重要參考標準。

歸納起來，對營業利潤的解讀和分析的路徑如圖4-12所示。

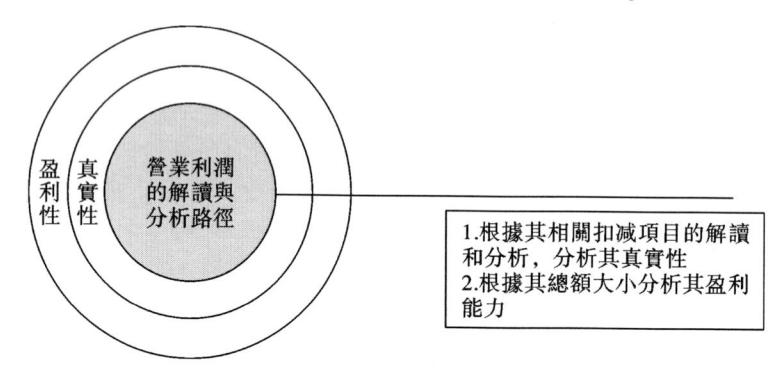

圖4-12　營業利潤的解讀與分析路徑

4.5.3.11　營業外收入的解讀與分析

對營業外收入的解讀和分析一般從其真實性和合法性兩個方面進行就可以了。

（1）營業外收入的真實性分析

營業外收入的內容構成包括非流動資產處置利得、盤盈利得、捐贈利得、確實無法支付等項目，但是由於營業外收入發生的頻率較低，又與企業的日常經營活動無直接關係，因此，在解讀和分析營業外收入時，只需要查閱形成營業外收支的各項構成內容是否真實發生，發生了是否及時進行相關會計處理就可以。

（2）營業外收入的合法性分析

根據發生的營業外收入解讀和分析除了要檢查其真實性外，還需要檢查其會計處理是否按規定程序進行，如一旦發生這些項目的變化，是否是經董事會批准了。另外還必須對其會計處理是否按會計準則的相關規定進行會計處理。

歸納起來，對營業外收入的解讀和分析的路徑如圖4-13所示。

4.5.3.12　營業外支出的解讀與分析

對營業外收入的解讀和分析同樣從其真實性和合法性兩個方面進行就可以了。

（1）營業外支出的真實性分析

營業外支出的內容構成包括非流動資產處置損失、盤盈損失、公益性捐贈支出、非常損失等項目，同樣由於營業外支出發生的頻率較低，又與企業的日常經營活動無直接關係，因此，在解讀和分析營業外收入時，只需要查閱形成營業外支出的各項構成內容是否真實發生，發生了是否及時進行相關會計處理就可以。

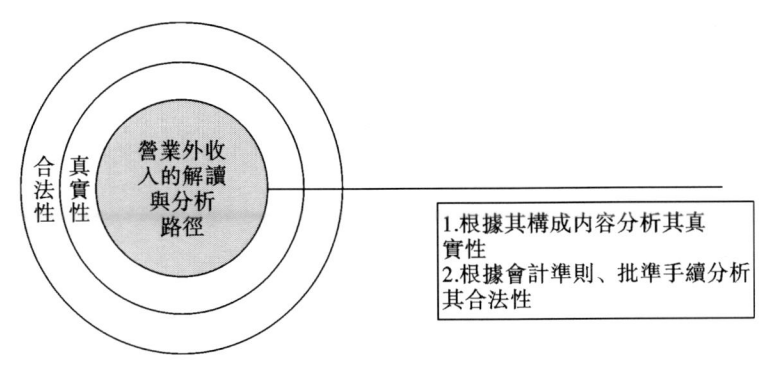

图 4-13　營業外收入的解讀與分析路徑

（2）營業外支出的合法性分析

對發生的營業外支出的解讀和分析除了要檢查其真實性外，還需要檢查其會計處理是否按《公司法》《證券法》等規定的法律法規程序進行。根據「或有事項」會計準則的規定，企業為他人擔保發生的損失和風險，按到期是否收回及預期收回的可能性，計提預計損失，計入營業外支出。因此，應分析其是否存在關聯方交易，是否存在非法擔保等，另外還必須對其會計處理是否按會計準則的相關規定進行會計處理。

歸納起來，對營業外支出的解讀和分析的路徑如圖 4-14 所示。

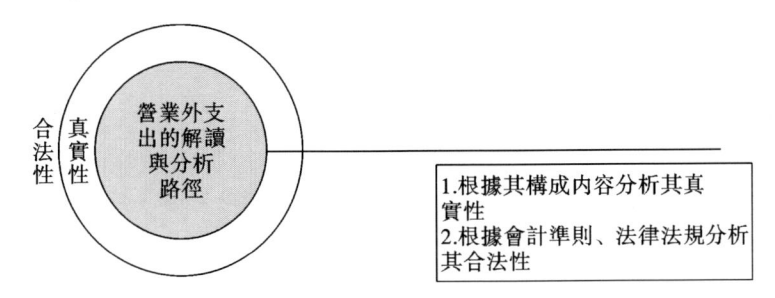

圖 4-14　營業外支出的解讀與分析路徑

4.5.3.13　利潤總額的解讀與分析

利潤總額的計算是將營業利潤加上營業外收入再扣減營業外支出後的餘額。因此，對營業利潤的解讀和分析，應結合上述營業利潤、營業外收入、營業外支出相關分析內容進行。

（1）利潤總額的真實性分析

利潤總額的真實性分析應結合營業利潤、營業外收入、營業外支出項目的真實性一併分析。如果這些相關的內容的真實性都存在，則說明利潤總額的真實性也是存在的；否則，同樣不存在真實的說法。

(2) 利潤總額的盈利能力分析

一個企業的利潤總額越高，說明企業的盈利能力越強；反之，則越弱。因此，企業的利潤總額是企業盈利的又一個非常重要的參考標準。

歸納起來，對利潤總額的解讀和分析的路徑如圖4-15所示。

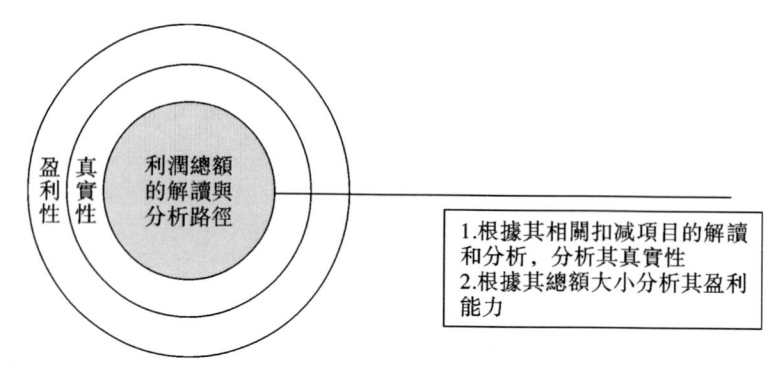

圖4-15　利潤總額的解讀與分析路徑

4.5.3.14　所得稅費用的解讀與分析

對所得稅費用的解讀和分析，主要是分析其合法性，即是否按新的會計準則和相關稅法的規定計算和執行納稅。

根據中國2007年1月1日起開始實施的新的會計準則的規定，對企業所得稅的核算方法採用資產負債表債務法核算。這種方法是從資產負債角度出發，通過比較資產負債表上列示的資產、負債，按照企業會計準則規定確定的帳面價值與按照稅法規定確定的計稅基礎，對於兩者之間的差額區分為應納稅暫時性差異與可抵扣暫時性差異，確認相關的遞延所得稅負債和遞延所得稅資產，並在此基礎上確定每一期間利潤表中的所得稅費用。

採用資產負債表債務法核算所得稅的情況下，利潤表中的所得稅費用由兩個部分組成：當期所得稅和遞延所得稅。當期所得稅指是企業按照稅法規定計算確定的針對當期發生的交易和事項，應繳納給稅務部門的所得稅金額，即應交所得稅，應以適用的稅法法規為基礎計算確定。遞延所得稅是指企業在某一會計期間確認的遞延所得稅資產和遞延所得稅負債在期末應有的金額相對於原已確認金額之間的差額，即遞延所得稅資產及遞延所得稅負債的當期發生額，但不包括計入所有者權益的交易或事項及企業合併的所得稅影響。用公式表示如下：

遞延所得稅＝當期遞延所得稅負債的增加＋當期遞延所得稅資產的減少－當期遞延所得稅負債的減少－當期遞延所得稅資產的增加

計算確定了當期所得稅及遞延所得稅以後，利潤表中應予確認的所得稅費用為兩者之和，即

所得稅費用＝當期所得稅＋遞延所得稅

有時，利潤表中的所得稅費用為負數，從上述公式中不難看出，這種情況表明當

期確認的遞延所得稅資產或轉回的遞延所得稅負債大於當期應交所得稅。

歸納起來，對所得稅費用的解讀和分析的路徑如圖4-16所示。

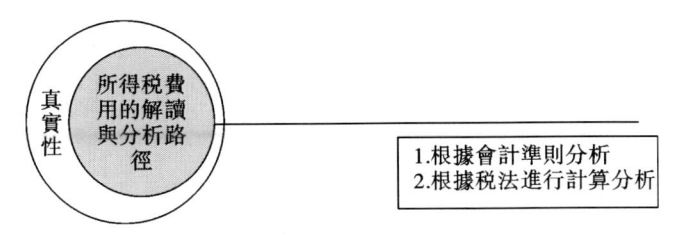

```
         ┌─────────┐
      ┌──│所得稅費 │──────────────────────┐
   真  │  │用的解讀 │   1.根據會計準則分析   │
   實  │  │與分析路 │   2.根據稅法進行計算分析│
   性  │  │   徑    │                      │
      └──│         │──────────────────────┘
         └─────────┘
```

圖4-16　所得稅費用的解讀與分析路徑

4.5.3.15　淨利潤的解讀與分析

淨利潤是利潤總額減去所得稅後的餘額，是企業經營業績的最終結果，也是企業利潤分配的源泉。在解讀和分析淨利潤時應結合上述利潤總額、所得稅費用的分析內容進行。和利潤總額的分析思路一樣，其解讀和分析包括真實性和盈利性分析。

（1）淨利潤的真實性分析

淨利潤的真實性分析應結合利潤總額、所得稅費用項目的真實性一併分析。如果這些相關的內容的真實性都存在，則說明淨利潤的真實性也是存在的；否則，同樣不存在真實的說法。

（2）淨利潤的盈利能力分析

一個企業的淨利潤越高，說明企業的盈利能力越強；反之，則越弱。因此，企業的淨利潤是又一個企業盈利的結果好壞的重要評判標準。

歸納起來，對淨利潤的解讀和分析的路徑如圖4-17所示。

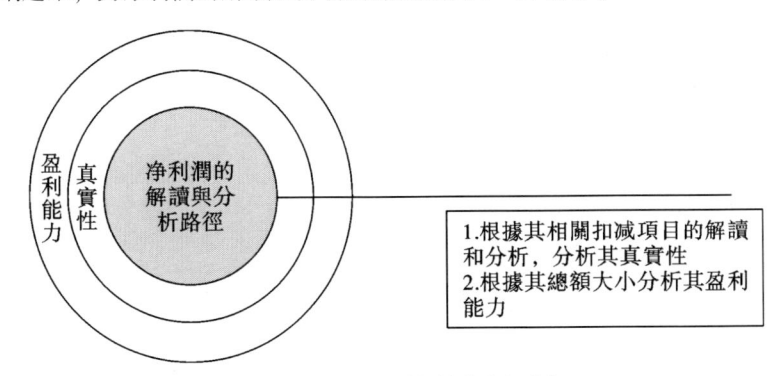

```
            ┌─────────┐
      ┌──┌──│淨利潤的 │──────────────────────────┐
   盈  │真│  │解讀與分 │  1.根據其相關扣減項目的解讀│
   利  │實│  │析路徑   │    和分析，分析其真實性    │
   能  │性│  │         │  2.根據其總額大小分析其盈利│
   力  │  │  │         │    能力                    │
      └──└──│         │──────────────────────────┘
            └─────────┘
```

圖4-17　淨利潤的解讀與分析路徑

4.6 所有者權益變動表的解讀與分析

4.6.1 所有者權益變動表的重要性分析

股東權益變動表通常不被認為是財務報表中最重要的部分，因此，股東權益變動表分析也就自然不被認為是財務報表分析的主要內容了，往往在進行財務報表分析時就常常被忽略。但是，股東權益變動表可以作為財務報表分析的一項重要補充內容，這樣能夠使得報表分析者和使用者在讀取其他報表之前，可以首先通過檢查股東權益表以達到總體瞭解企業的一些經營狀況的初步目的。股東權益表是一種總結性報表，總結了影響股東權益的所有交易，而股東權益變動表恰恰能較生動地反應所有者權益的交易過程。

4.6.2 所有者權益變動表的性質與作用

所有者權益變動表是反應構成所有者權益的各組成部分當期增減變動情況的財務報表。所有者權益變動表全面反應一定時期所有者權益變動的情況，不僅包括所有者權益總量的增減變動，還包括所有者權益增減變動的重要結構性信息，特別是要反應直接計入所有者權益的利得和損失，讓報表使用者準確理解所有者權益增減變動的根源。

4.6.3 所有者權益變動表對會計信息的作用

4.6.3.1 能夠幫助報表使用者完整瞭解所有者權益的分佈與結構

所有者權益變動表在一定程度上體現了企業綜合收益。綜合收益是指企業在某一期間與所有者之外的其他方面進行交易或發生其他事項所引起的淨資產變動。綜合收益的構成包括兩部分：淨利潤和直接計入所有者權益的利得和損失。其中，前者是企業已實現並已確認的收益，後者是企業未實現但根據會計準則的規定已確認的收益。在所有者權益變動表中，淨利潤和直接計入所有者權益的利得和損失均單獨列示項目反應，通過這種構成也間接體現了企業綜合收益的分佈與結構。

4.6.3.2 能幫助報表使用者初步瞭解企業的盈利能力

企業所有者權益如果比以前時期有增長，說明企業的盈利能力是在增長的；反之，則說明企業的盈利能力在下降。

4.6.3.3 能幫助報表使用者初步評價企業經營管理者的管理能力

通過所有者權益報表，能夠很直接地體現企業經營管理者的管理能力。如果股東價值得到增加，則說明企業管理者的管理能力有提升；反之，則說明管理能力不足。

4.6.3.4 能幫助報表使用者初步判斷企業的財務實力

報表分析者可以通過所有者權益變動表，初步解讀和判斷出企業財務實力的強弱。

如企業的所有者權益越高，則說明企業的財務實力在逐步增強；反之，則表示在逐漸減弱。

4.6.4 所有者權益變動表的格式類型

為了清楚地表明構成所有者權益的各組成部分當期的增減變動情況，所有者權益變動表應當以矩陣的形式列示。一方面，列示導致所有者權益變動的交易或事項，從而從所有者權益變動的來源對一定時期所有者權益變動情況進行全面反應；另一方面，按照所有者權益各組成部分及其總額列示交易或事項對所有者權益的影響。此外，企業還需要提供比較所有者權益變動表，即所有者權益變動表還就各項目再分為「本年金額」和「上年餘額」兩欄分別填列。

所有者權益變動表的格式如表4－1所示。

表4－1　　　　　　　　　所有者權益變動表　　　　　　　　　會企04表

編製單位：　　　　　　　　　　年度　　　　　　　　　　單位：人民幣元

項目	本年金額						上年金額					
	實收資本（股本）	資本公積	減：庫存股	盈餘公積	未分配利潤	所有者權益合計	實收資本（股本）	資本公積	減：庫存股	盈餘公積	未分配利潤	所有者權益合計
一、上年年末餘額												
加：會計政策變更												
前期差錯更正												
二、本年年初餘額												
三、本年增減變動金額（減少以「－」號填列）												
（一）淨利潤												
（二）直接計入所有者權益的利得和損失												
1. 可供出售金融資產公允價值變動淨額												
2. 權益法下被投資單位其他所有者權益變動的影響												
3. 與計入所有者權益項目相關的所得稅影響												
4. 其他												
上述（一）和（二）小計												
（三）所有者投入和減少的資本												
1. 所有者投入資本												
2. 股份支付計入所有者權益的數額												
3. 其他												

表4-1(續)

項目	本年金額					上年金額				
	實收資本（股本）	資本公積	減：庫存股	盈餘公積	未分配利潤	所有者權益合計	實收資本（股本）	資本公積	減：庫存股	盈餘公積	未分配利潤	所有者權益合計
(四) 利潤分配												
1. 提取盈餘公積												
2. 對所有者（股東）的分配												
3. 其他												
(五) 所有者權益內部結轉												
1. 資本公積轉增資本（或股本）												
2. 盈餘公積轉增資本（或股本）												
3. 盈餘公積彌補虧損												
4. 其他												
四、本年年末餘額												

所有者權益變動表「本年餘額」欄內主要項目的含義和內容如下：

4.6.4.1 「上年年末餘額」項目

該項目反應企業上年資產負債表中實收資本（股本）、資本公積、庫存股、盈餘公積、未分配利潤的年末餘額。本項目應與所有者權益變動表右側最後一行相等。這是所有者權益變動表內部的一個基本勾稽關係。

4.6.4.2 「會計政策變更」「前期差錯更正」項目

這兩個項目分別反應企業採用追溯調整法處理的會計政策變更的累積影響金額和採用追溯重述法處理的會計差錯更正的累積影響金額。這兩個項目有發生額意味著企業在報告年度發生了會計政策變更或前期差錯更正。此時，應結合會計報表附註作進一步分析。

4.6.4.3 「本年年初餘額」項目

該項目反應企業經過調整後的所有者權益年初餘額。該項目金額與當年末編製的資產負債表中所有者權益項目的「年初數」相等。

4.6.4.4 「本年增減變動額」各項目

(1)「淨利潤」項目，反應企業當年實現的淨利潤（或淨虧損）金額，並對應列在「未分配利潤」欄。

(2)「直接計入所有者權益的利得和損失」項目，反應企業當年直接計入所有者權益的各項利得和損失金額，即「其他綜合收益。」具體包括以下內容：

①可供出售金融資產公允價值變動淨額；

②權益發現被投資單位其他所有者權益變動的影響；

③與計入所有者權益項目相關的所得稅影響；

④其他綜合收益項目，如作為存貨的房地產轉換為採用公允價值模式計量的投資性房地產轉換日的公允價值大於帳面價值的差額、外幣報表折算差額、現金流量套期損益等。

（3）「所有者投入和減少的資本」項目，反應企業當年所有者投入的資本和減少的資本。具體內容包括：

①「所有者投入資本」項目，反應企業接受所有者投入形成的實收資本（或股本）和資本溢價（或股本溢價），並對應列在「實收資本」和「資本公積」欄；

②「股份支付計入所有者權益的數額」項目，反應企業處於等待期中的權益結算的股份當年計入資本公積的金額，並對應列在「資本公積」欄。

（4）「利潤分配」項目，反應企業當年的利潤分配金額。具體內容包括：

①「提取盈餘公積」項目，反應企業按照規定提取的盈餘公積，應對應列在「盈餘公積」欄，並以負數對應列在「未分配利潤」欄；

②「對所有者（股東）的分配」項目，反應企業對所有者（股東）的分配金額，並對應以負數列在「未分配利潤」欄。

（5）「所有者權益內部結轉」項目，反應企業構成所有者權益的各組成部分之間的增減變動情況。具體內容包括：

①「資本公積轉增資本（股本）」項目，反應企業以資本公積轉增資本（股本）的金額；

②「盈餘公積轉增資本（股本）」項目，反應企業以盈餘公積轉增資本（股本）的金額；

③「盈餘公積彌補虧損」項目，反應企業以盈餘公積彌補虧損的金額。

4.6.5 所有者權益變動表的局限性分析

本章前面內容我們重點分析了所有者權益變動表的重要性、性質和作用、對會計信息的作用以及所有者權益表的格式類型。我們清楚了所有者權益變動表在財務報表分析中處於從屬地位，而並非重要地位。同樣，我們在分析財務報表時，也應該清楚所有者權益變動表和資產負債表、利潤表一樣也有同樣的局限性。這些局限性主要體現在不能真正反應所有者權益變動的真實狀況、不能精確反應非量化的財務信息等。

4.6.6 所有者權益變動表反應所有者權益變動的真實狀況

企業所擁有的價值並非帳面價值，還應包括軟性資產（如品牌、管理者的才能、企業文化、企業競爭能力等）。因此，不能反應出所有者權益的真實內容，所有者權益變動表也自然無法真實反應所有者權益的真實變動狀況。

4.6.7 所有者權益變動表的「非量化」性分析

會計處理的記帳原則以貨幣為計量單位。基於這一會計原則，所有者權益變動表

作為反應某一時期企業所有者權益變動的財務報表，就必然會遺漏許多無法用貨幣進行計量的所有者權益項目。如品牌、商標權、員工素質、企業文化等都屬於企業所擁有的，並且是核心資產，但由於國際上目前沒有統一的計量標準，也確實無法用貨幣進行數量化，因此造成了所有者權益變動表僅能反應量化資產，而幾乎不能反應出企業的「非量化」資產。

4.6.8 所有者權益變動表的解讀與分析要點

所有者權益項目的含義及具體項目的解讀與分析要點已在前面章節介紹了，在此不重述。本節總結在對所有者權益變動表進行分析時應把握的幾個要點：

4.6.8.1 注意區分所有者權益項目構成的「輸血性」變化和「盈利性」變化

「輸血性」變化是指靠股東入資而增加所有者權益，「盈利性」變化則是指企業依靠自身的盈利而增加所有者權益。雖然兩者均會引起所有者權益變化，但其發展前景顯著不同：在「輸血性」變化導致資產增加但增加的投資方向前景難以預料的情況下，其盈利前景存在變數；而「盈利性」變化通常意味著企業可持續發展的前景較好。

4.6.8.2 注意所有者權益內部項目相互結轉的財務效應

所有者權益內部項目相互結轉，雖然不改變所有者權益的總規模，但是，這種變化會對企業的財務形象產生直接影響：或增加了企業的股本數量，或彌補了企業的累計虧損。這種變化，雖然對資產結構和質量沒有直接影響，但對企業未來的股權價值變化及利潤分配前景可能會產生直接影響。

4.6.8.3 注意會計核算因素的影響

即會計政策變更和差錯更正對企業所有者權益的影響。需要警惕年度間頻繁出現前期差錯更正的情況，因為這很可能是企業蓄意調整利潤所導致的結果。

本章閱讀資料

根據上市公司公布財務報表情況，常見的利潤操縱手法有：

1. 利用銷售調整增加本期利潤

為了突擊達到一定的利潤總額，如扭虧或達到淨資產收益率及格線，公司會在報告日前做一筆假銷售，再於報告發送日後退貨，從而虛增本期利潤。

2. 利用推遲費用入帳時間降低本期費用

將費用掛在「待攤費用」科目；待攤費用多為分攤期在一年以內的各項費用，也有一些攤銷期在一年以上（如固定資產修理支出等），待攤費用的發生時間是公司可以控制的，因此把應計入成本的部分掛在待攤科目下，可以直接影響利潤總額。

例如，某上市公司1998年中期報告中，將6,000多萬元廣告費列入長期待攤費用，從而使其中期每股收益達0.72元，以維持其高位股價，利於公司高價配股。

3. 利用關聯交易降低費用支出、增加收入來源

上市公司在主營業務收入中製造虛增利潤較為困難，但可以通過「其他業務收入」項目的調整來影響利潤總額。包括以其他單位願意承擔其某項費用的方式減少公司本年期間費用，從而使本年利潤增加；或向關聯方出讓、出租資產來增加收益；向關聯方借款融資，降低財務費用。

如某上市公司對1998年度廣告費用的處理：由集團公司承擔商標宣傳的費用，由股份公司承擔產品宣傳費用，解決了上述6,000多萬廣告費用掛在長期待攤費用科目下的問題。但誰能說出一條廣告中產品宣傳部分與商標宣傳部分應各占多少呢？

4. 利用會計政策變更進行利潤調整

新增的三項準備金科目指短期投資跌價準備、存貨跌價準備和長期投資減值準備。對這三個項目的不同處理可以使上市公司將利潤在不同年度之間進行調整。

如某上市公司在1998年年報中提取了巨額的存貨跌價準備和壞帳準備，造成公司1998年度出現巨額虧損。

5. 利用其他非常性收入增加利潤總額

通過地方政府的補貼收入和營業外收入（包括固定資產盤盈、資產評估增值、接受捐贈等）來增加利潤總額；這種調節利潤的方法有時不必真的同時有現金的流入，但卻能較快地提升利潤。

某上市公司的1998年年報顯示，其利潤總額2.08億元，其中有1.13億元是政府的財政補貼，而補貼款的一部分還是以其他應收款的形式體現的，可見「補貼」對利潤的貢獻之大。

——摘自《證券時報——上市公司是如何操縱利潤的?》

本章小結

本章首先以利潤表的作用和結構特徵為起點，在此基礎上，重點介紹了利潤形成過程的分析，具體包括對有關收益項目之間關係的分析及利潤表重要項目的解讀與分析要點。

企業的利潤（收益）由不同部分組成，每個部分盈利的持久性和穩定性不同，從而對企業的收益質量產生不同的影響。在進行利潤表分析時，將利潤分為營業利潤和非營業利潤、經營性利潤和偶然性利潤、企業自身形成的內部利潤及外部因素影響的外部利潤，分別考察這些項目對當期收益的影響，對於正確評價當期收益質量和預測未來業績前景有著重要意義。

利潤表由收入、費用、利得和損失項目構成，由於利潤指標在投資和業績評價等方面的重要作用，其構成項目的質量成為解讀利潤表時分析的關鍵。因此，有必要按照利潤表的結構，採用「剝筍」的方法，對利潤表上的每個構成項目進行層層剖析。

綜合收益是企業在一定期間與所有者之外的其他方面進行交易或發生其他事項所引起的淨資產變動。綜合收益的構成包括兩部分：淨利潤和直接計入所有者權益的利得和損失。所有者權益變動表在一定程度上體現了企業綜合收益，並提供了所有者權

益增減變動的重要結構性信息，對於正確分析所有者權益的增減變動具有重要價值。

復習題

1. 利潤表的作用如何？你認為對利潤表進行分析有何意義？
2. 對利潤表進行分析時應處理好哪幾組收益項目之間的對應關係？
3. 如何進行主營業務收入的質量分析？
4. 對利潤表中的期間費用項目進行分析時應注意哪些問題？
5. 如何對資產減值損失項目進行質量分析？
6. 分析投資收益項目時應注意哪些問題？
7. 營業外收支項目主要包括哪些內容？其對利潤質量有何影響？
8. 所有者權益變動表有何作用？
9. 什麼是綜合收益？如何看待綜合收益的構成？
10. 分析所有者權益變動表時應從總體上把握哪些方面？

5 現金流量表的解讀與分析

對現金流量表的解讀與分析不僅可以讓報表分析者或使用者正確評價企業獲取現金的能力，並且能對償債能力和盈利能力的評價更加全面。本章重點闡述了企業活動與現金流量表分析、現金流量總量的分析、現金流量表重要項目的解讀和分析及現金流量表補充資料分析的基本程序和要點。

5.1 企業活動與現金流量表關係分析

首先，公司從資本市場（股東、債權人及債務人三方構成資本市場）獲取現金。其次，將現金投向產品要素市場中購買生產性物資、勞務及經營性資產，最後銷售生產過程中所形成的有形產品或勞務，實現現金回籠。這種從現金流入到現金流出再到現金流入的封閉式過程，就成為現金流。如圖5-1所示。

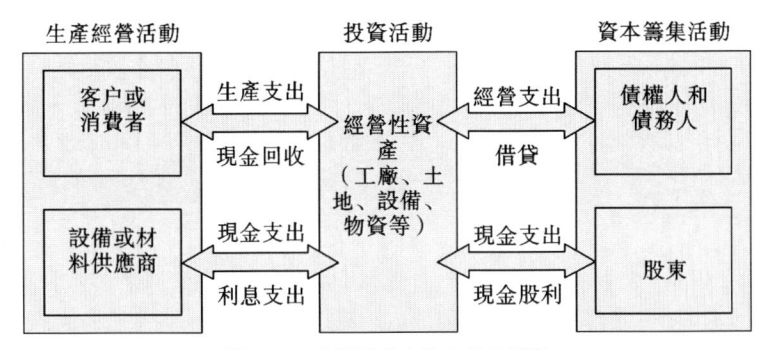

圖5-1 企業活動與資金流的聯繫

從股東及債權人、債務人獲取或支出的現金運動我們稱為資本籌集活動；投資於設備、廠房、可供出售金融資產的現金收入及現金支出，我們稱之為現金投資活動；將在產品要素市場的現金收入與支出稱為現金經營活動。而恰恰現金的這三種運動就形成了現金流量表的主要結構基礎。假設在籌資活動期間形成的現金流入、流出的差額，我們稱之為籌資活動現金淨流量。即現金淨流量＝現金流入量－現金流出量。同理，投資活動、生產經營活動過程中所產生的流入、流出差額也分別被稱為投資活動所產生的現金淨流量和生產經營活動所產生的現金淨流量。

5.2 現金流量表對會計信息的重要作用

從企業活動和現金流的關係我們可以得知,現金流貫穿了企業的整個業務活動,形成資金鏈的一個閉循環。反應整個資金鏈的形成過程的報表被稱為現金流量表。當然,本書所涉及的現金是指企業庫存現金及可以隨時用於支付的存款;因此本書下文中提及現金時,除非同時提及現金等價物,均包括現金和現金等價物。由於企業現金流關乎企業的日常營運能否持續展開,因此,對現金流量表的分析具有十分重大的意義,歸納起來,現金流量表的作用可以分為以下幾類:

5.2.1 便於管理者判斷企業的日常管理是否能延續

由於企業現金流是一個不斷循環運動的過程,一旦現金流斷裂,企業則無法繼續經營,因此,通過現金流的反應和分析,使得企業經營管理者能夠明白企業全部現金的來源和現金的用途,並且能夠分析到現金流是否能夠滿足企業營運管理的需要。通過對現金流狀況的把握,做出正確的管理決策。比如是否擴大投資,是否擴大生產規模等。

5.2.2 便於外部投資人和債權人對企業的償債能力作出判斷

由於外部投資者最為關心的是企業的獲利能力和股利支付能力,而企業的債權人則主要關注企業能否產生現金流入,以按期支付利息和清償到期債務。因此,對於外部投資者和債權人來說,判斷和分析一個企業是否具有足夠的償債能力和支付能力,其最直接有效的方法就是分析其現金流量。通過現金流量表的解讀和分析,可以幫助企業內部管理者、外部投資者和債權人瞭解企業是否有足夠的現金以償還到期債務、支付利息、支付股利,通過對瞭解企業現金流轉的效率和效果,從而為投資者和債權人作出決策提供重要參考。

5.2.3 有利於分析和評價企業各項業務活動的有效性

這裡所談的各項業務活動是指企業的經營活動、投資活動和籌資活動三種。由於企業現金流量表以現金的流入和流出反應企業在一定期間內的經營活動、投資活動和籌資活動的動態情況,反應企業現金流入和流出的全貌。因此,通過對現金流量表的解讀和分析,能夠客觀評價其各項業務活動對現金流的影響程度。例如,企業當期從銀行借入人民幣1,000萬元用於購置固定資產,在現金流量表中反應為籌資活動的現金流入人民幣1,000萬元和投資活動的現金流出人民幣1,000萬元。因此,通過現金流量表能夠說明企業一定時期內現金流入和流出的原因,即現金是來自哪裡,又流向何處去。通過對這些活動的反應,可以較全面地分析和評價各項活動的效果。

5.2.4 能夠客觀評價企業未來的「獲現能力」

評價過去是為了預測未來。通過現金流量表所反應的企業過去一定期間的現金流量及其他生產經營指標，可以瞭解企業現金的來源和用途是否合理，瞭解經營活動產生的現金流量有多少，企業在多大程度上依賴外部資金，就可以據以預測企業未來現金流量，從而為企業編製現金流量計劃、組織現金調度、合理節約地使用現金創造條件。同時，投資者和債權人也可以借助於現金，預測評價企業未來現金流量，以便更好地作出投資和信貸決策。

5.2.5 有助於分析企業的收益質量

由於財務報表中的利潤表所能揭示和反應企業一定時期內獲取淨利潤的能力，所以利潤表是會計人員根據權責發生制原則編製的，它不能反應企業生產經營活動產生了多少現金，即不能反應企業未來的獲現能力，儘管淨利潤也是反應企業的經營成果。而另一個反應經營成果的重要指標則是淨現金流量。通過編製現金流量表，掌握經營活動產生了的現金淨流量，並與淨利潤進行分析比較，就可以從現金流量的角度瞭解淨利潤的質量。正如有些專家所言：「利潤是預期的，現金是現實的」，畢竟實實在在的現金流入才能真正代表企業獲得了真實的收益。

5.2.6 能幫助報表使用者瞭解企業的財務風險

所謂財務風險具體指的是企業因資金緊缺，發生財務困難所引發的風險。因此，通過對現金流量表的解讀和分析，能夠判斷出企業是否會發生財務風險，什麼時候將發生財務風險或不會發生財務風險等風險狀況，這樣能起到警示作用，提醒企業管理者及時調整經營管理策略，以預防財務風險的發生。

5.2.7 能幫助報表使用者判斷企業的財務實力

報表使用者通過對現金流量表的瞭解，能夠對企業的財務實力做出評估與判斷。例如，如果企業淨現金流量大量增加，可以判斷出企業財務實力大大增強了。因此，通過現金流量表的淨現金流量的增減可以判斷企業財務實力的強弱。

綜上所述，對於企業管理者來說，企業的現金流量已經成為一項十分重要的會計信息，進行財務報表的解讀分析時，絕不可忽視現金流量表的作用。

5.3 現金流量表的格式類型及結構特徵

5.3.1 現金流量表的格式類型

一般來說，在中國，企業現金流量表均採用報告式格式類型，分別反應經營活動所產生的現金流量、投資活動所產生的現金流量和籌資活動所產生的現金流量，然後

經過最終匯總反應企業某一期間現金及現金等價物淨增加額。

現金流量表的格式具體如表5-1所示。

表5-1　　　　　　　　　　　　現金流量表

編製單位　　　　　　　　　　　年　月　　　　　　　　　　　　單位：人民幣元

項目	本期金額	上期金額
一、經營活動產生的現金流量：		
銷售商品、提供勞務收到的現金		
收到的稅費償還		
收到的其他與經營活動有關的現金		
經營活動現金流入小計		
購買商品、接受勞務支付的現金		
支付給職工及為職工支付的現金		
支付的各項稅費		
支付的其他與經營活動有關的現金		
經營活動現金流出小計		
經營活動產生的現金流量淨額		
二、投資活動產生的現金流量		
收回投資收到的現金		
取得投資收益收到的現金		
處置固定資產、無形資產和其他長期資產收回的現金淨額		
處置子公司及其他營業單位收到的現金淨額		
收到其他與投資活動有關的現金		
投資活動現金流入小計		
構建固定資產、無形資產和其他長期資產所支付的現金		
投資支付的現金		
取得子公司及其他營業單位支付的現金淨額		
支付其他與投資活動有關的現金		
投資活動現金流出小計		
投資活動產生的現金流量淨額		
三、籌資活動產生的現金流量		
吸收投資收到的現金		
取得借款收到的現金		

表5－1(續)

項目	本期金額	上期金額
收到其他與籌資活動有關的現金		
籌資活動現金流入小計		
償還債務支付的現金		
分配股利、利潤或償付利息支付的現金		
支付其他與籌資活動有關的現金		
籌資活動現金流出小計		
籌資活動產生的現金流量淨額		
四、匯率變動對現金及現金等價物的影響		
五、現金及現金等價物淨增加額		
加：期初現金及現金等價物餘額		
六、期末現金及現金等價物餘額		

5.3.2 按會計信息重要性設計現金流量表的格式

現金流量表的格式採用上下結構的報告式格式，並根據「現金流入－現金流出＝現金淨流量」的計算公式，分別計算來自經營活動、投資活動和籌資活動的現金總流入量、現金總流出及各自所產生的淨現金流量等相關現金流的信息。

現金流量表的結構特徵及其數據關係如表5－2所示。

表5－2　　　　　　　　現金流量表的結構及其數額關係表

結構特徵	數據關係
一、經營活動現金流量 　　經營活動現金流入 　　減：經營活動現金流出 　　＝經營活動現金流量淨額	1. 此處用直接法計算的經營活動現金流量淨額與附表部用間接法計算的經營活動現金流量淨額有直接對應關係 2. 與資產負債表中的流動資產有內在聯繫，但無直接對應關係
二、投資活動現金流量 　　投資活動現金流入 　　減：投資活動現金流出 　　＝投資活動現金流量淨額	與資產負債表的長期資產（長期投資、固定資產、無形資產）有內在聯繫，但無直接對應關係
三、籌資活動現金流量 　　籌資活動現金流入 　　減：籌資活動現金流出 　　＝籌資活動現金流量淨額	與資產負債表中的負債（主要是長、短期借款，應付債券）和所有者權益（主要是實收資本、資本公積）有內在聯繫，但無直接對應關係
四、匯率變動對現金及現金等價物的影響	

表5-2(續)

結構特徵	數據關係
五、現金及現金等價物淨增加 加：期初現金及現金等價物餘額	1. 此處按流量法計算的現金及現金等價物淨增加額＝第一項＋第二項＋第三項＋第四項 2. 此處與附表部分按存量法計算的現金及現金等價物淨增加額有直接對應關係 3. 此處期初現金及現金等價物餘額與資產負債表中貨幣資金的期初數有直接對應關係
六、期末現金及現金等價物餘額	此項與資產負債表中貨幣資金的期末數有直接對應關係

從上到下，報表分析者能夠發現，企業的最上部分是反應企業經營活動的現金流量狀況，其次是投資活動現金流量狀況，最後才是籌資活動現金流量狀況。現金流量表的這種從上到下的結構安排，事實上是根據企業的業務活動的重要性大小來考慮的。由於企業生產經營活動是企業的最主要也是最重要的一項業務活動，即重要性最大的安排在最上結構，重要性最小的安排在最下結構。這樣使得報表分析者能夠發現，現金流量表的上下結構從上到下是按業務重要性大小還是按資產的流動性進行排列的。

綜上所述，現金流量的格式的上下結構安排主要是為了反應出會計信息的重要性程度。

5.4 現金流量表的局限性分析

5.4.1 現金流量表本身及編製的局限性分析

現金流量表和其他財務報表一樣，具有其局限性，通常包括以下幾點：

首先，由於現金流量表只能反應企業過去的現金流量狀況，並不能反應出企業未來的現金流量狀況。而通過現金流量表解讀和分析所得出的是否具有償債能力或盈利能力更多的只能反應企業到目前為止擁有償債能力或盈利能力，並不能真正反應企業未來具有很強的償債能力或盈利能力。

其次，由於現金流量表是採取實收實付制編製的，因此當企業能產生足夠的淨現金流量時，可能企業並沒有利潤，這就是說現金流量表並不能反應出真實的企業經營狀況。

最後，企業資產負債表、利潤表在編製過程中可能存在盈餘管理和人為操縱因素，現金流量表也同樣存在這些方面的問題。如，關聯交易方故意提高採購價格或提前預付更多的資金，在這些情況下編製的現金流量表也是需要報表分析者認真仔細「斟酌」的。

5.4.2 現金流量表的「非量化」性分析

現金流量表和其他財務報表一樣，存在貨幣無法計量的現金流。如根據經濟附加

價值計算出的品牌價值，如發生的增值部分，本身是可以用於償還債務的，但由於沒有實際交易而無法反應到現金流量表中，因此，通過現金流量表所反應的償債能力得不到真實體現。

5.5 現金流量表的解讀與分析

5.5.1 現金流量表的解讀與分析基本程序

報表分析者對現金流量表的解讀與分析，根本目的在於判斷分析企業現金流量的質量狀況是否良好。所謂現金流量的質量是指企業的現金能夠滿足未來營運管理的能力。所以，對現金流量表的解讀與分析的核心就是分析現金流量的質量狀況，為此，解讀和分析現金流量表可以採用以下分析程序：

5.5.1.1 現金流量表的真實性分析

對現金流量的質量分析，首先是分析現金流量表的真實性。所謂真實性是指現金流量是否真實屬於企業各類業務活動的正常取得和使用。如果當中存在關聯交易及盈餘管理內容，則說明現金流量的真實性應受到質疑。

5.5.1.2 現金流量表的償債能力分析

企業用於償債的資產主要是現金。因此，不管是內部管理者、職工，還是外部投資者、債權人都共同關心企業的現金狀況，如果現金狀況良好，那麼說明企業的支付能力（包括支付職工薪酬的能力）都將得到良好的保障；否則，企業將失去償債能力。因此，對現金流量表償債能力的分析是十分必要的。

5.5.1.3 現金流量表的風險性分析

通過對現金流量表的分析，能夠客觀判斷企業的風險性大小程度。如，企業可能不存在償債能力的原因是由於投資活動獲得良好的現金增長，而經營活動的淨現金流量是負增長，也同樣能說明企業的經營風險正在加大。又例如，假如企業的經營活動能產生正的淨現金流量，但投資活動的淨現金流量出現負增長，則說明企業可能存在投資風險。

綜上所述，對現金流量表的解讀與分析的基本程序，主要圍繞其真實性、償債能力和風險性三個方面進行，如圖 5-2 所示。

5.5.2 現金流量總量的解讀與分析

5.5.2.1 現金流量總流入的解讀與分析

現金流量總流入是指企業在一定時期內全部業務活動所產生的現金流入總額。通過對企業一定時期現金流量總流入的解讀與分析，其目的主要是為報表使用者提供關於現金流量總量的相關會計信息。歸納起來，可以從以下幾個方面著手：

財務報表分析

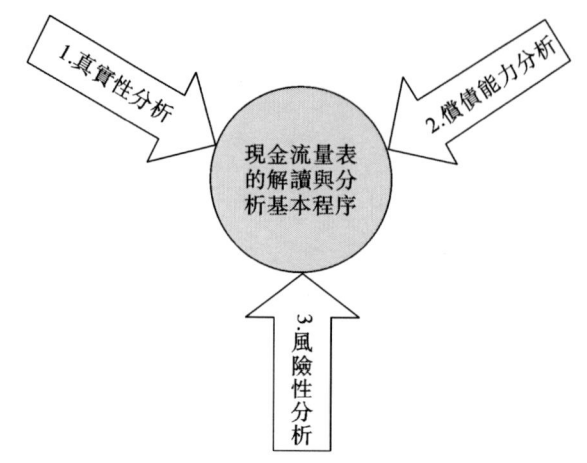

圖 5-2　現金流量表的解讀與分析基本程序

（1）現金流量總流入的真實性分析

對現金流量總流入的質量分析，首先是分析現金流量表的真實性。所謂真實性是指現金流量總流入是否真實屬於企業各類業務活動的正常取得和使用。如果當中存在關聯交易及盈餘管理內容，則說明現金流量的真實性應受到質疑。

（2）現金流量總流出與獲現能力分析

一個企業的現金流量總流入越高，說明企業的獲現能力越強；反之，則越弱。因此，企業的現金總流入是企業評估企業管理層獲現能力的又一個重要標準。

（3）現金流量總流入的結構性分析

通過對現金流量總流入的結構性分析，能夠清楚現金流量總流入的源頭在哪裡，並對這些現金來源進行認真分析，以提高現金總流入的速度和能力。

（4）現金流量總流入與生命週期分析

一般來說，企業在成熟期內創造的現金流入總額明顯高於成長期內創造的現金流入總額，因此，通過對不同企業的現金流入總額的分析，使得管理者能針對不同生命週期的企業實施不同的財務管理政策，以保障企業資金流量能保障企業營運管理的需要。

歸納起來，對現金流量總流入的解讀和分析的路徑如圖 5-3 所示。

5.5.2.2　現金流量總流出的解讀與分析

現金流量總流出是指企業在一定時期內全部業務活動所發生的現金流出總額。通過對企業一定時期現金流量總流出的解讀與分析，其目的主要是為報表使用者提供關於現金流量總流出的相關會計信息。歸納起來，可以從以下幾個方面著手：

（1）現金流量總流出的真實性分析

對現金流量總流出的真實性分析，首先是分析現金流量表的真實性。所謂真實性是指現金流量總流出是否真實屬於企業各類業務活動所發生的資金流出。如果當中存在關聯交易及盈餘管理內容，則說明現金流量總流出的真實性應受到質疑。

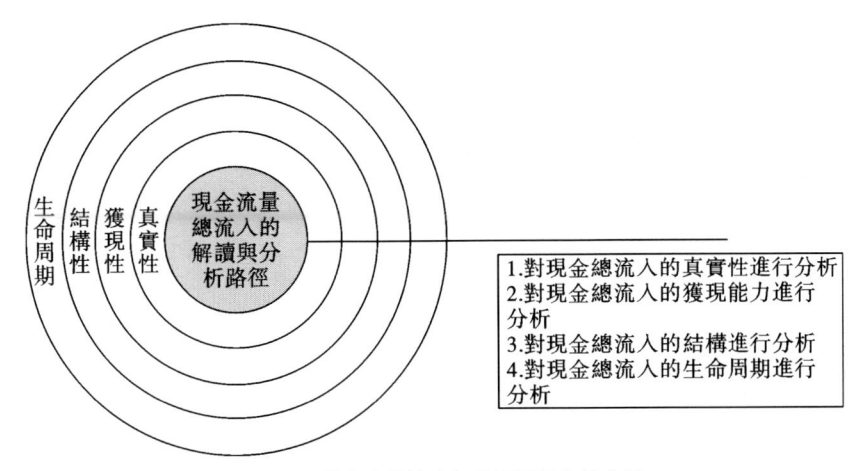

```
         生  結  獲  真   現金流量
         命  構  現  實   總流入的
         周  性  性  性   解讀與分
         期              析路徑
```

┌─────────────────────────────┐
│ 1.對現金總流入的真實性進行分析 │
│ 2.對現金總流入的獲現能力進行 │
│   分析   │
│ 3.對現金總流入的結構進行分析 │
│ 4.對現金總流入的生命周期進行 │
│   分析   │
└─────────────────────────────┘

圖 5-3　現金流量總流入的解讀與分析路徑

（2）現金流量總流出與資金管理能力分析

一個企業的現金流量總流出越高，如果不能帶來比總流出更高的現金流入量，則說明企業資金管理能力相對較弱。同時，如果現金流出總量越接近企業的現金總流入，同樣說明企業的獲現能力越弱；反之，則越強。因此，企業的現金流量總流出是企業衡量和評估企業管理層對現金管理能力、投資能力的又一個重要標準。

（3）現金流量總流出的結構性分析

通過對現金流量總流出的結構性分析，能夠清楚現金流量總流出的最大問題或資金效率最低的地方，便於管理者能夠正確對這些資金「耗用大戶」進行有效的管理和控制。

（4）現金流量總流出與生命週期分析

一般來說，企業在成熟期內創造的現金流出的速度遠遠低於現金流入的速度，而成長期內及其前期企業現金流出的速度要麼和現金流入的速度相當，要麼還高於現金流入的速度。因此，報表分析者可以根據現金流出與現金流入的速度進行分析比較，來判斷企業的生命週期階段，並使得管理者能針對不同生命週期的企業實施不同的財務管理政策，以保障企業資金流量能保障企業營運管理的需要。

歸納起來，對現金流量總流出的解讀和分析的路徑如圖 5-4 所示。

5.5.2.3　各類活動產生的現金流入分析

（1）經營活動產生的現金流入分析

經營活動所產生的現金流入是指企業在一定時期內經營活動所發生的現金流入總額。通過對企業一定時期經營活動現金流入的解讀與分析，其目的主要是為報表使用者提供關於經營活動現金流入的相關會計信息。歸納起來，可以從以下幾個方面著手：

①經營活動現金流入的真實性分析

對經營活動現金流入的真實性分析，其首先是分析現金流量表的真實性。所謂真實性是指經營活動現金流入是否真實屬於企業經營業務活動所發生的真實資金流入。

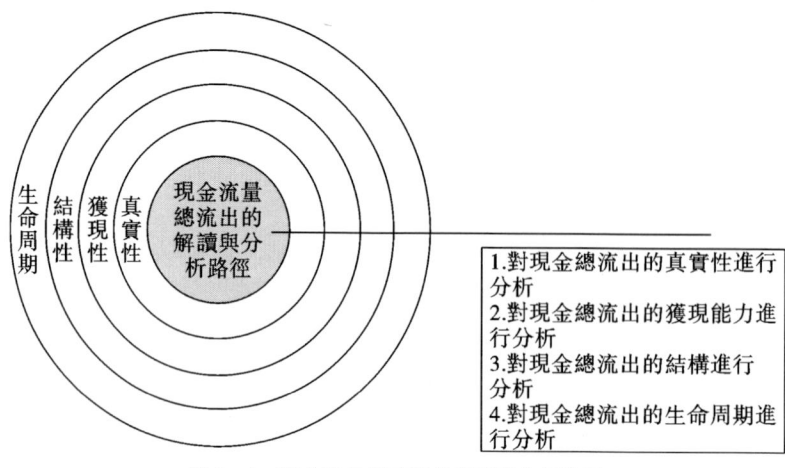

圖 5-4　現金流量總流出的解讀與分析路徑

如果當中存在關聯交易及盈餘管理內容，或者其他預付政策因素，則說明經營活動現金流入的真實性應受到質疑。

②經營活動現金流入與獲現能力分析

一個企業的經營活動現金流入越高，說明企業的經營活動的獲現能力越強；反之，則越弱。因此，企業的經營活動現金流入是企業評估企業管理層獲現能力的又一個重要標準。

③經營活動現金流入的結構性分析

通過對經營活動現金流入的結構性分析，能夠清楚經營活動現金流入最快的具體原因，便於管理者能夠正確對這些「創資金大戶」進行有效的管理和挖掘。

④經營活動現金流入與生命週期分析

一般來說，企業在成熟期內創造的經營活動現金流入的速度遠遠高於成長期內或前提內經營活動現金流出的速度。因此，報表分析者可以根據經營活動現金流入與經營活動現金流出的速度進行分析比較，來判斷企業的生命週期階段，並使得管理者能針對不同生命週期的企業實施不同的財務管理政策，以保障企業資金流量能保障企業營運管理的需要。

歸納起來，對經營活動現金流入的解讀和分析的路徑如圖 5-5 所示。

(2) 投資活動產生的現金流入分析

投資活動所產生的現金流入是指企業在一定時期內投資活動所發生的現金流入總額。通過對企業一定時期投資活動現金流入的解讀與分析，其目的主要是為報表使用者提供關於投資活動現金流入的相關會計信息。歸納起來，可以從以下幾個方面著手：

①投資活動現金流入的真實性分析

對投資活動現金流入的真實性分析，首先是分析現金流量表的真實性。所謂真實性是指投資活動現金流入是否真實屬於企業投資業務活動所發生的真實的資金流入。如果當中存在惡意處置固定資產、無形資產、長期資產回收現金的行為及或故意放棄

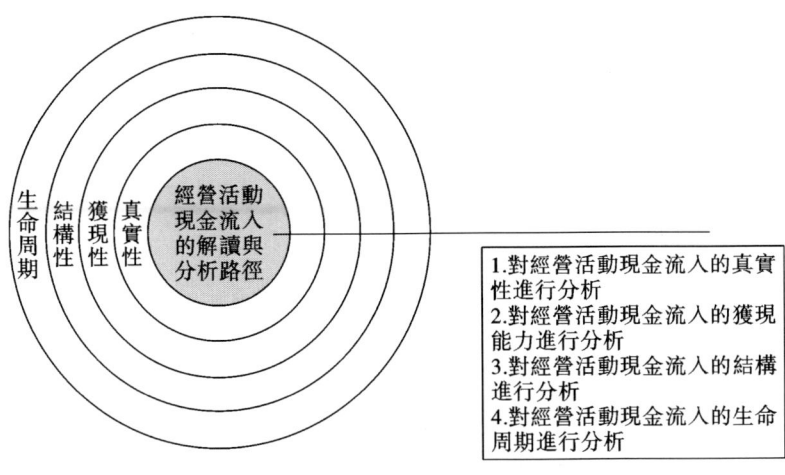

圖 5-5　經營活動現金流入的解讀與分析路徑

收益好的投資項目的嫌疑，則說明經營投資現金流入的真實性應受到質疑。

②投資活動現金流入與投資能力分析

一個企業的投資活動現金流入越高，說明企業的投資活動的投資能力越強；反之，則越弱。因此，企業的投資活動現金流入是企業評估企業管理層的投資能力的又一個重要標準。

③投資活動現金流入的結構性分析

通過對投資活動現金流入的結構性分析，能夠清楚投資活動現金流入是由投資收益所引起的還是由處置固定資產、長期資產等收回的現金，便於管理者能夠進一步瞭解投資效果。

歸納起來，對投資活動產生的現金流入的解讀和分析的路徑如圖 5-6 所示。

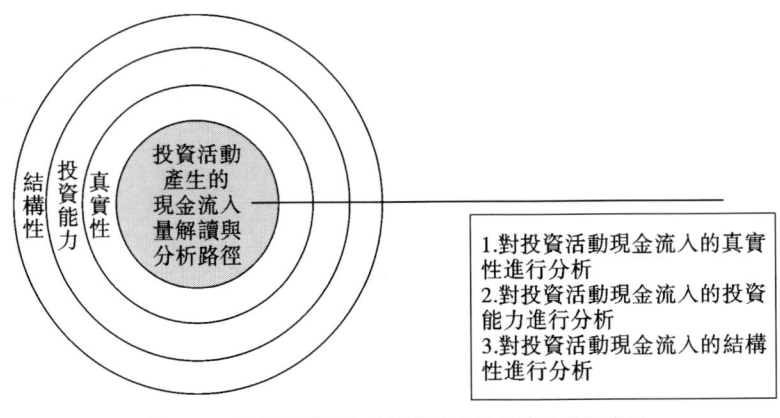

圖 5-6　投資活動產生的現金流入的解讀與分析路徑

（3）籌資活動產生的現金流入分析

籌資活動所產生的現金流入量是指企業在一定時期內籌資活動所發生的現金流入

總額。通過對企業一定時期籌資活動現金流入量的解讀與分析，其目的主要是為報表使用者提供關於籌資活動現金流入量的相關會計信息。歸納起來，可以從以下幾個方面著手：

①籌資活動現金流入的真實性分析

對籌資活動現金流入量的真實性分析，首先是分析現金流量表的真實性。所謂真實性是指籌資活動現金流入量是否真實屬於企業籌資業務活動所發生的真正資金流入。如果當中是以高利貸借款或各種高於市場條件的融資方案或者是其他出賣企業的利益方式獲得的籌資行為，則說明經營投資現金流入量的真實性應受到質疑。

②籌資活動現金流入與籌資能力分析

一個企業的籌資活動現金流入量越高，說明企業的籌資活動的籌資能力越強；反之，則越弱。因此，企業的籌資活動現金流入量是企業評估企業管理層籌資能力的又一個重要標準。

③籌資活動現金流入的結構性分析

通過對籌資活動現金流入量的結構性分析，能夠清楚企業籌資活動現金流入量是由借款或者由其他籌資方式所致，便於管理者能夠進一步分析籌資成本對企業的盈利影響。

歸納起來，對籌資活動產生的現金流入的解讀和分析的路徑如圖5-7所示。

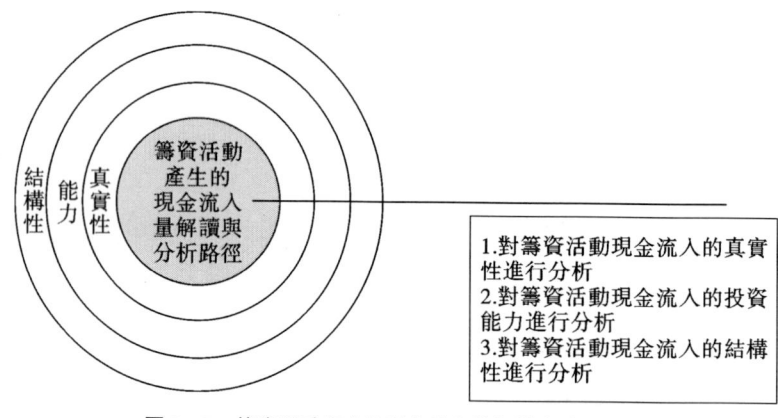

圖5-7　籌資活動產生的現金流入的解讀與分析路徑

(4) 經營活動產生的現金流出分析

經營活動所產生的現金流出是指企業在一定時期內經營活動所發生的現金流出總額。通過對企業一定時期經營活動現金流出的解讀與分析，其目的主要是為報表使用者提供關於經營活動現金流出的相關會計信息。歸納起來，可以從以下幾個方面著手：

①經營活動現金流出的真實性分析

對經營活動現金流出的真實性分析，首先是分析現金流量表的真實性。所謂真實性是指經營活動現金流出是否真實屬於企業經營業務活動所發生的真實資金流出。如果當中存在關聯交易及盈餘管理內容，則說明經營活動現金流出的真實性應受到質疑。

②經營活動現金流出與資金管理能力分析

一個企業的經營活動現金流出越高，如果不能帶來比總流出更高的經營活動現金流入，則說明企業資金管理能力相對較弱。同時，如果經營現金流出越接近企業的經營現金流入，同樣說明企業經營活動的獲現能力越弱；反之，則越強。因此，企業的經營活動現金流出是企業衡量和評估企業管理層對現金管理能力、獲現能力的又一個重要標準。

③經營活動現金流出的結構性分析

通過對經營活動現金流出的結構性分析，能夠清楚現金流量總流出的最大問題或資金效率最低的地方，便於管理者能夠正確對這些資金「耗用大戶」進行有效的管理和控制。

④現金流量總流出與生命週期分析

一般來說，企業在成熟期內創造的經營活動現金流出的速度遠遠低於經營活動產生現金流入的速度，而成長期內及其前期企業經營活動現金流出的速度要麼和經營活動產生現金流入的速度相當，要麼還高於經營活動產生現金流入的速度。因此，報表分析者可以根據經營活動產生的現金流出與經營活動產生的現金流入的速度進行分析比較，來判斷企業的生命週期階段，並使得管理者能針對不同生命週期的企業實施不同的財務管理政策，以保證企業經營活動資金流量能保障企業營運管理的需要。

歸納起來，對經營活動現金流出的解讀和分析的路徑如圖5-8所示。

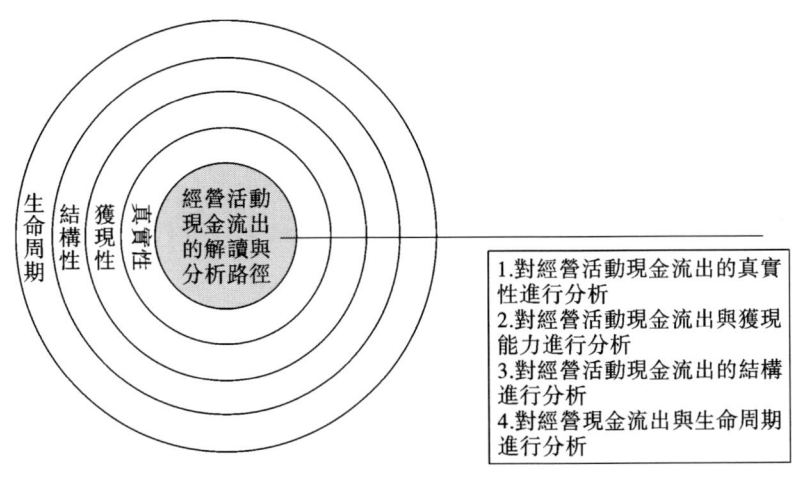

圖5-8　經營活動產生的現金流出的解讀與分析路徑

（5）投資活動產生的現金流出分析

投資活動所產生的現金流出是指企業在一定時期內投資活動所發生的現金流出總額。通過對企業一定時期投資活動現金流出的解讀與分析，其目的主要是為報表使用者提供關於投資活動現金流出的相關會計信息。歸納起來，可以從以下幾個方面著手：

①投資活動現金流出的真實性分析

對投資活動現金流出的真實性分析，首先是分析現金流量表的真實性。所謂真實

性是指投資活動現金流出是否真實屬於企業投資業務活動所發生的真實資金流出。如果當中存在惡意投資行為或故意轉移資金行為，則說明投資活動現金流出量的真實性應受到質疑。

②投資活動現金流出與投資能力分析

一個企業的投資活動現金流出越高，如果不能帶來比總流出更高的投資活動現金流入，則說明企業投資管理能力相對較弱。同時，如果投資現金流出越接近企業的投資活動現金流入，同樣說明企業經營活動的投資能力越弱；反之，則越強。因此，企業的投資活動現金流出是企業衡量和評估企業管理層對現金投資能力的一個重要標準。

③投資活動現金流出的結構性分析

通過對投資活動現金流出的結構性分析，能夠清楚企業投資的方向，如是否是擴產投資或無形資產投資等。便於管理者能夠清楚企業資金投資方向是否合理或是否科學，便於下一步進行投資結構調整。

歸納起來，對投資活動現金流出的解讀和分析的路徑如圖5-9所示。

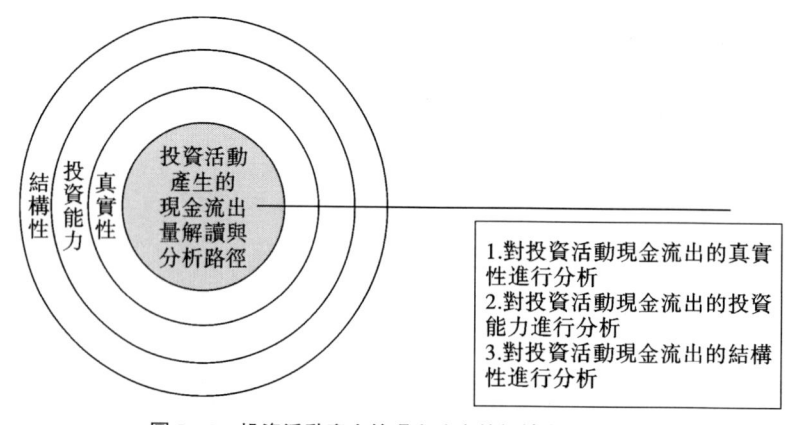

圖5-9 投資活動產生的現金流出的解讀與分析路徑

（6）籌資活動產生的現金流出分析

籌資活動所產生的現金流出量是指企業在一定時期內籌資活動所發生的現金流出總額。通過對企業一定時期籌資活動現金流出量的解讀與分析，其目的主要是為報表使用者提供關於籌資活動現金流出量的相關會計信息。歸納起來，可以從以下幾個方面著手：

①籌資活動現金流出的真實性分析

對籌資活動現金流出的真實性分析，首先是分析現金流量表的真實性。所謂真實性是指籌資活動現金流出是否真實屬於企業籌資業務活動所發生的真實資金流出。如果當中存在惡意分配利潤、提前預付股利、利息等行為，則說明投籌資活動現金流出量的真實性應受到質疑。

②籌資活動現金流出與籌資能力分析

一個企業的籌資活動現金流出越高，如果不能帶來比總流出更高的籌資活動現金

流入，則說明企業籌資管理能力相對較弱。同時，如果籌資現金流出越接近企業的籌資現金流入，同樣說明企業經營活動的投資能力越弱；反之，則越強。因此，企業的籌資活動現金流出是企業衡量和評估企業管理層對現金籌資能力的一個重要標準。

③籌資活動現金流出的結構性分析

通過對籌資活動現金流出的結構性分析，能夠清楚企業資金籌集的方向，如是否是通過借債和股權融資方式獲取資金等。通過對籌資活動現金流出的結構性分析，能便於管理者清楚企業籌集資金方向是否合理或科學，便於下一步進行籌資結構調整。

歸納起來，對籌資活動產生的現金流出的解讀和分析的路徑如圖5-10所示。

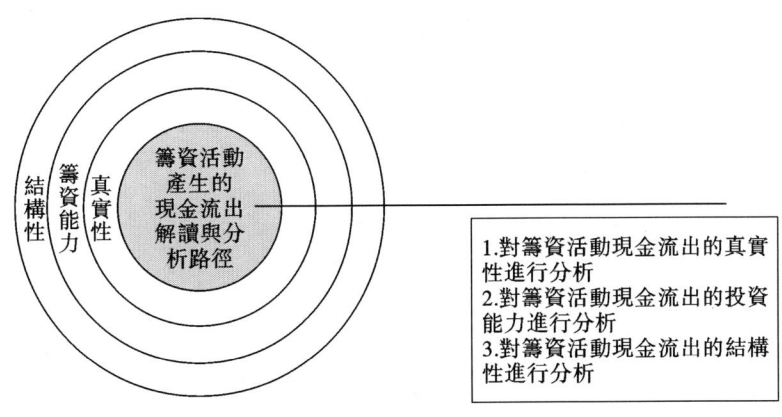

圖5-10　籌資活動產生的現金流出的解讀與分析路徑

5.5.2.4　企業生產經營生命週期階段的現金流量特徵

一般來說，企業現金流量的特點與企業所處的生命週期階段密切相關。當企業處於生產經營的初創期，需要大量資金構建固定資產，鋪墊流動資金，除自有資本外，大部分靠舉債融資。因此，就會出現經營活動現金淨流量為負數，投資活動現金淨流量為負數，籌資活動現金淨流量為正數。隨著企業生產經營規模的不斷擴大，產品迅速占領市場，營銷網絡形成，銷售快速上升，經營活動中大量貨幣資金流入，為了提高市場佔有率，企業更需要外部籌資，大量追加投資。企業進入成長期階段，經營活動現金淨流量一般為正數，投資活動現金淨流量為負數，籌資活動現金淨流量為正數。當企業產品銷售市場已經穩定，銷售絕對量增加，但銷售速度趨緩，這時企業已進入投資回收期，債務陸續償還，表明企業已進入成熟階段。在成熟發展階段，企業經營活動現金淨流量一般表現為正數，投資活動現金淨流量為正數，籌資活動現金淨流量為負數。當企業的產品銷售已進入臨界點，市場萎縮，產品無人問津，或稍有訂單，但也僅是苟延殘喘，如果這時企業沒有新產品問世，說明企業已經進入衰退階段，企業經營活動現金淨流量為負數，投資活動現金淨流量為正數，籌資活動現金淨流量為負數。揭示企業經營不同發展階段的不同現金流量特徵，有助於更加清醒地對企業未來前景進行分析和判斷。以上企業生產經營不同發展階段的現金流量特徵如表5-3所示。

表 5-3　　　　　　　企業生產經營不同發展階段的現金流量特徵

經濟壽命週期階段	經營活動現金淨流量	投資活動現金淨流量	籌資活動現金淨流量
初始階段	(-)	(-)	(+)
成長階段	(+)	(-)	(+)
成熟階段	(+)	(+)	(-)
衰退階段	(-)	(+)	(-)

5.5.3　現金流量表重要項目解讀與分析

5.5.3.1　經營活動現金流入項目解讀與分析

（1）銷售商品、提供勞務收到的現金項目的解讀與分析

銷售商品、提供勞務收到的現金是指企業在一定時期內銷售商品、提供勞務所發生的現金流入額。通過對企業一定時期銷售商品、提供勞務收到的現金的解讀與分析，其目的主要是為報表使用者提供關於銷售商品、提供勞務收到的現金的相關會計信息。歸納起來，可以從以下幾個方面著手：

①銷售商品、提供勞務收到的現金的真實性分析

對銷售商品、提供勞務收到的現金的真實性分析，首先是分析銷售商品、提供勞務等業務的真實性。所謂真實性是指企業的收入確認符合企業會計準則，是企業銷售商品、提供勞務所產生的真實的資金流入。如果當中存在關聯交易及數據偽造，則說明銷售商品、提供勞務收到的現金的真實性應受到質疑。

②銷售商品、提供勞務收到的現金與獲現能力分析

一個企業的銷售商品、提供勞務收到的現金越高，說明企業的銷售商品、提供勞務的獲現能力越強；反之，則越弱。因此，企業的銷售商品、提供勞務收到的現金是企業評估企業管理層通過日常運管理獲現能力的一個重要依據。

③銷售商品、提供勞務收到的現金的結構性分析

通過對銷售商品、提供勞務收到的現金的結構性分析，能夠清楚銷售商品、提供勞務中有多少是實際回流的現金，有多少來自預收的資金量，這樣能夠正確分析銷售商品、提供勞務收到的現金的具體原因，便於管理者能夠根據資金流入情況確定銷售政策。

④銷售商品、提供勞務收到的現金與生命週期結合分析

一般來說，企業在成熟期內創造的銷售商品、提供勞務收到的現金的速度遠遠高於成長期內或前提內銷售商品、提供勞務收到的現金的速度。因此，報表分析者可以根據銷售商品、提供勞務收到的現金與購買商品、接收勞務支付的現金的速度進行分析比較，來判斷企業的生命週期階段，並使得管理者能針對不同生命週期的企業實施不同的財務管理政策，以保障企業資金流量能滿足企業營運管理的需要。

歸納起來，對銷售商品、提供勞務收到的現金的解讀和分析的路徑如圖 5-11

所示。

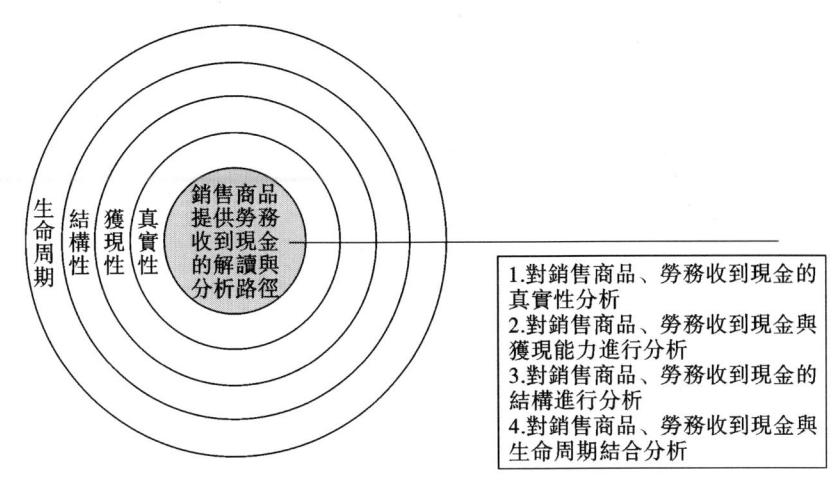

图 5-11　銷售商品、提供勞務所收到現金的解讀與分析路徑

（2）收到的稅費返還項目的解讀與分析

對收到的稅費返還的解讀和分析主要包括其構成內容真實性分析和產業發展前景分析兩個方面。

①對收到的稅費返還的內容真實性進行分析

對收到的稅費返還項目進行解讀和分析，主要是核實企業是否按國家相關稅法規定稅種、稅率收取，所收取的稅種包括所得稅、增值稅、營業稅、消費稅、關稅和教育費附加等各種稅費返還款。

②對收到稅費返還的數額與國家產業政策結合分析

一般來說，只有外貿出口型企業、國家財政扶持領域的企業或地方政府支持的公司才能收到稅費返還。對該項目的分析應當與企業所處的產業前景結合起來，如果企業收到的稅費返還額很高，則說明企業是國家政策扶持的，具有良好發展的前景空間。如果收到的稅費返還額很少或者基本沒有，則一定程度上要麼說明企業規模過小，達不到國家政策扶持條件，要麼國家不鼓勵該產業未來的發展。

歸納起來，收到的稅費返還的解讀與分析路徑如圖 5-12 所示。

（3）收到其他與經營活動有關的現金項目的解讀與分析

對收到的其他與經營活動有關的現金的解讀與分析包括其構成內容真實性分析和合法性分析兩個方面。

①對收到其他與經營活動有關的現金項目的真實性進行分析

對收到其他與經營活動有關的現金項目真實性進行解讀和分析，主要是核實企業該項目的收費項目是否屬實，其他與經營活動有關的現金收入包括：經營租賃收到的租金、罰款收入、流動資產損失中由個人賠償的現金收入等。

②對收到其他與經營活動有關的現金的合法性進行分析

對收到其他與經營活動有關的現金的內容是否合法，如租賃收入是否納稅？是否

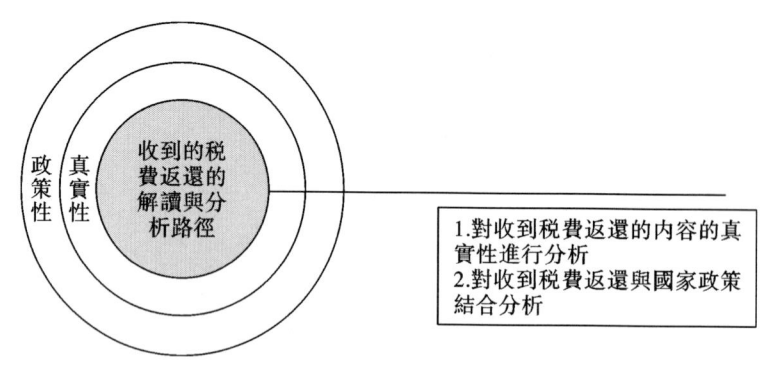

圖 5－12　收到的稅費返還的解讀與分析路徑

存在違規或違法收入？罰款是否合法？是否按企業會計準則進行會計處理？流動資產損失是否經過報批、審批手續，是否符合國家相關法律、法規等等。

歸納起來，收到其他與經營活動有關的現金的解讀與分析路徑如圖 5－13 所示。

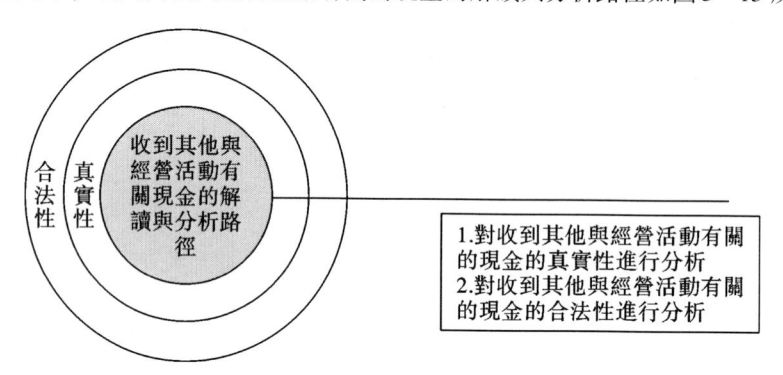

圖 5－13　收到其他與經營活動有關的現金的解讀與分析路徑

5.5.3.2　經營活動現金流出項目解讀與分析

（1）購買商品、接受勞務所支付的現金項目的解讀與分析

對購買商品、接受勞務支付的現金的解讀與分析包括其構成內容真實性分析、配比性分析及風險性分析三個方面。

①對購買商品、接受勞務支付的現金的真實性進行分析

對購買商品、接受勞務支付的現金項目的真實性進行解讀和分析，主要是核實企業該項目的支付項目是否屬實，是否存在關聯交易或通過偽造票據轉移資金的嫌疑。

②對購買商品、接受勞務支付的現金的匹配性進行分析

如果購買商品、接收勞務支付的現金遠遠高於企業銷售商品、提供勞務所收到的現金，或者與銷售收入相比，所占的比重過高，則可能說明企業存在資金支付「異常」現象。如果不存在「異常」現象，則可能說明企業的銷售出現困難，應盡量控制採購量，以減低現金支出。一般來說，銷售商品所收到的現金要高於購買商品所支付的現金。

③對購買商品、接受勞務支付的現金的風險性進行分析

如果購買商品、接受勞務支付的現金長期高於銷售商品、提供勞務所收到的現金，說明企業將出現償債能力減弱的趨勢，甚者將導致企業出現財務危機。

歸納起來，購買商品、接受勞務所支付的現金的解讀與分析路徑如圖5－14所示。

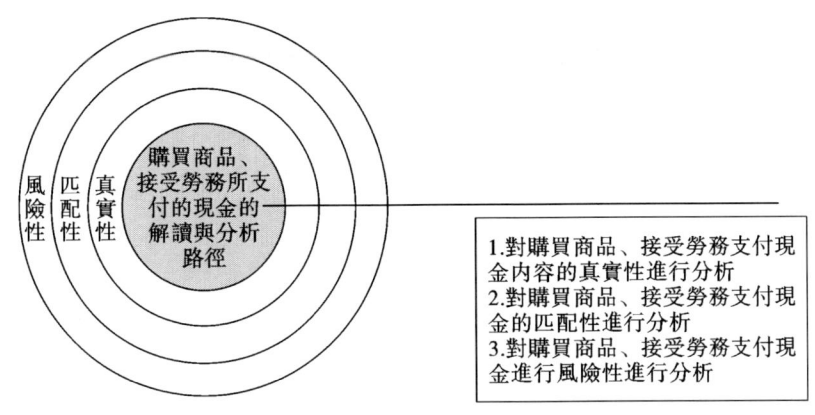

圖5－14　購買商品、接受勞務所支付的現金的解讀與分析路徑

（2）支付給職工及為職工支付的現金項目的解讀與分析

對支付給職工及為職工支付的現金的解讀與分析包括其構成內容真實性分析、競爭性分析及規模分析三個方面。

①對支付給職工及為職工支付的現金的真實性進行分析

對支付給職工及為職工支付的現金項目真實性進行解讀和分析，主要是核實企業該項目的支付項目是否屬實，是否存在人為因素或惡意偽造單據、人為轉移資金的嫌疑。

②對支付給職工及為職工支付的現金的競爭性進行分析

將支付給職工及為職工支付的現金除以職工總人數後得出人均工資數額。如果人均工資數額遠遠高於同行業或其他行業人均數，在一定程度上則說明公司的薪酬在行業中或相對於其他行業比較，是有競爭力的，能夠獲得更優秀的人才。同時，如果人均工資高的話，也說明公司產品競爭實力較高，是一家有競爭力的企業。

③對支付給職工及為職工支付的現金與企業規模進行分析

如果支付給職工及為職工支付的現金占銷售總額的比重越高或毛利空間越高，則一般說明企業的規模越小或毛利空間越小；反之，則說明企業的規模越大。

歸納起來，支付給職工及為職工支付的現金的解讀與分析路徑如圖5－15所示。

（3）支付其他與經營活動有關的現金項目的解讀與分析

對支付其他與經營活動有關的現金的解讀與分析包括其構成內容真實性分析和合法性分析兩個方面。

①對支付其他與經營活動有關的現金的真實性進行分析

對支付其他與經營活動有關的現金項目進行真實性解讀和分析，主要是核實企業

圖 5-15　支付給職工及為職工支付的現金的解讀與分析路徑

該項目的支出項目是否屬實，支付其他與經營活動有關的現金包括：經營租賃支出的租金、支付的差旅費、業務招待費、保險費、罰款支出等。

②對支付其他與經營活動有關的現金的合法性進行分析

對支付其他與經營活動有關的現金的內容是否合法，如租賃支付是否符合合同，是否存在違規或違法支出，罰款是否合法，是否按企業會計準則進行會計處理，差旅費是否經過報批、審批手續，是否符合國家相關法律、法規，等等。

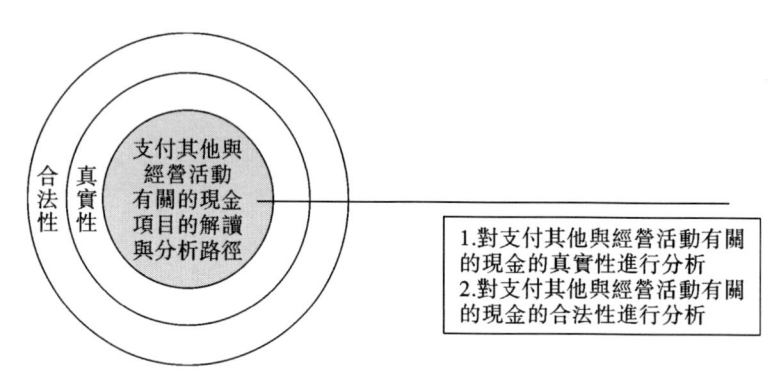

歸納起來，支付其他與經營活動有關的現金項目的解讀與分析路徑如圖 5-16 所示。

圖 5-16　支付其他與經營活動有關的現金項目的解讀與分析路徑

5.5.3.3　投資活動現金流入項目的解讀與分析

（1）收回投資所收到的現金項目的解讀與分析

對收回投資所收到的現金的解讀與分析包括其構成內容真實性分析、合法性分析和盈利性分析三個方面。

①對收回投資所收到的現金的真實性進行分析

對收回投資所收到的現金項目進行真實性解讀和分析，主要是核實企業該項目的

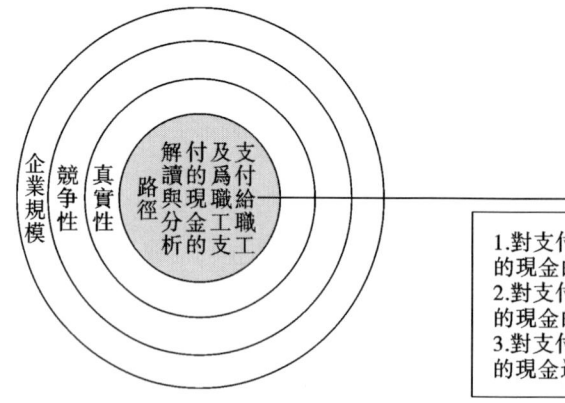

收回項目情況是否屬實,是否如實足額收取現金。收回投資所收到的現金包括:企業出售、轉讓或到期收回除現金等價物以外的對其他企業長期股權投資而收到的現金,但處置子公司及其他營業單位收到的現金淨額除外。

②對收回投資所收到的現金的合法性進行分析

對收回投資所收到的現金的內容是否合法進行分析,如企業是否存在重大資產轉移行為,是否正常納稅,是否按企業會計準則進行會計處理,等等。

③對收回投資所收到的現金的盈利性分析

如果收回投資所收到的現金比原始投資(帳面價值)要高,則說明投資是具有盈利性的。剩餘價值越高,說明盈利性越大;反之,則說明盈利性越小。

歸納起來,收回投資所收到的現金項目的解讀與分析路徑如圖 5-17 所示。

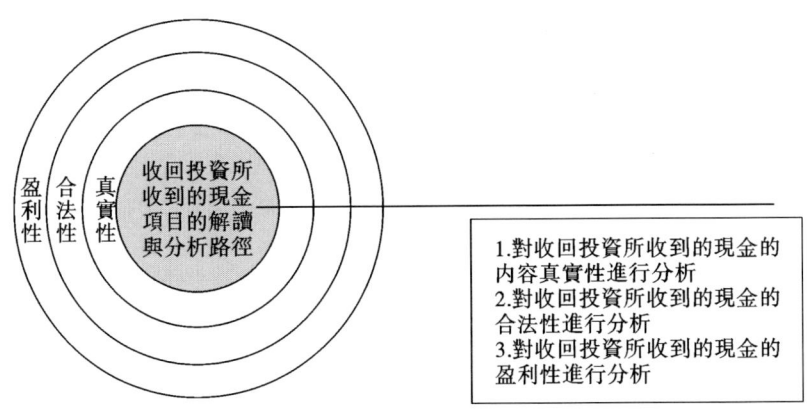

圖 5-17 收回投資所收到的現金項目的解讀與分析路徑

(2) 取得投資收益收到的現金項目的解讀與分析

對取得投資收益收到的現金的解讀與分析包括時間性分析和盈利性分析兩個方面。

①對取得投資收益收到的現金的時間性進行分析

由於企業因股權性投資而分得的股利或利潤,往往並非在當年就能收到,一般是在下一年度才能收到。所以,分得股利或利潤所收到的現金,通常包括了收到前期分得的現金股利或利潤。因此,在很多時候,本年現金流量表上取得投資收益收到的現金往往需要和上年利潤表中確認的投資收益配比,才能保證兩者的口徑一致,真實反應投資收益的收現水平。

②對取得投資收益收到的現金的盈利性進行分析

如果取得投資收益收到的現金越多,則說明投資的盈利性越好;反之,則說明盈利性越差。

歸納起來,取得投資收益收到的現金的項目解讀與分析路徑如圖 5-18 所示。

(3) 處置固定資產、無形資產和其他長期資產收回的現金淨額項目的解讀與分析

對處置固定資產、無形資產和其他長期資產收回的現金淨額的解讀與分析包括其構成內容真實性分析和合法性分析兩個方面。

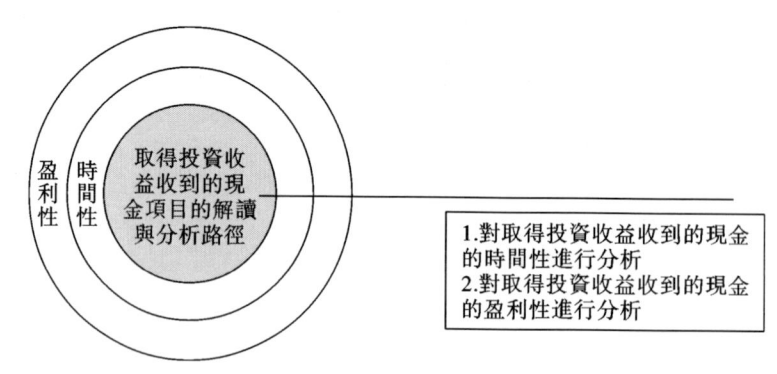

圖 5-18　取得投資收益收到的現金項目的解讀與分析路徑

①對處置固定資產、無形資產和其他長期資產收回的現金淨額的真實性進行分析

　　對收回投資所收到的現金項目進行真實性解讀和分析，主要是核實企業對該項目的收回項目情況是否屬實，是否如實足額收取現金。

②對處置固定資產、無形資產和其他長期資產收回的現金淨額的合法性進行分析

　　對處置固定資產、無形資產和其他長期資產收回的現金淨額的內容是否合法進行分析。如企業是否存在重大資產轉移行為，是否正常納稅，是否按企業會計準則進行會計處理，等等。

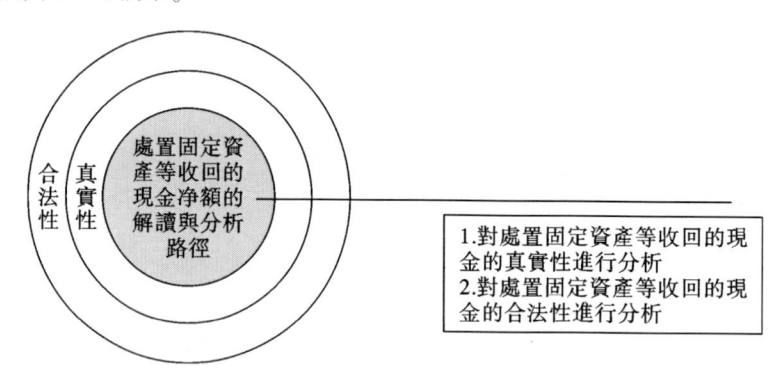

　　歸納起來，處置固定資產、無形資產和其他長期資產收回的現金淨額的解讀與分析路徑如圖 5-19 所示。

圖 5-19　處置固定資產、無形資產和
其他長期資產收回的現金淨額的解讀與分析路徑

（4）處置子公司及其他營業單位收到的現金淨額項目的解讀與分析

　　對處置子公司及其他營業單位收到的現金淨額的解讀與分析包括其構成內容真實性分析、合法性分析和管理狀況分析三個方面。

①對處置子公司及其他營業單位收到的現金淨額的真實性進行分析

　　對收回投資所收到的現金項目進行真實性解讀和分析，主要是核實企業對該項目的收回項目情況是否屬實，是否如實足額收取現金，是否減去相關處置費用及子公司

和其他營業單位持有的現金等價物。

②對處置子公司及其他營業單位收到的現金淨額的合法性進行分析

對處置子公司及其他營業單位收到的現金淨額的內容是否合法進行分析。如企業是否存在重大資產轉移行為，是否正常納稅，是否按企業會計準則進行會計處理，等等。

③對處置子公司及其他營業單位收到的現金淨額的管理性分析

如果該項目有發生額，則可能意味著企業的戰略結構將發生改變，需要通過處置資產進行資產轉移。另外，也可能是由於企業深陷債務危機，只能靠變賣子公司的現金收入償債。因此，對該項目的分析一定要結合企業的管理進行，便於對企業的管理進行問題診斷和分析與評估。

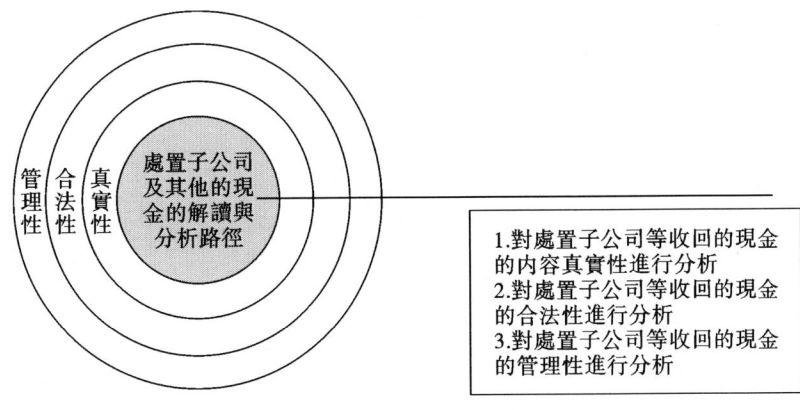

歸納起來，處置子公司及其他營業單位收到的現金淨額的解讀與分析路徑如圖5-20所示。

圖5-20 處置子公司及其他營業單位收到的現金淨額的解讀與分析路徑

（5）收到其他與投資活動有關的現金項目的解讀與分析

對收到其他與投資活動有關的現金的解讀與分析包括其構成內容真實性分析和合法性分析兩個方面。

①對收到其他與投資活動有關的現金的真實性進行分析

對收到其他與投資活動有關的現金項目進行真實性解讀和分析，主要是核實企業對該項目的收回項目情況是否屬實，是否如實足額收取現金。該項目反應企業除上述項目外收到的其他與投資活動有關的現金。比如，企業購買股票或債券時支付的已宣告尚未領取的現金股利或已到付息期但尚未領取的債券利息。

②對收到其他與投資活動有關的現金的合法性進行分析

對收到其他與投資活動有關的現金的內容是否合法進行分析是指股利收取是否合法？是否經被投資方董事會同意，如果是上市公司還須報證監會審批後方可執行。另外需分析所取得的投資收益是否正常納稅，是否按企業會計準則進行會計處理，等等。

歸納起來，如下圖5-21所示。

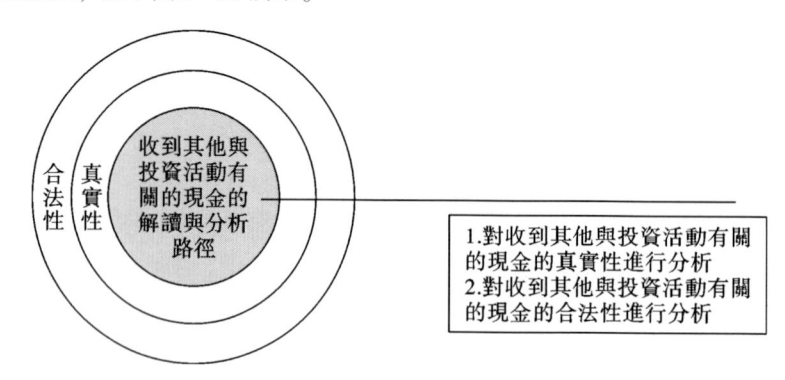

圖5-21 收到其他與投資活動有關的現金的解讀與分析路徑

5.5.3.4 投資活動現金流出項目的解讀和分析

（1）購建固定資產、無形資產和其他長期資產支付的現金項目的解讀與分析

對購建固定資產、無形資產和其他長期資產支付的現金的解讀與分析包括其構成內容真實性分析、合法性分析和投資規模分析三個方面。

①對購建固定資產、無形資產和其他長期資產支付的現金的真實性進行分析

對購建固定資產、無形資產和其他長期資產支付的現金項目進行真實性解讀和分析，主要是核實企業對該項目的支出項目情況是否屬實，是否如實足額支付現金。比如，購建固定資產是否包括安裝費用、購買無形資產是否包括規定的使用年限等。

②對購建固定資產、無形資產和其他長期資產支付的現金的合法性進行分析

對購建固定資產、無形資產和其他長期資產支付的現金的內容是否合法進行分析是指是否簽訂合同，是否手續齊備，是否有費用資本化情況，是否正常納稅，是否按企業會計準則進行會計處理，等等。

③對購建固定資產、無形資產和其他長期資產支付的現金規模進行分析

如果購建支出現金規模過大，說明企業資金流狀況較好或者對企業未來擴張充滿信心，同時也應該分析其存在的風險性。

歸納起來，購建固定資產等支出現金的解讀與分析路徑如圖5-22所示。

（2）投資支出現金項目的解讀與分析

對投資支出現金項目的解讀與分析包括其構成內容真實性分析、合法性分析和投資規模分析三個方面。

①對投資支出現金項目的真實性進行分析

對投資支出現金項目進行真實性解讀和分析，主要是核實企業對該項目的支出項目情況是否屬實，是否如實足額支付現金。投資支付的現金項目反應企業取得除現金等價物以外的對其他企業的權益工具、債務工具和合營中的權益投資所支付的現金，以及支付的佣金、手續費等附加費用，但取得子公司及其他營業單位支付的現金淨額

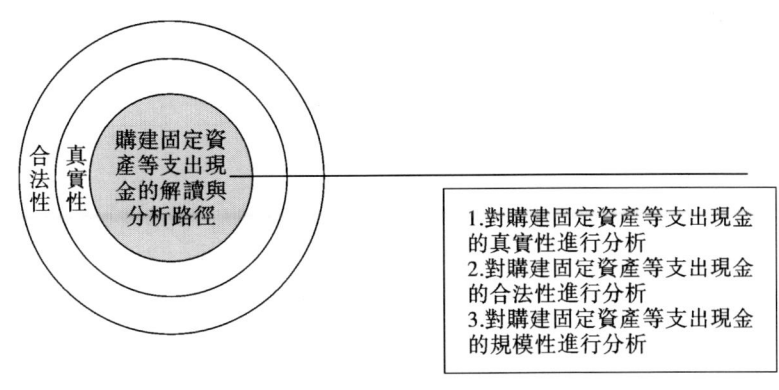

圖 5-22　購建固定資產等支出
現金的解讀與分析路徑

除外（該項目單獨列示）。

②對投資支出現金項目的合法性進行分析

對投資支出現金項目的內容是否合法進行分析是指企業是否按法律合同、合約等相關法律法規進行合法操作，是否手續齊備，是否存在人為造價因素，是否存在欺騙和詐欺等因素。

③對投資支出現金項目規模進行分析

如果投資支出現金項目過大，說明企業資金流狀況較好或者對企業未來擴張充滿信心，同時也應該分析其存在的風險性。

歸納起來，投資支出現金項目的解讀與分析路徑如圖 5-23 所示。

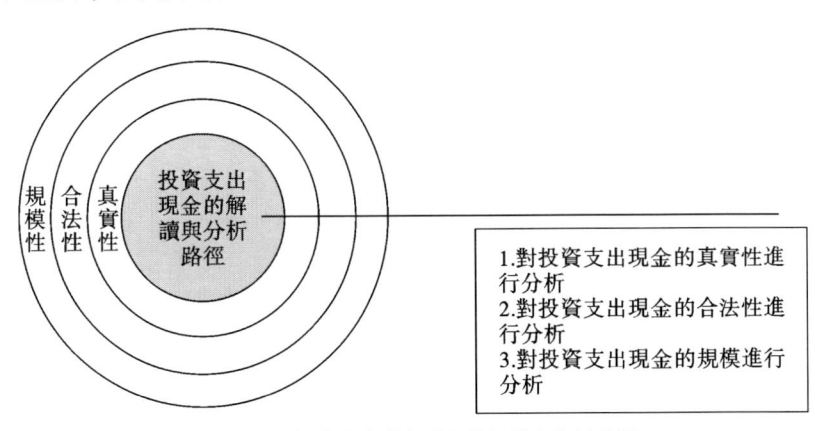

圖 5-23　投資支出現金項目的解讀與分析路徑

（3）取得子公司及其他營業單位支付的現金淨額項目的解讀與分析

對取得子公司及其他營業單位支付的現金淨額的解讀與分析包括真實性分析、合法性分析和投資規模三個方面。

①對取得子公司及其他營業單位支付的現金淨額項目的真實性進行分析

對取得子公司及其他營業單位支付的現金淨額項目進行真實性解讀和分析，主要是核實企業對該項目的支出項目情況是否屬實，是否如實足額支付現金。取得子公司及其他營業單位支付的現金淨額項目反應企業購買子公司及其他營業單位購買出價中以現金支付的部分，減去子公司及其他營業單位持有的現金和現金等價物後的淨額。

②對取得子公司及其他營業單位支付的現金淨額項目的合法性進行分析

對取得子公司及其他營業單位支付的現金淨額項目的內容是否合法進行分析是指是否按法律合同、合約等相關法律法規進行合法操作，是否存在借助股權交換或轉移公司非現金性資產，是否手續齊備，是否存在人為造價因素，是否存在欺騙和詐欺等因素。

③對取得子公司及其他營業單位支付的現金淨額項目規模進行分析

如果取得子公司及其他營業單位支付的現金淨額過大，說明企業資金流狀況較好或者對企業未來擴張充滿信心，同時也應該分析其存在的風險性。

歸納起來，取得子公司等支付現金淨額項目的解讀與分析路徑如下圖5－24所示。

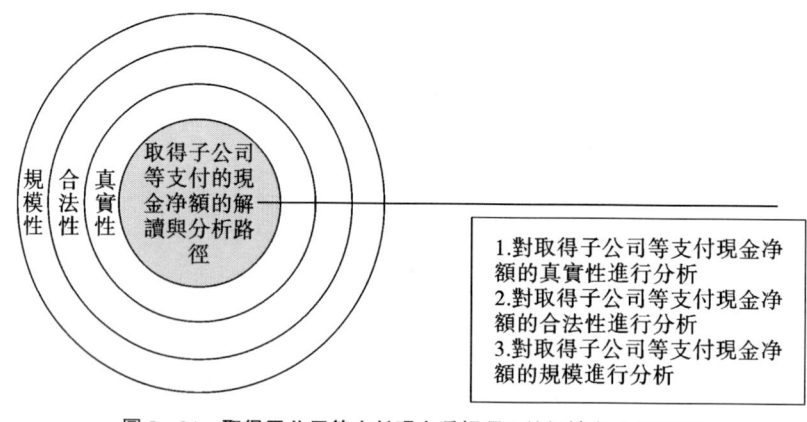

圖5－24　取得子公司等支付現金淨額項目的解讀與分析路徑

（4）支付其他與投資活動有關的現金項目的解讀與分析

對支付其他與投資活動有關的解讀與分析包括真實性分析和合法性分析兩個方面。

①對支付其他與投資活動有關的現金的真實性進行分析

該項目反應企業除上述項目外支付的其他與投資活動有關的現金。對支付其他與投資活動有關的現金項目進行真實性解讀和分析，主要是核實企業對該項目的收回項目情況是否屬實，是否如實足額支付現金。

②對支付其他與投資活動有關的現金的合法性進行分析

對支付其他與投資活動有關的現金的內容是否合法進行分析是指支付是否有各種法律、合同、合約等依據，是否按企業會計準則進行會計處理，等等。

歸納起來，支付其他與投資活動有關的現金的解讀與分析路徑如圖5－25所示。

5.5.3.5　籌資活動現金流入項目的解讀和分析

（1）吸收投資收到的現金項目的解讀與分析

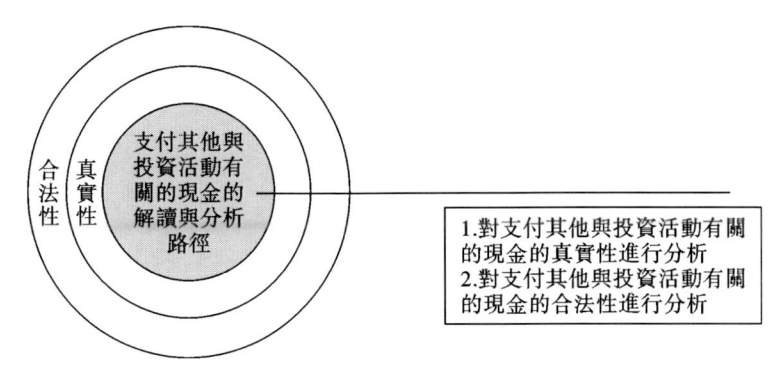

圖 5-25　支付其他與投資活動有關的現金的解讀與分析路徑

對吸收投資收到的現金項目的解讀與分析包括盈利性分析和競爭性分析兩個方面。

①對吸收投資收到的現金項目的盈利性進行分析

如果公司能夠吸收更多的投資現金，則在一定程度上說明企業未來有很好的發展潛力和良好的盈利性；否則，投資者的投資興趣很小。當然，如果企業不具有良好的盈利性，則企業很難獲得投資者的青睞。

②對吸收投資收到的現金項目的競爭性進行分析

如果企業能夠獲得投資者的青睞，則往往說明企業在某方面的競爭能力較強。如技術、質量、產品與同行業相比具有較高的競爭性；反之，則說明其競爭力較弱。

歸納起來，吸收投資所收到的現金項目的解讀與分析路徑如圖 5-26 所示。

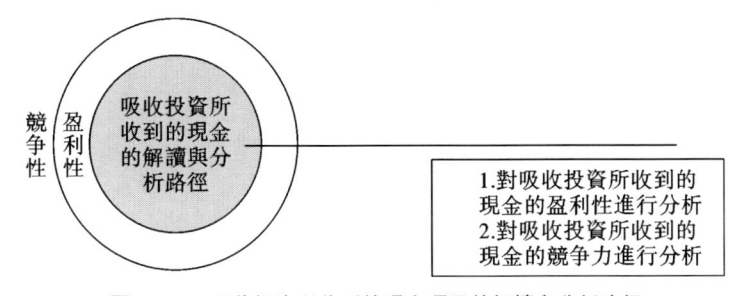

圖 5-25　吸收投資所收到的現金項目的解讀與分析路徑

（2）取得借款收到的現金項目的解讀與分析

這裡所說的借款包括短期、長期借款兩種融資方式。對取得借款收到的現金項目的解讀與分析包括償債能力分析和信用等級分析兩個方面。

①對取得借款收到的現金項目的償債能力進行分析

如果公司能夠吸收更多的借款，則在一定程度上說明企業未來有很好的償債能力；否則，債權人會認為借款風險較高，放棄放貸。當然，如果企業不具有良好的償債能力，則企業很難獲得債權人的認可。

②對取得借款收到的現金項目的信用等級進行分析

如果公司能夠吸收更多的借款，則在一定程度上說明企業在行業中有很高的信用

等級；否則，債權人會認為借款風險較高，放棄放貸。當然，如果企業不具有良好的信用，則企業很難獲得債權人的借款。

歸納起來，取得借款收到的現金項目的解讀與分析路徑如圖5-27所示。

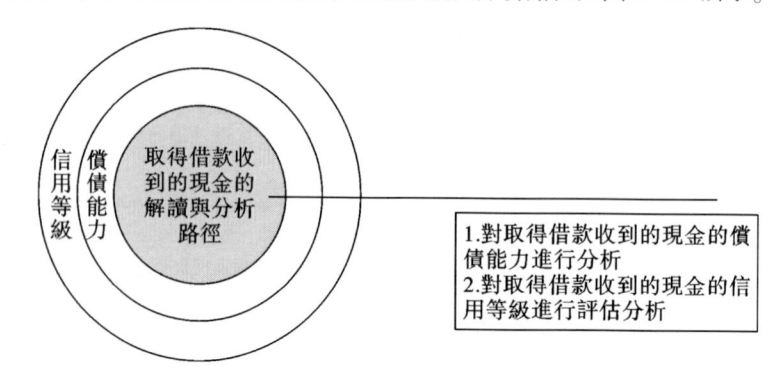

圖5-27　取得借款收到的現金項目的解讀與分析路徑

（3）收到其他與籌資活動有關的現金項目的解讀與分析

該項目反應企業除上述項目外收到的其他與籌資活動有關的現金。其解讀和分析與吸收投資、取得借款收到的現金的解讀與分析一樣主要包括籌資能力和信用等級分析。

①對收到其他與籌資活動有關的現金項目的籌資能力進行分析

如果公司能夠吸收更多的其他資金，則在一定程度上說明企業未來有很好的籌資能力和籌資途徑，能夠為企業未來所需的資金發揮一定的保障作用。

②對收到其他與籌資活動有關的現金項目的信用等級進行分析

如果公司能夠吸收更多的資金，則一定程度上說明企業在行業中有很高的信用等級；否則，債權人會認為企業風險較高，放棄放貸。當然，如果企業不具有良好的信用，則企業很難獲得投資人和債權人的資金。

歸納起來，收到其他與籌資活動有關的現金項目的解讀與分析路徑如圖5-28所示。

5.5.3.6　籌資活動現金流出項目的解讀和分析

（1）償還債務支付的現金項目的解讀與分析

這裡所說的償還債務只包括償還金融企業的借款本金、償還債券本金等內容。對償還債務支付的現金項目的解讀與分析包括償債能力分析和盈利能力分析兩個方面。

①對償還債務支付的現金項目的償債能力進行分析

如果公司用於償還債務的現金數額越大，則說明企業的償債能力越強；反之，則越弱。

②對償還債務支付的現金項目的盈利能力進行分析

如果公司用於償還債務的現金數額越大，則說明企業的盈利能力越強，否則很難產生足夠的現金用於債務償還；反之，則盈利能力較弱。

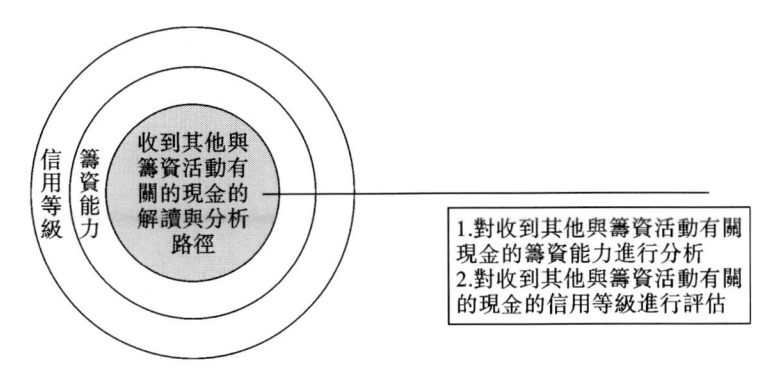

图 5-28　收到其他與籌資活動有關的現金項目的解讀與分析路徑

歸納起來，償還債務支付的現金項目的解讀與分析路徑如圖 5-29 所示。

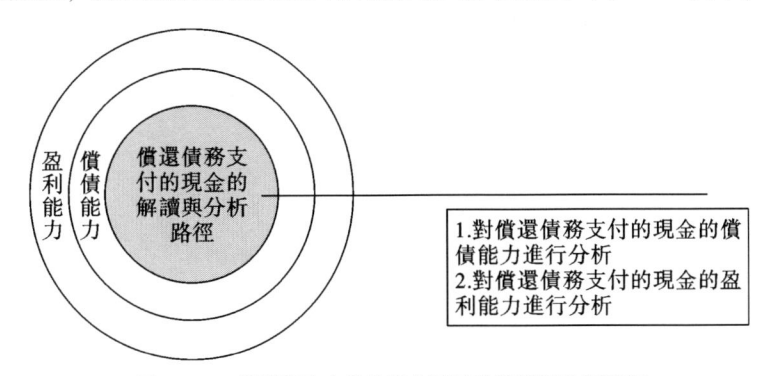

圖 5-29　償還債務支付的現金項目的解讀與分析路徑

（2）分配股利、利潤或償付利息支付的現金項目的解讀與分析

對分配股利、利潤或償付利息支付的現金項目的解讀與分析包括償債能力分析和獲現能力分析兩個方面。

①對分配股利、利潤或償付利息支付的現金項目的償債能力進行分析

如果公司用於分配股利、利潤或償付利息支付的現金數額越大，則說明企業的償債能力越強；反之，則越弱。

②對分配股利、利潤或償付利息支付的現金項目的獲現能力進行分析

如果公司用於分配股利、利潤或償付利息支付的現金數額越大，則說明企業的現金儲備或獲現能力越強，或者未來有很強的獲現能力，否則很難產生足夠的現金用於債務股利、利潤或利息；反之，則獲現能力較弱。

歸納起來，分配股利、利潤和償付利息支付的項目的解讀與分析路徑如圖 5-30 所示。

（3）支付其他與籌資活動有關的現金項目的解讀與分析

該項目反應企業除上述項目外支付的其他與籌資活動有關的現金，如融資租入固定資產的租賃費等。對支付其他與籌資活動有關的現金項目的解讀與分析包括償債能

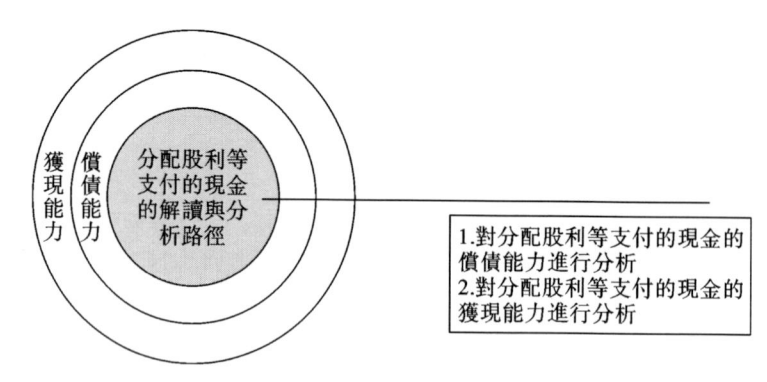

圖 5-30　分配股利、利潤和償付
利息支付的現金項目的解讀與分析路徑

力分析和獲現能力分析兩個方面。

①對支付其他與籌資活動有關的現金項目的償債能力進行分析

如果公司用於支付其他與籌資活動有關的現金數額越大，則說明企業的償債能力越強；反之，則越弱。

②對支付其他與籌資活動有關的現金項目的獲現能力進行分析

如果公司用於支付其他與籌資活動有關的現金數額越大，則說明企業的現金儲備或獲現能力越強，或者未來有很強的獲現能力，否則很難產生足夠的現金用於債務股利、利潤或利息；反之，則獲現能力較弱。

歸納起來，支付其他與籌資活動有關的現金項目的解讀與分析路徑如下圖 5-31 所示。

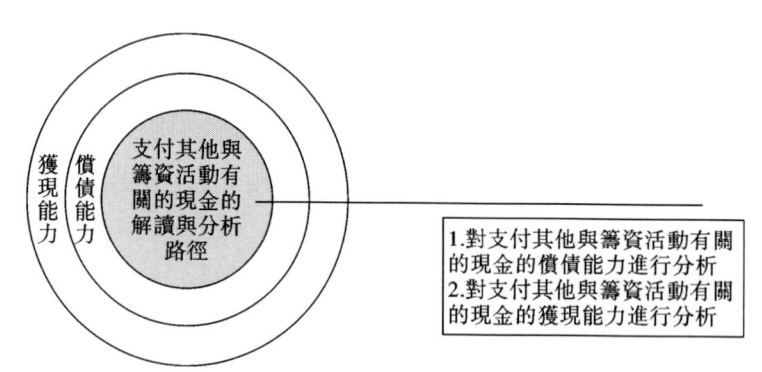

圖 5-31　支付其他與籌資活動有關的現金項目的解讀與分析路徑

5.5.3.7　匯率變動對現金的影響性分析

假設企業發生外幣業務時，應將企業所收取的外幣現金流量折算為記帳本位幣，會計人員採用的是現金流量發生日的即期匯率近似的匯率，而資產負債表日或結算日，企業外幣現金及現金等價物淨增加額是按資產負債表日或結算日的匯率折算的，這兩者之間的差額即為匯率變動對現金的影響。

案例【5-1】假設某企業當期出口一批商品,售價100萬美元,收匯當日匯率1：7.95,當期進口貨物一批,價值50萬美元,結匯當日匯率為1：7.92,資產負債表日匯率為1：7.90。假如當期沒有發生其他業務。本例中,匯率變動對現金的影響計算過程如下：

經營活動流出的現金（單位：萬美元）	100.00
匯率變動	−0.05（7.90−7.95）
匯率變動對現金流入的影響額（單位：人民幣萬元）	−5.00
經營活動流出的現金（單位：萬美元）	50.00
匯率變動	−0.02（7.90−7.92）
匯率變動對現金流出的影響額（單位：人民幣萬元）	−1.00
匯率變動對現金的影響額	−4.00〔−5.00−(−1.00)〕
報表中：	
經營活動流入的現金	79.50（7.95×100）
經營活動流出的現金	39.60（7.92×50）
經營活動產生的現金流量淨額	39.90（79.5−39.6）
匯率變動對現金的影響	−4.00
現金及現金等價物淨增加額	35.90

解讀本項目需要注意：如果企業涉及外幣業務越來越多,則匯率變動對現金的影響額越大；否則,越小。同時,要分析匯率變動對企業盈利性的影響,假如某國貨幣發生貶值,而採用該國貨幣結算,則其匯率變化將削弱企業的盈利能力。因此,在選擇交易貨幣時,應結合本國和貿易國的匯率變動情況進行。

5.5.4 現金流量表補充資料的解讀與分析

5.5.4.1 現金流量表附註的主要內容與結構特徵

除了財務報表的主表以外,為了有助於財務報表使用者更加全面、正確地理解現金流量表,瞭解企業的重大理財活動,現金流量表還需要在附註中披露一些補充信息。通過對現金流量表附註的深入剖析,可以從中挖掘出更多的有用信息,同時通過與其他報表之間相互對應關係的分析,對企業財務報表披露的質量作出相應的判斷。

現金流量表附註的主要內容有以下三項：

（1）現金流量表補充資料

這是現金流量表附註的主體,其格式如表5-4所示。

表5-4　　　　　　　　　　現金流量表補充資料

補充資料	本期金額	上期金額
1. 將淨利潤調節為經營活動的現金流量		
淨利潤		

表5-4(續)

補充資料	本期金額	上期金額
加：資產減值準備		
固定資產折舊、油氣資產折耗、生產性物資資產折舊		
無形資產攤銷		
長期待攤費用攤銷		
處置固定資產、無形資產和其他長期資產的損失（收益以「－」號填列）		
公允價值變動損失（收益以「－」號填列）		
財務費用（收益以「－」號填列）		
投資損失（收益以「－」號填列）		
遞延所得稅資產減少（增加以「－」號填列）		
遞延所得稅負債增加（減少以「－」號填列）		
存貨的減少（增加以「－」號填列）		
經營性應收項目的減少（增加以「－」號填列）		
經營性應付項目的增加（減少以「－」號填列）		
其他		
經營活動產生的現金流量淨額		
2. 不涉及現金收支的重大投資和籌資活動		
債務轉為資本		
一年內到期的可轉換公司債務		
融資租入固定資產		
3. 現金及現金等價物淨增加情況		
現金及現金等價物的年末數		
減：現金及現金等價物的年初數		
現金及現金等價物淨增加額		

從上表5-4中不難看出，現金流量表補充資料主要由三個部分組成。
①採用間接法將淨利潤調節為經營活動現金淨流量；
②不涉及現金收支的重大投資和籌資活動；
③現金及現金等價物淨增加情況。
這三部分的結構特徵及其他報表及現金流量表其他部分的數據關係如表5-5所示。

表5-5　　　　　　　　現金流量表補充資料的結構特徵

項目	數據關係

表5-5(續)

項目	數據關係
一、淨利潤調節為經營活動的現金淨流量	1. 經營活動的現金淨流量 ＝淨利潤＋非付現費用－非經營活動損益＋經營性流動資產減少＋經營性流動負債增加 ＝（淨利潤－非經營活動損益）＋非付現費用－（經營性流動資產增加－經營性流動負債增加） ＝經營利潤＋非付現費用－營運資本淨增加 ＝經營活動現金收益－營運資本淨增加 2. 此處用間接法計算經營活動現金流量淨額與正表部分用直接法計算的經營活動現金流量淨額有直接對應關係 3. 此處的淨利潤與當期利潤表最後一項「淨利潤」有直接對應關係
二、不涉及現金收支的重大投資和籌資活動	與其他部分沒有對應關係
三、現金及現金等價物淨變動情況	1. 此處按存量法計算的現金及現金等價物淨增加額與正表部分按直接法計算的現金及現金等價物淨增加額（第五項）有直接對應關係 2. 此處按存量法計算的現金及現金等價物淨增加額＝資產負債表的現金及現金等價物：「期末數」－「期初數」

(2) 當期取得或處置子公司及其他營業單位的信息

取得處置子公司及其他營業單位屬於企業的重大投資活動，往往與企業的長期發展戰略密切相關，因此，現行會計準則要求在現金流量表附註中專門披露取得或處置子公司及其他營業單位的價格、現金流量及取得或處置子公司淨資產方面的信息。具體披露內容如表5-6所示。

表5-6　　當期取得或處置子公司及其他營業單位的信息

項目	金額
一、取得子公司及其他營業單位的有關信息	
1. 取得子公司及其他營業單位的價格	
2. 取得子公司及其他營業單位支付的現金和現金等價物	
減：子公司及其他營業單位持有的現金及現金等價物	
3. 取得子公司及其他營業單位支付的現金淨額	
4. 取得子公司的淨資產	
流動資產	
非流動資產	
流動負債	
非流動負債	
二、處置子公司及其他營業單位的有關信息	

表5-6(續)

項目	金額
1. 處置子公司及其他營業單位的價格	
2. 處置子公司及其他營業單位收到的現金和現金等價物	
減：子公司及其他營業單位持有的現金和現金等價物	
3. 處置子公司及其他營業單位收到的現金淨額	
4. 處置子公司的淨資產	
流動資產	
非流動資產	
流動負債	
非流動負債	

（3）現金及現金等價物的詳細資料

此部分披露現金及現金等價物在期末的具體存在形式，披露時要求提供兩年的比較數據。具體內容如表5-7所示。

表5-7　　　　　　　　現金及現金等價物的披露格式

項目	本期金額	上期金額
一、現金		
其中：庫存現金		
可隨時用於支付的銀行存款		
可隨時用於支付的其他貨幣資金		
可用於支付的存放中央銀行款項		
存放同業款項		
拆放同業款項		
二、現金等價物		
其中：三個月內到期的債券投資		
三、期末現金及現金等價物餘額		
其中：母公司或集團內子公司使用受限制的現金及現金等價物		

以上內容中，後兩項比較簡單，根據字面意思很容易理解。下面重點介紹現金流量表附註的第一部分——現金流量表補充資料的解讀與分析。

5.5.4.2 現金流量表補充資料的解讀與分析

(1) 將淨利潤調節為經營活動現金淨流量

這是現金流量表補充資料中較為重要的項目之一。該項補充資料直接揭示了企業的淨利潤與經營活動的現金流量的區別及產生這種區別的原因。在將淨利潤調節為經營活動的現金淨流量時，需要兩步轉換，一是將淨利潤調整為經營活動的淨利潤，二是將經營活動的淨利潤調整為經營活動的現金淨流量。其中，第一步轉換需要將淨利潤中包含的投資活動、籌資活動的損益調整出去，第二步轉換需要將權責發生制轉換為收付實現制。具體調整內容包括以下四大類項目：實際沒有支付現金的費用；實際沒有收到現金的收益；不屬於經營活動的損益；經營性應付項目的增減變動。

具體包括計提的資產減值準備、累計折舊等十幾個項目。一般讀者在閱讀此部分內容時較難理解，因此本書對這部分內容進行重點說明。

1) 計提的資產減值準備項目的解讀與分析

計提的資產減值準備都會增加當期的資產減值損失，資產減值損失列入利潤表中，減少了當期利潤，但並沒有發生實際的現金流出。因此，為了將淨利潤調節為經營活動現金淨流量，應將當期計提的資產減值準備加回到淨利潤中。

2) 固定資產折舊項目的解讀與分析

企業計提固定資產折舊時，有些直接列入「管理費用」「銷售費用」等期間費用；有些則先計入「製造費用」，在企業產品完工和銷售以後，一次被轉入「生產成本」「庫存商品」和「主營業務成本」等帳戶，最終通過銷售成本的方式體現出來。不管是哪種方式，企業的折舊費都會被列入當期利潤表，減少當期利潤，但計提的固定資產折舊本身並沒有發生現金流出，所以應在將淨利潤調節為經營活動現金淨流量時加回。

3) 無形資產攤銷和長期待攤費用攤銷項目的解讀與分析

無形資產攤銷和長期待攤費用攤銷時，記入了「管理費用」等費用帳戶，從而減少了利潤。但攤銷無形資產和長期待攤費用並沒有發生現金流出，因此也屬於非付現費用，在調整時應將其在本期的攤銷額加回到淨利潤中。

4) 處置固定資產、無形資產和其他長期資產的損失項目的解讀與分析

處置固定資產、無形資產和其他長期資產不屬於經營活動，而是屬於投資活動，但在計算淨利潤時作為損失扣除，所以在以淨利潤為基礎計算經營活動現金流量時應加回。當然，如果企業發生處置固定資產、無形資產和其他長期資產的收益，則在調整時應從淨利潤中扣除。

5) 固定資產報廢損失項目的解讀與分析

固定資產盤虧淨損失同樣不屬於經營活動產生的損益，所以在以淨利潤為基礎計算經營活動現金流量時應當加回。

6）公允價值變動損失項目的解讀與分析

該項目反應企業持有的交易性金融資產、交易性金融負債、採用公允價值模式計量的投資性房地產等公允價值變動形成的淨損失。該部分損失在計算淨利潤時作為損失扣除，但實際上並未發生現金支付，故在調整經營活動現金時應將其加回到淨利潤中。

7）財務費用項目的解讀與分析

企業發生的財務費用可以分別歸屬於經營活動、投資活動和籌資活動。屬於投資活動、籌資活動的部分，在計算淨利潤時已扣除，但這部分發生的現金流出不屬於經營活動現金流量的範疇，所以，在將淨利潤調節為經營活動現金流量時，需要予以扣除（實際上在計算時應當加回）。

8）投資損益

投資損益是企業本期對外投資實際發生的投資收益與投資損失的差額，即投資淨損益。投資損益是由投資活動引起的，不屬於經營活動，所以在調節淨利潤時應將其進行調整。具體來說，投資淨損失本不應從淨利潤扣除，故應將其加回；投資淨收益本不應加入利潤中，故應將其扣除。

9）遞延所得稅資產和遞延所得稅負債的變動項目的解讀與分析

這兩個項目分別反應企業資產負債表「遞延所得稅資產」和「遞延所得稅負債」項目的期初餘額與期末餘額的差額。具體來說，遞延所得稅資產的減少額和遞延所得稅負債的增加額已列入利潤表中作為所得稅費用的組成內容，在計算淨利潤時減去，但實際上當期並未減少現金，故應予以加回；相反，遞延所得稅資產的增加額和遞延所得稅負債的減少額則應減去。

10）存貨項目的解讀與分析

如果某一期間期末存貨比期初存貨增加了，除了說明當期購入的存貨除好用外，還餘留了一部分，即除了為當期銷售成本包含的存貨發生現金支出外，還為增加的存貨發生了現金支出，也就是說，實際發生的現金支出比當期銷售成本要高，故應在調節淨利潤時減去；反之，若某一期間期末存貨比期初存貨減少了，說明本期生產過程耗用的存貨有一部分是期初的存貨，耗用這部分存貨並沒有發生現金支出，所以應加回到淨利潤中。

11）經營性應收項目的解讀與分析

該項目從根本上來說是在調整權責發生制下的收入和預付實現制下的現金流入。經營性應收項目主要是指應收帳款、應收票據、預付帳款、長期應收款和其他應收款等經營性應收項目中與經營活動有關的部分，也包括應收的增值稅銷項稅額等。如果某一期間經營性應收項目的期末餘額比期初減少了，說明本期從客戶處收到的現金大於利潤表中所確認的收入，有一部分期初應收款項在本期收到。所以應在調整經營活動現金時將經營性應收項目的減少數加回到淨利潤中。

12）經營性應付項目的解讀與分析

該項目從根本上來說是在調整權責發生制下的銷售成本和收付實現制下的現金流出。經營性應付項目包括應付帳款、應付票據、預收帳款、應付職工薪酬、應交稅費

和其他應付款等經營性支付項目中與經營活動有關的部分，以及應付的增值稅進項稅額等。如果某一期間經營性應付項目的期末餘額比期初減少了，說明有一部分前期的欠款在本期支付，企業實際付出的現金大於利潤表中所確認的銷售成本，所以應在調整經營活動現金時將經營性應付項目的減少數從淨利潤中減去；反之，如果經營性應付項目的期末餘額大於期初餘額，說明本期實際的現金流出小於利潤表中所確認的銷售成本，所以，應在調整經營活動現金時將經營性應付項目的增加數加回到淨利潤中去。

在分析將淨利潤調節為經營活動的現金淨流量時要特別注意以下兩個問題：

第一，有關項目的數額要與其會計政策相適應，因此，對一些項目的分析必須結合會計報表附註中對會計政策的揭示來考察。比如，無形資產攤銷額要受無形資產攤銷的會計政策的影響，如果資產負債表中無形資產期末數與期初數相比沒有什麼變化，且企業披露的會計政策為無形資產中大部分屬於使用壽命不確定的無形資產，對此類資產不進行攤銷，而現金流量表附註中卻存在大量無形資產攤銷額的調整，那就表明表中的數據存在問題，有必要進一步深入調查和分析。

第二，注意這裡一些項目與資產負債表、利潤表中相應項目之間的對應關係。比如，這裡的「計提的資產減值準備」的數額是否與利潤表中的「資產減值損失」一致。

（2）不涉及現金收支的重大投資和籌資活動

這一部分反應企業一定會計期間內影響資產和負債，但不形成該期現金收支的所有投資和籌資活動的信息。這些投資或籌資活動是企業的重大理財活動，對以後各期的現金流量會產生重大影響。因此，應單列項目在補充資料中反應。目前，中國企業現金流量表補充資料中列示的不涉及現金收支的重大投資和籌資活動項目主要有以下幾項。

①債務轉為資本項目的解讀與分析

該項目反應企業本期轉為資本的債務金額。債務轉為資本一方面意味著本期不需再為償債支付現金，另一方面，會對企業未來的資本結構和生產經營產生影響。

②一年內到期的可轉換公司債券項目的解讀與分析

該項目反應企業一年內到期的可轉換公司債券的本息。如果可轉換公司債券轉為資本，則不需發生償債支付；否則，若可轉換公司債券轉換失敗，則會發生大量的償債支出。

③融資租入固定資產項目的解讀與分析

該項目反應企業本期融資租入固定資產的最低租賃付款額扣除應分期計入利息費用的未確認融資費用後的淨額。該項目一方面意味著企業的籌資渠道較多，另一方面也意味著在未來的若干年內每年都要發生固定的現金流出。

不涉及現金收支的重大理財活動（即投資和籌資活動），雖不引起現金流量的變化，但可能在一定程度上反應企業目前所面臨的現金流轉困難或未來的現金需求。例如，債務轉化資本可能意味著企業償債能力較差而發生了債務重組，但債務重組未必能解決所有問題，也許它還暗示著企業在債轉股的同時，還需要籌集必要的現金以實現企業的正常經營，等等。再如，一年內到期的可轉換公司債券，意味著在一年內可

能要發生大額的現金流出，一旦轉換失敗，勢必會影響企業短期內的資金需求；融資租入的固定資產，往往意味著在較長時期內的固定的現金流出。當然，至於此類活動是否意味著企業的現金流轉困難，則應結合企業其他一些財務指標的計算、企業當期整體的現金流量變化情況來綜合考慮。

本章閱讀資料

有位審計師說過，他所經歷的公司，財務報表都是假的，只有現金流的表格是真的，這句話雖然過於絕對，但也從側面體現出現金對於企業的重要。

投資者該如何看待一家上市公司的現金狀況呢？股神巴菲特喜歡看（自由）現金流，並借助現金流貼現法找到過可口可樂。而有的人可能願意看現金市值比，如果你買入的公司，持有的現金接近甚至超過該公司的市值，至少說明你的投資比較安全，因為買它們實際上就是買現金。

這兩個指標應該都可以作為現金角度來評判公司的投資價值，在2011年中報披露落下帷幕後，《投資者報》數據部從上述兩指標入手研究了現金流量表中隱藏的秘密。

我們發現，在2,204家可比公司中，有50家公司的現金狀況較好。其中包括青島海爾、香江控股、天立環保、梅泰諾、英飛拓、中國遠洋、啓源裝備、浙江永強、中工國際、江淮汽車等公司。

現金流量表中的隱形指標

我們尋找到A股中自由現金流中期同比增速最高和最低的公司，以及現金市值比最高和最低的公司。最後，我們以這兩個指標為標準，對上市公司目前現金狀況進行了綜合評分。

投資者需要關注的是處於兩個極端區間的公司。一類是自由現金流增長快且現金市值比高的公司，另一類則是自由現金流增長慢且現金市值比低的公司。其中，前者可能會隱藏著投資機會，而後者可能存在投資風險。

在現金流量表中，投資者往往最關心的是三大類現金流量——經營性現金流、投資性現金流和籌資性現金流的淨額及增長情況。

其實，在這三大現金流之外，還有一個衍生的指標也很重要，這就是上市公司的自由現金流（free cash flow，簡稱FCF），它是美國學者拉巴波特20世紀80年代提出的一個概念。所謂的自由現金流量，通俗地講，就是指經營活動產生的現金扣除了計劃中維持企業經營、分發股利、資本擴張後剩餘的可動用部分。

巴菲特所推崇的現金流貼現估值法中，所需用到的基礎數據就是自由現金流量。同時，自由現金流也是很多券商及研究機構分析上市公司內在價值的方法之一。

多年前巴菲特就是借助現金流貼現模型對可口可樂進行估值，從而發現這家公司的內在價值遠遠高於其當時的市值，此後果斷買入並因此投資獲益的。

在上市公司的財務報表中，並沒有自由現金流這一項。換言之，這是一個隱形的指標，需要經過適當的計算才可取得，但是計算主要基於現金流量表完成。

目前自由現金流的計算仍存在一些爭議，但是當前主要採用企業自由現金流量

（free cash flow for the firm，簡稱 FCFF）估算上市公司的價值。最為常用的計算公式為：
自由現金流＝息稅前利潤（1－所得稅率）＋折舊與攤銷－營運資本增加－資本支出。

三成公司自由現金流翻倍

自由現金流是公司的重要指標，因為通過自由現金流折現的方法可以估算出企業的內在價值。那麼，2011年上半年A股上市公司的自由現金流情況如何呢？

根據萬得（Wind）資訊對上市公司自由現金流（FCFF）的估算值，剔除現金流比較特殊的金融服務行業以及不可比公司，我們得到2,204家上市公司自由現金流的樣本，並據此觀測到現在上市公司自由現金流淨額和同比變化情況。

統計結果顯示，2011年上半年上述樣本的自由現金流總和為－1,591億元，較去年中期－3,028億元增長47%。這份樣本中，單個公司的自由現金流從－206億元到306億元不等。其中，有1,206家公司的自由現金流為正值，占比55%。

2011年上半年實現的自由現金流最高的公司是煤炭企業中國神華，為306億元。緊隨其後的有華電國際、上港集團、武鋼股份等，這些公司上半年的自由現金流都在100億元以上。

從自由現金流的計算公式可以看出，該指標如果為負值或者下降，受到多方面的影響，比如息稅前利潤為負值或者下降，所得稅率提升，公司處於擴張期用於購置廠房和固定資產的資本支出增加等。

而中國重工、大唐發電、上海醫藥、國投電力、京東方A等公司應該是受到上述一項或多項原因影響，它們的自由現金流為負，並且排在樣本公司的後位。其中，中國重工自由現金流量由正轉負是因為息稅前利潤減少，且營運資本增加所致。

從同比情況來看，有48%的公司2011年上半年自由現金流量同比下降，降幅在1倍及以上的公司有709家，占總數的32%。另外，52%的公司自由現金流出現增長，增幅在1倍以上的公司有771家，占總樣本的35%。其中，增幅在1倍至2倍的公司最多，約占增長類公司的30%，占總樣本的16%。

那些同比增幅居前的公司有不少是由於去年上半年的基數很低，2011年自由現金流的絕對值雖然不高，但同比依然占優勢。例如，同比增幅第一的易聯眾，去年中期的自由現金流只有1萬元，2011年上半年則增至1,672萬元，增幅達到1,671倍。類似的公司還有恒逸石化、華帝股份、天山紡織等。

六成公司現金市值比提升

在現金流量表中，除了關注自由現金流這一指標外，還有一個指標較為重要，那就是上市公司期末持有的現金。

俗話說，手中有錢，遇事不慌。對於上市公司而言，現金是保證公司正常營運的一道安全屏障。在會計報表中，反應上市公司現金持有量的指標為「期末持有的現金及現金等價物餘額」。其中，現金等價物指企業持有的期限短、流動性強、易於轉換為現金的投資，如短期債券等。

2011年中報顯示，剔除金融服務行業及部分不可比公司外，2,204家上市公司合計持有現金2.76萬億元，較去年同期增長26%，較去年年底增長10%。

A 股的這些公司中，最有錢的當屬中國石油，該公司持有現金及現金等價物餘額為 1,161 億元。在這個榜單中，排名前十的大部分是「中」字頭的國企，如中國神華、中國建築、中國鐵建等。地產龍頭萬科 A 以 400 億元的現金居於第九位。

我們認為，上市公司的現金市值比越高的公司，其投資的安全性越高。

伴隨著上市公司現金及等價物的增長，以及上市公司股價的普遍下跌，目前單家公司的現金市值比（市值為 9 月 6 日收盤數據）同比出現較大面積的上升。

我們統計的具有可比上市公司中，其中有 1,012 家公司當前的現金市值比高於 2010 年中報時，占比達到 55%。

而在上述 2,204 家公司的樣本中，目前現金市值比排名最高的是中國鐵建，該數值達到 1.13，也就是說該公司現金比市值要高出 13%。緊隨其後的有上海建工、中國中鐵、如意集團、海馬汽車、金龍汽車等公司，現金市值比均在 0.8 以上。

50 家公司中報現金狀況良好

自由現金流的增長能夠部分反應公司的內在價值，而公司的現金市值比則是一個公司的安全性指標，用這兩項與現金有關的指標，我們可以嘗試著判斷一家上市公司的現金狀況。

判斷方法是這樣的，我們將這兩個指標綜合起來衡量，對上市公司進行評分。首先我們將現金市值比由高到低排序，將 2,204 家上市公司分為 100 組，現金市值比最高的一組給予 10 分，第二組給予 9.9 分，以下依次類推，將每組公司給予評分，自由現金流增長率的評分與此類似。最後，我們將兩個指標評分之和作為上市公司今年中期現金狀況的綜合得分，滿分 20 分。

在 2,204 家公司中，現金狀況獲得 12 分以上的公司僅有三成，獲得 18 分以上的公司有 50 家。這 50 家公司包括青島海爾、香江控股、梅泰諾、天立環保、中國遠洋、英飛拓、江淮汽車等。這些公司不一定是業績最好的公司，但從半年報來看，它們的現金狀況較好。

這些公司中，有半數公司的自由現金流是由去年上半年的負值變為 2011 年的正值而實現翻身的，這些公司包括中國中冶、華菱鋼鐵、首開股份、金融街、萬科 A 等。

另外，在綜合評分榜中，投資者需要對那些墊底的公司有所警惕。綜合得分低於 2 分的公司中有 21 家公司，其中 1/3 為 ST 公司。

——摘自 2011 年 09 月 13 日《投資者報——現金為王：50 家最安全公司揭秘》

本章小結

現金流量表是以廣義的「現金」概念和收付實現制為基礎編製的，它綜合反應了企業在一定期間內獲取現金的能力和現金的運用去向和效果。在現代市場經濟條件下，企業的現金流轉情況在很大程度上影響著企業的生存和發展，具有資產負債表和利潤表所不可比擬的財務預警作用。

現金流量表分為正表和附註兩部分，其中，正表部分為現金流量分析的重點。對正表部分的分析主要包括對現金流量總量的分析和對現金流量表主要項目的分析。其

中，對現金流量總量進行分析時應重點把握：①將現金流量總量與企業的資產總額配比；②對各類活動產生的現金流量總量的合理性進行分析，分析時要適當考慮企業所處行業特點、企業所在經濟壽命週期及企業發展戰略的要求；③對現金流入、流出及現金流量淨額進行結構分析。對現金流量表主要項目的解讀和分析時要注意把握各個項目所揭示的內涵及其分析要點。

現金流量表附註包括三項內容，其中補充資料部分的分析是進行財務報告分析時所不容忽略的。尤其是其中的將淨利潤調節為經營活動現金淨流量部分，揭示了淨利潤與企業經營活動現金流量淨額之間的差異及產生這種差異的原因，對這部分內容的分析不僅可以為正表部分提供進一步證據，還有助於更加客觀、全面地評價資產負債表和利潤表。另外，不涉及現金收支的重大理財活動可能預示了未來的現金需求，這是在預測未來現金流量及償債能力時所需要考慮的。

復習題

1. 現金流量表有何作用？為什麼在解讀財務報表時不僅要分析資產負債表和利潤表，還應當重視對現金流量表的分析？
2. 說明現金流量表的結構特徵和數據關係。
3. 進行現金流量表的總量分析應把握哪些問題？
4. 你認為現金流量表中哪些項目是分析的重點？重點項目的解讀和分析的內容是什麼？
5. 說明現金流量表補充資料中「將淨利潤調節為經營活動現金淨流量」部分的結構特徵和數據關係。
6. 分析現金流量表補充資料中不涉及現金收支的重大投資和籌資活動時應注意哪些問題？

6　會計報表附註和合併財務報表解讀與分析

報表分析者（使用者）除了應該對財務報表主表進行仔細的解讀與分析之外，為了提高對財務報表更全面的瞭解，提煉出更多有用的會計信息，就必須同時對會計報表附註進行解讀和分析了，其原因就是因為會計報表附註是企業財務報表一個必不可少的組成部分。

由於會計報表附註對於正確理解財務報表起著重要的補充說明作用，所以，報表分析者在進行財務報表分析的時候，也應本著認真、仔細的分析態度；否則，容易造成因財務報表本身缺陷所引起的會計信息遺漏。本章主要介紹了會計報表附註的內容及分析要點。

另外，對於大型集團型企業和母公司來說，需要提供集團或母公司的合併財務報表，合併財務報表有著特殊的信息含量，在分析時也是需要注意的。當然，合併財務報表提供的信息是否有用，首先取決於其編製基礎和合併範圍確定的正確與否，本章對此作了較為詳細的說明。

6.1　會計報表附註解讀與分析

6.1.1　會計報表附註的作用

企業管理需要信息、投資者需要信息、政府也需要信息，因此，將財務信息公開化是市場經濟正常運行的一個必要條件。為此，企業應當按規定對外公布各種與企業經營有關的財務信息。在企業對外公布的財務報告中，不僅應當包括資產負債表、利潤表、現金流量表和所有者權益變動表等基本財務報表，還應當包括財務報表的註釋（notes of financial statements），即中國通常所說的會計報表附註。

所謂會計報表附註是對財務報表中列示項目的文字描述或補充的相關明細資料，以及對未能在這些報表中列示項目的補充解釋和說明等。企業所提供的財務報表的核心目標是要揭示企業經營中各種財務信息，為報表使用者提供有助於企業營運管理決策的財務信息。為達到這一核心目標，會計人員在編製會計報表附註時則必須堅持財務信息應充分揭示的基本原則。但是，由於受財務報表格式、財務報表反應形式等的限制，財務報表本身所提供的信息有時並不能完全滿足報表使用者（分析者）的實際需要。例如，財務報表中所規定的內容具有一定的固定性和規定性，只能提供貨幣化

的定量的財務信息，而對於會計信息使用者的經營決策具有重要意義的非貨幣化或非量化會計信息則無法反應，而這些信息又是報表使用者必須關注和瞭解的，因此，這些信息，則應借助於會計報表附註來說明。又如，列入財務報表的各項信息都必須符合會計要素的定義和確認標準，因此，一些對信息使用者有重要影響但與現行的確認標準不一致的項目，就無法在財務報表中列示，只能在附註中予以披露。總之，為了總括地反應企業的財務狀況與經營成果，為了幫助報表使用者全面理解和掌握企業所能提供的會計信息，就需要對財務報表中無法涉及的內容，或者披露不詳盡的內容作進一步的補充和解釋，這就需要運用會計報表附註這種信息披露方式。

隨著報表使用者對會計信息需求的增長，報表附註的內容逐漸呈現出多樣性，並且在不斷增加內容。企業的會計報表附註，不但包括對有關財務報表項目的闡述與解釋，而且還包括對企業會計人員在進行財務報表編製時所遵循的會計政策、會計準則和會計事項的不確定性與風險的詳細說明，以及對編表日後所發生的重大事項的解釋說明等。也就是說，會計報表附註既可以對財務報表的有關內容做詳細解釋，還能夠對相關財務報表內容作必要補充，甚至可以成為閱讀財務報表的前提條件。

概括地說，會計報表附註將對會計信息發揮以下幾方面的作用：

6.1.1.1 提高報表的可比性

企業所提供的財務報表是遵循企業會計準則編製而成的，而會計準則在許多方面規定了可供選擇的多種處理方法，企業可結合本行業的特點及其具體情況進行選擇，這就容易導致不同行業、同一行業不同企業所提供的會計信息存在明顯差異。另外，財務報表處理方法前後期間的一貫性是一項重要的會計原則，一般不得隨意變更。但當經濟環境發生變化，或企業某類業務的實際情況發生變化時，企業有可能改變原來的會計政策，而採用不同的會計處理方法進行帳務處理。正是因為會計處理方法的不同選擇或變更會影響會計信息之間的可比性，因此，會計人員在財務報表中通過編製會計報表附註，用適當的方式來說明企業所選用的會計政策及其變更，這樣就大大提高了不同企業及本企業前後期之間會計信息資料的可比性。

6.1.1.2 增加報表的理解性

由於財務報表的數據之間存在內在邏輯關係，對於不具備一定的會計基礎知識的報表使用者來說，很難理解這種邏輯關係。而報表使用者有著不同的知識背景和工作經驗，他們對信息需求的內容也各不相同，各有側重。因此，財務報表的理解性就成為報表編製者必須為報表分析者提供的一個基本條件。這個基本條件即需要企業會計人員對財務報表中的項目數據進行分解或解釋，將一個個抽象的會計數據分解成若干個具體項目，並說明產生各項目所選擇或採用的會計方法，這樣才能真正有助於報表使用者正確理解財務報表，正確讀取所需要的各種會計信息。

另外，從兩者反應的具體形式上來看，財務報表以數字表示為主，會計報表附註則重點在文字說明，輔以數字解釋，通過兩者之間的相互作用和影響，不但能使得具備會計知識的人士加深理解，並且能使非會計專業的其他人士也能夠「看懂」財務報表。

6.1.1.3 增加報表的完整性

企業會計報表附註不僅包括了企業採用的主要會計政策、財務報表重要項目的明細資料，還包括了不能在財務報表內反應的對企業其他重要事項內容等，從而使財務報表提供的信息量更加全面、完整，有助於報表使用者更透澈地讀懂企業目前及未來預測的財務狀況、經營成果和現金流量信息。

6.1.1.4 突出報表的重要性

財務報表所含有的數量信息較多，內容複雜，使用者可能一時很難抓住重點，對表中的重要信息的瞭解無法做到全面詳細。通過會計報表附註，可將財務報表中的重要數據進一步予以分解說明，以便於幫助使用者瞭解哪些是重要的信息，哪些應引起足夠的關注或重視，哪些能對企業未來產生重要影響等。

6.1.2 會計報表附註的內容

會計報表附註的內容，應該結合報表使用者和提供者對信息的要求而確定。

首先，從會計信息的使用者來看，不同的信息使用者對會計報表附註的內容多少、繁簡程度均有不同的要求。比如對於企業內部分析師、外部分析師、風險投資機構來說，他們則希望企業能提供的會計信息越多、越詳細越好，以便於更深入、更完整、更全面地掌握這個企業的財務狀況及營運狀況；而對於短期持有公司股票的股東來說，他們可能並不需要很多的會計信息，閱讀過多的會計報表附註內容或許對他們來說意味著這根本是在浪費時間。會計報表附註內容過於龐雜有時還會給人以抓不住重點的感覺。

其次，從會計信息提供者的角度來看，他們或許不願提供太多的會計報表附註資料，以避免透露過多的商業秘密和花費過多的財務報表編製成本或者是不願意透露更多的會計信息，以避免遭到報表使用者的無端指責、猜忌等麻煩；但有時，出於向公眾宣傳企業的良好形象、吸引投資者注意等目的，他們往往不厭其煩地在會計報表附註中披露大量的信息。

因此，對於政府機構、監管機構及其他會計管理機構來說，必須研究和確定會計報表附註應當包括哪些內容。當然，考慮到不同行業、不同企業的特點，還有一些企業需要在會計報表附註中自願披露一些信息，會計管理部門一般只對會計報表附註「至少」應包括哪些內容作出規定。以下以中國新頒布實施的《企業會計準則》為例，就會計報表附註的主要內容做一介紹。

6.1.2.1 企業的基本情況

這部分介紹了企業的基本信息，是進行財務報表分析時首先需要瞭解的。具體內容包括：

①企業註冊地、組織形式和總部地址；
②企業的業務性質和主要經營活動；
③母公司及集團最終母公司的名稱；

④財務報表的批准報出者和財務報告批准報出日。

6.1.2.2 財務報表的編製基礎

一般而言，企業應當以持續經營為基礎，根據實際發生的交易和事項，按照《企業會計準則》的規定進行確認和計量，在此基礎上編製財務報表。

6.1.2.3 遵循《企業會計準則》的聲明

企業應當聲明編製的財務報表符合《企業會計準則》的要求，真實、完整地反應了企業的財務狀況、經營成果和現金流量等有關信息。注意，只有遵循了《企業會計準則》的所有規定時，財務報表才應當被稱為「遵循了《企業會計準則》」。

6.1.2.4 重要會計政策和會計估計

會計政策是指企業在會計確認、計量和報告中所採用的原則、基礎和會計處理方法。企業採用的會計計量基礎也屬於會計政策。會計估計是指企業對其結果不確定的交易或事項以最近可利用的信息為基礎所作的判斷。

企業應當披露採用的重要會計政策和會計估計，不重要的會計政策和會計估計可以不披露。在披露重要會計政策和會計估計時，應當披露重要會計政策的確定依據和財務報表項目的計量基礎，以及會計估計中所採用的關鍵假設和不確定因素。

6.1.2.5 會計政策和會計估計變更及差錯更正的說明

會計政策變更是指企業對相同的交易或事項由原來採用的會計政策改用另一會計政策的行為。為保證會計信息的可比性，使財務報表使用者在比較企業不同期間的財務報表時，能夠正確判斷企業的財務狀況、經營成果和現金流量的趨勢，一般情況下，企業應在每期採用相同的會計政策，不應也不能隨意變更會計政策。但符合下列條件之一時，應改變原採用的會計政策：

①法律、行政法規或者國家統一的會計制度等要求變更；
②會計政策變更能夠提供更可靠、更相關的會計信息。

與會計政策的變更一樣，如果企業據以進行估計的基礎發生了變化，或者由於取得新信息、累積更多經驗及後來的發展變化，可能需要對會計估計進行修訂，這時就會發生會計估計變更。

前期差錯是指由於沒有運用或錯誤運用下列兩種信息而對前期財務報表造成省略或錯報：

①編報前期財務報表時預期能夠取得並加以考慮的可靠信息；
②前期財務報告批准報出時能夠取得的可靠信息。

前期差錯通常包括計算錯誤、應用會計政策錯誤、疏忽或曲解事實及舞弊產生的影響，以及存貨、固定資產盤盈等。

6.1.2.6 報表重要項目的說明

企業對報表重要項目的說明，應當按照資產負債表、利潤表、現金流量表、所有者權益變動表及其項目列示的順序，採用文字和數字描述相結合的方式進行披露。報

表重要項目的明細金額合計應當與報表項目的金額相互銜接。

6.1.2.7 或有事項

或有事項是指過去的交易或事項形成的、其結果須由某些未來事項的發生或不發生才能決定的不確定事項。例如，企業對商品提供售後擔保，將無償提供修理服務，從而發生一定的修理費用，至於這筆費用是否發生，費用金額大小，取決於將來是否發生修理請求及修理工作量。問題是，按照權責發生制原則，企業不能等到客戶提出修理請求時，才對擔保損失加以確認，而應當對是否在當期加以確認。企業可能發生修理費用這種不確定狀況，稱為或有事項。再如，企業對被告的侵權行為提起訴訟，如果勝訴，將從被告那裡獲得賠償，至於能否得到賠償，要看判決結果。只有在司法部門作出判決時，才能最後證實企業是否獲得了一項收益。企業有可能獲得賠償這種不確定情形即為或有事項。

對或有事項，企業應當在會計報表附註中披露下列信息。

（1）預計負債。包括：①預計負債的種類、形成原因及經濟利益流出不確定性的說明；②各類預計負債的期初、期末餘額和本期變動情況；③與預計負債有關的預期補償金額和本期已確認的預期補償金額。

（2）或有負債（不包括極小可能導致經濟利益流出企業的或有負債）。包括：①或有負債的種類及其形成原因，包括未決訴訟、未決仲裁、對外提供擔保等形成的或有負債；②經濟利益流出不確定性的說明；③或有負債預計產生的財務影響及獲得補償的可能性，無法預計的應當說明原因。

（3）企業通常不應當披露或有資產，但或有資產很可能會給企業帶來經濟利益的，應當披露其形成的原因、預計產生的財務影響等。

（4）在涉及未決訴訟、未決仲裁的情況下，按相關規定披露全部或部分信息預期對企業造成重大不利影響的，企業無須披露這些信息，但應當披露該未決訴訟未決仲裁的性質，以及沒有披露這些信息的事實和原因。

6.1.2.8 資產負債表日後事項

資產負債表日後事項是指資產負債表日至財務報告批准報出日之間發生的有利或不利事項。它包括資產負債表日後調整事項和資產負債表日後非調整事項。

對資產負債表日後事項，企業應當披露下列信息：①每項重要的資產負債表日後非調整事項的性質、內容及其對財務狀況和經營成果的影響，無法作出估計的，應當說明原因；②資產負債表日後，企業利潤分配方案中擬分配的及經審議批准宣告發放的股利或利潤。

6.1.2.9 關聯方關係及其交易

一方控制、共同控制另一方或對另一方施加重大影響，以及兩方或兩方以上同受一方控制、共同控制或重大影響的，構成關聯方。關聯方關係則指有關聯的各方之間的關係。

關聯方披露的基本要求如下：

（1）企業無論是否發生關聯方交易，均應當在附註中披露與母公司和子公司有關的下列信息：①母公司和子公司的名稱；②母公司和子公司的業務性質、註冊地、註冊資本（或實收資本、股本）及其變化；③母公司對該企業或者該企業對子公司的持股比例和表決權比例。

（2）企業與關聯方發生關聯交易的，應當在附註中披露該關聯方關係的性質、交易類型及交易要素。交易要素至少應當包括：①交易的金額；②未結算項目的金額、條款和條件，以及有關提供或取得擔保的信息；③未結算應收項目的壞帳準備金額；④定價政策。

（3）關聯方交易應當分別關聯方及交易類型予以披露。類型相似的關聯方交易，在不影響財務報表閱讀者正確理解關聯方交易對財務報表影響的情況下，可以合併披露。

6.1.3 會計報表附注重點項目的解讀與分析

一般情況下，在閱讀和分析財務報表之前，首先要閱讀會計報表附註，瞭解企業一些主要的背景資料和會計資料。在分析財務報表過程中，也需要經常翻閱會計報表附註，將會計報表附註和財務報表結合起來進行分析，辨別財務報表的真實程度，並對財務報表中有關數據的詳細情況深入調查。會計報表附註的內容較多，但以下內容往往都是閱讀與分析的重點：

6.1.3.1 會計政策、會計估計變更及差錯更正的分析

（1）對會計政策、會計估計變更的合法性、合理性進行分析

會計政策、會計估計的選擇對企業的財務狀況和損益會產生不同的影響，因此，一般來說，會計政策、會計估計一經選定，不得任意變更。企業只有在符合法律、行政法規或國家統一的會計制度的要求，或者這種變更能夠提供有關財務狀況、經營成果和現金流量等更可靠、更相關的會計信息時才能變更。前者側重於會計政策變更的合法性，後者側重於會計政策變更的合理性。這兩方面都是財務報表使用者應該關注的。對於法律、法規強制要求發生的會計政策變更，主要關注其變更的合法性，即企業採用的新會計政策是否符合法律、法規和會計制度的要求，會計處理是否合法。但是，對於非強制性會計政策變更，人們通常很難判斷哪一種會計政策更能真實、公允地反應企業的財務狀況、經營成果和現金流量，於是一些企業就利用這一特點隨意變更會計政策。對這種非強制性會計政策變更，在進行財務報表分析時應當特別予以關注。

對會計估計變更的分析側重於變更的合理性。會計的一個重要特點就在於其中充滿了估計和判斷，因而會計不可能做到精確，只能是力求公允。會計估計變更是否合理，即運用新的估計是否能夠提供比以前更合理、更公允的會計信息，可以通過將其與同行業類似企業的對比分析來進行判斷。還有一個有效的方法，即結合能夠證實會計估計的資產負債表日後事項來分析。如果存在能夠證實會計估計的資產負債表日後

事項，則可以通過對這些事項的分析來對資產負債表日會計估計的合理性作出判斷。比較而言，由於這些事項從實際發生的結果的角度來證實會計估計的合理性，因而利用這一方法得出的結論更加接近實際。顯然，如果資產負債表日後的事實證明新的會計估計更合理，則意味著會計估計變更是恰當的；否則，有理由懷疑企業會計估計變更的真實目的：是公允反應，還是盈餘管理？不過，由於並非所有的會計估計事項都會在企業披露之前或報表使用者閱讀和分析財務報表之前發生，該方法的適用範圍受到一定限制。

（2）對前期會計差錯的原因進行分析

會計差錯是指在會計核算時，由於確認、計量、記錄、報告等方面的原因出現的錯誤。通常包括計算錯誤、應用會計政策錯誤、疏忽或曲解事實、舞弊產生的影響及存貨、固定資產盤盈等。會計差錯既包括非主觀故意差錯，如計算錯誤、對事實的疏忽或曲解，也包括主觀故意差錯，如舞弊。換言之，會計差錯的產生既可能由會計師判斷失誤、計算錯誤等客觀因素導致，也可能源自為達到特定目的而蓄意製造差錯然後再更正的主觀盈餘操縱動機。其中，前者是一個會計計量問題，後者則是一個經濟行為問題。

由於會計人員素質不高、會計核算制度不健全，以及會計工作本身的複雜性、專業性，客觀上的計量和記錄方面的會計差錯是不可避免的。然而，也有部分上市公司可能存在利用會計差錯進行利潤操縱的問題。會計差錯及其更正之所以可能成為利潤操縱的手段，與會計差錯更正的會計處理方法直接相關。按照《會計準則》規定，企業在發現差錯當期的財務報表中應當調整前期比較數據，而不影響發現當期的損益。從監管制度來看，由於會計差錯發生當期的損益已經完成了歷史使命，當期得到的好處並不會因為後來進行差錯更正而受到追加處罰，某些上市公司正是利用會計差錯更正的上述特點將盈餘在各期進行調節。因此，在對會計報表附註進行閱讀與分析時，必須重點關注企業發生前提差錯的真實原因。

（3）對會計政策、會計估計變更以及差錯更正的會計處理進行分析

《企業會計準則第28號——會計政策、會計估計變更和差錯更正》對會計政策、會計估計變更及差錯更正的各種主要情形，均規定了相應的會計處理原則。比如，強制性會計政策變更，應當遵從國家有關法規規定；自願性會計政策變更，一般採用追溯調整法，若會計政策變更的累積影響數不能合理確定，則應採用未來適用法；對會計估計變更採用未來適用法，不調整以前年度財務報表；對前期重要的會計差錯，一般應當採用追溯重述法更正，若確定前期差錯累計影響數不切實可行，可以從可追溯重述的最早期間開始調整留存收益和財務報表其他相關項目的期初餘額，也可以採用未來適用法。這些便是確定有關會計處理是否正確的主要依據。

分析上市公司的財務報表時，首先要注意分析企業披露的變更屬於會計政策、會計估計的變更還是屬於會計差錯更正，以便分析企業是否選擇了合理的會計處理方法。由於在追溯調整法下，應計算會計政策變更的累積影響數，並調整期初留存收益，財務報表其他相關項目也相應進行調整；而未來適用法不需調整以前年度的報表內容，因此，有些企業故意將會計政策變更表述為會計估計變更，從而將本應當按追溯調整

法處理的會計變更採用未來適用法處理，對此情形應特別注意。

（4）結合審計報告判斷會計政策、會計估計變更及差錯更正的合理性和正確性

一般的外部信息使用者，如公眾投資者，由於很難翻閱企業的會計帳冊，因此，判斷企業會計政策、會計估計變更及差錯更正的合理性和正確性，往往需要借助於審計報告進行，因為註冊會計師在審計過程中會深入企業內部獲取審計證據，且他們都有著良好的專業知識水平，因而比外部信息使用者具有信息優勢。如果註冊會計師都無法對會計政策、會計估計變更及差錯更正作出判斷，這往往說明註冊會計師在審計過程中受到了限制，此時應當警惕企業是否有某種見不得人的動機。當然，註冊會計師的審計報告也不能完全依賴，有時即使是無保留意見的審計報告，企業仍可能存在利用會計政策、會計估計變更及差錯更正粉飾財務報表的行為。所以，切記，審計報告可以作為分析財務報表的重要參考，但決不可完全依賴。

6.1.3.2 或有事項的分析

或有事項，尤其是或有負債的存在，會對公司未來的生產經營產生重大不確定性影響，甚至有可能危及企業的生存。因此，應重視對會計報表附註中或有事項信息的解讀和分析。分析時應特別注意對外擔保等近年來對上市公司產生重大不利影響的事項，借此判斷公司經營面臨的風險大小。

6.1.3.3 資產負債表日後事項

資產負債表日後事項分析的核心內容是判斷資產負債表日後事項是調整事項還是非調整事項。因為，調整事項和非調整事項在會計處理上是完全不同的。對於調整事項，必須進行相關的帳務處理，並調整資產負債表日的財務報表；而對於非調整事項，只需要在會計報表附註中進行披露，無須調整資產負債表日的財務報表。顯然，調整事項和非調整事項判斷得是否正確，將直接影響到公司報告年度的財務狀況和經營成果。因此，在實務中正確判斷資產負債表日後事項是調整事項還是非調整事項，對評價公司的財務狀況和經營業績有著重要意義。

資產負債表日後調整事項是指對資產負債表日已經存在的情況提供了新的或進一步證據的事項。調整事項的主要特點在於它的「續發性」，亦即它的發生是以前已發生或存在事項或時間的延續和結束，因而也常被稱為「續發事項」。而對於非調整事項而言，其重要特點在於「後發性」，即它在資產負債表日之後發生，不直接影響資產負債表日的財務狀況和相關會計年度的經營成果。非調整事項並不影響財務報表金額，但可能影響對財務報表的正確理解。因此，如不對其加以說明，有可能致使財務報表的使用者產生誤解，對被審計單位的現有財務狀況和未來經營前景作出錯誤的判斷。《企業會計準則第29號——資產負債表日後事項》列舉了常見的調整事項和非調整事項，掌握這些內容對於正確理解和使用財務報表是大有裨益的。

根據會計準則規定，資產負債表日後調整事項主要包括：

（1）資產負債表日後訴訟案件結案，法院判決證實了企業在資產負債表日已經存在現時義務，需要調整原先確認的與該訴訟案件相關的預計負債，或確認一項新負債；

（2）資產負債表日後取得確鑿證據，表明某項資產在資產負債表日發生了減值，

或者需要調整該項資產原先確認的減值金額；

（3）資產負債表日後進一步確定了資產負債表日前購入資產的成本或售出資產的收入；

（4）資產負債表日後發現了財務報表舞弊或差錯。

資產負債表日後非調整事項主要包括：

（1）資產負債表日後發生重大訴訟、仲裁、承諾；

（2）資產負債表日後資產價格、稅收政策、外匯匯率發生重大變化；

（3）資產負債表日後因自然災害導致資產發生重大損失；

（4）資產負債表日後發行股票和債權及其他巨額舉債；

（5）資產負債表日後資本公積轉增資本；

（6）資產負債表日後發生巨額虧損；

（7）資產負債表日後發生企業合併或處置子公司。

6.1.3.4 關聯方交易的分析

關聯方交易廣泛地存在於中國上市公司的生產經營中，這與中國國有企業改制的特殊背景有關。在行政審批制下，由於實行「規模控制，限報家數」政策，股票發行額度成為十分稀缺的資源。企業通過激烈競爭拿到的股票發行額度往往與其資產規模不相匹配，只好削足適履，將一部分經營業務和經營性資產剝離，或者進行局部改制，將原本不具有面向市場能力的生產線、車間和若干業務拼湊成一個上市公司，並通過模擬手段編製這些非獨立核算單位的財務報表。辯證地看，剝離與模擬在中國證券市場發展中功不可沒，如果不允許剝離與模擬，許多企業（特別是國有企業）是不具備上市資格的，是無法通過股份制改制和上市擺脫困境的。然而，這種上市制度的缺陷也很明顯：上市公司與其母公司在生產經營上存在千絲萬縷的聯繫。比如，有的上市公司本是原國有企業的一個生產車間改組上市的，儘管上了市，但其與其他車間的關係仍然沒變，比如，該上市公司的原材料供應實際上仍來源於上游車間，產品銷售也主要面向下游車間，只不過現在上游車間和下游車間的購銷關係變成了兩家企業之間的關聯交易。另外，由於上市公司與母公司在利益上存在諸多一致，上市公司通過上市「圈錢」後向母公司「輸血」及上市公司在經營不佳時向母公司「要飯」等。關聯交易更是嚴重地侵蝕著會計信息真實性的靈魂。

（1）上市公司利用關聯交易操縱利潤的主要手法

①關聯購銷

這是上市公司利用關聯交易操縱利潤最常見的手法。對該類交易，應注意審核關聯方交易價格的合理性，關注對財務狀況和經營成果產生重大影響的關聯方交易價格，是否與交易對象的帳面價值或其市場通行價格存在較大差異，從而判斷關聯交易到底是正常的購銷行為還是利潤操縱的手段。

②轉讓、置換和出售資產

由於中國對公司價值的評估方法缺乏相應的理論體系及操作規範，公司併購的法律和財務處理不夠完善，同時也由於地方政府部門不恰當的干預使得資產轉讓和置換

表現為一種不等價交換和利潤轉移的工具。其具體表現形式有：一是上市公司將不良資產和等額債務剝離出上市公司，以降低財務費用和避免不良資產經營所產生的虧損或損失；二是上市公司將不良資產轉賣給母公司，這裡的不良資產價值十分有限，但卻能賣個好價錢，在轉讓過程中上市公司往往獲得一筆可觀的收益；三是母公司將優質資產低價賣給子公司，但轉讓價款長期掛帳處理且不計利息，子公司一方面獲得了優質資產的經營收益，另一方面不需要付出任何代價；四是母公司將自己的優質資產與子公司的不良資產進行置換，置換時對優質資產和不良資產的評估根本不考慮資產的質量和獲利能力，一律按照成本法評估其價值，這顯然對上市公司有利。

③委託經營

委託經營或受託經營是財務報表粉飾的一種新方法。其具體表現形式是：上市公司將不良資產委託給母公司經營，定額收取回報，以在避免不良資產虧損的同時，憑空獲得一筆利潤；或者母公司將穩定、獲利能力高的資產以較低的託管費用委託上市公司經營，使上市公司憑空獲得一筆穩定的利潤來源。

④資產占用

在中國，企業之間相互拆借資金是有關法規所不允許的，但從實際情況看，上市公司同關聯公司之間進行資金拆借的現象比比皆是。然而，這些被關聯方占用的資金往往很難收回，從而將上市公司拖垮。隨之而來的是一些上市公司還可以利用收取資金占用費的方法以粉飾財務報表。

⑤擔保與質押

「一方有難，關聯方支援」，這句話是對上市公司相互擔保和質押的真實寫照，問題是，這些上市公司在為母公司或其他關聯方提供擔保和質押時，根本不會考慮被擔保方的償還能力，對被擔保方的財務風險視而不見。之所以如此，就是因為它們是關聯方，有著某種共同的利益。這種行為顯然侵害了中小股東利益，違背了證券市場「公開」「公平」「公正」的「三公」原則。

⑥費用分擔

由於許多上市公司與母公司之間存在著接受服務和提供服務的關係，在上市改組時，雙方往往簽訂了有關協議，明確了有關費用支付和分攤標準。但從實際情況看，一些上市公司在利潤水平不佳時，通過改變費用分攤方式和標準，如母公司調低上市公司應繳納的費用標準，或承擔上市公司的管理費用、廣告費用、離退休人員的費用，或是將上市公司以前年度交納的有關費用退回等，以提高公司的利潤。

（2）利用關聯方交易剔除法分析上市公司的實際盈利能力

關聯方交易中滋生了大量的不等價交易、虛假交易，損害了大量中小投資者的利益，並有可能造成國有資產的流失。因此，在關聯方交易的分析中，重點應關注關聯方交易的實質，關聯方交易對企業財務狀況和經營成果的影響。運用關聯方交易剔除法可以較為真實地瞭解上市公司的實際盈利能力。

所謂關聯方交易剔除法，就是在分析財務報表時，將來自關聯方的收入和利得從上市公司利潤表中剔除，僅需要分析上市公司自身非關聯方交易實現利潤的情況。顯然，剔除關聯方交易後的利潤總額與剔除前相比差額越大，表明上市公司的盈利在很

大程度上依賴關聯企業，公司自身獲取利潤的能力越差，則有理由對上市公司自身的「造血」能力產生懷疑。此時，應進一步關注關聯方交易的定價政策、關聯方交易的發生時間，借此判斷關聯方交易的真實目的，瞭解上市公司有無利用不等價的關聯方交易來進行利潤操縱。

綜上所述，不合理的關聯方交易，其核心是利用不合理的價格來轉移資產、負債等，以達到調節利潤的目的，而利益驅動是關聯方交易中存在價格問題的主要原因。因此，報表使用者必須對關聯方關係及其交易予以足夠的重視。

（3）關聯方交易的識別

對於企業已經披露的關聯方交易，應重點關注關聯方交易的內容，尤其是定價政策。不過，有些上市公司出於某種目的，可能故意隱瞞一些不公允的關聯交易，此時，可以借助其他資料來識別企業當期是否存在關聯方交易。可供參考的識別方法包括：①查閱股東大會、董事會會議及其他重要會議記錄和公告，以及企業的重大事項公告，從中識別是否存在關聯方交易的內容；②通過與前期報表進行比較，發現以前存在重大關聯方交易的對象本期是否又發生了新的關聯方交易，因為大部分關聯方交易具有一定的連續性；③關注期末報表中數額較大的、異常的及不經常的交易或金額，上市公司往往為了粉飾經營業績和財務狀況在期末進行這類關聯方交易，因此，如果年報中有的項目與第三季度的季報相比存在明顯異常，就應當特別關注。

6.2 合併財務報表解讀與分析

6.2.1 合併財務報表對會計信息的作用

合併財務報表對會計信息的作用主要表現在以下兩個方面：

6.2.1.1 能夠為報表使用者提供整體的會計信息

合併財務報表能夠對外提供反應由母子公司組成的企業集團整體經營情況的會計信息，從而滿足與企業有關的利益相關者的決策需要。控股合併並不改變母、子公司各自的法律地位，但由於控股關係的存在，他們成為一個特殊的利益集團。儘管合併後母、子公司作為獨立的法律主體，進行帳簿記錄和報表編製，但是，其個別報表並不能有效地反應整個企業集團的會計信息。為此，要瞭解企業集團整體的財務狀況和經營成果等信息，就需要以企業集團為報告主體，編製合併財務報表。

6.2.1.2 為報表使用者避免虛假的會計信息

合併財務報表有利於避免一些企業集團內部控股關係，人為粉飾財務報表情況的發生。控股公司的發展也帶來了一系列新的問題，一些控股公司利用子公司的控制和從屬關係，運用內部轉移價格等手段，如低價向子公司提供原材料、高價收購子公司的產品，出於避稅考慮而轉移利潤；再如通過高價對企業集團內的其他企業銷售，或低價購買其他企業的原材料，轉移虧損。通過編製合併財務報表，可以將企業集團內

部交易所產生的收入及利潤予以抵銷，使財務報表反應企業集團客觀真實的財務和經營情況，有利於防止和避免控股公司人為操縱利潤、粉飾財務報表現象的發生。

6.2.2 合併財務報表的基本特徵分析

與個別財務報表相比較，合併財務報表具有如下基本特徵。

6.2.2.1 反應內容是由企業集團整體反應財務狀況和經營成果

合併財務報表反應的對象是由若干法人組成的會計主體，是經濟意義上的會計主體，而不是法律意義上的主體。個別財務報表反應的則是單個企業法人的財務狀況和經營成果，反應的對象是企業法人。對於由母公司和若干個子公司組成的企業集團來說，母公司和子公司編製的個別財務報表分別反應母公司或子公司本身各自的財務狀況和經營成果，而合併財務報表則反應由母公司和子公司組成的企業集團這一會計主體（或經濟主體）整體的財務狀況和經營成果。

6.2.2.2 合併財務報表編製的主體是其他享有控制權的母公司

為了反應企業集團綜合的財務狀況、經營成果和現金流量，應由母公司編製合併財務報表，並不是企業集團中所有企業都需編製合併財務報表，更不是所有企業都需編製合併財務報表。而每一個獨立的法人企業都必須編製個別財務報表，在企業集團中母公司和子公司都應先編製個別財務報表。

6.2.2.3 合併財務報表的編製基礎是個別財務報表

個別財務報表是根據總帳、明細帳和其他有關資料編製的。而合併財務報表不需要依據以企業集團為對象設置的帳簿資料，而是以納入合併範圍的企業的個別財務報表為基礎，再根據其他資料編製。

6.2.2.4 合併財務報表的編製方法有其獨特性

企業編製個別財務報表有一套完整的會計核算方法體系，包括取得原始憑證、編製記帳憑證、設置帳戶、登記帳簿、調帳、結帳等，最後根據總帳和明細帳的資料計算填列個別財務報表。而合併財務報表的編製，是在對個別報表數據加總的基礎上，通過編製抵消分錄和編製合併工作底稿等特殊的方法完成的。

6.2.3 合併財務報表解讀與分析要點

由於合併財務報表的特殊性，對合併財務報表的解讀與分析，除了採用分析個別財務報表的常規方法外，還應結合企業集團的特點，分析合併財務報表的一些特殊問題，如合併範圍是否全面、合併方法是否正確等，並應當關注合併財務報表的特殊信息含量。

6.2.3.1 關注合併財務報表的合併範圍

合併財務報表提供的信息是否真實、完整，首先取決於合併範圍是否正確。如果將該納入合併財務報表的子公司排除在外，那麼，合併範圍的不完整將導致合併財務

報表編報主體的錯誤，這樣的合併財務報表只能誤導投資者。

在會計實務中，各國會計準則或制度都對合併範圍有比較明確的規定。根據中國《企業會計準則第33號——合併財務報表》的規定，合併財務報表的合併範圍應當以控制為基礎予以確定。即凡是能夠為母公司控制的子公司，都應當納入合併財務報表的合併範圍。這裡的控制是指一個企業能夠決定另一個企業的財務和經營政策，並能據以從另一個企業的經營活動中獲取利益的權利。根據該規定，中國合併財務報表的具體合併範圍如下：

（1）母公司直接通過子公司間接擁有被投資單位半數以上的表決權，表明母公司能夠控制被投資單位，應當將該被投資單位認定為子公司，納入合併財務報表的合併範圍。但是，有證據表明母公司不能控制被投資單位的除外。

母公司擁有被投資企業半數以上的表決權，具體表現為以下三種情況：

①母公司直接擁有被投資企業半數以上的表決權。例如，A公司直接擁有B公司發行的普通股股票的55%，B公司便成為A公司的子公司，A公司在編製合併財務報表時，應將B公司納入合併範圍。

②母公司間接擁有被投資企業半數以上的表決權。例如，A公司擁有B公司80%的股份，而B公司又擁有C公司60%的股份。這時，A公司通過其子公司B公司間接擁有C公司60%的股份，從而使C公司也成為A公司的子公司，A公司在編製合併財務報表時，也應將C公司納入合併範圍。

③母公司以直接和間接方式合計擁有被投資企業半數以上的表決權。例如，A公司擁有C公司30%的股份，不足半數以上表決權，但A公司擁有B公司80%的股份，而B公司擁有C公司35%的股份。這時，A公司直接擁有C公司30%的股份，與A公司通過子公司B公司間接擁有C公司35%的股份之和達到65%，從而使C公司成為A公司的子公司，A公司編製合併財務報表時，也應將C公司納入合併範圍。當然，若上例中假定B公司擁有C公司19%的股份。這時，A公司通過直接方式和間接方式只擁有C公司49%的股份。在這種情況下，A公司則不能將C公司納入合併範圍。同樣，若上例中假定A公司僅擁有B公司20%的股份，由於A公司不能控制B公司，故B公司擁有C公司35%的股份也不能與A公司擁有C公司30%的股份相加，這樣，A公司仍然擁有C公司35%的股份，這時，B公司和C公司均不能納入A公司的合併範圍。

（2）母公司擁有被投資單位半數或以下的表決權，滿足下列條件之一的，視為母公司能夠控制被投資單位，應當將該被投資單位認定為子公司，納入合併財務報表的合併範圍。但是，有證據表明母公司不能控制被投資單位的除外。

①通過與被投資單位其他投資者之間的協議，擁有被投資單位半數以上的表決權。
②根據公司章程或協議，有權決定被投資單位的財務和經營政策。
③有權任免被投資單位的董事會或類似機構的多數成員。
④在被投資單位的董事會或類似機構占多數表決權。

以上四種情形表明母公司能夠對子公司實施「實質性控制」。此時，應當將被投資企業視為母公司的子公司，並將其財務報表納入合併財務報表的範圍。

母公司應當將其全部子公司，無論是小規模的子公司還是經營業務性質特殊的子

公司，均納入合併財務報表的合併範圍。

另外，在判斷母公司能夠控制特殊目的主體時，應當考慮以下主要原因：

（1）母公司為融資、銷售商品或提供勞務等特定經營業務的需要直接或間接設立特殊目的主體。這是從經營活動方面判斷母公司能夠控制特殊目的主體：一是設立特殊目的主體主要是為了向母公司提供長期資本，或者向母公司融資以支持母公司的主要經營活動或核心經營活動；二是設立特殊目的的主體主要是為了向母公司提供與母公司主要經營活動或核心經營活動相一致的商品或勞務，如果不設立特殊目的主體，這些商品或勞務必須由母公司自己提供。但是，特殊目的主體對母公司的經濟依賴，比如供應商和客戶之間的關係，並不一定形成控制。

（2）母公司具有控制或獲得控制特殊目的主體或其資產的決策權。這是從決策方面判斷母公司能夠控制特殊目的主體：一是母公司擁有單方面終止特殊目的主體的權力；二是母公司擁有變更特殊目的的主體章程的權力；三是母公司對變更特殊目的主體的章程擁有否決權。

（3）母公司通過章程、合同、協議等具有獲取特殊目的主體大部分利益的權力。這是從經濟利益方面判斷母公司能夠控制特殊目的主體：一是以未來淨現金流、收益、淨資產或其他經濟利益的方式，獲取由特殊目的主體分配的大部分經濟利益的權力；二是特殊目的主體在預期剩餘權益分配中或在清算中獲取大部分剩餘權益的權力。

（4）母公司通過章程、合同、協議等承擔了特殊目的主體的大部分風險。這是從風險方面判斷母公司能否控制特殊目的主體：一是資本提供者對特殊目的主體的淨資產不享有重大利益；二是資本提供者不具有獲取特殊目的主體未來經濟利益的權力；三是資本提供者獲取的對價基本上類似於貸款人通過貸款或權益獲取的回報。比如，母公司通過特殊目的主體直接或間接對向特殊目的主體提供大部分資本的其他投資者保證一定的回報率或信用保護。這種保證使母公司保留了特殊目的主體剩餘權益風險或所有權風險，而其他投資者實質上只是貸款人，因為其他投資者獲得的收益或遭受的損失是有限的。

6.2.3.2 關注合併財務報表的編製方法和合併結果

在合併範圍正確的前提下，合併結果正確與否取決於合併財務報表的編製方法。對此，應注意以下幾個方面：

（1）合併前是否已將對子公司的長期股權投資調整為權益法。根據《企業會計準則》規定，當投資企業能夠對被投資企業實施控制時，投資企業應當採用成本法核算長期股權投資，但是在編製合併財務報表時，應當將對子公司的長期股權投資調整為權益法，因為只有這樣，母公司對子公司的投資於子公司的所有者權益、母公司對子公司的投資收益與子公司的利潤分配等項目才能夠恰當地抵消。因此，母公司將對子公司的長期股權投資調整為權益法便成為合併財務報表編製工作的一個重要前提和基礎。

（2）合併財務報表有關項目之間的數據關係是否正確。合併財務報表是將母、子公司個別財務報表的數據加總後再抵消集團內部交易和事項編製而成的，因此，是否

抵消完整、抵消方法是否正確,決定了合併後的結果,從而直接影響到合併財務報表的質量。但由於抵消過程是在合併工作底稿上完成的,外部信息使用者不可能看到這些底稿,這就給判斷抵消結果帶來了困難。不過,在可以獲得母、子公司相關財務數據的情況下,即使不能獲取合併工作底稿和母、子公司的帳簿資料,也可以借助合併財務報表有關項目之間的數據關係對合併結果進行判斷。比如,合併財務報表中的下列勾稽關係是成立的:

合併長期股權投資＝母公司和子公司長期股權投資－對納入合併範圍子公司的長期股權投資

合併投資收益＝母公司和子公司投資收益－按權益法確認的對子公司的投資收益

少數股東收益＝子公司所有者權益×少數股東持股比例

少數股東損益＝子公司淨利潤×少數股東持股比例

財務報表使用者通常可以利用上述勾稽關係,對合併財務報表進行復核,以決定是否予以信賴。

6.2.3.3 關注母公司報告期增減資公司在合併財務報表中的反應

(1) 母公司在報告期內增加子公司

母公司在報告期內增加子公司的,合併當期編製合併財務報表時,應當區分同一控制下的企業合併增加的子公司和非同一控制下企業合併增加的子公司兩種情況。

因同一控制下企業合併增加的子公司,編製合併資產負債表時,應當調整合併資產負債表的期初數;在編製合併利潤時,應當將該子公司合併當期期初至報告期末的收入、費用、利潤納入合併利潤表,並且,在編製合併現金流量表時,應當將該子公司合併當期期初至報告期末的現金流量納入合併現金流量表。

因非同一控制下企業合併增加的子公司,不應調整合併資產負債表的期初數;在編製合併利潤表時,應當將該子公司購買日至報告期末的收入、費用、利潤納入合併利潤表;在編製合併現金流量表時,應當將該子公司購買日至報告期末的現金流量納入合併現金流量表。

(2) 母公司在報告期內處置子公司

母公司在報告期內處置子公司,編製合併資產負債表時不應當調整合併資產負債表的期初數;但應當將該子公司期初至處置日的收入、費用、利潤納入合併利潤表;同時,將該子公司期初至處置日的現金流量納入合併現金流量表。

6.2.3.4 關注合併財務報表的特殊信息含量

(1) 合併財務報表可以分析、評價企業集團的經濟實力和經營業績。企業控股合併後,進行企業集團的經濟活動分析和經營業績評價,需要以整個集團作為評價基礎,集團的財務信息應以合併財務報表提供的信息為準。因為母公司和子公司、各子公司相互之間發生的許多交易事項都屬於內部交易。從單個企業的角度看,這些交易可視為該企業對外發生的交易,在會計上均可確認收入,計算損益。但從企業集團的角度看,這些交易正像產品在各車間、各分支機構轉移一樣,利潤或損失在企業集團整體

範圍內並未實現。比如，一個子公司所擁有的期末存貨可能是另一個子公司本期售出的存貨，這樣，從企業集團整體看，期末存貨中可能包含了一部分未實現的利潤。在這種情況下，若以簡單匯總的數字對企業的經濟活動與經營業績進行評價，勢必會出現分析結果或評價與客觀事實不符的情況。而合併財務報表站在企業集團的角度，如實反應企業集團的財務狀況和經營成果，以此為基礎，將有利於客觀、公正地分析和評價企業集團的經營活動和經營業績，得出的分析結論是合乎邏輯的。

（2）合併報表可以揭示內部關聯方交易的程度。這裡的「內部關聯方」，是指以上市公司為母公司所形成的納入合併財務報表編製範圍的有關各方。內部關聯方交易的特點是：在進行合併財務報表編製時均被剔除，在合併財務報表中不予包括。顯然，應收帳款、存貨、長期股權投資、應付帳款、營業收入、營業成本、投資收益、利潤總額、淨利潤等項目，合併財務報表中合併後的數字與母公司個別報表合併前的數字差異越大，合併數額越小，表明內部關聯方交易越多。而關聯方交易又是上市公司進行盈餘管理、內部資金拆借的重要手段，對此應當予以關注。

6.2.3.5 關注合併財務報表中的特殊項目

與個別財務報表相比，合併財務報表中新增了一些特殊項目。正確理解這些項目的含義是解讀合併財務報表所必需的。

（1）合併資產負債表中的特殊項目

合併資產負債表的格式在個別資產負債表基礎上主要增加了三個項目：一是在「開發支出」項目之下增加了「商譽」項目，用於反應企業合併中取得商譽，即在控股合併下母公司對子公司的長期股權投資與其子公司所有者權益中享有份額之間抵消後的借方差額。二是在所有者權益項目下增加了「外部報表折算差額」「歸屬於母公司所有者權益合計」和「少數股東權益」項目，分別用於反應境外經營的資產負債表折算為母公司記帳本位幣表示的資產負債表時所發生的折算差額、非全資子公司的所有者權益中屬於母公司的份額和少數股東的份額。

（2）合併利潤表中的特殊項目

合併利潤表的格式在個別利潤表的基礎上主要增加了兩個項目，即在「淨利潤」項目下增加「歸屬於母公司所有者的淨利潤」和「少數股東損益」兩個項目，分別反應淨利潤中由母公司所有者享有的份額和非全資子公司當期實現的淨利潤中屬於少數股東權益的份額。在屬於同一控制下企業合併增加子公司當期的合併利潤表中，還應在「淨利潤」項目之下增加「其中，被合併方在合併日以前實現的淨利潤」項目，用於反應同一控制下企業合併中取得的被合併方當期期初至合併日實現的淨利潤。

（3）合併現金流量表中有關少數股東權益項目的反應

合併現金流量表編製與個別現金流量表相比，一個特殊的問題是在子公司為非全資子公司的情況下，涉及子公司與其少數股東之間的現金流入和現金流出的處理問題。對於子公司的少數股東增加在子公司中的權益性資本投資，在合併現金流量表中應當在「籌資活動產生的現金流量」之下的「吸收投資收到的現金」項目下設置「其中：子公司吸收少數股東投資收到的現金」項目反應；對於子公司向少數股東支付現金股

利（或利潤），在合併現金流量表中應當在「籌資活動產生的現金流量」之下的「分配股利、利潤或償付利息支付的現金」項目下單設「其中：子公司支付給少數股東的股利（利潤）」項目反應。

（4）合併所有者權益變動表中的特殊項目

合併所有者權益變動表的格式與個別所有者權益變動表的格式基本相同。所不同的只是在子公司存在少數股東的情況下，合併所有者權益變動表中增加「少數股東權益」欄目，用於反應少數股東權益變動的情況。

6.2.4 合併財務報表的局限性分析

合併財務報表固然能夠綜合反應整個企業集團的財務狀況和經營成果，但也應看到，合併財務報表反應的會計信息有一定的局限性。瞭解這些局限性，對於財務報表使用者正確做好決策，有很大幫助。

6.2.4.1 合併財務報表無法滿足債權人的信息需求

母公司和子公司都是獨立的法律主體，而企業集團只是一個經濟主體，並不具備法人資格。這意味著債權人對企業債權的清償權只能是針對個別法律主體而非經濟實體。比如，母公司債權人的債權只能從母公司處得到滿足，不能直接向子公司去索要；子公司債權人的債權要求也僅僅局限於子公司的資產，而不能直接要求母公司代為清償。可見，合併財務報表中的合併資產信息並不能滿足母、子公司債權人的信息需求。

6.2.4.2 股東從合併財務報表中得到的信息也非常有限

合併財務報表固然能夠向母公司股東提供有關其可控制的資源等方面的信息，但是，卻難以為股東預測和評價投資回報——股利分派提供依據。因為公司分配股利的能力要依據《公司法》，以個別主體的分配能力為依據，在這方面，合併信息沒有什麼用處。有時即使合併資產負債表中存在大量的合併留存收益，合併現金流量表也顯示出較強的現金流轉能力，也並不能保證納入合併報表的每個公司都能夠分配現金股利。因為股利分配取決於每個企業的留存收益、現金流量狀況及法律或公司章程對股利分配的要求和限制。

另外，合併財務報表對子公司的少數股東來說是多餘的，因為他們只在子公司有投資，他們只關心子公司的個別報表。

6.2.4.3 合併財務報表對其他外部信息使用者不具有決策有用性

對於其他外部信息使用者來說，他們與集團的母公司或子公司發生交易，而並非針對並不實際開展經營活動的虛擬的「集團」這一會計主體。因此，他們關心的是母、子公司的個別報表，合併財務報表對他們來說不具備參考價值。

6.2.4.4 合併財務報表會使一些財務比率失去意義

就個別企業而言，採用常規的比率分析方法進行分析，可以真實地反應企業的財務狀況和經營成果。但是，根據合併財務報表進行常規的比率分析，由於各項比率是根據合併後的數字計算的，所以往往使得計算的結果沒有意義。比如毛利率這一指標，

在多元化經營的企業集團裡，不同行業的毛利率可能差別很大，信息使用者關心的是母公司或子公司與其他同行業企業相比毛利率是高還是低，管理者和股東要根據不同行業、不同公司的獲利水平作出管理和投資決策。但根據合併報表中的數字計算出來的毛利率則不具備這方面的功能。再如，母公司流動資產 800 萬元，流動負債 400 萬元；子公司流動資產 400 萬元，流動負債 320 萬元，通過計算可知母公司和子公司的流動比率分別為 2 和 1.25，而合併後的流動比率為 1.67。透過合併流動比率既不能體現母公司較好的流動性水平，也無法反應子公司較差的短期償債能力。

6.2.4.5 無法反應「非量化」性指標

和個別財務報表一樣，合併財務報表也無法反應「非量化」的財務信息。由於企業的經營成果往往很難完整地表現出來，有一些是可以「量化」的。如，營業收入、貨幣資金、應收帳款等均可以通過「量化」形式反應出來。但是，企業很多方面是無法用「量化」衡量的。如，品牌價值、員工積極性、品牌競爭力及客戶質量、銀行信用等。在評估企業經營成果時，只有對企業的經營狀況進行「量化」和「非量化」指標相結合評價分析，才能更進一步對企業財務報表進行更加完整的分析。

本章小結

在進行財務報表解讀與分析時，除了對基本財務報表的表內信息的質量進行判斷和評價外，還要對會計報表附註中披露的信息予以關注。這是因為，會計報表附註作為對基本財務報表的進一步解釋和補充，在基本財務報表的基礎上還提供了大量有關表內項目的明細資料和不能在表內確認而又十分重要的信息。這些信息對於正確理解和分析財務報表具有重要的補充說明和參考作用。

會計報表附註的主要內容包括企業集團情況的說明，企業主要的會計政策、會計估計及其變更的情況說明、或有事項、資產負債表日後事項、表內重要項目的解釋，關聯方關係及其交易的說明等。對會計政策、會計估計變更的分析要注意變更的合法性和合理性，謹防利用會計政策、會計估計變更進行利潤操縱；或有事項、資產負債表日後事項和表內重要項目的說明對於正確理解報告期報表、合理預測企業未來財務狀況和經營成果具有重要的參考價值。關聯方交易是企業利潤操縱的重要手段，因此應當對關聯方交易的說明進行重點關注。分析時可以採用關聯方交易剔除法，考察企業在多大程度上依賴關聯交易，從而對企業的經營業績和前景作出客觀的評價。

對大型集團公司或控制公司來說，母公司除了要提供自身的個別財務報表，還要編製以企業集團這一經濟主體為基礎的綜合反應整個集團財務狀況、經營成果和現金流量情況的合併財務報表。合併財務報表不僅能夠反應整個集團的經營規模和財務實力，更因為其中抵消了集團內部交易，可以更真實地反應企業集團的財務情況和業績，有利於避免一些企業集團利用內部控股關係人為粉飾財務報表情況的發生。當然，合併財務報表能夠發揮上述作用，首先取決於合併範圍的確定是否恰當，合併方法是否正確。合併財務報表提供了一些特殊的信息，不過，其也具有一定的局限性。正確認

識合併財務報表的作用和局限性是財務報表分析者必須注意的。

復習題

1. 什麼是會計報表附註？會計報表附註有何作用？
2. 中國會計準則規定，企業在會計報表附註中應當提供哪些信息？
3. 對會計政策、會計估計變更的分析應從哪幾個方面入手？
4. 什麼是或有事項？或有事項對企業有何影響？
5. 資產負債表日後事項分為哪兩類？各自對財務報表有何影響？會計上應如何對其處理？
6. 上市公司利用關聯方交易進行利潤操縱的手段主要有哪些？如何對關聯方交易進行分析？
7. 什麼是合併財務報表？其有何特徵？有何作用？有何局限性？
8. 如何確定合併財務報表的合併範圍？
9. 合併財務報表具有哪些特殊信息含量？
10. 資料：A公司某年度利潤表中「利潤總額」為1,700萬元。利潤表及會計報表附註的明細資料顯示，其中，「其他業務利潤」為200萬元（其中160萬元來自聯營企業交付的商標使用費），「投資收益」為400萬元（其中360萬元來自相關企業轉讓的股權投資收益），「營業外收入」為500萬元（其中300萬元來自以自用房產向關聯企業置換流水生產線的收益）。

要求：請用關聯交易剔除法對該公司的利潤質量進行評價。

11. 資料：美國廢品管理公司是一家專門從事垃圾處理的企業。該公司的主要固定資產是運送垃圾的車隊及集裝箱運輸船隊。其子公司廢品管理北美公司（WMNA）過去一直按照每輛卡車使用年限為8年且不預留殘值的假設對運輸垃圾的卡車計提折舊（符合業內標準）。但廢品管理公司在合併WMNA的報表時，卻用所謂的「高層調整」，改按另一套不同的假設（每輛卡車使用年限為12年且殘值為3萬美元）重新調整WMNA的卡車折舊費。截至1996年，廢品管理公司通過改變折舊方法，累計少計提的車輛、船隊、設備和容器器具折舊費高達5.09億美元。

要求：根據上述資料，分析廢品管理公司改變折舊年限和淨產值是否正常？該公司改變折舊方法的動機是什麼？

7 償債能力的解讀與分析

償債能力是企業清償到期債務的現金保障程度，償債能力的強弱是企業生存和健康發展的基本前提，償債能力是財務報表使用者尤其是債權人特別關注的重點。本章著重介紹了短期償債能力、長期償債能力指標的含義及其計算，闡述了短期及長期償債能力分析的要點，並在此基礎上，對影響短期及長期償債能力的表外因素進行了分析。

7.1 償債能力解讀與分析的現實意義

企業是一個經濟實體，其生產經營管理的最終目標是實現價值創造。在市場經濟中，企業的生產經營本身存在不確定性和風險性，即企業可能實現價值增值，也可能出現價值減值，甚至發生危機與破產的風險。從這一現實意義層面來說，企業的償債能力便是企業經營管理所需要面對的首要問題。同時，企業需要充分利用財務槓桿為企業股東創造更高的價值。比如，當企業的資本利潤率高於貸款利潤時，股東或獲得超額收益，即利用負債融資獲取收益。因此，企業償債能力的強弱對企業管理層、股東、債權人、職工、潛在投資人等都至關重要。

通過對企業的償債能力的分析，可以讓報表分析者進一步瞭解企業的財務狀況，掌握企業所承擔的財務風險程度。正是由於償債能力的強弱涉及企業各個利益主體的切身利益，各個利益主體對財務報表的使用目的因此有差異，從而導致對企業償債能力分析就有不同的現實意義。

7.1.1 有利於債權人判斷其債權收回的保障程度

對於企業的債權人來說，償債能力分析的主要目的是判斷其債權收回的保障程度，即確認企業能否按期還本付息。在市場經濟中，企業在經營管理中可能會面臨經營和財務兩大風險，這就要求企業必須有一定的主權資本用來承擔經營虧損。通常來說，所有者權益在企業資本結構中所占的比例越高；對債權人的債權保障程度越高；反之亦然。所有者權益是一種剩餘權益，在資產的要求權需要償付時，債權人具有優先受償權，並且債權人的利息是固定的，而企業調整融資結構不會引起權益的變動，只會改變債權人所面臨的風險。因此，債權人希望融資結構中所有者權益的比重越大越好。

7.1.2 有利於投資者進行投資決策

對企業的投資者而言，償債能力分析的主要目的是判斷其所承擔的終極風險與可能獲得的財務槓桿利益，以確定投資決策。首先，企業所有者是企業的終極風險承擔者，企業的資產只有先償還債務後，其剩餘部分才歸所有者所有。因此，投資者十分關心自己所投入到企業的資本能否有保障，或者保障的程度如何。其次，由於借款利息是固定的，且在所得稅稅前進行支付，當企業經營獲取的資本利潤率高於利息成本時，投資者就能夠通過財務槓桿獲得槓桿收益。因此，企業的投資者是轉移資本還是追加資本，以使自身既承擔較小的投資風險，又獲得較高的投資收益，往往會面臨著風險與收益的兩難選擇。

7.1.3 有利於經營者優化融資結構、降低融資成本

對企業經營者而言，償債能力分析的主要目的是優化融資結構、降低融資成本。首先，優化融資結構變現為吸收更多的主權資本，提高企業承擔風險的能力。所有者權益作為企業對外清償債務、承擔風險的後盾，是企業保持良好財務形象的基礎，只有保持良好的財務形象，企業才能獲得源源不斷的投資和貸款。其次，企業在承擔高財務風險能力的同時，還應考慮融資效益。即通過償債能力分析，確定和保持最佳融資結構，以使企業的綜合財務風險最低，盡量降低企業融資成本。對企業經營者而言，償債能力分析的主要目的是優化融資結構和降低融資成本。

7.1.4 有利於政府宏觀機構進行宏觀經濟管理

對政府有關經濟管理部門而言，償債能力分析的主要目的是判斷企業是否可以進入有限制的領域進行經營或財務運作。政府有關經濟管理部門為保證經濟協調運轉，維護市場秩序，通常對企業的經營與理財活動規定各種規則，其中一些規則就與企業的融資結構有關。

7.1.5 有利於經營關聯企業開展業務往來

對經營關聯企業，如企業的購貨單位和供貨單位，償債能力分析的主要目的是判斷其業務往來是否有足夠的支付能力和供貨能力，從而確定是否繼續與其發生業務往來。供貨單位分析的重點為該企業購入商品後能否及時、足額地支付貨款；而購貨單位則通過償債能力分析該企業的財務信用是否良好，財務狀況是否穩定，能否保證其正常的生產經營，從而保障購貨單位進貨渠道的暢通。

償債能力分析包括短期償債能力分析和長期償債能力分析兩個方面。

7.2 短期償債能力的解讀與分析

短期償債能力是指企業用流動資產償還流動負債的現金保障程度，它反應企業償

付即將到期債務的實力。對於報表使用者來說，一個企業有能力保持其短期償債能力是非常重要的。如果企業不能保持其短期償債能力，企業將無法繼續經營。即使是一個盈利很高的企業，如果不能按期償還其短期債務，也會面臨財務危機甚至破產。具體地講，對企業的債權人來說，企業短期償債能力的強弱意味著本金與利息能夠按期收回；對投資者來說，短期償債能力的強弱意味著企業盈利能力的高低和投資機會的多少，企業短期償債能力下降通常是盈利水平降低和投資機會減少的先兆，這意味著投資資本正在逐漸消失；對企業的管理者來說，短期償債能力的強弱意味著企業承受財務風險的能力大小；而對企業客戶（包括企業的顧客和供應商）來說，企業短期償債能力的強弱意味著企業履行合同能力的強弱，當企業短期償債能力下降時，企業將無力履行合同，供應商和消費者的利益將受到損害。

反應企業短期償債能力的財務指標有：營運資本、流動比率、速動比率和現金比率。

7.2.1 營運資本的解讀與分析

7.2.1.1 營運資本指標的計算

營運資本是流動資產減去流動負債後的剩餘部分，也稱淨營運資本。該指標是計量企業短期償債能力的絕對指標。

其計算公式為：

營運資本 = 流動資產 - 流動負債

根據上述公式可以看出，營運資本越多則償債越有保障。企業能否償還短期債務，要看有多少債務，以及有多少可以變現償債的流動資產。當流動資產大於流動負債時，營運資本為正，說明營運資本出現溢餘。此時，與營運資本對應的流動資產是以一定數額的非流動負債或所有者權益作為資金來源的，說明不能償債的風險較小；反之，當流動資產小於流動負債時，營運資本為負，說明營運資本出現短缺，此時，企業部分非流動資產以流動負債作為資金來源，企業不能償債的風險很大。

案例【7-1】：某公司 2011 年 12 月 31 日的資產負債表中相關的流動資產、流動負債數據如表 7-1 所示，試計算該公司的營運資本。

表 7-1　　　　　　　某公司 2011 年 12 月 31 日資產負債表

單位：人民幣萬元

項目	金額	項目	金額
貨幣資金	3,967.43	短期借款	4,000.00
交易性金融資產	220.72	應付票據	169.43
應收票據	648.59	應付帳款	1,569.36
應收帳款	2,468.26	預收帳款	968.12
其他應收款	129.5	應付職工薪酬	208.40

表7-1(續)

項目	金額	項目	金額
存貨	4,886.35	應交稅費	236.42
		應付利息	123.90
		應付股利	689.26
		其他應付款	89.37
流動資產合計	12,320.85	流動負債合計	8,054.26

計算過程（單位：萬元）：

營運資本＝流動資產－流動負債

＝12,320.85－8,054.26

＝4,266.59（萬元）

通過計算得出該企業的營運資本為正的4,266.59（萬元），這充分說明該企業短期內不存在償還債務的風險。

7.2.1.2 營運資本的解讀與分析要點

(1) 營運資本的合理性的解讀與分析

營運資本的合理性是指營運資本以保持多少最為適宜。短期債權人希望營運資本越多越好，這樣就可以降低貸款風險。營運資本若出現緊張或短缺時，就會迫使企業為了維持經營和支撐信用體系，採取拆東牆補西牆的做法或不顧後果地繼續借款，最終都會影響利息和股利的支付能力。但是過多地持有營運資本，對企業來說也是不利的。這是因為，過高的營運資本意味著流動資產多而流動負債少，大量流動資產處於閒置狀態，對企業的盈利將產生不利影響，同時也可能說明企業管理層的管理不善或者說明企業所處的環境可能缺乏投資機會。另外，流動資產與非流動資產相比，其流動性較強、風險較小，但獲利性較差，過多的流動資產不利於企業獲取更高的盈利性。而流動負債過少說明企業利用無息負債擴大經營規模的能力較差，因為在流動負債中除了短期借款外通常不需要支付利息。因此，企業應保持適當的營運資本規模。

營運資本保持多少才算合理並沒有統一的標準。不同行業的營運資本規模有很大差別。一般來說，零售、高科技、信息技術等企業的營運資本應該儲備較多，其原因是因為他們除了流動資產外幾乎沒有其他非流動資產；而品牌知名度高、經營信譽好的餐飲企業營運資本則應該較少，甚至有時容許其營運資本出現負數，其原因是因為其穩定的現金收入可以償還同樣穩定的流動負債。然而對於製造業來說，一般都是正的營運資本，但其數額差別很大。由於營運資本與經營規模有聯繫，所以同一行業不同企業之間的營運資本也缺乏可比性。因此，在實務中很少直接使用營運資本作為直接反應企業短期償債能力的指標。

(2) 營運資本的局限性的解讀與分析

由於營運資本是一個絕對數，如果企業之間規模相差很大，就不能使用該指標評

價企業的短期償債能力。同時，即使兩個公司的營運資本完全相同，其償債能力也不一定相同。另外，當流動負債大於流動資產時，營運資本為負數，表明已完全沒有償債能力；但從流動比率來看，雖然其償債能力較低，但如果企業融資能力較強，也可以償還其流動負債。為消除絕對數指標的缺陷，實務中經常將流動資產與流動負債進行比較，來判斷營運資本數額的合理性，即通過流動資產與流動負債的相對比較——流動比率來評價。

案例【7-2】A、B兩家公司的營運資本數據分別如表7-2、表7-3所示：

表7-2　　　　　　　　　A公司的營運資本數據表　　　　　　單位：人民幣萬元

項目	金額	項目	金額	營運資本
貨幣資金	3,967.43	短期借款	4,000.00	
交易性金融資產	220.72	應付票據	169.43	
應收票據	648.59	應付帳款	1,569.36	
應收帳款	2,468.26	預收帳款	968.12	
其他應收款	129.5	應付職工薪酬	208.40	
存貨	4,886.35	應交稅費	236.42	
		應付利息	123.90	
		應付股利	689.26	
		其他應付款	89.37	
流動資產合計	12,320.85	流動負債合計	8,054.26	+4,266.59

表7-3　　　　　　　　　B公司的營運資本數據表　　　　　　單位：人民幣萬元

項目	金額	項目	金額	營運資本
貨幣資金	965.28	短期借款	2,000.00	
交易性金融資產	—	應付票據	—	
應收票據	248.59	應付帳款	2,581.95	
應收帳款	4,468.26	預收帳款	—	
其他應收款	20.08	應付職工薪酬	63.40	
存貨	3,886.35	應交稅費	53.18	
		應付利息	—	
		應付股利	—	
		其他應付款	13.90	
流動資產合計	9,588.56	流動負債合計	4,712.43	+4,876.13

通過計算得知：A公司的營運資本為+4,266.59（萬元）；B公司的營運資本為

+4,876.13（萬元）；儘管 B 公司的營運資本高於 A 公司，但並不能說明 B 公司的償債能力比 A 公司強，相反，很明顯 A 公司的償債能力比 B 公司要強一些。

7.2.2 流動比率的解讀與分析

7.2.2.1 流動比率指標的計算

所謂流動比率是指流動資產與流動負債的比值，表示每一元流動負債有多少流動資產作為還款的保障，是個相對數，排除了企業規模大小不同的影響，更適合企業之間及同一企業不同歷史時期的比較。通常認為流動比率越高，企業的償債能力越強，財務風險越小，債權人的安全越有保障。因此，短期債權人比較欣賞較高的流動比率。

流動比率的計算公式為：

流動比率 = 流動資產 ÷ 流動負債

一般認為，流動比率為 2.0 比較適宜，這是因為流動資產中變現能力最差的存貨金額約占流動資產的一半，剩下的流動性較大的流動資產至少等於流動負債，才表明企業財務狀況穩定可靠，除了滿足日常生產經營的流動資金需要外，還有足夠財務償付到期的短期債務。20 世紀初，美國銀行家均以流動比率作為核定貸款的根據，而且要求此項比率保持在 2.0 以上，因此一般又將流動比率稱為「銀行家比率」或「二對一比率」。長期以來，流動比率的下限一直被認定應保持在 2.0 左右，美國大多數企業成功地將此限數維持到 20 世紀 60 年代。但以後多數企業的流動比率跌落到 2.0 以下。隨著 20 世紀 80 年代美國利率的提高，企業更多地利用購貨與銷貨折扣來滿足營運資本的需求，流動比率開始向 1.0 滑落。近些年來，在一些歐美國家人的眼中，只要流動資產不貶值，即使損失 50%，公司的償債能力也是穩如泰山。所以在很多情況下，並不能根據流動比率小於 2.0，就簡單地認為短期償債能力出現了問題。

一般而言，流動比率小於 1.0，表明企業營運資本不足，安全邊際較小，即使所有流動資產變現也無法抵償流動負債，短期償債能力較弱。流動比率為 1.0～3.0 時，該範圍考慮到了不同行業的企業的流動比率可能存在的正常情況，可視為流動比率的安全區域。流動比率位於此範圍的企業不僅短期償債能力較強，而且流動資產存量適中，不會影響企業的獲利能力。流動比率大於 3.0 時，該範圍的流動比率雖然較高，顯示了企業很強的短期償債能力，但是同時也意味著企業占用過多的流動資產，使獲利能力受到影響。

案例【7-3】：某公司 2011 年 12 月 31 日的資產負債表中相關的流動資產、流動負債數據參考表 7-1，試計算該公司的流動比率。

計算過程（單位：萬元）：

流動比率 = 流動資產 ÷ 流動負債
    = 12,320.85 ÷ 8,054.26
    ≈ 1.53

通過計算得出該企業的流動比率為 1.53，這充分說明該企業短期內的償債能力相對較弱。

7.2.2.2　流動比率的解讀與分析要點

（1）對流動資產和流動負債的計算口徑和計量價格進行修正

由於債權人注重以流動比率衡量企業的短期償債能力，所以有的企業管理層有誇大流動資產而縮小流動負債的傾向。為了使流動比率能正確反應出企業的真實償債能力，在計算該比率時應對計算口徑和計量價格進行修正。例如，在確定流動資產的計算口徑時應扣除特殊用途的現金、不能隨時變現的交易性金融資產、扣除超出需要的存貨等；在確定流動負債的計算口徑時除了報表中列示的流動負債，還應包括非流動負債的到期部分、未列入報表的債務等。同時還需要調整計量價格，如存貨的計量價格，為了便於比較，包括歷史比較和同業比較，應當採用相同的計價方法。

（2）流動比率的同業比較、歷史比較

通過計算所得出的流動比率，只有和同行業平均流動比率、本企業歷史流動比率進行比較，才能評價流動比率的優劣性。但這種比較通常並不能說明流動比率高或低的原因，要找出其原因還必須分析流動資產和流動負債所包括的內容及經營商的因素。一般情況下，營業週期、流動資產中的應收帳款和存貨的週轉速度是影響流動比率的一些主要因素。

（3）流動比率的局限性分析

儘管流動比率被社會各界人士廣泛地應用於短期償債能力分析，但並非說明其不存在局限性，歸結起來，其局限性主要表現在以下幾個方面：

①無法評估未來資金流量

流動性的強弱一定程度上代表著企業運用現金流量的能力。而流動比率是一個靜態指標，來源於資產負債表中的時點數據，是一種存量概念，只表明在某一時點上每一元流動負債的保障程度，即在某一時點流動負債與可用於償債資產的關係，與未來資金流量並無直接因果關係。因此，流動比率無法用以評估企業未來資金的流動性。實際上，流動負債具有循環性，即不斷償債的同時會有新的到期債務出現，償債是不斷進行的。只有債務的出現與資產的週轉完全均衡發生時，流動比率才能正確反應償債能力。

②並不直接表明有足夠的現金

較高的流動比率僅能說明企業有足夠的可變現資產用來償債，但並不表明有足夠的現金來償債。如果此時流動資產的質量很差，就會高估企業的流動資產，即使流動比率很高，仍不能保障企業償還到期債務。資產負債表中，流動資產的質量主要反應為帳面價值與市場價值相比是否存在高估的問題。高質量的流動資產應能按照帳面價值或高於帳面價值的價格迅速變現，流動資產的質量判斷應通過分析每項具體的流動資產項目來得出綜合結論。

③無法客觀反應其償債能力

在某些情況下，流動比率不能正確反應企業的償債能力，如季節性經營的企業、大量使用分期付款結算方式的企業、年末銷售大幅度上升或下降的企業等。

④應收帳款存在偏差性

應收帳款額度的大小往往受銷貨條件及信用政策等因素的影響，企業的應收帳款一般具有循環性質，除非企業清算，否則應收帳款經營保持相對穩定的數額，因而不能將應收帳款作為未來現金淨流入的可靠指標。在分析流動比率時，如把應收帳款的多少視為未來現金流入量的可靠指標，而未考慮企業的銷貨條件、信用政策及其他有關因素，則難免會發生偏差。

⑤存貨價值確定的不穩定性

經由銷售存貨而產生的未來短期現金流入量，常取決於銷售毛利的大小。一般企業均以成本表示存貨的價值，並據以計算流動比率。事實上，經由存貨而發生的未來短期內現金流入量，除了銷售成本外，還有銷售毛利，然而流動比率未考慮毛利因素。

⑥粉飾效應

有時，企業管理者為了顯示出良好的經營成果，往往會通過一些方法粉飾流動比率。例如，企業用流動資產償還流動負債或通過增加流動負債來購買流動資產時，流動比率計算公式的分子與分母等額地增加或減少，並造成流動比率本身的變化。具體表現為通過年末突擊償還短期負債，下年初再如數借新債等手段粉飾其流動比率的情況。

另外，當一個國家或地區出現經濟衰退時，會導致流動資產和流動負債大致相等地減少，尤其是在金融危機中。債權人在債務人企業進行償債能力分析時，更應該注意這種數據跳躍的現象。

總之，流動比率的合理性標準是個複雜問題，不應把複雜問題簡單化。首先，不同國家的經營環境、政策環境、金融環境、行業競爭程度均有差異，這直接導致企業採用不同的營運資本政策，導致不同的流動比率。因此，流動比率是否合理，不同國家、不同地區、不同行業及同一企業的不同時期其評價標準都應該有所區別。例如，美國平均在 1.4 左右，日本平均在 1.2 左右。即使是同一國家不同的行業其流動比率也有明顯不同。例如，美國的紡織業流動比率接近 2.5，而食品業只有 1.1，中國企業的流動比率大多數不到 2.0。品牌知名度高、經營效益好的企業的流動比率則可以低於 2.0 以下。近年來，平均的流動比率有不斷下降的趨勢，因為新的經營方式使得所需要的流動資產逐漸減少了。因此，流動比率的合理性，必須通過動態分析、歷史比較和類似企業比較來評價。

7.2.3 速動比率的解讀與分析

7.2.3.1 速動比率指標的計算

從企業經營角度上分析，即使流動比率達到 2.0，也不能表明企業就具有較好的短期償債能力。其原因是因為存貨的主要作用是用於維持企業繼續經營，假如企業需要用存貨進行還債，則說明企業已經進入破產清算階段了，因此，針對流動比率的這一缺點，就提出了速動比率的概念。

所謂速動比率是速動資產與流動負債的比值。而速動資產是指將流動資產扣除存貨後的數額。速動比率衡量企業流動資產中可以立即用於償付流動負債的能力，也被

稱為酸性試驗比率（acid test ratio）。它是流動比率的一個重要輔助指標，用於評價企業流動資產變現能力的強弱。其計算公式為：

速動比率＝速動資產÷流動負債

速動資產＝流動資產－存貨

對於短期債權人來說，該指標越高，表明企業償還債務的能力越強；但如果速動比率過高，則說明企業擁有過多的貨幣性資產或過多的可快速貨幣化的資產，由此可能會失去一些有利的投資和獲取更高利益的機會。

計算速動比率時之所以扣除存貨，主要原因是：

①在流動資產中存貨的變現速度最慢；

②由於某種原因，存貨中可能含有已損失報廢但還未作處理的不能變現的存貨；

③部分存貨可能已抵押給某債權人；

④存貨可變現淨值與帳面價值之間的差額有可能會相差懸殊；

⑤存貨是企業正常生產經營所必需的物資，啟用存貨償債，有可能會影響企業的生產經營。

綜合上述原因，從謹慎的角度來看，把存貨從流動資產總額中扣除而計算出的速動比率，比流動比率更為準確、更加可信地反應了企業的短期償債能力。

7.2.3.2 速動比率的解讀與分析要點

(1) 速動比率指標的高低分析

一般認為，速動比率為1.0較為適宜。如果速動比率＜1.0，企業的償債風險加大。但並不能認為速動比率低的企業其流動負債絕對不能償還，如果存貨流轉暢通，變現能力較強，即使流動比率較低，只要流動比率高，企業仍然有能力償還到期的短期債務。如果速動比率＞1.0，雖然從債權人的角度來看，越大越好，但過高的速動比率同流動比率一樣將使企業不能把流動資金投入存貨、固定資產等經營領域，從而使企業喪失良好的獲利機會。

(2) 應收帳款的變現能力對速動比率的影響

速動資產中含有應收帳款，而帳面上的應收帳款不一定都能變為現金，如果應收帳款的數額較大或質量較差，實際的壞帳可能比計提的壞帳準備要多；季節的變化，可能使報表上的應收帳款數額不能反應平均水平。所以，在評價速動比率指標時，還應結合應收帳款週轉率指標分析應收帳款的質量。

(3) 速動比率的同業比較和歷史比較

速動比率同流動比率一樣，它反應的是會計期末的情況，並不代表企業長期的財務狀況。它有可能是企業為籌措資金人為粉飾財務狀況的結果，作為債權人進一步對企業整個會計期間和不同會計期間的速動資產、流動資產和流動負債情況進行分析。同時，計算出的速動比率是高是低，是優是劣，還要結合企業的歷史資料和行業平均水平來判斷。

(4) 速動比率的局限性

第一，速動比率只是揭示了速動資產與流動負債的關係，是一個靜態指標，即在

某一時點用於償還流動負債的速動資產並不能說明未來現金流入的多少。第二，速動資產中包含了流動性較差的應收帳款，使速動比率所反應的償債能力受到懷疑。特別是當速動資產中含有大量的不良應收帳款時，必然會減弱企業的短期償債能力。第三，各種預付款的變現能力也很差。第四，使用該指標時，一方面應注意企業管理當局人為粉飾指標；另一方面，對於判斷速動比率的標準不能絕對化，如零售企業大量採用現金結算，應收帳款很少，因而，允許保持低於1.0的速動比率，但不同行業、不同企業要具體分析。

案例【7-4】：某公司2011年12月31日的資產負債表中相關的流動資產、流動負債數據參考表7-1，試計算該公司的速動比率。

計算過程（單位：萬元）：

速動比率＝速動資產÷流動負債

$\qquad$ ＝（12,320.85－4,886.35）÷8,054.26

$\qquad$ ≈0.92

通過計算得出該企業的速動比率為0.92，這充分說明該企業短期內的償債能力比較正常（接近1.0）。

7.2.4 現金比率的解讀與分析

7.2.4.1 現金比率指標的計算

所謂現金比率是現金類資產與流動負債的比率。現金類資產是指現金和現金等價物。

其計算公式如下：

現金比率＝（現金＋現金等價物）÷流動負債

現金比率是最嚴格、最穩健且最為直接的衡量企業短期償債能力的財務指標，它反應企業及時償還債務的能力程度。現金比率過低，反應企業即期償付債務存在困難；現金比率高，表明企業可立即用於支付債務的現金類資產越多，償還即期債務的能力較強。

對於債權人來說，現金比率總是越高越好。現金比率越高，說明企業的短期償債能力越強；現金比率越低，說明企業的短期償債能力越弱。如果現金比率達到或超過1.0，即現金及現金等價物等於或大於流動負債總額，說明企業即使不動用任何其他類型的資產，如存貨、應收帳款等，僅依靠企業擁有的現金就足以償還流動負債。

但對於企業來說，現金比率並不是越高越好。因為資產的流動性和其盈利能力成反比。流動性越差的資產盈利能力越強，而流動性越好的資產盈利能力越弱。在企業的所有資產中，現金是流動性最好的資產，同時也是盈利能力最弱的資產。保持過高的現金比率，就會使企業的資產過多地保留在盈利能力最低的現金上，雖然提高了企業的償債能力，但降低了企業的獲利能力。因此，對於企業來講，不應該保持過高的現金比率，只要保持企業具有一定的償債能力，不會發生債務危機即可。

案例【7-5】：某公司2011年12月31日的資產負債表中相關的流動資產、流動

負債數據參考表 7-1，試計算該公司的現金比率。

計算過程（單位：萬元）：

現金比率 =（現金 + 現金等價物）÷ 流動負債
= (3,967.43 + 220.72) ÷ 8,054.26
≈ 0.52

通過計算得出該企業的現金比率為 0.52，這充分說明該企業短期內用現金償還債務的能力相對較弱（僅接近一半）。

7.2.4.2 現金比率的解讀與分析要點

(1) 現金比率的使用

在評價企業變現能力時，一般來說現金比率的重要性不大，因為不可能要求企業用現金和有價證券來償付全部流動負債，企業也沒有必要總是保持過多的現金和短期證券。但對於發生財務困難的企業，特別是企業的應收帳款和存貨的變現能力存在問題時，計算現金比率就顯得非常重要。因為它表明了在最壞情況下企業的短期償債能力。

(2) 現金比率不宜過高

現金比率過高，可能表明企業不善於利用現金資源，沒有把現金投入經營以賺取更多的利潤，所以不鼓勵企業保留更多的現金類資產。但如果是企業有特別的計劃需要使用現金，如集資用於擴大生產能力的建設，就必須使現金增加，在這種情況下，現金比率很高，不能誤認為償債能力很強。

(3) 特殊行業現金比率的分析

對於一些特殊行業來說，如投資型行業，由於其經營活動具有高度的投機性和風險性、存貨和應收帳款停留的時間比較長，對現金比率進行分析則顯得非常重要。

7.2.5 影響短期償債能力的因素

上述短期償債能力指標，都是從資產負債表資料中讀取出來的，還有一些資產負債表資料中沒有或根本無法反應出來的其他因素，也會影響企業的短期償債能力，甚至其對短期償債能力的影響相當明顯。因此，對財務報表分析者來說，應多瞭解一些這資產負債表中的其他因素，這樣才有利於對企業的短期償債能力作出正確的判斷。

7.2.5.1 增長短期償債能力的因素

(1) 可動用的銀行貸款指標

已經獲得金融機構或信貸機構的認可，但由於企業尚未辦理相關貸款手續的各種貸款限額，只要辦理好手續後便可隨時增加企業的現金流量，提高企業的短期支付能力。

(2) 準備變現的非流動資產

由於某種原因，企業可能將一些非流動資產出售轉變為現金，這意味著將在一定程度上增加企業資產的流動性。例如，由於機器設備使用年限較長，企業準備將其清理出售。企業出售非流動資產，應根據短期和長期利益的辯證關係，正確處理出售非

流動資產的決策問題。但在處理此類情況時應特別謹慎，因為非流動資產是營運中的資產，是企業經營活動所必需的生產性資料，即使是過剩的非流動資產在短期內也不易變現。

(3) 良好的商業信用

企業良好的商業信用主要表現在：一是企業擁有著名品牌、與債權人關係良好，在短期償債方面出現困難時，通過與債權人的協商達成延期付款或者較為寬鬆的貸款條件，以新債還舊債。但這種增強償債能力的潛在因素具有高度不確定性，容易受整體資金環境的影響。二是有能力通過發行股票和債券等方式籌措資金，提高短期償債能力，增強企業資產的流動性。良好的長期融資能力往往是緩解短期償債危機的重要保證。這個增強變現能力的因素，取決於企業自身的信用聲譽和當時的籌資環境。

7.2.5.2 減弱短期償債能力的因素

減弱企業短期償債能力的因素，未在財務報表中反應的主要有未作記錄的或有事項。根據《企業會計準則第13號——或有事項》，或有事項相關義務必須滿足確認預計負債的條件時，才能在財務報表中披露。而或有事項由於其結果具有不確定性，只能在財務報表中進行披露。常見的或有事項主要包括：未決訴訟或仲裁、債務擔保、產品質量保證、承諾、環境污染整治等。分析時要根據披露的影響數額，降低對償債能力的評價。如果披露未決訴訟、未決衝裁信息預期對企業造成重大不利影響的，企業無須披露這些信息，但應當披露該未決訴訟、未決仲裁的性質及沒有披露這些信息的事實和原因。此時，由於未披露其影響數額，也應當對其財務影響作出適當分析，降低對短期償債能力的評價。

7.3 長期償債能力的解讀與分析

長期償債能力衡量的是企業對長期債務償還的保障程度，用於評價企業償還債務本金與支付債務利息的能力。長期償債能力分析，對債權人來說，可以判斷債權的安全程度，即是否能按期收回本金和利息；對於企業的經營者來說，有利於優化資本結構，降低財務風險；對於投資者來說，可以判斷其投資的安全性和盈利性；對於政府及相關管理部門來說，通過償債能力分析，可以瞭解企業經營的安全性，從而制定相應的財政金融政策；對於業務關聯企業來說，通過長期償債能力分析，可以瞭解企業是否具有長期的支付能力，借以判斷企業信用狀況和未來業務能力，並作出是否建立長期穩定的業務合作關係的決定。

長期償債能力分析主要是通過財務報表中有關數據來分析權益與資產之間的關係，分析不同權益之間的內在聯繫，進而計算出一系列的財務比率，從而對企業的長期償債能力、資本結構健全性等作出客觀評價。反應企業長期償債能力的財務指標主要有資產負債率、產權比率、有形淨值債務率、利息保障倍數。

7.3.1 資產負債率的解讀與分析

7.3.1.1 資產負債率指標的計算

資產負債率是企業全部負債總額與全部資產總額的比率，也稱為債務比率，它表明企業資產總額中有多大比率是通過負債籌集的。該比率用於衡量企業利用債權人資金進行財務活動的能力，以及在企業進行清算時企業全部資產對債權人權益的保障程度。

其計算公式如下：

資產負債率＝（負債總額÷資產總額）×100%

資產負債率是衡量企業負債水平及風險程度的重要標誌。負債對於企業來說是一把雙刃劍，一方面負債增加了企業的風險，負債越多，風險越大；另一方面，債務的成本低於權益資本的成本，增加債務可以改善獲利能力，提高股票價格，增加股東財富。既然債務同時增加企業的利潤和風險，企業管理者的任務就是在利潤和風險之間取得平衡。資產負債率越低，表明以負債取得的資產越少，企業運用外部資金的能力越差；資產負債率越高，表明企業通過借債籌資的資產越多，風險越大。因此，資產負債率應該保持在一定的水平上。一般認為，資產負債率的適宜水平在40%～60%。如果該指標大於100%，表明企業已資不抵債，視為達到破產警戒線。但這並沒有嚴格的標準，處於不同行業、不同地區的企業及同一個企業的不同時期，對資產負債率的要求是不一樣的。經營風險比較高的企業，為減少財務風險應選擇較低的資產負債率，如許多高科技企業的資產負債率都比較低；經營風險比較低的企業，為增加股東收益通常選擇比較高的資產負債率，如供水、供電企業的資產負債率都比較高。中國交通、運輸、電力等基礎行業的資產負債率平均為50%，加工製造業為65%，商貿業為80%。對於同一個企業來說，不同時期對資產負債率的要求也不同，當企業處於成長期或成熟期時，企業的前景比較樂觀，預期的現金流入也比較高，此時可適當增大資產負債率，以充分利用財務槓桿的作用；當企業處於衰退期時，企業的前景不甚樂觀，預期的現金流入也有日趨減少的勢頭，此時應採取相對保守的財務政策，減少負債，降低資產負債率，以降低財務風險。

企業對資產負債率的要求除了上述差別外，不同的國家或地區也有差別。比如，英國和美國的資產負債率很少超過50%，而亞洲和歐洲企業的資產負債率要明顯高於50%，有的成功企業甚至達到70%。對產生這種差別的原因主要有兩種觀點：一種觀點認為是因為亞洲和歐洲大陸的銀行機構集中了大部分資金，而美國和英國的資金大部分集中在股權投資人手中；另一種觀點則認為，這種差別並非出於財務上的原因，而是觀念、文化和歷史等因素作用的結果。

案例【7-6】：某公司2011年12月31日的資產負債表中相關的資產總額、負債總額數據如表7-4所示，試計算該公司的資產負債率。

表7-4　　　　　　　　　　某公司的資產負債表　　　　　　單位：人民幣萬元

項目	金額	項目	金額
貨幣資金	3,967.43	短期借款	4,000.00
交易性金融資產	220.72	應付票據	169.43
應收票據	648.59	應付帳款	1,569.36
應收帳款	2,468.26	預收帳款	968.12
其他應收款	129.5	應付職工薪酬	208.40
存貨	4,886.35	應交稅費	236.42
		應付利息	123.90
		應付股利	689.26
		其他應付款	89.37
流動資產合計	12,320.85	流動負債合計	8,054.26
可供出售金融資產	10,923.45	長期借款	7,000.00
長期股權投資	17,635.23	應付債券	–
固定資產淨額	19,327.9	長期應付款	–
在建工程	896.32	專項應付款	880.00
生產性生物資產	233.47	預計非流動負債	–
無形資產	4,329.04	遞延所得稅負債	356.98
開發支出	536.78	其他非流動負債	239.42
長期待攤費用	90.35	非流動負債合計	8,476.40
遞延所得稅資產	835.59		
非流動資產合計	54,808.13		
資產合計	67,128.98	總負債合計	16,530.66

計算過程（單位：萬元）：

資產負債率＝（負債總額÷資產總額）×100%

　　　　　＝（16,530.66÷67,128.98）×100%

　　　　　≈25%

從計算結果可以看出：該公司的資產負債率明顯偏低（中位值50%），說明企業長期債務償還能力較強，但公司的資產閒置情況較為突出，同時公司完全沒有利用財務槓桿提高經營效益。

7.3.1.2　資產負債率的解讀與分析要點

對資產負債率指標，應從報表使用者的不同類型進行分析。

(1) 從債權人的角度進行解讀與分析

從債權人的角度進行解讀和分析，他們最關心的是貸給企業的款項是否能夠按期足額地收回本金和利息，因此他們認為該指標越低越好。該比率越低，債權人提供的資金占企業資本總額的比例越低，企業不能償債的可能性越小，企業的風險主要由股東承擔，而債權人投入資本的安全性越大，企業對債權人的保障程度越高。因此，債權人總是希望債務比例越低越好，企業償債有保障，對債權人來說非常有利。反之，資產負債率越高，債權人提供資金占企業資本總額的比例越高，企業不能償債的可能性大，企業的風險主要由債權人承擔，這對債權人來講非常不利。

(2) 從股東的角度進行解讀和分析

從股東的角度進行解讀和分析，他們最關心的是投入資本能夠給企業帶來價值的創造，以下幾個方面股東比較關注。

①由於負債利息在稅前支付，使負債籌資的成本低於權益籌資的成本，企業可通過負債籌資獲得財務槓桿利益。從這一點看，股東希望保持較高的資產負債率。

②由於企業通過舉債籌措的資金與股東所提供的資本在經營中發揮著同樣的作用，只有當全部資本利潤率超過借款利息率時，股東得到的利潤才會增加。相反，如果全部資本利潤率低於借款利息率，那麼借入資金的一部分利息就要用屬於股東的利潤來償還，對股東不利。所以站在股東的角度，在全部資本利潤率高於價款利息率時，負債比率越大越好，否則越小越好。

③與權益資本籌資相比，增加負債不會分散原有股東的控制權，不會改變原有的股權結構，因此，股東希望保持較高的資產負債率。

(3) 從股東的角度進行解讀和分析

從經營者的角度看，他們最關心的是在充分利用借入資本給企業帶來好處的同時，盡可能降低財務風險。對經營者來說，如果負債率很高，說明企業有活力，而且對前景充滿信心；如果負債率很低，說明企業資金中來源於債權人的部分較小，還本付息的壓力就小，財務狀況越穩定，發生債務危機的可能性就越小，但同時也表明企業畏縮不前，比較保守，對其前景信心不足，利用債權人資本進行經營活動的能力較差。但資產負債率實際並非越高越好，當企業財務前景樂觀時，應適當加大資產負債率；若財務前景不佳，則應減少負債，以降低財務風險。企業應審時度勢，權衡利弊，把資產負債率控制在適當水平。

同時，在資產負債率的解讀與分析中，還應注意以下幾個問題。

(1) 在實務中，對資產負債率指標的計算公式存在爭議

有的觀點認為，資產負債率既然是衡量企業長期償債能力的指標，作為其分子的債務只能是長期債務，流動負債不應包括在計算公式內。如果不剔除流動負債，就不能恰當地反應企業債務狀況。本教材採納了保守的觀點，即用總資產與總負債相除。這是因為：首先，流動負債是企業外部資金來源的一部分。例如，就應付帳款來說，雖屬於流動負債並要在一定期限內償還，但因業務的需要，新的應付帳款將不斷產生，應付帳款作為一個整體已變成外部資金來源總額的一部分，在企業內部永久存在。其次，從持續經營的角度看，非流動負債是在轉化為流動負債後償還的與其對應的長期

資產也要先轉化為流動資產。這種非流動負債向流動負債的轉化及非流動資產向流動資產的轉化，說明在計算資產負債率指標時，不能把流動負債排除在外。最後，資產負債率的分母包括全部資產，若分子只包含非流動負債，會造成分子、分母的口徑不一致。

在實務中，有些行業如商業批發企業，可能只有流動負債，沒有或只有少量的非流動負債，此時資產負債率實質上就成為評價企業短期償債能力的指標，包括下面將要介紹的產權比率、有形淨值債務率，都存在這個問題，這也是這三個指標在實際應用中的缺陷。

(2) 債權人、股東及經營者對資產負債率指標的態度各不相同

債權人、股東及經營者對資產負債率的要求各不相同，如何平衡各方的利益關係很重要，但關鍵問題是在充分利用負債經營好處的同時，將資產負債率控制在一個合理的水平。因此，在根據資產負債率進行評價企業的長期償債能力時，應結合國家總體經濟情況、行業發展趨勢、企業所處的競爭環境等具體條件進行比較、判斷。因為，在不同的時期，人們對資產負債率的合理水平有不同的判斷標準。

(3) 資產負債率的主要用途之一就是揭示債權人利益的保護程度

從本質上講，資產負債率指標是在確定企業破產這一最壞情形出現時，從資產總額和負債總額的相互關係來分析企業負債的償還能力及對債權人利益的保護程度。即企業破產時，債權人能夠得到多大程度的保護。但資產負債率達到或超過100%時，表明企業已資不抵債，因此100%的負債率是債權人無法接受的，70%左右的資產負債率是債權人可以接受的最高水平。

(4) 資產負債率不能反應企業的償債風險

因為，第一，即使借款本金相同，但償還期限不同，這對現金流動的影響也會不一樣。如貸款100萬元，家企業分四年償還，而乙企業分八年償還，這種情況對現金流動的影響就會不一樣。第二，如借款時分期償還，該比率會逐年下降，但每年需支付的利息和本金不變，因此償債風險並未減少。第三，該比率可能會因資產評估及會計政策的變更而改變，但這並不表示財務風險有所變化。

7.3.2 產權比率的解讀與分析

7.3.2.1 產權比率指標的計算

產權比率是負債總額與所有者權益（股份有限公司為股東權益）之間的比率，它反應投資者對債權人的保障程度。其計算公式如下：

產權比率 =（負債總額÷所有者權益）×100%

產權比率越高，企業所存在的風險也越大，長期償債能力越弱；產權比率越低，表明企業的長期償債能力越強，債權人承擔的風險越小，此時債權人願意向企業增加借款。但該指標越低時，表明企業不能充分發揮負債帶來的財務槓桿作用；反之，該指標過高時，表明企業過度運用財務槓桿，增加了企業財務風險。所以，企業在評價產權比率是否合理時，應從提高獲利能力與增強償債能力兩個方面綜合進行，即在保

障債務償還安全的前提下，應盡可能提高產權比率。一般來說，風險中性的企業的產權比率一般＝1.0。如果＜1.0，則說明企業不但具有很好的長期債務償還能力而且處於低風險經營；如果＞1.0，則說明企業具有較低的長期債務償還能力並且處於高風險營運之中。

案例【7-7】：某公司2011年12月31日的資產負債表中相關的資產總額、負債總額及所有者權益數據如表7-5所示，試計算該公司的產權比率。

表7-5　　　　　　　　　　　　某公司的資產負債表　　　　　　　　單位：人民幣萬元

項目	金額	項目	金額
貨幣資金	3,967.43	短期借款	4,000.00
交易性金融資產	220.72	應付票據	169.43
應收票據	648.59	應付帳款	1,569.36
應收帳款	2,468.26	預收帳款	968.12
其他應收款	129.5	應付職工薪酬	208.40
存貨	4,886.35	應交稅費	236.42
		應付利息	123.90
		應付股利	689.26
		其他應付款	89.37
流動資產合計	12,320.85	流動負債合計	8,054.26
可供出售金融資產	10,923.45	長期借款	7,000.00
長期股權投資	17,635.23	應付債券	-
固定資產淨額	19,327.9	長期應付款	-
在建工程	896.32	專項應付款	880.00
生產性生物資產	233.47	預計非流動負債	-
無形資產	4,329.04	遞延所得稅負債	356.98
開發支出	536.78	其他非流動負債	239.42
長期待攤費用	90.35	非流動負債合計	8,476.40
遞延所得稅資產	835.59	總負債合計	16,530.66
		實收資本（股本）	12,500.00
		資本公積	4,497.60
		減：庫存股	-198.00
非流動資產合計	54,808.13	盈餘公積	8,737.89
		未分配利潤	19,349.20
		歸屬於母公司股東權益合計	44,886.69

表7-5(續)

項目	金額	項目	金額
		少數股東權益	5,711.63
		所有者權益合計	50,598.32
資產合計	67,128.98	負債及所有者權益合計	67,128.98

計算過程（單位：萬元）：

產權比率 ＝（負債總額÷所有者權益總額）×100%

　　　　 ＝（16,530.66÷50,598.32）×100%

　　　　 ≈33%

從計算結果可以看出：該公司的產權比率明顯偏低（中位值100%），說明企業長期債務償還能力較強、經營風險較低。但是，公司的資產閒置情況較為突出，同時公司完全沒有利用財務槓桿提高經營效益。

7.3.2.2　產權比率的解讀與分析要點

（1）產權比率是資產負債率的必要補充

產權比率是對資產負債率的必要補充，因此和資產負債率具有共同的經濟意義，其分析方法與資產負債率的分析也類似。資產負債率分析中應注意的問題，在產權比率分析中也應引起注意。如該指標必須與其他企業及行業平均水平對比才能評價指標的高低；將本企業產權比率與其他企業對比時，應注意計算口徑是否一致。

（2）產權比率與資產負債率的區別

儘管產權比率是資產負債率的補充，兩者都用於衡量企業的長期償債能力，但兩指標在反應長期償債能力的側重點方面是有區別的。產權比率側重於揭示債務資本與權益資本的相互關係，說明企業資本結構的風險性及所有者權益對償債風險的承受能力；資產負債率側重於揭示總資產中有多少是靠舉債取得的，說明債權人權益的受保障程度。

（3）產權比率所反應的償債能力是以淨資產為物資保障的

但是，淨資產中的某些項目，如無形資產、長期待攤費用等，其價值具有很大的不確定性，且不易形成支付能力。因此，在使用產權比率時，必須結合有形淨值債務率指標做進一步分析。

7.3.3　有形淨值債務率的解讀與分析

7.3.3.1　有形淨值債務率指標的計算

有形淨值債務率是企業負債總額與有形淨值的比率。有形淨值是所有者權益減去無形資產淨值之後的數額。有形淨值債務率反應企業在清算時債權人投入資本受到股東權益的保護程度。主要用於衡量企業的風險程度和對債務的償還能力。該指標實際上是一個更保守、更謹慎的產權比率。

其計算公式如下：

有形淨值債務率＝［負債總額÷（所有者權益總額－無形資產淨值）］×100％

該指標越大，表明企業對債權人的保障程度越低，風險越大，長期償債能力越弱；反之，表明企業風險越小，長期償債能力越強，並且一般情況下該指標一般不大於1為宜。

案例【7－8】：某公司2011年12月31日的資產負債表中相關的資產總額、負債總額及所有者權益數據如表7－5所示，試計算該公司的有形淨值債務率。

計算過程：

有形淨值債務率＝［負債總額÷（所有者權益總額－無形資產淨值）］×100％
　　　　　　＝［16,530.66÷（50,598.32－4,329.04）］×100％
　　　　　　≈35.73％

從計算結果可以看出：該公司的有形淨值債務率明顯偏低（中位值100％），說明企業長期債務償還能力較強、經營風險較低。

7.3.3.2　有形淨值債務率的解讀與分析要點

（1）有形淨值債務率的實質

有形淨值債務率實質上是產權比率指標的延伸，是更為謹慎、更為保守地反應債權人利益受保護程度的指標。因而，在企業陷入財務危機和面臨清算的特別情況下，運用有形淨值債務率更能反應債權人的保障程度，該比率越低，保障程度越高，企業的長期償債能力越強。

（2）有形淨值債務率的特點

有形淨值債務率指標的最大特點是從所有者權益中扣除了商標權、專利權、非專有技術等，因為無形資產具有很大的不確定性，其計量缺乏可靠的基礎，他們往往不能作為清償的資源。

（3）不確定性的費用類資產

有觀點認為，長期待攤費用、遞延所得稅資產等其價值也具有很大的不確定性，且不能形成支付能力，如長期待攤費用本身就是企業費用的資本化。他們往往不能用於償債。在計算有形淨值債務率時，也應將這些項目扣除。

7.3.4　利息保障倍數的解讀與分析

7.3.4.1　利息保障倍數指標的計算

利息保障倍數又稱為已獲利息倍數，是指企業息稅前利潤與利息費用的比率，該指標反應了企業以獲取的利潤承擔借款利息的能力。

其計算公式如下：

利息保障倍數＝息稅前利潤總額÷利息費用

利息保障倍數是從企業的效益方面考察其長期償債能力的，該指標越高，表明企業支付利息的能力越強，企業對到期債務償還的保障程度也越高；反之，則表明企業

償債能力較弱。

公式中的分子「息稅前利潤」是指利潤表中未扣除利息費用和所得稅之前的利潤。它可以用「利潤總額加利息費用」來測算。之所以使用息稅前利潤基於兩點考慮：首先，如果使用稅後淨利潤，即從利息費用應加回到淨利潤中；其次，如果使用稅後淨利潤，不包括所得稅，也會低估償付利息的能力，因為所得稅是在支付利息費用之後才計算的，它不影響利息支付的安全性，將其加回更符合事實。

公式中的分母「利息費用」是指本期發生的全部應付利息，不僅包括利潤表中財務費用項目的利息費用，還應包括計入資本成本的資本化利息。資本化利息雖然不在利潤表中扣除，但它作為其企業的一項負債是需要償還的。而利息保障倍數是衡量企業償付債務利息的能力。因此，「利息費用」應包括全部利息。在計算利息保障倍數時，由於中國現行利潤表中利息費用是沒有單列的，外部報表使用者只好用「利潤總額加財務費用」來估計。

一般來說，利息保障倍數保持 3.0 以上為宜，且最低不得低於 1.0 倍。

案例【7-9】：某公司 2011 年 12 月的利潤表中相關息稅前利潤額、利息總額數據如表 7-6 所示，試計算該公司的利息保障倍數。

表 7-6　　　　　某公司 2011 年 12 月的利潤表相關數據　　　單位：人民幣萬元

項目	金額
利息費用	123.57
稅前利潤總額	529.06

計算過程（單位：萬元）：

利息保障倍數 = 息稅前利潤總額 ÷ 利息費用

= [（529.06 + 123.57）÷ 123.57]

≈ 5.28

從計算結果可以看出：該公司的利息保障倍數為 5.28（倍）（中位值 3.0 倍），說明企業完全能夠承擔並安全支付借款所發生的利息費用。

7.3.4.2　利息保障倍數的解讀與分析要點

（1）利息保障倍數反應企業息稅前利潤是利息費用的倍數

從償還債務利息資金來源的角度考察債務利息的償還能力。息稅前利潤是償還利息費用的資金來源，利息保障倍數越高，表明企業償付債務利息的風險越小；反之，則表明企業沒有足夠的資金來源償還債務利息，企業償債能力低下或企業根本不具備再貸款或借款的條件。

（2）利息保障倍數的標準

利息保障倍數的衡量沒有絕對的標準，這需要與行業平均水平進行比較。一般公認的利息保障倍數為 3.0，為謹慎起見，最好比較企業連續幾年的數據，並選擇該指標最低年度的數據作為標準。因為企業在獲利高的年度，利息保障倍數可能會很高，在

活力低的年度可能無力償還債務利息，而採用最低年度的利息保障倍數，可保證最低的償債能力。

（3）在利用利息保障倍數分析企業的償債能力時，還應注意一些非付現費用問題

從長期來看，企業必須擁有支付其所有費用的資金，但從短期來看，企業的非付現費用，如固定資產折舊費、無形資產攤銷等，並不需要支付現金，但他們已從企業的當期利潤中扣除，此時可能會出現利息保障倍數低於1卻能償還債務利息的情況。因此，為表現企業短期內償債利息的能力，可以將非付現費用加回到利息保障倍數計算公式的分子中。但這樣計算出來的指標是以收付實現制為基礎的，不夠穩健，只能用於短期償債能力的評價。

（4）利息保障倍數僅反應借債條件

利息保障倍數反應的是企業支付利息的能力，只能體現企業舉債經營的基本條件，不能反應債務本金的償還。

（5）利息保障倍數為負數的特殊情況分析

如果利潤表上的利息費用為負數，表明它實質上是企業的利息收入，意味著該企業銀行存款大於銀行借款。此時，利息保障倍數為負數，已沒有任何意義。

（6）利息保障倍數在實務中的缺陷

利息保障倍數在實務中的缺陷表現為：

①難以衡量支付本金的能力

對於企業來說，舉債經營可能產生風險，這個風險表現在兩個方面：一是定期支付利息，如果每期的息稅前利潤小於所需支付的利息，企業就有可能發生虧損；二是必須到期償還本金，衡量企業償債能力時，既要衡量企業償付利息的能力，更要衡量企業償還本金的能力。只衡量其中一個方面都不全面。而利息保障倍數反應的是企業支付利息的能力，只能體現企業舉債經營的基本條件，不能反應債務本金的償還能力。

②支付利息並非用利潤而是使用現金

企業的本金和利息不是從利潤本身支付，而是用現金支付。故使用這一比率進行分析時，還不能瞭解企業是否有足夠多的現金償付本金及利息費用。基於上述原因，在使用利息保障倍數評價企業的償債能力時，還應結合債務本金、債務期限等因素進行綜合評價。

7.3.5 非流動負債與營運資本比率的解讀與分析

7.3.5.1 非流動負債與營運資本比率的計算

非流動負債與營運資本比率是企業非流動負債與營運資本的比率。

其計算公式如下：

非流動負債與營運資本比率＝非流動負債÷（流動資產－流動負債）×100%

一般情況下，非流動負債不應超過營運資本。隨著時間的推移，非流動負債將不斷地轉化為流動負債。因此，流動資產除了要滿足償還流動負債的要求，還需有能力償還非流動負債。非流動負債與營運資本比率越低，不僅表明企業的短期償債能力較

強，而且預示著企業未來償還長期債務的保障程度也越強。保持非流動負債不超過營運資本，就不會造成流動資產小於流動負債，使長期債權人和短期債權人的利益都得到保護。

案例【7-10】：某公司 2011 年 12 月 31 日的資產負債表中相關的資產總額、負債總額及所有者權益數據如表 7-6 所示，試計算該公司的產權比率。

計算過程（單位：萬元）：

非流動負債與營運資本比率 = 非流動負債 ÷（流動資產 - 流動負債）×100%
$$= 8,476.40 ÷ (12,320.85 - 8,054.26) ×100\%$$
$$\approx 198.77\%$$

從計算結果可以看出：該公司的產權比率明顯偏高（中位值 100%），說明企業不僅能滿足企業營運資本的需要，而且對非流動負債有較強的償還能力，且經營風險較低。

7.3.5.2　非流動負債與營運資本比率的解讀與分析

非流動負債與營運資本比率的高低，在一定程度上受企業籌資策略的影響。因為在資產負債率一定的情況下，保守的做法是追求財務穩定，更多地籌措非流動負債；而比較激進的做法是追求資本成本的節約，更多地使用流動負債來籌資。

7.3.6　影響長期償債能力的其他因素

在分析和評價企業長期償債能力時，除了通過資產負債表和利潤表中有關項目之間的內在聯繫計算各種指標外，還有一些因素也會影響到企業的長期償債能力，這些影響因素應同樣引起報表使用者的高度關注。

7.3.6.1　資產帳面價值與實際價值的差額的影響

資產負債表上的資產價值主要是以歷史成本為基礎確認計量的，這些資產的帳面價值與實際價值往往有一定差距，表現在以下兩個方面：

（1）資產的帳面價值可能被高估或低估

資產的帳面價值是歷史數據，而市場處於不斷變化之中，對於某些資產，其帳面價值已不能反應實際價值。

（2）某些入帳的資產毫無變現價值

這類項目包括長期待攤費用、人為製造的應收帳款、存貨等，前者已作為費用支出，只是因為會計上的配比原則才作為資產保留在帳面上的；而後者是「粉飾」的結果，這類資產的流動性為零，對於企業的償債能力毫無意義。

7.3.6.2　長期經營性租賃的影響

當企業急需某項設備而又缺乏足夠的資金時，可以通過租賃的方式來解決。財產租賃有兩種形式：融資租賃和經營租賃。融資租賃的資產可視同企業的自有資產，相應租賃費作為非流動負債處理。而經營租賃的資產則不包括在固定資產總額中，但如果企業的經營租賃量比較大、期限較長或經常發生經營租賃業務，則實際上是一種長

期籌資行為。由於其租賃費並未包括在非流動負債中，但需企業付出現金以支付租賃費，此時就會對企業的償債能力產生影響。因此，如果企業經常發生租賃業務，應考慮租賃費對長期償債能力的影響。

7.3.6.3 或有事項的影響

或有事項是指過去的交易或者事項形成的，其結果須由某些未來事項的發生或不發生才能決定的不確定事項。或有事項的特點是現存條件的最終結果不確定，對它的處理要取決於未來的發展。或有事項一旦發生便會影響企業的財務狀況，在評價企業的長期償債能力時要考慮他們的潛在影響。

7.3.6.4 財務承諾的影響

財務承諾是企業對外發出的將要承擔的某種經濟責任和義務。企業為了經營的需要會作出一些承諾，如與貸款有關的承諾、售後回購協議下的承諾、向客戶承諾提供產品保證或保修等。這些承諾有時可能會增加企業的潛在負債，從而減弱企業的長期償債能力，因此，在進行分析時應考慮這些因素的影響。

本章小結

本章以償債能力的衡量為起點，重點介紹了短期及長期償債能力指標的含義、計算公式及分析要點。論述的主要內容有以下幾個方面。

（1）如何衡量短期償債能力。短期償債能力的強弱取決於流動資產的流動性，流動性強，短期償債能力則強；通常使用營運資本、流動比率、速動比率和現金比率衡量短期償債能力。根據上述指標的計算，站在債權人的角度，這些指標越高，表明企業短期償債能力越強；但並非這些指標越高越好，還要結合企業具體情況進行評價。

（2）如何衡量長期償債能力。長期償債能力的強弱取決於資產與負債的關係及負債與所有者權益的關係。通常使用資產負債率、產權比率、有形淨值債務率及利息保障倍數衡量長期償債能力。站在債權人的角度，除利息保障倍數越高越好外，其餘指標越低，則表明企業償債能力越強，債權人受保護的程度越高。但資產負債率、產權比率、有形淨值債務率過低，表明企業未充分利用財務槓桿，結果會降低企業的盈利能力。

（3）影響短期及長期償債能力的因素有哪些。影響短期及長期償債能力的因素有多種。因此，在評價企業的償債能力時，除了各種衡量指標外，還要結合指標的變動趨勢進行動態評價，同時還應結合同行業平均水平進行「橫向」比較；另外，有些表外因素也會影響企業的償債能力，在進行評價時也要給予充分重視。

復習題

1. 什麼是營運資本？影響營運資本的主要因素有哪些？
2. 衡量短期償債能力的指標有哪些？分別怎樣評價？

3. 流動比率和速動比率的局限性是什麼？
4. 長期償債能力分析常用的指標有哪些？各項指標有什麼差異？
5. 資產負債率的高低對於債權人和投資人有何影響？
6. 簡述產權比率的意義。
7. 為什麼要計算有形淨值債務率？
8. 利用利息保障倍數進行分析時應注意的問題是什麼？
9. 某企業年末簡化的資產負債表如表7-7所示。

表7-7　　　　　　　　　　　資產負債表　　　　　　　單位：人民幣萬元

資產	年初數	年末數	負債及所有者權益	年初數	年末數
貨幣資金	2,000	1,920	短期借款	4,000	5,600
應收帳款	?	3,840	應付帳款	2,000	1,600
預付帳款	0	128	預收帳款	1,200	400
存貨	?	8,800	長期借款	8,000	8,000
固定資產	11,584	12,800	所有者權益	11,360	11,888
總計	26,560	27,488	合計	26,560	27,488

補充資料：

（1）年初速動比率為0.75，年初流動比率為2.08；

（2）該企業所在行業的平均流動比率為2.0；

（3）該企業為電動車生產廠家，年初存貨的構成主要為原材料、零配件，年末存貨的構成主要為產成品（電動車）。

要求：

（1）計算該企業年初應收帳款、存貨項目的金額；

（2）計算該企業年末流動比率，並作出初步評價；

（3）分析該企業流動資產的質量及短期償債能力。

10. 資料：某企業2010年年末負債總額為900,000元，全部資產總額為1,700,000元；2011年年末負債總額為1,100,000元，資產總額為1,800,000元。

要求：

（1）計算兩年的資產負債率，並作出初步評價；

（2）計算兩年的產權比率，並作出初步評價。

11. 資料：某公司的有關資料如表7-8所示。

表 7-8　　　　　　　　　　　公司資料　　　　　　　　單位：人民幣萬元

年份 項目	2010 年	2011 年
淨利潤	2,600	2,000
利息費用	800	650
所得稅費用	750	600

要求：計算該公司兩個年度的利息保障倍數，並進行簡要評價。

8 獲利能力的解讀與分析

獲利能力是企業在一定時期內賺取利潤的能力。由於報表使用者的利益不同，自然對獲利能力的分析也會不同，因此本章旨在重點分析企業獲利能力這個財務指標。

8.1 獲利能力解讀與分析的意義

獲利能力能夠充分體現企業經營管理者運用其掌控（或支配）的各種經濟資源（包括社會資源和企業自身擁有的資源）進行某些經濟業務活動，並從中創造價值的能力，通過盈利從而滿足企業經營的主要目的。

獲利能力的解讀與分析就是通過科學的分析方法，並通過這些分析方法對企業是否創造價值進行評價和判斷。由於企業經營的主要目的就是盈利，因此，獲利能力的解讀與分析是報表使用者期望提升企業經營管理效益的重要手段之一。但不同報表的使用者對獲利能力解讀與分析的側重點是不同的，因而企業獲利能力分析對不同報表使用者來說，有著不同的意義。

8.1.1 有利於投資者進行投資決策

企業投資者進行投資的目的是獲取正的投資差額，因此，投資者希望將自己的資金投向那些能夠帶來價值創造的企業，即那些獲利能力強的企業。因此，投資者對獲利能力進行解讀與分析是為了判斷企業獲利能力的大小、獲利能力的穩定性和持久性及未來獲利能力的變化趨勢。有的投資者往往認為企業的獲利能力比財務狀況、營運能力更加重要，所以，企業如果具備良好的獲利能力，投資者投資的風險就會大大降低，而投資興趣則會大大提高。

8.1.2 有利於債權人衡量投入資金的安全程度

對於債權人而言，企業是否能夠盈利是其考慮的一個非常重要的因素。債權人希望通過解讀與分析企業獲利能力來衡量回收債權的安全程度。對於短期債權人來說，希望企業短期盈利能力較強，這樣能保障企業在短期內收回債權。而對於長期債權人來說，不但需要企業有短期盈利能力，還必須具備長期盈利的條件，這樣才能安全收回本金和利息，以保障自身的資金安全。

8.1.3 有利於政府職能機構履行社會職責

政府職能機構履行其管理職能，則需要有一定的財政收入。而稅收是國家財政收入的主要來源之一，則需要對企業收取各種稅款。假如企業獲利較多，對政府稅收貢獻就越大。政府則能夠更好地利用稅收服務於社會。

8.1.4 有利於企業職工判斷職業的穩定性

企業獲利能力強弱直接關係到企業員工的切身利益，實際上這也成為人們職業生涯中一個重要條件。企業具備良好的獲利能力，就能為員工提供穩定的就業職位、較多的深造和發展機會，同時也能幫助企業不斷從社會各方面吸引人才，獲得人才。

8.1.5 有利於企業經營者提高管理能力

對企業經營者來說，解讀與分析企業的獲利能力具有十分重要的意義。首先，用已達到的獲利能力指標與標準、基期、同行業平均水平，其他企業相比較，則可以衡量一定時期內企業營運管理狀況的好壞；其次，通過對獲利能力的深入分析或因素分析，可以發現經營管理中的重大問題，進而採取措施解決問題，提高企業收益水平。

總之，獲利能力的解讀分析能夠用以瞭解、認識和評價一個企業的經營業績、管理水平，乃至預期它的發展前途。因此，獲利能力分析成為企業及其他利益相關群體極為關注的一個重要內容。

8.2 銷售獲利能力的解讀與分析

所謂銷售獲利能力是指每實現百元銷售收入賺取利潤的多少的能力。這是衡量企業一定時期內總資產、投資資本盈利的基礎，也是同一行業中各個企業之間比較經營業績和評價管理水平的重要參考依據。歸納起來，反應企業銷售獲利能力的財務指標包括銷售毛利率、銷售淨利率和營業利潤率三個主要財務指標。

8.2.1 銷售毛利率的解讀與分析

8.2.1.1 銷售毛利率指標的計算

銷售毛利率是銷售毛利與主營業務收入的比率。而銷售毛利是指企業的主營業務收入與其相匹配的主營業務成本之間的差額。

其計算公式如下：

銷售毛利率＝銷售毛利÷營業收入×100%

銷售毛利＝營業收入－（營業成本＋營業稅金及附加）

上述計算公式主要反應企業銷售商品、提供勞務的獲利能力。企業生產經營取得的收入扣除成本和稅金後有餘額，才能用來抵補企業的各項費用。毛利是企業利潤形

成的基礎，單位收入的毛利越高，抵補各項期間費用的能力越強，企業的獲利能力也就越強；反之，獲利能力則越弱。

案例【8-1】：某公司2011年12月份利潤表中相關的銷售、成本、費用數據如表8-1所示，試計算該公司的銷售毛利率。

表8-1　　　　　　　　　　某公司利潤表
　　　　　　　　　　　　　2011年12月　　　　　　　　　　單位：人民幣萬元

項目	金額
一、營業收入	102,897.35
減：營業成本	78,363.92
營業稅金及附加	1,028.97
二、營業毛利	23,504.46

計算過程（單位：萬元）：

銷售毛利率＝（營業收入－營業成本－營業稅金及附加）÷營業收入×100%
　　　　　＝（102,897.35－78,363.92－1,028.97）÷102,897.35×100%
　　　　　≈22.84%

從計算結果可以看出：該公司的銷售毛利率為22.84%，說明企業的獲利能力不高，或者可以用較低來形容。

8.2.1.2　銷售毛利率指標的解讀與分析

在對銷售毛利率指標進行分析時應注意，該指標具有明顯的行業特點。一般來說，營業週期短、固定費用低的行業毛利率水平比較低，如商品零售行業；營業週期長、固定費用高的行業，則要求有較高的毛利率以彌補高額的固定成本，如重工業等大型製造企業。因此，分析毛利率時，還應將毛利率與本企業不同時期、同行業平均水平、先進水平進行比較，以正確評價企業的獲利能力，並從中找出差距，並通過差距分析與改進，以提高企業的獲利水平。

毛利率分析對不同的報表使用者都有著直接幫助作用。企業管理者能夠根據歷史的毛利來預測未來獲利能力，同時也通過毛利率評價成本狀況。

8.2.2　營業利潤率的解讀與分析

8.2.2.1　營業利潤率指標的計算

營業利潤率是指將營業利潤除以營業收入的比值。

其計算公式為：

營業利潤率＝（營業利潤÷營業收入）×100%

營業利潤＝銷售毛利－管理費用－銷售費用－財務費用－資產價值損失±公允價值變動收益±投資收益＋企業業務利潤

營業利潤直接體現企業經營業務活動的最終經營成果。營業利潤占利潤總額比重的高低，是說明企業獲利能力質量高低的重要依據。另外，營業利潤作為一種評價企業一定時期內的經營成果，比銷售毛利更好地說明了企業營業收入的獲利情況，從而能更全面、完整地體現收入的獲利能力。營業利潤率越高，表明企業的獲利能力越強；反之，則獲利能力越弱。

案例【8-2】：某公司2011年12月份利潤表中相關的銷售、成本、費用、利潤總額等數據如表8-2所示，試計算該公司的營業利潤率。

表8-2　　　　　　　　　　　某公司利潤表
　　　　　　　　　　　　　　2011年12月　　　　　　　　單位：人民幣萬元

項目	金額
一、營業收入	102,897.35
減：營業成本	78,363.92
營業稅金及附加	1,028.97
二、營業毛利	23,504.46
減：銷售費用	3,978.45
管理費用	5,863.29
財務費用	883.27
資產減值損失	192.37
加：公允價值變動收益（損失應以「-」號填列）	89.24
投資收益（損失應以「-」號填列）	528.19
加：其他業務利潤	998.23
三、營業利潤	13,146.36

計算過程（單位：萬元）：

營業利潤率 = 營業利潤 ÷ 營業收入 × 100%

　　　　　 = 13,146.36 ÷ 102,897.35 × 100%

　　　　　 ≈ 12.78%

從計算結果可以看出：該公司的營業利潤率為12.78%，說明企業的獲利能力較強，企業出盈利能力較強。

8.2.2.2　營業利潤率的解讀與分析要點

（1）提升管理水平，提高獲利能力

從營業利潤率的計算公式可以看出，企業的營業利潤與營業利潤率成正比，與營業收入成反比。所以，企業在增加收入的同時，必須相應地獲得更多的營業利潤，才能使營業利潤率保持不變或有所提高，這就要求企業在擴大銷售、增加收入的同時，還要注意改進經營管理，提高獲利水平。

(2) 分析變動狀況，改進管理

要提高營業利潤率水平，需要對營業利潤率的構成要素及其結構比重的變動情況進行分析，從而找出營業利潤率增減變動的具體原因，改善獲利能力。

(3) 分析營業收入與利潤結構，提升盈利能力

對單個企業來說，營業利潤率指標越大越好，但各行業的競爭能力、經濟狀況、利用負債融資的程度及行業經營的特徵，都使得不同行業各企業之間的營業利潤率大不相同。因此，在使用該指標分析時，還要注意將企業的個別營業利潤率指標與同行業的其他企業進行對比分析。通過營業利潤率的同業比較分析，可以發現企業獲利能力的相對低位，從而更好地評價企業獲利能力的狀況。

8.2.3 銷售利潤率的解讀與分析

8.2.3.1 銷售利潤率指標的計算

銷售利潤率是反應企業一定時期獲得的利潤總額占銷售收入的比重。該指標反應每元銷售收入帶來的利潤的多少。

其計算公式為：

銷售利潤率 =（利潤總額÷主營業務收入）×100%

利潤總額 = 營業利潤 + 補貼收入 + 營業外收入 - 營業外支出 ± 影響利潤的其他支出

銷售利潤率與利潤成正比關係，與主營業務收入成反比關係，企業在增加主營業務收入的同時，必須相應地獲得更多的利潤總額，才能使銷售利潤率保持不變或有所提高。通過分析銷售利潤率的升降變動，可以促使企業在擴大銷售的同時，注意改進經營管理，提高盈利水平。該指標值越大，說明企業銷售的盈利能力越強。一個企業如果能保持良好的持續增長的銷售利潤率，通常表明企業的財務狀況是好的。但並不能絕對地說銷售利潤率越大越好，還必須看企業的銷售增長情況和利潤總額的變動情況。

案例【8-3】：某公司2011年12月份利潤表中相關的銷售、成本、費用數據如表8-3所示，試計算該公司的銷售利潤率。

表8-3　　　　　　　　　　　某公司利潤表
2011年12月　　　　　　　　　單位：人民幣萬元

項目	金額
一、營業收入	102,897.35
減：營業成本	78,363.92
營業稅金及附加	1,028.97
二、營業毛利	23,504.46
減：銷售費用	3,978.45

表8-3(續)

項目	金額
管理費用	5,863.29
財務費用	883.27
資產減值損失	192.37
加：公允價值變動收益（損失應以「-」號填列）	89.24
投資收益（損失應以「-」號填列）	528.19
加：其他業務利潤	998.23
三、營業利潤	13,146.36
加：補貼收入	569.28
營業外收入	723.69
減：營業外支出	138.25
其中：非流動資產處置損失	98.34
減：影響營業利潤的其他科目	—
利潤總額	14,301.08

計算過程（單位：萬元）：

銷售利潤率 = 利潤總額 ÷ 營業收入 × 100%

= 14,301.08 ÷ 102,897.35 × 100%

≈ 13.90%

從計算結果可以看出：該公司的銷售利潤率為13.90%，說明企業的獲利能力較強。

8.2.3.2 銷售利潤率的解讀與分析要點

（1）通過銷售利潤率的變動分析，找出具體影響利潤的因素

銷售利潤率比較高或逐漸提高，說明公司的獲利能力較強或逐漸提升；銷售利潤率比較低或逐步降低，說明公司的成本費用支出較高或上升，應進一步分析查找影響利潤的具體原因，究竟是營業成本上升還是公司銷售價格有調整，是銷售費用過多還是投資收益減少，以便更好地對公司經營狀況進行判斷。

（2）對該指標進行趨勢分析

在進行銷售利潤率解讀與分析時，投資者可以將連續幾年的指標數值進行分析，從而測定銷售利潤率的發展變化趨勢；同樣也可將公司的指標數值與其他公司指標數值或同行業平均水平進行對比，從而評價公司盈利能力的高低。

總之，毛利率、營業利潤率和銷售利潤率分別說明企業生產（或銷售）過程、經營活動和企業整體的盈利能力，指標值越高則表明獲利能力越強；反之，則表明獲利能力較差。

8.3 資產獲利能力的解讀分析

企業的獲利能力,可以從收入與利潤的比例關係來評價,還可以從投入資產與獲得利潤的關係來評價。由於企業可以採用高銷售毛利率、低週轉率的政策,也可以採用低銷售利潤率、高週轉率的政策,所以銷售利潤率受企業政策的影響。但是,這種政策選擇不會改變企業的資產利潤率,使得資產利潤率能更加全面地反應企業獲利的能力。銷售獲利能力分析主要是以主營業務收入為基礎,就利潤表本身相關的獲利能力水平指標所進行的分析,沒有考慮投入與產出的對比關係,只是在產出與產出之間進行比較,它是企業獲利能力的基本表現,卻未能全面反應企業的獲利能力,因為高利潤率指標可能是靠搞資本投入實現的。因此,還必須從資產運用效率和資本投入報酬率角度作進一步的解讀與分析,才能客觀、綜合全面地評價企業的獲利能力。

8.3.1 總資產報酬率的解讀與分析

8.3.1.1 總資產報酬率指標的計算

總資產報酬率又稱總資產收益率,是企業一定期限內實現的利潤總額與該時期總資產平均占用額之間的比率。它是反應企業資產綜合利用效果的指標,也是衡量企業總資產獲利能力的重要指標。

其計算公式如下:

總資產報酬率=(利潤總額÷總資產平均餘額)×100%

總資產平均餘額=(期初資產總額+期末資產總額)÷2

總資產報酬率越高,表明企業的資產利用效益越好,利用資產創造的利潤越多,企業的獲利能力越強,經營管理水平越高,否則相反。

案例【8-4】:某公司2011年12月份相關的總資產、利潤總額數據如表8-4所示,試計算該公司的總資產報酬率。

表8-4　　　　　某公司資產總額、利潤總額數據

2011年12月31日　　　　　　　單位:人民幣萬元

項目	金額
期初資產總額	67,128.98
期末資產總額	71,035.86
利潤總額	14,301.08

計算過程(單位:萬元):

總資產報酬率=利潤總額÷(期初資產總額+期末資產總額)×100%

　　　　　　=14,301.08÷(67,128.98+71,035.86)×100%

≈20.70%

从計算結果可以看出：該公司的總資產報酬率為20.70%，說明企業總資產的獲利能力較好。

8.3.1.2 總資產報酬率的解讀與分析要點

(1) 與資本結構、產業結構等多因素進行結合分析

總資產來源於所有投入資本和債務資本兩個方面，自然企業獲取的利潤總額的多少與企業資產的結構有著密切關係。因此，在評價總資產報酬率時要與企業資產結構、經濟週期、企業特點、企業戰略結合起來進行。

(2) 對利潤總額的計算口徑一致性的選擇

對於計算公式中的分子「利潤總額」的計算口徑選擇問題有幾種觀點。從經濟學角度看，利息支出的本質是企業純收入的分配，是企業創造利潤的一部分，所以應將利息支出加回到利潤總額中；權益融資成本是股利，股利是以稅後利潤支付，其數額包含在利潤總額之中；債務式融資成本是利息支出，而在計算利潤總額時已將其扣除，為了使分子、分母的計算口徑一致，分子中應包括利息支出。

(3) 要對總資產報酬率的趨勢分析

僅僅分析企業某一個會計年度的總資產報酬率，不足以對企業的資產管理狀況及經營成果作出全面的評價。因為利潤總額中可能包含著非經營或非正常的因素，因此，應進行連續幾年的總資產報酬率的比較分析，對其變動趨勢進行推斷，才能取得相對準確的信息。在此基礎上再進行同業比較分析，有利於提高分析結論的準確性。

(4) 總資產報酬率與償債能力的分析

從總資產報酬率的計算公式中可以看出，該比率的分子是利潤總額，歸投資者所有；而其分母則使用總資產總額，而總資產是由所有者和債權人共同所有，所以該比率分子與分母的計算口徑不一致。因此，要分別進行總資產報酬率與償債能力分析，不能以總資產報酬率全部評價企業的償債能力。

8.3.2 長期資本收益率的解讀與分析

8.3.2.1 長期資本收益率指標的計算

長期資本收益率是指企業一定時期內利潤總額與長期資本平均占用額的比值。長期資本包括非流動負債和所有者權益，屬於企業的長期資本來源，通過利潤總額和長期資本之比，可以反應企業投入長期資本的獲利能力。

其計算公式為：

長期資本收益率 =（利潤總額÷長期資本額）×100%

長期資本額 = 平均非流動負債 + 平均所有者權益

= ［（期初非流動負債 + 期末非流動負債）÷2］+［（期初所有者權益 + 期末所有者權益）÷2］

長期資本收益率是衡量投入的資本獲取收益的比率，該指標可用於評價企業經營

業績的優劣。因為長期資本收益率是一種資本收益率，所以該比率可以反應企業的長期資金提供者支付報酬的能力和企業吸引未來資金提供者的能力。該比率是在不考慮資金籌集方式的情況下評價企業獲利能力的，它衡量的是投資收益情況並且能夠反應企業如何有效利用其現有資產的情況。該指標越高，表明企業為取得收益而付出的代價越小，企業獲利能力越強；反之，表明企業獲利能力越差。

案例【8-5】：某公司2011年12月份相關的總資產、非流動負債、利潤總額數據如表8-5所示，試計算該公司的長期資本收益率。

表8-5　　　　　　　　某公司資產總額、利潤總額數據

2011年12月31日　　　　　　　　　單位：人民幣萬元

項目	金額
期初非流動負債	8,476.40
期末非流動負債	9,602.52
期初所有者權益	50,598.32
期末所有者權益	53,031.12
利潤總額	14,301.08

計算過程（單位：萬元）：

長期資本收益率＝利潤總額÷（平均非流動負債＋平均所有者權益）×100%

$\qquad$ ＝14,301.08÷60,854.18×100%

$\qquad$ ≈23.50%

從計算結果可以看出：該公司的長期資本收益率為23.50%，說明企業長期資本的收益較高，企業的盈利能力也較好。

8.3.2.2　長期資本收益率的解讀與分析要點

（1）對計算因子進行獨立性分析

對長期資本收益率進行解讀與分析的關鍵是對利潤總額和長期資本占用額本身及其影響因素進行獨立性分析。長期資本占用額包括非流動負債和所有者權益，這兩者的構成比率是企業的資本結構，而長期資本額與長期資本收益率成反比。因此，要提高長期資本收益率、增強企業獲利能力，既要盡可能地減少資本占用，又要妥善安排資本結構。

（2）對該財務指標進行趨勢分析

在利用長期資本收益率衡量企業的獲利能力時，不能僅解讀與分析企業某一個會計年度的長期資本收益率，還應當結合趨勢分析和同業比較分析，才能有助於得出相對準確的分析結論。

（3）對計算口徑的一致性分析

由於企業長期資本的提供者包括長期債權人和股東兩個方面，因此，為了讓指標的分子、分母口徑一致，也可以使用息稅前利潤作分子。

8.4 投資者獲利能力的解讀與分析

企業投資報酬的高低直接影響到現有及潛在投資者的投資興趣。對於投資者來說，更加關心企業的資產整體運用效率，因為這直接關乎投資報酬的高低。但值得注意的是，資產報酬率高並不等於投資者投資的收益高。因為當企業的總資本包括債務融資時，如果企業運用債務資本帶來的利潤支付利息以後有盈餘（或剩餘價值），股權融資的收益率自然就會提高；否則，就會降低。

投資者獲利能力的解讀分析是站在公司投資者（或股東）的利益角度對企業的盈利能力的評價。其主要指標包括：淨資產收益率、每股收益、每股淨資產、市盈率、市淨率、股利支付率等。

8.4.1 淨資產收益率的解讀與分析

8.4.1.1 淨資產收益率指標的計算

淨資產收益率又稱所有者權益報酬率、股東權益報酬率，是企業實現的淨利潤與平均所有者權益的比值。該指標反應企業所有者權益所獲得的報酬。

其計算公式為：

淨資產收益率＝（淨利潤÷平均所有者權益）×100％

上列計算公式中淨利潤為稅後淨利。平均所有者權益通常選擇期初、期末所有者權益之和的平均數（簡單平均）。該指標越高，表明投資者帶來的收益越高，企業資本的獲利能力越強，對投資者越具有吸引力；反之，則說明企業資本的獲利能力弱。通常將該比率與無風險利率（如銀行利率）進行比較，如果高於無風險利率，則說明股東投資回報較高。反之，則說明對股東的回報較低。

案例【8-6】：某公司2011年12月份相關的期初、期末所有者權益、利潤總額數據如表8-6所示，試計算該公司的淨資產收益率。

表8-6　　　　　　某公司資產總額、利潤總額數據

2011年12月31日　　　　　　單位：人民幣萬元

項目	金額
期初所有者權益	50,598.32
期末所有者權益	53,031.12
稅後淨利潤	10,725.81

計算過程（單位：萬元）：

淨資產收益率＝稅後淨利潤÷平均所有者權益×100％

＝10,725.81÷51,814.72×100％

$$\approx 20.70\%$$

從計算結果可以看出：該公司的淨資產收益率為20.70%，遠遠高於銀行的無風險利率，說明企業股東投資資本的收益較高，企業的盈利能力也較好。

8.4.1.2 淨資產收益率的解讀與分析要點

（1）淨資產收益率的綜合性特點

淨資產收益率是一個綜合性極強的投資報酬率指標。淨資產收益率能夠作為杜邦財務分析體系中的龍頭指標，被進一步分解，並通過層層分解將淨資產收益率這一綜合指標發生升降變化的原因具體化，比只用單一綜合性指標更能全面說明問題。

（2）不同的資本結構對於該指標的影響

在相同的總資產報酬率水平下，由於企業採用不同的資本結構形式，會產生不同的淨資產收益率。具體來講，淨資產收益率與財務槓桿有關，如果總資產報酬率相同，財務槓桿越高則企業淨資產收益率也越高，因為股東用較少的資金實現了同等的收益能力。

8.4.2 每股收益的解讀與分析

8.4.2.1 每股收益指標的計算

每股收益是指企業淨收益扣除優先股股利後與流通在外普通股加權平均股數的比值。它反應企業平均每股普通股獲得的收益，是衡量上市公司獲利能力最重要的財務指標，該指標具有引導投資、增加市場評價功能、簡化財務指標體系的作用。

每股收益是評價上市公司獲利能力的基本和核心指標，該指標反應了企業的獲利能力，決定了股東的收益質量。每股收益值越高，企業的獲利能力越強，股東的投資效益就越好，每一股份所獲得利潤也越多；反之，則越差。另外，每股收益還是確定股票價格的主要參考指標。在其他因素不變的情況下，每股收益越高，股票的市價上升空間越大；反之，股票的市價越低。

每股收益包括基本每股收益和稀釋每股收益兩類。基本每股收益僅考慮當期實際發行在外的普通股股份，而稀釋每股收益的計算和列報主要是為了避免每股收益虛增可能帶來的信息誤導。

（1）基本每股收益的計算

在計算基本每股收益時，分子為歸屬於普通股股東的當期淨利潤，即企業當期實現的可供普通股股東分配的淨利潤或由普通股股東承擔的淨虧損；發生虧損的企業，每股收益以負數列示。分母為當期發行在外普通股的加權平均數，即期初發行在外普通股股數根據當期新發行或回購的普通股股數與相應時間權數的乘積進行調整後的股數。公司庫存股不屬於發行在外的普通股，且無權參與利潤分配，應當在計算分母時給予扣除。

其計算公式為：

基本每股收益＝（淨利潤－優先股股利）÷發行在外普通股的加權平均數

案例【8-7】：已知Y公司2011年的淨利潤為36,099.00萬元，應付優先股股利

為 1,000 萬元。假設該公司 2011 年初發行在外的普通股股數為 100,000 萬股，3 月 31 日新發行普通股 5,000 萬股，11 月 1 日回購普通股 2,400 萬股。2011 年度 Y 公司的基本每股收益計算過程如下（單位：萬元）：

發行在外普通股加權平均數 =（100,000×12÷12）+（5,000×9÷12）-（2,400×2÷12）

=104,150（萬股）

基本每股收益 =（淨利潤-優先股股利）÷發行在外普通股的加權平均數

=（36,099-1,000）萬元÷104,150（萬股）

≈0.34（元/股）

從計算結果可以看出：該公司的每股收益為 0.34 元，在上市公司的每股收益中處於相對較弱的地位，同時說明該公司的盈利狀況不是很好。

(2) 稀釋每股收益的計算

稀釋每股數是以基本每股收益為基礎，假設企業所有發行在外的稀釋性潛在普通股均已轉換為普通股，從而分別調整歸屬於普通股股東的當期淨利潤及發行在外普通股的加權平均數計算而得的每股收益。當企業存在稀釋性潛在普通股時，應當計算稀釋每股收益。稀釋性潛在普通股市值假設當期轉換為普通股會減少每股收益的潛在普通股，潛在普通股則是賦予其持有者在報告期或以後期間享有取得普通股權益的一種金融工具或其他合同。目前，中國企業發行的潛在普通股主要包括可轉換公司債券、認股權證和股份期權等。

在計算稀釋每股收益時只考慮稀釋性潛在普通股的影響，而不考慮不具有稀釋性的潛在普通股；同時，按照基本每股收益的計算公司對分子和分母進行調整。具體來講，分子應當根據下列事項對歸屬於普通股股東的當期淨利潤進行調整：①當期已確認為費用的稀釋性潛在普通股的利息；②稀釋性潛在普通股轉換時將產生的收益或費用。上述調整應考慮相關的所得稅影響。對於包含負債和權益成本的金融工具，僅需要調整屬於金融負債部分的相關利息、利得或損失。分母應當為計算基本每股收益時普通股的加權平均數與假定稀釋性潛在普通股轉換為已發行普通股而增加的普通股股數的加權平均數之和。假定稀釋性潛在普通股轉換為已發行普通股而增加的普通股股數，應當根據潛在普通股的條件確定。當存在不止一種轉換基礎時，應當假定會採取從潛在普通股持有者角度看最有利的轉換率或執行價格。

假定稀釋性潛在普通股轉換為已發行普通股而增加的普通股股數應當按照其發行在外時間加權平均，即以前期間發行的稀釋性潛在普通股，應當假設在當期期初轉換；當期發行的稀釋性潛在普通股，應當假設在發行日轉換；當期被註銷或終止的稀釋性潛在普通股，應當按照當期發行在外的時間加權平均計入稀釋每股收益；當期被轉換或行權的稀釋性潛在普通股，應當從當期期初至轉換日（或行權日）計入稀釋每股收益中，從轉換日（或行權日）起所轉換的普通股則計入基本每股收益中。

案例【8-8】：某上市公司 2011 年歸屬於普通股股東的淨利潤為 38,200 萬元，期初發行在外普通股數為 20,000 萬股，年內普通股股數未發生變化。2011 年 1 月 1 日，

公司按面值發行 60,000 萬元的三年期可轉換公司債券,債券每張面值 100 元,票面固定年利率為 2%,利息自發行日起每年支付一次,即每年 12 月 31 日為付息日。該批可轉換公司債券自發行結束 12 個月以後即可轉換為公司股票,即轉股期為發行 12 個月後至債券到期日止的期間。轉股價格為每股 10 元,即每 100 元債券可轉換為 10 股面值為 1 元的普通股。債券利息不符合資本化條件,直接計入當期損益,所得稅稅率為 25%。

假設不具備轉換選擇權的類似債券的市場利率為 3%,公司在對該批可轉換公司債券初始確認時,根據《企業會計準則第 37 號——金融工具列報》的有關規定將負債和權益成分進行了分拆。2011 年度稀釋每股收益計算如下(單位:萬元):

每年支付利息:60,000 × 2% = 1,200(萬元)

負債成分公允價值:$1,200 \div (1+3\%) + 1,200 \div (1+3\%)^2 + 1,200 \div (1+3\%)^3 = 58,302.83$(萬元)

權益成分公允價值 = 60,000 − 58,302.83 = 1,697.17(萬元)

假設轉換所增加的淨利潤 = 58,302.83 × 3% × (1 − 25%) = 1,311.82(萬元)

假設轉換所增加的普通股股數 = 60,000 ÷ 10 = 6,000(萬股)

增量股的每股收益 = 1,311.81 ÷ 6,000 = 0.22(元/股)

增量股的每股收益小於基本每股收益,可轉換公司債券具有稀釋作用。

稀釋每股收益 =(38,200 + 1,311.81)÷(20,000 + 6,000)= 1.52(元/股)

經過計算,稀釋後的每股收益為 1.52 元,說明該公司的盈利能力較強。

案例【8-9】:某公司 2011 年度歸屬於普通股股東的淨利潤為 2,750 萬元,發行在外普通股加權平均數為 5,000 萬股,該普通股平均每股市場價格為 8 元。2011 年 1 月 1 日,該公司對外發行 1,000 萬份認股權證,行權日為 2012 年 3 月 1 日,每份認股權證可以在行權日以 7 元的價格認購本合同 1 股新發的股份。該公司 2011 年度每股收益計算如下(單位:萬元):

基本每股收益 = 2,750 ÷ 50,000 = 0.55(元/股)

調整增加的普通股股數 = 1,000 −(1,000 × 7)÷ 8 = 125(萬股)

稀釋每股收益 = 2,750 ÷(5,000 + 125)= 0.54(元/股)

經過計算,稀釋後的每股收益為 0.54 元,說明該公司的盈利能力一般。

8.4.2.2 每股收益的解讀與分析要點

(1)股票價格與每股收益有直接相關性

由於不同公司每股收益所含的淨資產和市價不同,也就是說每股收益的投入量不相同,因而限制了公司之間每股收益的比較,但股票價格與每股收益是具有相關性的。

(2)淨利潤的項目構成因素的差別

企業淨利潤中可能包含非正常和非經常性項目,而在計算確定每股收益時重點考慮的是正常和經常性項目,還應將非正常和非經常性項目剔除,這樣計算出的每股收益會更有利於投資者對公司業績進行評價。

(3) 對該指標進行趨勢分析

對投資者而言,每股收益的高低比公司財務狀況的好壞或其他收益率指標更重要,也更直觀。因此,投資者可以通過同一公司不同時期普通股每股收益的縱向比較,瞭解其投入股本能力、獲利能力的大小及變動情況。

(4) 每股收益不反應股票所隱含的風險

假設某公司原來經營家用電器,後轉向房地產投資,公司的經營風險加大,但每股收益可能不變或提高,此時每股收益沒有反應風險加大的不利影響。

(5) 不同的報表分析者對該指標應有不同的理解

投資者不應以股本收益率直接衡量上市公司的盈利水平和資金利用效果,這是因為公司通過生產經營活動所獲得的稅後利潤,並非只動用了股本,而是使用了所籌集的全部資金。基於相同的理由,以每股收益進行不同公司股票投資價值對比分析時,也必須注意這一點。

(6) 不能對未來收益作出客觀評價

股票投資是對公司未來的投資,而每股收益反應的是過去的情況,投資者應結合公司其他財務指標進行綜合分析和判斷。

8.4.3 每股淨資產的解讀與分析

8.4.3.1 每股淨資產指標的計算

每股淨資產是指期末淨資產總額與期末普通股股數的比率,反應普通股每股所擁有的淨資產,是上市公司的又一個重要評價指標。

其計算公式為:

每股淨資產 = 期末淨資產總額 ÷ 期末普通股股數

每股淨資產反應公司的財務實力,該指標越高,表明公司普通股每股實際擁有的淨資產越大,公司的未來發展潛力越大。但該指標並非越高越好,一個公司沒有負債或未有效運用財務槓桿,均表現為每股淨資產較高,但淨資產的運用效率即淨資產收益率並不一定是最好的。所以,如果公司有較高的獲利水平,在此前提下每股收益指標的上升表明公司具有真正良好的財務狀況。

案例【8-10】:某公司 2011 年 12 月份相關的期末普通股股數、期初、期末淨資產數據如表 8-7 所示,試計算該公司的每股淨資產。

表 8-7　　　　　某公司股數、所有者權益相關數據

2011 年 12 月 31 日　　　　　單位:人民幣萬元

項目	金額
期末所有者權益	53,031.12
期末普通股股數	5,000(萬股)

計算過程:

每股淨資產＝稅後淨利潤÷平均所有者權益
　　　　　＝53,031.12÷5,000
　　　　　≈10.61（元/股）

從計算結果可以看出：該公司的淨資產收益率為10.61，如果高於普通股所購買的股票原始價格，則說明越利於投資。

8.4.3.2 每股淨資產的解讀與分析要點

（1）將該指標與每股收益、淨資產收益率結合分析

每股淨資產和每股收益、淨資產收益率是上市公司三大重要財務比率指標，三個指標用於判斷上市公司的收益狀況，一直受到證券市場參與各方的極大關注。通常情況下，證券信息機構定期公布的上市公司排行榜就是按照這三項指標的高低進行排序的。所以，對上市公司的收益狀況進行分析時，可將這三項指標結合起來，並參考相關的經驗數據繼續分析。

（2）對該指標進行橫向、縱向分析

利用每股淨資產進行橫向和縱向的對比及結構分析等，可以衡量公司的發展進度、發展潛力，這些指標間接地表明了企業盈利能力的大小。

（3）判斷投資價值和投資風險程度

每股淨資產在理論上提供了每股股票的最低價格，可用來估計其上市股票的合理市價，判斷投資價值和投資風險的大小。

（4）關注淨資產的價值

每股淨資產指標的計量基礎是歷史成本，如果公司經營的時間較長，又未定期進行資產評估，則其帳面價值與實際的市場價值會產生較大的差距，而股票的市場表現及價值評估主要傾向於市場價值，用歷史成本計量的指標作為對現實的評價其結構會有偏差。因此，該指標的使用有限。

8.4.4 市盈率的解讀與分析

8.4.4.1 市盈率指標的計算

與每股收益一樣受到投資者普遍關注的另一個指標是市盈率。市盈率，也稱價格/收益比率（price/earning ratio）是指普通股每股市價與普通股每股收益的比值，它反應了投資者對每元收益所願支付的價格，可以用來判斷本企業股票與其他企業股票相比較的潛在價值，是上市公司市場表現指標中最重要的指標之一。

其計算公式為：

市盈率＝普通股每股市價÷普通股每股收益

市盈率是投資者衡量股票潛力，借以投資入市的重要指標。該指標比值越大，說明市場對公司的未來越看好，表明公司具有良好的發展前景，投資者預期能獲得很好的回報。但過高的市盈率蘊含著較高的風險，除非公司在未來有較高的收益，才能把股價抬高，否則市盈率越高，風險越大。

案例【8-11】假設 X 公司為上市公司，股票價格為 50 元，每股收益為 0.50 元。試計算 X 公司的市盈率。

計算過程：

市盈率＝股票價格÷每股收益

   ＝50÷0.50

   ＝100

該項比率越高，表明投資者認為企業獲利的潛力越大，願意付出更高的價格購買該企業的股票，但同時投資風險也高。

8.4.4.2 市盈率的解讀與分析要點

（1）應與市場平均市盈率進行比較分析

市盈率高低的評價還必須根據當時資本市場平均市盈率進行分析，並非越高越好或越低越好。股票市價是隨著企業獲利能力的上升而上升的，在健全、完善的資本市場上，能吸引投資者的關鍵不是市盈率絕對額的高或低，而是將該市盈率與企業未來的獲利前景相比較，發展前景較好的公司通常市盈率較高；發展前景不佳的公司市盈率則較低。一般來說，發達國家的股市由於較為成熟，成長速度相對較慢，股票投資的主要受益來源是股息，市盈率相對較低，一般在 10～20 倍。而發展中國家經濟增長前景好，股本擴張的能力強，股價相對堅挺，所以，市盈率普遍偏高，通常在 20～30 倍。因此發展中國家的市盈率普遍高於成熟發達國家的市盈率。

（2）對計算的指標的科學選擇

市盈率計算公司中的分子「普通股每股市價」是按其年度平均價格計算的，即全年售價的算術平均數。但實務中為了計算簡便和增強其評價的適時性，多採用報告期前一日的實際股票市價來計算。兩種方法各有其優缺點，前者能反應企業整個年度內的實際平均價格表現，後者能反應目前股票的實際市價狀況。分析者可根據不同的分析目的選擇使用，但如果是用於不同時期的比較分析，其指標的計算口徑必須保持一致。

（3）對該指標的參考標準進行分析

市盈率指標對投資者進行投資決策的指導意義是建立在健全資本市場的假設基礎之上，倘若資本市場不健全，就很難依據市盈率對企業作出分析和評價。

（4）對經濟運行環境進行分析

影響市盈率變動的因素之一是股票市場價格的升降，而影響股價升降的原因除了企業的經營成果和發展前景外，還受整個經濟環境、政府宏觀政策、行業發展前景及意外因素如戰爭、災害等因素的制約。因此，必須對股票市場的整個形勢作全面的瞭解和分析，才能對市盈率的升降作出正確評價。

（5）對該指標的特殊背景進行正確理解

分析在企業發生年度虧損時，每股收益可能接近零甚至是虧損，而以每股收益為分母的市盈率會異常地高或者是低，但此時市盈率指標就會變得毫無意義了。因此，單純依靠市盈率指標評價企業的獲利能力，可能會錯誤地估計公司的未來發展，所以

對市盈率指標分析要結合其他指標綜合考慮。例如，標準普爾 500 指數 2007 年 10 月市場頂峰時期的市盈率水平大致是在 20 左右，而在 2008 年第四季度開始的時候，這一指標卻達到了 25.4，到 2010 年初該指標竟然達到了 29.1。答案其實非常簡單：在熊市當中，企業盈利的下滑速度更快，快過了市場行情本身。換言之，在市盈率的計算等式上，「市」固然是在縮水，但是「盈」的變化就更為誇張，因此市盈率不降反升也就不難理解了。

（6）市盈率的高低與行業發展有密切的關係

由於各個行業的發展階段不同，其市盈率也會高低不同。充滿擴張機會的新興行業市盈率普遍較高，而成熟產業的市盈率普遍較低，因此，市盈率不能用於不同行業公司之間的比較。另外，市盈率高低受淨利潤的影響，而淨利潤又受可選擇的會計政策的影響，從而使得公司間的比較受到限制。

（7）市盈率相對公司已經實現的利潤而言，而股票的價格是對公司未來業績的預期

如果公司的業績不斷衰退的話，今天看來是低的市盈率，明天可能就顯得高了；相反，今天看來是高的市盈率，如果公司的業績可以有較大增長的話，明天就變得低了。因此，研究公司的市盈率，應該結合公司業績的增長情況。一般而言，如果公司業績的預期增長率高於其市盈率的話，比如市盈率是 40，而年增長率是 50%，即使是市盈率的絕對偏高，也是可以接受的。

8.4.5 市淨率的解讀與分析

8.4.5.1 市淨率指標的計算

市淨率是指普通股每股市價與每股淨資產的比值。

其計算公式如下：

市淨率 = 每股市價 ÷ 每股淨資產

每股淨資產 =（股東權益總額 － 優先股權益）÷ 流通在外的普通股股數

如果市淨率越高，說明企業的資產質量越好，有發展潛力，市場對其有良好評價，投資者對公司的未來發展有信心，但對投資者來講也蘊含了較大的潛在風險；反之，說明企業資產質量差，企業沒有發展前景。

案例【8－12】假設某公司為上市公司，其股東權益總額為 50,598.32 萬元，優先股權益為 2,143.85 萬元，流通在外的普通股股數為 5,000 萬股，股票價格為 35 元/股，試計算該公司的市淨率。

計算過程：

市淨率 = 股票價格 ÷（股東權益總額 － 優先股權益）÷ 流通在外的普通股股數

= 35 ÷（50,598.32 － 2,143.85）÷ 5,000（萬股）

≈ 3.61 元/股

經過計算得出該公司的市淨率為 3.61 元，但由於無同行業或其自身的歷史數據，則無法作出準確評價。

8.4.5.2 市淨率解讀與分析的要點

（1）嚴格地說，市淨率指標並非衡量獲利能力的指標

每股淨資產指標反應了流通在外的每股普通股所代表的企業記在帳面上的股東權益額。一般來說，證券的市場價格與其帳面價值並不接近，因為資產是按成本登記的，反應的是過去付出的、尚未收回的資產的成本；而股票的市價反應的則是為投資者認可的企業現在的價值。市淨率指標是將一個帳面的歷史數據（分母）與一個現實的市場數據（分子）放在一起比較，本身的計算口徑不一致，很難具有說服力。

（2）對資產的歷史價值的理解分析

由於每股淨資產是根據歷史成本計算的，在投資分析中只能有限地使用每股淨資產指標。但過分偏重於被投資企業投資報酬的大小，不重視其淨資產的多少也不行，因為事實上每股淨資產對投資者而言還是非常有用的分析指標。尤其是將每股淨資產與每股市價進行直接比較，即運用市淨率指標，就可對股票的市場前景進行判斷：投資者如果對某種股票的發展前景持悲觀態度，股票市價就會低於其帳面價值，即市淨率小於1，表明該公司沒有發展前景；反之，當投資者對股票的前景比較樂觀時，股票的市價就會高於其帳面價值，市淨率則會大於1，市淨率越大，說明投資者普遍看好該公司，認為該公司前景好，有足夠的發展潛力。

（3）市淨率指標與市盈率指標的比較分析

市盈率指標主要從股票的獲利性角度進行考慮，而市淨率則主要從股票的帳面價值角度考慮。但兩者又有許多相似之處，他們都不是簡單的越高越好或越低越好的指標，都代表著投資者對某股票或某企業未來發展潛力的判斷。同時，與市盈率一樣，市淨率指標也必須在完善、健全的資本市場上，才能據以對公司做出正確、合理的分析和評價。

8.4.6 股利支付率的解讀與分析

8.4.6.1 股利支付率指標的計算

股利支付率是指普通股每股股利與普通股每股收益的比率，又稱股利發放率，用來衡量普通股當期的每股收益中有多大比例用於支付股利。普通股每股股利是指普通股股利總額與流通在外普通股的比值。

其計算公式如下：

股利支付率＝普通股每股股利÷普通股每股收益

普通股每股股利＝普通股股利總額÷流通在外普通股股數

股利支付率越大，表明公司對股東發放的股利越多；反之，則表明股東得到的股利越少。該指標一般情況下應小於1，即公司為了後續經營的正常營運，必須由部分留存收益。但若以前年度累積盈餘很多時，也可動用以前年度的盈餘來分配股利，此時股利支付率可能會大於1。

案例【8-13】假設某公司為上市公司，其普通股股利總額為10,532.26萬元，普通股每股股利為0.2元，流通在外的普通股股數為5,000萬股，試計算該公司的市

淨率。

計算過程：

股利支付率＝普通股每股股利÷（普通股股利總額÷流通在外的普通股股數）

＝0.2÷（10,532.26÷5,000）

≈9.49%

經過計算得出該公司的股利支付率為9.49%，相對於盈利狀況來說，分配比例較低。

8.4.6.2 股利支付率的解讀與分析要點

（1）從穩健型角度分析

從穩健型角度進行分析的話，計算股利支付率時其分母可盡量採用稀釋後的每股收益進行指標計算。

（2）從股利的支付情況分析

多數公司不願降低股利，因為這樣可能對普通股股票的市價產生不利的影響。至於保持多高的股利支付率比較適中尚無定論。有些股東願意當期多拿股利，另有一些則願意把更多的收益用於再投資，以期獲得更多的資本收益。在後一種情況下，股利支付率則較低。

（3）從留存收益比例分析企業未來發展潛力

根據公司的股利支付率可計算出留存收益率，因為公司的淨利潤在支付股利後，就成為公司的留存收益。

其計算公式為：

留存收益率＝1－股利支付率

留存收益越大，表明公司未來發展的財務實力越強，公司累積的資金越充裕，財務風險越小。但該指標並非越大越好，因為過高的留存收益率會使股東對目前的股利要求得不到滿足，尤其是長期的低股利支付率會使投資者喪失信心，由此影響公司股票的價格。在西方國家，許多公司對於他們需要留存的收益比率都有政策性規定，如介於60%和70%之間。通常，新企業、發展中企業和外界認為日益發展的企業會有一個較高的留存收益率。

本章小結

本章從銷售獲利能力分析入手，拓展到資產獲利能力、投資獲利能力分析。

銷售獲利能力是同一行業中各個企業之間比較工作業績和考察管理水平的重要依據。通常使用銷售毛利率、營業利潤率指標衡量。影響單一產品毛利的因素主要是銷售量、銷售單價和單位銷售成本；多種產品毛利的影響因素除了銷售量、銷售單價、單位銷售成本之外，產品銷售結構、各產品的銷售毛利率也會對毛利產生影響。而營業利潤率是衡量營業收入的獲利能力。

從投入資產（資本）與獲得利潤的比例關係進行分析，就是資產的獲利能力分析，

使用的指標是總資產報酬率和長期資本收益率。一般而言，上述兩指標越高，表明資產獲利能力越強，企業獲利水平越高。但還應當結合企業歷史水平、同行業平均水平等進行綜合分析，才能得出正確評價。

投資者獲利能力分析主要評價投資者獲利能力的高低。使用的指標有淨資產收益率、每股收益、每股淨資產、市盈率、市淨率及股利支付率。淨資產收益率越高，表明投資者投資帶來的收益越高，獲利能力越強。每股收益反應年度內每股普通股獲得的收益，但在計算每股收益時應考慮資本結構。每股淨資產反應普通股每股應享有的淨權益。市盈率、市淨率是從市場價格角度對投資獲利的進一步分析。而股利支付率則用來衡量普通股當期的每股受益於中有多大比例用於支付股利。

復習題

1. 企業獲利能力分析指標有哪些？分別怎樣評價？
2. 如何進行銷售毛利的變動分析？
3. 營業利潤率、總資產收益率指標之間有什麼內在聯繫？
4. 每股收益對投資者具有什麼意義？如何計算每股收益？
5. 市盈率對投資者有何重要意義？如何計算市盈率？
6. 如何計算、分析市淨率？如何計算、分析股利支付率？
7. 某企業A產品本期的毛利額與上年同期相比有較大增長，已知該產品最近兩期的相關資料如表8-8所示。

表8-8　　　　　　　　　　A產品毛利資料　　　　　　　單位：人民幣萬元

項目	單位	上年同期	本期
銷售數量	件	20,000	35,000
銷售單價	萬元	350	340
單位銷售成本	萬元	220	200
單位銷售毛利	萬元	130	140

要求：採用因素分析法對A產品的毛利率和毛利額的變動原因進行分析。

8. 已知某公司的有關報表數據如表8-9所示。

表8-9　　　　　　　　　　報表數據　　　　　　　　　單位：人民幣萬元

項目 \ 年份	2010年	2009年
利潤表項目：		
營業收入	24,000	21,000
營業成本	17,000	16,000

表8-9(續)

項目 \ 年份	2010 年	2009 年
管理費用	3,700	3,200
財務費用	500	480
營業外收支淨額	250	290
所得稅費用	590	470
資產負債表項目		
平均資產總額	23,000	17,000
平均非流動負債總額	9,000	5,300
平均所有者權益總額	8,200	6,500

要求：試根據上述資料計算公司的毛利率、營業利潤率、總資產報酬率等獲利能力指標，並在此基礎上對公司的獲利能力進行評價。

9. 某股份有限公司2011年的淨收益為3,000萬元，年初發行在外的普通股為1,600萬股；7月1日增發普通股150萬股；優先股股利為每股2元，其股數為20萬股。

要求：如果同業的每股收益額為1.5元，試計算該公司的每股收益，並對該公司的每股收益水平進行分析。

9 獲現能力的解讀與分析

所謂企業的獲現能力是指企業營運管理中運用企業自身擁有及掌控的各類資源獲取現金的能力。由於現金是企業營運過程中的「血液」，所以企業的獲現能力直接關係到企業經營是否能否持續，一旦出現「缺血」現象，企業則發生了嚴重的財務危機，乃至出現破產。因此企業的獲現能力已成為報表使用者評價企業經營績效的一個核心標準，本章在介紹獲現能力解讀與分析意義的基礎上，重點闡述了現金流量表中有關現金流量財務比率的計算及解讀與分析方法。

9.1 獲現能力的解讀與分析的意義

獲現能力的解讀與分析是以現金流量表為根本依據，利用比率分析的方法，以達到充分揭示企業現金流量信息，並從現金流量角度對企業的財務狀況和經營業績作出科學、合理的評價，因此其解讀與分析有著極其重要意義，歸納起來，主要包括以下幾個方面的積極意義：

9.1.1 有助於評價企業創造淨現金流量的能力

一個處於正常營運中的企業，其經營不僅需要盈利而且還應創造淨現金流量。對於企業來說，其經營活動產生的現金流量淨額最能直接體現出企業創造淨現金流量的能力強弱。因此，通過對企業經營活動所產生的現金淨流量相關比率進行分析，就可以評價未來是否具備良好的獲現能力。

9.1.2 有助於評價企業的償債能力和現金支付能力

一般來說，企業營運只有持續性地獲取正的淨現金流量，才能說明企業具備了良好的償債能力和現金支付能力。通過現金流量表所揭示的現金流量信息，可以從現金流量角度對企業償還長、短期債務的償債能力和利用現金支付利息、股利或利潤的能力作出更準確、可靠的評價。

9.1.3 有助於防止企業未來的財務風險

企業資產的正常運行總是表現為對經濟環境變化的適應性及對投資機會的充分利用，財務上把這種企業適應經濟環境變化和利用投資機會的能力稱為財務彈性。一般來說，現金流量超過需要，有剩餘的現金，適應性就強；反之，適應性則弱。一旦出

現適應性弱的情況，就會使企業面臨一定的財務風險，這種財務風險有可能導致企業出現財務危機，甚至導致企業破產清算。這就要求報表分析者必須對現金流量所揭露的會計信息進行持續性的跟蹤瞭解，防止企業未來可能發生的財務風險。

9.2 現金流量的財務比率的解讀與分析

由於現金流量的核算原則採取的是收付實現制，這和利潤核算原則有明顯差異，首付實現制不容易進行包裝、粉飾。例如，在關聯交易操縱利潤時，往往也會在現金流量方面暴露出有利潤而沒有現金流入的情況。

從股票定價理論體系角度看，公司股票價格是由公司未來的每股收益和每股經營活動現金流量的淨現值共同決定的。因此，企業一段時期內經營的盈虧已經不再是決定股票價值或企業價值唯一的重要因素。在實務中，報表分析者運用現金流量的現象越來越被重視，而以往使用利潤指標評價的評價標準的重要性則逐漸減弱。從實踐角度看，現金流量表就好比是企業的一份「驗血化驗單」，通過這個化驗單就可以清楚地評價企業日常營運管理是否正常。

9.2.1 現金償債能力的解讀與分析

所謂現金償債能力是指企業營運現金償還債務的能力。即運用現金流量表中相關現金流量指標對企業的償債能力進行解讀與分析主要是考察企業經營活動產生的現金流量與債務之間的關係，因為現金流量是一個動態指標，將經營活動現金淨流量和債務進行比較可以更好地反應企業償還債務的能力。這和前面章節內容提到的償債能力分析有所不同，前面章節更多地使用帳面資產、利潤等財務指標作為衡量償債能力的財務指標。

9.2.1.1 現金流動負債比的解讀與分析

現金流動負債比是指年度經營活動所產生的現金淨流量與流動負債的比值，反應企業獲得現金償付短期債務的能力。

其計算公式為：

現金流量負債比＝經營活動現金淨流量÷平均流動負債

平均流動負債＝（期初流動負債＋期末流動負債）÷2

現金流動負債比指標越高，現金流入對當期債務清償的保障程度越大，表明企業的流動性越好，償還債務的能力越強；反之，則表明企業的流動性較差。

現金流量負債比是衡量企業短期償債能力的一個重要指標。對於債權人尤其是短期債權人來說，希望該指標越高越好，說明自己的債權有一定的保障。但對於企業的所有者和經營者而言，該指標並非越高越好。因為資產的流動性及其盈利能力成反比，流動性好的資產，往往盈利能力差。保持過高的現金流動負債比，會使資金的獲利能力降低，因此該指標不應過長時間保持較高。

案例【9-1】某公司 2011 年 12 月 31 日相關的經營活動現金淨流量、期初和期末流動負債數據如表 9-1 所示，試計算該公司的現金流量負債比。

表 9-1　　　　　　　　　　某公司部分財務相關數據
　　　　　　　　　　　2011 年 12 月 31 日　　　　　　單位：人民幣萬元

項目	金額
期初流動負債	8,054.26
期末流動負債	8,402.22
經營活動現金淨流量	3,665.71

計算過程（單位：萬元）：
現金流量負債比 = 經營活動現金淨流量 ÷ 平均流動負債
　　　　　　　 = 3,665.71 ÷ [（8,054.26 + 8,402.22）÷ 2]
　　　　　　　 ≈ 0.45

從計算結果可以看出：該公司的現金流量負債比僅為 0.45，遠遠低於 1.0，這充分說明企業利用現金支付短期債務的能力較弱。

9.2.1.2　現金債務總額比的解讀與分析

現金債務總額比是指以年度經營活動所產生的現金淨流量除以總負債的比值。
其計算公式為：
現金債務總額比 = 經營活動現金淨流量 ÷ 平均負債總額

經營活動的現金淨流量與總債務的比率，可以反應企業用每年的經營活動現金淨流量償付所有債務的能力。該比率越大，說明企業承擔債務的能力越強，它同樣也是債權人所關心的一種現金流量分析指標。該指標與現金流動負債比指標的區別是：現金流動負債比可能最為短期債權人所重視，而現金債務總額比則更為長期債權人所關注。

但值得報表分析者注意的是，企業的債務償還並非到年底才清償，而是在一年的過程中都需要償還債務。因此，該指標的分母取值應該以一個月，甚至一周、一旬為期限，這樣能隨時監控到企業的現金償還能力。

案例【9-2】某公司 2011 年 12 月 31 日相關的經營活動現金淨流量、期初和期末總負債數據如表 9-2 所示，試計算該公司的現金流量負債比。

表 9-2　　　　　　　　　　某公司部分財務相關數據
　　　　　　　　　　　2011 年 12 月 31 日　　　　　　單位：人民幣萬元

項目	金額
期初總負債	16,530.66
期末總負債	18,004.74
經營活動現金淨流量	3,665.71

計算過程：

現金流量負債比＝經營活動現金淨流量÷平均總負債

$$=3,665.71 \div [(16,530.66+18,004.74) \div 2]$$

$$\approx 0.21$$

從計算結果可以看出：該公司的現金債務總額比僅為 0.21，這充分說明企業利用現金支付短期債務和長期債務的能力均較弱，尤其是運用現金立即償還長期債務的能力較差。

9.2.1.3　現金利息保障倍數的解讀與分析

現金利息保障倍數是指經營活動現金淨流量除以現金利息支出額的比值，所衡量的是企業在一定時期內通過經營活動產生的現金淨流量是現金利息支出的多少倍。

其計算公式為：

現金利息保障倍數＝經營活動現金淨流量÷現金利息支出額

對債權人正常支付利息是企業日常最基本也是最主要的債務壓力，一般情況下，一個長期能夠正常償付利息的企業，出現債務逾期支付的可能性較小。因此，該指標越大，說明企業經營活動對債務利息的支付能力越強，企業財務風險越小。

案例【9-3】某公司 2011 年 12 月 31 日相關的經營活動現金淨流量、年度現金利息支出數據如表 9-3 所示，試計算該公司的現金流量負債比。

表 9-3　　　　　　　　　某公司部分財務相關數據

2011 年 12 月 31 日　　　　　　　　　單位：人民幣萬元

項目	金額
現金利息支出	1,529.06
經營活動現金淨流量	3,665.71

計算過程（單位：萬元）：

現金流量負債比＝經營活動現金淨流量÷現金利息支出額

$$=3,665.71 \div 1,529.06$$

$$\approx 2.40 \text{（倍）}$$

從計算結果可以看出：該公司的現金流量負債比為 2.4（倍），這充分說明企業利用現金支付利息的能力較強（一般大於 1.0 為宜，3.0 倍為佳），短期內不存在現金利息支付的困難。

需要說明的是，在這裡分析償債能力時，沒有考慮投資活動和籌資活動產生的現金淨流量。另外，現金償債能力是從現金流量的角度考察企業的償債能力，它是流動比率、速動比率及現金比率三個財務指標的補充分析工具，可彌補以上三個財務指標的不足。

9.2.2 獲現能力的解讀分析

企業一定時期內的獲現能力的解讀與分析主要是指解讀與分析企業利潤與銷售收入之間、利潤與企業資產等相互指標之間（產出與投入）的比率並通過比率分析評價企業的獲現能力強弱程度。比如，將銷售商品、提供勞務所收到的現金除以主營業務收入的比率、將經營活動現金淨流量除以淨利潤的比值等。獲現能力的解讀與分析主要包括：銷售獲現比率、淨利潤現金保證比率、每股經營現金淨流量及總資產現金比率四個財務指標。

9.2.2.1 銷售獲現比率的解讀與分析

（1）銷售獲現比率指標的計算

銷售獲現比率是指銷售商品、提供勞務收到的現金與主營業務收入的比值，它反應企業通過銷售產品、提供勞務所能獲取現金的能力，用於衡量當期主營業務收入的收現情況。

其計算公式如下：

銷售獲現比率＝銷售商品、提供勞務收到的現金÷主營業務收入

如果銷售獲現比率＝1，說明企業本期銷售商品、提供勞務的收現良好；如果該指標＞1，說明企業收現能力很強；如果該指標＜1，說明企業的收現能力較差。

案例【9-4】某公司 2011 年 12 月 31 日相關的現金流量表相關數據如表 9-4 所示，試計算該公司的銷售獲現比率。

表 9-4　　　　　　　　　某公司部分現金流量表數據

2011 年 12 月　　　　　　　　　單位：人民幣萬元

項目	金額
主營業務收入	132,378.96
銷售商品、提供勞務所收到的現金	113,546.72

計算過程：

銷售獲現比率＝銷售商品、提供勞務收到的現金÷主營業務收入

　　　　　　＝113,546.72÷132,378.96

　　　　　　≈0.86（倍）

從計算結果可以看出：該公司的銷售獲現比率僅為 0.86（倍），說明企業的收現能力一般，應繼續加大現金收款能力。

（2）銷售獲現比率的解讀與分析

在解讀和分析銷售獲現比率時，需要重點說明的是應該考慮以往年度的收現情況，如果以往年度的收現情況較差，則有可能影響本年度的收現。即假如歷史年度的欠款較多，即使本年度的收現比率＞1，也不能說明企業的收現能力強。

9.2.2.2 淨利潤現金保證比率的解讀與分析

（1）淨利潤現金保證比率指標的計算

淨利潤現金保證比率是指企業一定時期經營活動現金淨流量與淨利潤之間的比值。

其計算公式為：

淨利潤現金保證比率＝經營活動現金淨流量÷淨利潤

淨利潤現金保證比率衡量企業當期實現的淨利潤所能創造的現金淨流量，該比率越高，表明淨利潤中已經收到現金的程度越高；反之，則越低。由於資本支出等項目對淨利潤與現金流量的不同影響，該指標應以等於或大於 1 為宜。

案例【9-5】某公司 2011 年 12 月 31 日相關的經營活動現金淨流量、年度淨利潤數據如表 9-5 所示，試計算該公司的淨利潤現金保證比率。

表 9-5　　　　　　　　　某公司部分現金流量表數據

2011 年 12 月　　　　　　　　　　　　單位：人民幣萬元

項目	金額
淨利潤	22,537.16
經營活動現金淨流量	3,665.71

計算過程（單位：萬元）：

淨利潤現金保證比率＝經營活動現金淨流量÷淨利潤

　　　　　　　　　＝3,665.71÷22,537.16

　　　　　　　　　≈0.16（倍）

從計算結果可以看出：該公司的淨利潤現金保障比率僅為 0.16（倍），說明其淨利潤轉化現金的能力很弱。

（2）淨利潤現金保證比率指標的分析

一般而言，企業在一定時期內收取的現金應該比企業淨利潤數量要高。其主要原因是因為存在非付現成本通過銷售轉回到企業的現金部分。

另外，通常為了保證與經營活動現金淨流量的計算口徑一致，淨利潤的數據中應剔除投資收益和籌資費用等非經營活動項目。

9.2.2.3 每股經營現金淨流量的解讀與分析

（1）每股經營現金淨流量指標的計算

每股經營現金淨流量是指經營活動現金淨流量與發行在外的普通股股數的比率，反應流通在外的每股普通股平均占用的現金流量。

其計算公式為：

每股經營現金淨流量＝（經營活動現金淨流量－優先股現金股利）÷發行在外的普通股股數

每股經營現金淨流量從現金流量的角度分析普通股每股的產出效率與分配水平，由於該指標的計算不涉及會計政策的主觀選擇，因而具有很強的可比性；同時，在評

價公司短期支出與支付股利能力等方面，每股經營現金淨流量也更為全面、真實。

由於每股經營現金淨流量反應每一普通股所能創造現金淨流量的能力，因此，對於以獲取現金股利為主要投資目標的投資者來說，顯得尤為重要。該指標越大，表明企業進行資本支出和支付股利的能力越強。而且該指標反應企業最大的分配股利能力，超過此限度，就要借款分紅。

案例【9-6】某公司2011年12月31日相關的經營活動現金淨流量、優先股股利、發行在外的普通股股數等數據如表9-6所示，試計算該公司的每股經營現金淨流量。

表9-6　　　　　　　　　　　某公司部分財務數據
2011年12月　　　　　　　　　　　　單位：人民幣萬元

項目	金額
經營活動現金淨流量	3,665.71
優先股現金股利	320.98
發行在外的普通股股數	5,000（萬股）

計算過程（單位：萬元）：

每股經營現金淨流量＝（經營活動現金淨流量－優先股現金股利）÷發行在外的普通股股數＝（3,665.71－320.98）÷5,000≈0.67

從計算結果可以看出：該公司的每股經營現金淨流量為0.67，說明每股普通股所創造的現金淨流量尚可。

(2) 每股經營現金淨流量的解讀與分析

①首先應對企業的商業信用進行科學評價

在中國，商業信用大量存在，這使得企業的收現能力極大程度地影響企業獲利能力。因此，對每股經營現金淨流量的解讀與分析，首先必須對企業的商業信用進行科學評估。

②對該財務比率進行趨勢分析

需要指出的是，單期財務比率無法客觀反應處於動態中的企業財務狀況。因此，一方面要將每股經營現金淨流量與同行業的平均水平和優秀企業的水平進行比較；另一方面還要和本企業的歷史水平進行比較，在一定程度上瞭解每股經營現金淨流量的變動趨勢，掌握其變動的主要原因。同時，還應考慮企業所處的發展階段，並充分利用報表以外的相關資料進行分析，才能更恰當地評價每股經營現金淨流量的水平。

9.2.2.4 總資產現金比率的解讀與分析

(1) 總資產現金比率指標的計算

總資產現金比率是指經營活動現金淨流量與平均總資產的比值。它反應企業運用全部資產獲取現金的能力，用於衡量企業總資產的獲現能力的強弱。

其計算公式為：

總資產現金比率＝（經營活動現金淨流量÷平均總資產）×100%

平均總資產＝（期初總資產＋期末總資產）÷2

一般來說，該指標越高，表明企業資產的獲現能力越強；同時它也是衡量企業資產綜合管理水平的一個重要指標。

案例【9-7】某公司2011年12月31日相關的經營活動現金淨流量、期初和期末資產總額等數據如表9-7所示，試計算該公司的總資產現金比率。

表9-7　　　　　　　　　　某公司部分財務數據
2011年12月　　　　　　　　　　單位：人民幣萬元

項目	金額
經營活動現金淨流量	3,665.71
期初資產總額	67,128.98
期末資產總額	71,035.86

計算過程（單位：萬元）：

總資產現金比率＝（經營活動現金淨流量÷平均總資產）×100%

＝3,665.71÷［（67,128.98＋71,035.86）÷2］

≈0.05

從計算結果可以看出：該公司的總資產現金比率僅為0.05，說明企業總資產獲現能力很差，該公司該加強企業的獲現能力了。

(2) 總資產現金比率的解讀與分析

企業在對總資產現金回收率指標進行分析時，應與同行業平均水平對比，評價每元資產獲取現金的能力，還要與本企業歷史水平相比，通過解讀與分析獲取現金能力的變化趨勢，提高資產的利用效率。

9.2.3　財務彈性的解讀分析

所謂財務彈性是指企業適應經濟環境變化和利用投資機會的能力，用以反應企業自身產生的現金與現金需求之間的適合程度。反應財務彈性的財務比率指標一般包括現金流量充足率、現金再投資率兩個。

9.2.3.1　現金流量充足率的解讀與分析

(1) 現金流量充足率指標的計算

現金流量充足率是指經營活動現金淨流量與同期資本支出、存貨購置及發放現金股利的比值。它反應經營活動產生的現金滿足主要現金需求的程度，用於衡量企業維持或擴大生產經營規模的能力。

其計算公式為：

現金流量充足率＝近五年經營活動現金淨流量÷（近五年平均資本支出＋近五年存貨平均增加＋近五年平均現金股利）

該比率越大，表明企業資金自給率越高，企業發展能力越強。如果現金流量充足率＝1，表明企業經營活動所形成的現金流量恰好能夠滿足企業日常基本需要；若該比

率＞1，意味著企業經營活動所形成的現金流量大於日常需要，無須對外籌資，此時企業可考慮償還債務以減輕利息負擔，擴大生產經營規模或增加長期投資；若該比率＜1，說明企業經營活動產生的現金流量不能滿足需要，不足部分需要外部籌資解決，雖可在一定程度利用財務槓桿，但會加大公司財務風險。如果一個企業的現金流量充足率長期小於1，這表明其理財政策沒有可持續性。但一年的數據往往不足以說明問題。為了避免重複性及不確定性活動對現金流量所產生的影響，通常是以3～5年的總量為計算單位，可以剔除週期性和隨機性影響，得出更有意義的結論。

（2）現金流量充足率的解讀與分析

企業競爭力的增強有賴於生產規模的擴大和先進技術的引進，因此企業必須保證有適量的資金注入生產資本和人力資本上。此外，股利分配的穩定增長則有利於增強權益資本的穩定性。所有這些都有賴於穩定而持續的現金流入，因此在保證這些支出的基礎上，現金流量充足率如果能保持在1左右，則表明企業的收益質量較好。

9.2.3.2 現金再投資率的解讀與分析

（1）現金再投資率指標的計算

現金再投資率計量了因資產更新和經營增長而留存下來，並再投資於企業的經營活動現金在資產投資中所占的百分比。

其計算公式如下：

現金再投資率 = （經營活動現金淨流量 - 現金股利）÷（固定資產 + 對外投資 + 其他資產投資 + 營運資本）

該比值越高，說明企業用於滿足未來發展的現金儲備良好；反之，則較差。

（2）現金在投資率指標的解讀與分析

現金再投資率反應經營活動產生的現金流在扣除了股利後有多少留下來，再投入公司用於資產更新和企業發展。為了更全面地瞭解企業的理財情況，該比率也應根據五年或五年以上的平均數計算。

對現金再投資率進行行業比較有著重要的意義。在西方國家，該比率介於7%～11%範圍內通常認為是令人滿意的，但各行業之間是有區別的，即使是同一企業，不同的年份也有區別。如有的年份低一些，可能是因為企業現在處於高速擴張期；有的年份高一些，可能是因為企業現在處於穩定發展期。

9.2.4 現金流量比率解讀與分析應注意的問題

在運用上述財務比率分析現金流量時，還應注意以下三個問題：

（1）不要拘泥於以上有限的財務分析比率，還可以根據公司管理當局的需要適當改善現金流量表，設計更具說服力的指標，獲取其他更有意義的信息。

（2）全面、完整、充分地掌握信息，不僅要充分理解報表上的信息，還要重視公司重大會計事項的揭示及註冊會計師對公司報表的評價報告，甚至還要考慮國家宏觀政策、國際國內政治氣候等方面的影響；不僅要分析現金流量表、還要將資產負債表、利潤表等各種報表有機地結合起來，這樣才能全面而深刻地揭示公司的償債能力、盈

利能力、管理業績和經營活動中存在的成績和問題。

(3) 特定分析與全面評價相結合。報表使用者應在全面評價的基礎上選擇特定項目進行重點分析，如分析公司償債能力的現金流動負債比率，並將全面分析結論和重點分析的結論相互照應，以保證分析結果的有效。

本章小結

本章以現金流量表為主要依據，同時結合資產負債表、利潤表等財務報表，運用相關財務比率指標對償債能力、獲現能力、財務彈性等進行了全面分析。

償債能力分析的實質是企業經營活動產生的現金流量能夠滿足償付債務的需求，衡量的指標有現金流動負債比、現金債務總額比、現金利息保障倍數。這三項指標越高，表明企業清償債務的能力越強，企業的流動性越好。

獲現能力分析即分析企業通過經營活動獲取現金能力的高低。主要通過銷售獲現比率、淨利潤現金保證比率、每股經營現金淨流量、總資產現金回收率指標來衡量。一般而言，上述四項指標越高，表明企業獲取現金的能力越強。

財務彈性是反應企業現金流入滿足流出的程度及利用投資機會的能力，主要通過現金流量充足率、現金再投資比率指標衡量。現金流量充足率反應企業經營活動產生的現金能否滿足自身的需求；現金再投資比率反應經營活動產生的現金（扣除股利後）有多少再投入公司用於資產更新和企業發展。

復習題

1. 現金流量分析的作用是什麼？
2. 獲現能力分析常用的指標有哪些？如何進行分析？
3. 如何進行現金流量的財務質量分析？
4. 已知某公司 2011 年末有關資料為：流動負債 20,000 萬元，非流動負債 50,000 萬元，總資產 200,000 萬元。該公司當期固定資產投資額為 5,000 萬元，存貨增加 200 萬元。該公司 2011 年實現淨利潤 80,000 萬元（其中非經營損益 100,000 萬元，非付現費用 150,000 萬元），分配優先股股利 4,500 萬元，發放普通股現金股利 5,000 萬元。該公司發行在外的普通股股數為 5,000 萬股。2011 年經營活動現金淨流量為 6,000 萬元。

要求：

(1) 計算該公司的現金流動負債比、現金債務總額比、總資產現金回收率、每股經營現金淨流量、淨利潤現金保證比率。

(2) 已知該公司所在行業有關指標的平均值（參照值）如下：現金流動負債比為 0.46，現金債務總額比為 0.37，總資產現金回收率 12%，每股經營現金淨流量 0.41 元，淨利潤現金保證比率 1.26。根據以上參照值和對該公司相關指標的計算結果，對該公司的現金流動性、獲現能力進行簡要分析。

10 資產運用效率的解讀與分析

資產運用效率是企業資產利用的充分性和有效性。其實質是以盡可能少的資產占用、盡可能短的時間週轉,生產盡可能多的產品,創造盡可能多的收入。資產運用效率分析是影響企業財務狀況穩定和獲利能力強弱的關鍵環節。本章重點介紹資產運用效率的各項衡量指標及分析方法,在此基礎上,分析影響資產週轉率的各種因素。

10.1 資產運用效率的解讀與分析的意義

資產運用效率是指資產利用的有效性和充分性。有效性是指使用的產出後果,是一種產出的概念;充分性是指使用的進行,是一種投入概念。資產運用效率考察的是資產使用效果的好壞。資產運用效率的實質是以盡可能少的資產占用、盡可能短的時間週轉,生產盡可能多的產品,創造盡可能多的收入。資產運用效率分析是影響企業財務狀況穩定和獲利能力強弱的關鍵環節,通過分析企業各項資產的週轉情況、規模變化、結構變化,發現並改進企業經營過程中對各項資產的利用效率,從而為提高企業盈利能力和核心競爭力打下良好的基礎。

10.1.1 有利於企業管理層改善經營管理

企業經營者受業主或股東的委託,對其投入企業的資本負有保值增值的責任。他們負責企業的日常經營活動,必須確保公司支付給股東與風險相適應的收益,並能使企業的各項經濟資源得到有效的利用。因此,雖然他們也關心盈利能力,但在財務分析中,他們不僅關心盈利的結構,而且還關心盈利的原因和過程。例如,資產利潤率分析、營運狀況與效率分析、資產結構分析等,通過分析,可以瞭解企業生產經營對資產的需求狀況,可以發現和揭示與企業經營性質、經營時期不相適應的資產結構比例,並根據生產經營的變化,調整資產存量,使資產的增減變動與生產經營規模的變動相適應,促進資產的合理配置,改善財務狀況,提高資金週轉速度。同時,通過資產運用效率分析,還可以為財務決策和財務預算指明方向,為預測財務危機提供必要信息。

10.1.2 有助於投資者進行投資決策

企業的投資者包括企業所有者和潛在投資者,他們進行財務分析的目的是看企業的盈利能力和財務安全性,只有投資者認為企業有良好的發展前景才會保持或增加

投資。

企業資產運用效率分析恰恰有助於判斷企業財務的安全性、資產的保全程度及評估企業的價值創造能力，可用於進行相應的投資決策。首先，企業的安全性與資產結構密切相關，一般來說，企業流動性及變現能力強的資產所占的比重越大，企業的償債能力越強，企業的財務安全性也就越高。其次，要保全所有者或股東的投入資本，除要求在資產的運用過程中，資產的淨損失不得衝減資本金外，還要有高質量的資產作為物質基礎，通過資產結構和資產管理效率分析，可以很好地判斷資本的安全程度。最後，企業的資產結構影響著企業的收益。企業存量資產的週轉速度越快，實現收益的能力越強；存量資產中商品資產越多，實現的收益也越大；商品資產中毛利額高的商品所占比重越高，取得的利潤率越高。良好的資產結構和資產管理效果預示著企業未來收益的能力。

10.1.3 有助於債權人進行信貸決策

從債權人角度來看財務分析的主要目的：一是企業的債權能否及時、足額地收回，即研究企業償債能力大小；二是收益狀況和風險程度是否相適應，即研究企業的盈利能力。而企業的資產運用效率直接影響和關係著企業的償債能力和盈利能力，體現著企業的經營績效資產結構和資產管理效率，對其的分析有助於判明其債權的物資保證程度或安全性，可用來進行相應的信用決策。

短期債權人通過瞭解企業短期資產的數額，可以判明企業短期債權的物質保證程度；長期債權人通過瞭解與長期債務償還期相接近的可實現長期資產，可以判明企業長期債券的物質保證程度。將資產結構與債務結構相聯繫，進行匹配分析，考察企業的資產週轉期限（變現期限）結構與債務的期限結構匹配情況、資產的週轉（變現）實現日結構與債務的償還期結構的匹配情況，以進一步掌握企業的各種結構是否相互適應。

10.1.4 有助於政府管理機構進行宏觀決策

政府及有關管理部門通過對企業資產運用效率的分析，可以判明企業經營是否穩定，財務狀況是否良好；有利於監督各項經濟政策、法規的執行情況；有利於為宏觀決策與調控提供可靠信息。

此外，對於其他與企業具有密切經濟利益關係的部門和單位而言，資產運用效率分析同樣具有重要意義：有助於業務關聯企業判明企業是否有足量合格的商品供應或有足夠的現金支付能力；有助於判明企業的供銷能力及其財務信用狀況是否可靠，以確定可否建立長期穩定的業務合作關係或者所能給予的信用政策的鬆緊度。

總之，資產運用效率分析能夠評價一個企業的經營水平、管理水平，乃至預期它的發展前景，對各個利益主體來說關係重大。

10.2 資產運用效率指標的解讀與分析

如前所述，資產運用效率是資產利用的有效性和充分性。資產運用的有效性需用資產所創造的收入來衡量，因為企業取得資產的目的是為了利用資產賺取盈利。如果資產的利用不為企業增加收入，則資產的運用效率將受到質疑。資產對企業收入的貢獻分為直接和間接兩種方式。例如，企業出售產品實現收入就屬於直接貢獻方式；而固定資產被用來生產產品，產品出售後才能實現收入，此時固定資產對收入的貢獻方式就是間接的，因為這裡取得的收入並不是通過出售固定資產實現的收入。因此，資產的運用效率可以用它們直接或間接創造的收入來衡量，即可用收入和資產的比例關係來衡量。

在計算財務比率指標時，應保持其分子和分母的一致性，但利用收入來衡量資產運用效率時會產生困難。例如，某臺生產設備產生的收入是多少，這是一個很難計量的問題，或者說無法將收入分配於個別資產，這樣就影響了分子和分母的一致性。為瞭解決上述問題，人們選擇個別資產的週轉額來替代銷售收入。例如，計算應收帳款週轉率時，用「賒銷收入」取代銷售收入；計算存貨週轉率時，用「銷售成本」取代銷售收入等。但這樣計算出來的週轉率已經不能反應資產運用的有效性，而是反應資產運用的充分性，或者說是資產的流動性，同時利用這些指標反應資產的運用效率也存在一定的局限。

通常，用於反應資產運用效率的評價指標主要有：總資產週轉率、固定資產週轉率、流動資產週轉率、應收帳款週轉率、存貨週轉率。

10.2.1 總資產週轉率的解讀與分析

10.2.1.1 總資產週轉率指標的計算

總資產週轉率是指企業一定時期的主營業務收入與總資產平均餘額的比率，或稱總資產週轉次數，它表明企業的總資產在一定時期（通常為一年）週轉的次數。

其計算公式為：

總資產週轉率（次數）＝主營業務收入淨額÷總資產平均餘額

總資產平均餘額＝（期初資產總額＋期末資產總額）÷2

主營業務收入淨額＝銷售收入－銷售折讓－銷售折扣－銷售退回

總資產週轉率可用來分析企業全部資產的使用效率。該指標越高，週轉速度越快，表明資產的有效使用程度越高，總資產的營運效率越好，其結果將使企業的償債能力和獲利能力增強；反之，則說明企業利用全部資產進行經營的效率較差，最終影響企業的獲利能力。在實務中，外部報表使用者無法取得「主營業務收入」的數據，可以「營業收入」代替。

總資產週轉率還可用週轉天數來表示，即總資產週轉一次所需要的時間，其計算公式為：

總資產週轉天數＝計算期天數÷總資產週轉率

其中，「計算期天數」取決於實際計算期的長短，為簡便起見，中國通常定為一年，並按360天計算。美國仍按365天計算。

總資產週轉率的高低取決於主營業務收入和總資產平均餘額兩個因素。收入增加或資產減少，都會使總資產週轉率提高。為尋找總資產週轉率提高的途徑，可以將其進行分解。但主營業務收入是不能分解的，而總資產可分解為固定資產、流動資產等，還可進一步分解為單項資產，如應收帳款、存貨等，因此，總資產週轉率可以按資產項目分解成分類資產週轉率和單項資產週轉率。

案例【10-1】某公司2011年12月31日主營業務收入、期初和期末資產總額等數據如表10-1所示，試計算該公司的總資產週轉率與總資產週轉天數。

表10-1　　　　　　　　　　某公司部分財務數據
2011年12月31日　　　　　　　　　單位：人民幣萬元

項目	金額
主營業務收入	132,378.96
期初資產總額	67,128.98
期末資產總額	71,035.86

計算過程（單位：萬元）：

總資產週轉率（次數）＝主營業務收入淨額÷總資產平均餘額

$$=132,378.96 \div [(67,128.98+71,035.86) \div 2]$$

$$\approx 1.92 （次）$$

總資產週轉天數＝計算期天數÷總資產週轉率

$$=360 \div 1.92$$

$$\approx 188 （天）$$

從計算結果可以看出：該企業的總資產週轉率僅為1.92次，總資產週轉天數為188天，很明顯，該企業的總資產效率太低。

10.2.1.2　總資產週轉率的解讀與分析要點

（1）關注計算公式中的分子內容

由於計算總資產週轉率時分母使用總資產平均餘額，儘管每個簡單的平均數按期初和期末數來計算，但是它都需要兩個數據，而計算兩年的比率則需要三年的資產負債表數據。由於年度報告中只包括資產負債表的年初數和年末數，外部報表使用者可直接用資產負債表的年初數來代替上年平均數進行比率分析。這一替代方法也適用於其他的利用資產負債表數據計算的比率。

（2）關注總資產的項目內容

如果企業的總資產週轉率突然上升，而企業的銷售收入卻無多大變化，則有可能是企業本期報廢了大量固定資產造成的，而不是企業的資產利用效率提高。如果企業的總資產週轉率較低，且長期處於較低的狀態，企業應採取措施提高各項資產的利用

效率，處置多餘、閒置不用的資產，提高銷售收入，從而提高總資產週轉率。另外，假如企業資金占用的波動性較大，總資產平均餘額應採用更詳細的資料進行計算，如按照月份計算。

（3）對該指標進行趨勢分析

在進行總資產週轉率分析時，還應結合企業以前年度的實際水平、同行業平均水平進行對比分析，從中找出差距，挖掘企業潛力，提高資產利用效率。

（4）關注總資產週轉率在實務應用中的缺陷

總資產週轉率公式中的分子是指扣除折扣和折讓後的銷售淨額，是企業從事營業活動所取得的收入淨額；而分母是指企業各項資產的總和，包括流動資產、長期股權投資、固定資產、無形資產等。眾所周知，總資產中的對外投資，給企業帶來的應該是投資損益，不能形成銷售收入。可見，公式中的分子、分母口徑不一致，進而導致這一指標前後各期及不同企業之間會因資產結構的不同失去可比性。

10.2.2 流動資產週轉率的解讀與分析

10.2.2.1 流動資產週轉率指標的計算

流動資產週轉率（或稱流動資產週轉次數）是指企業一定時期的主營業務收入與流動資產平均餘額的比率。該指標用於衡量流動資產的運用效率。

其計算公式如下：

流動資產週轉率＝主營業務收入÷流動資產平均餘額

流動資產平均餘額＝（期初流動資產＋期末流動資產）÷2

主營業務收入淨額＝銷售收入－銷售折扣－銷售退回等

同理，也可以計算流動資產週轉天數，用時間表示的流動資產週轉率就是流動資產週轉天數。

其計算公式為：

流動資產週轉天數＝計算期天數÷流動資產週轉率

通常，流動資產週轉率一般不低於12次/年，流動資產週轉天數一般不高於30天為宜。

案例【10－2】某公司2011年12月31日主營業務收入、期初和期末流動資產等數據如表10－2所示，試計算該公司的流動資產週轉率與流動資產週轉天數。

表10－2　　　　　　　　某公司部分財務數據

2011年12月31日　　　　　　單位：人民幣萬元

項目	金額
主營業務收入	132,378.96
期初流動資產	12,320.85
期末流動資產	13,582.75

計算過程（單位：萬元）：

流動資產週轉率（次數）＝主營業務收入淨額÷流動資產平均餘額
＝132,378.96÷〔（12,320.85＋13,582.75）÷2〕
≈10.22（次）

流動資產週轉天數＝計算期天數÷流動資產週轉率
＝360÷10.22
≈35.2（天）

從計算結果可以看出：該企業的流動資產週轉率為10.22次，流動資產週轉天數為35.2天，很明顯，該企業的流動資產效率處在一般水平。

10.2.2.2 流動資產週轉率的解讀與分析要點

（1）關注流動資產的盈利性

流動資產是企業生產經營必須墊支的資產，具有流動性強、風險較小的特點，其獲利能力一般比固定資產低，但它具有到期償還債務的能力。因此，它占用量過高、過低都會給企業帶來不利影響，這就要求企業應該有一個穩定的流動資產數額，並在此基礎上提高流動資產的運用效率。

（2）對該比率進行趨勢分析

企業在進行流動資產週轉率分析時，也應當以企業以前年度水平、同行業平均水平為標準進行對比分析，促使企業採取措施擴大銷售，提高流動資產的綜合使用效率。

10.2.3 固定資產週轉率的解讀與分析

10.2.3.1 固定資產週轉率指標的計算

固定資產週轉率是指企業一定時期的主營業務收入與固定資產平均淨值的比率。該指標用於衡量固定資產的運用效率。

其計算公式如下：

固定資產週轉率＝主營業務收入淨額÷固定資產平均淨值

固定資產平均淨值＝（期初固定資產淨值＋期末固定資產淨值）÷2

主營業務收入淨額＝銷售收入－銷售折扣－銷售退回等

固定資產週轉天數＝計算期天數÷固定資產週轉率

一般固定資產週轉率越高，表明固定資產週轉速度越快，企業固定資產投資得當，固定資產結構分佈合理，企業固定資產的運用效率越高，營運能力較強；反之，則表明企業固定資產利用效率不高，固定資產擁有數量過多，設備閒置沒有充分利用，固定資產的營運能力較差。

案例【10－3】某公司2011年12月31日主營業務收入、期初和期末固定資產淨值等數據如表10－3所示，試計算該公司的固定資產週轉率與固定資產週轉天數。

表 10－3　　　　　　　　　　　某公司部分財務數據

2011 年 12 月 31 日　　　　　　　　　　單位：人民幣萬元

項目	金額
主營業務收入	132,378.96
期初固定資產淨值	19,327.90
期末固定資產淨值	18,635.23

計算過程（單位：萬元）：

固定資產週轉率（次數）＝主營業務收入淨額÷固定資產平均餘額

　　　　　　　　　　＝132,378.96÷［（19,327.9＋18,635.23）÷2］

　　　　　　　　　　≈6.97（次）

固定資產週轉天數＝計算期天數÷固定資產週轉率

　　　　　　　　＝360÷6.97

　　　　　　　　≈51.6（天）

從計算結果可以看出：該企業的固定資產週轉率為6.97次，固定資產週轉天數為51.6天，很明顯，該企業的固定資產資產營運效率尚可。

10.2.3.2 固定資產週轉率的解讀與分析要點

（1）對固定資產淨值的計算分析

運用固定資產週轉率指標進行分析時，即使是同樣的固定資產，由於運用的是固定資產淨值，因企業採用的折舊方法和使用年限不同，會導致不同的固定資產帳面淨值，從而影響固定資產週轉率指標，造成該指標的人為差異。另外，企業的固定資產一般採用歷史成本記帳，在企業的固定資產、銷售情況都並未發生變化的情況下，也可能由於通貨膨脹導致物價上漲等因素而使銷售收入虛增，導致固定資產週轉率提高，而實際上企業的固定資產效能並未增加。

（2）對固定資產營運效率的正確評估

即使主營業務收入不變，由於固定資產淨值逐年減少，固定資產週轉率會呈現自然上升趨勢，但這並不是企業經營努力的結果。一般而言，固定資產的增加通常不是漸進的，而是陡然上升的，這會導致固定資產週轉率的變化。

10.2.4 應收帳款週轉率的解讀與分析

10.2.4.1 應收帳款週轉率指標的計算

應收帳款週轉率是指企業一定時期商品賒銷收入淨額與應收帳款平均餘額的比率，或稱應收帳款週轉次數。

其計算公式為：

應收帳款週轉率＝商品賒銷收入淨額÷應收帳款平均餘額

式中：

商品賒銷收入淨額＝銷售收入－現銷收入－銷售退回－銷售折扣與折讓－壞帳準備

應收帳款平均餘額＝（期初應收帳款＋期末應收帳款）÷2

財務比率指標要求分子和分母的計算口徑一致，所以公式中的分子用「商品賒銷收入淨額」，分母的應收帳款數額應包括資產負債表中的「應收帳款」與「應收票據」等全部賒銷款項。

應收帳款週轉率是反應企業應收帳款變現速度與管理效率高低的指標。一定時期內，應收帳款週轉率越高，週轉次數越多，表明應收帳款回收速度越快；反之，應收帳款週轉率較低，表明企業應收帳款的管理效率較低。

應收帳款週轉率也可用應收帳款週轉天數表示。應收帳款週轉天數也稱平均收現期，是指企業自商品或產品銷售出去開始至應收帳款收回為止經歷的時間。

其計算公式為：

應收帳款週轉天數＝計算期天數／應收帳款週轉率

＝應收帳款平均餘額×計算期天數÷賒銷收入淨額

相對於週轉次數，應收帳款週轉天數更容易理解，也更有意義。應收帳款週轉天數越短，表明企業應收帳款變現的速度越快，企業資金被外單位占用的時間越短，管理工作的效率越高。通過應收帳款週轉天數的比較，可以更好地分析應收帳款的回收速度。通常，該比率高於12次/年則表示公司應收帳款良好。

案例【10－4】某公司2011年12月31日商品賒銷收入、期初和期末應收帳款餘額等數據如表10－4所示，試計算該公司的應收帳款週轉率與應收帳款週轉天數。

表10－4　　　　　　　　某公司部分財務數據

2011年12月31日　　　　　　　　單位：人民幣萬元

項目	金額
商品賒銷收入	49,572.35
期初應收帳款	2,468.26
期末應收帳款	3,215.98

計算過程（單位：萬元）：

應收帳款週轉率（次數）＝商品賒銷收入淨額÷平均應收帳款餘額

＝49,572.35÷[（2,468.26＋3,215.98）÷2]

≈17.44（次）

應收帳款週轉天數＝計算期天數÷應收帳款週轉率

＝360÷17.44

≈20.6（天）

從計算結果可以看出：該企業的應收帳款週轉率為17.44次，應收帳款週轉天數為20.6天，很明顯，該企業的應收帳款管理狀況良好。

10.2.4.2 應收帳款週轉率的解讀與分析要點

(1) 實務中對計算公式中分母的選擇

實務中計算應收帳款週轉率時使用「營業收入」，原因是外部報表使用者不能取得企業的賒銷數額，因為，在市場經濟條件下，賒銷活動屬於商業機密，不要求企業在報表中披露賒銷額。但外部報表使用者應注意指標的一貫性和可比性。

(2) 特殊情況對該比率的影響性分析

有些因素會對應收帳款週轉率的計算產生影響。如季節性經營的企業使用該指標時不能反應實際情況；大量使用分期付款結算方式的企業會高估該指標；企業年初、年末銷售額升降幅度很大時會影響指標的準確性；當兩個企業計提壞帳準備的方法和比例有很大差異時，它們的應收帳款週轉率便不具有可比性。

(3) 應評估客戶的信用狀況

在分析應收帳款週轉率時應考慮應收帳款週轉期與企業信用期限的比較，還可以評價客戶的信用程度及企業原定的信用條件是否適當。應收帳款週轉期增加，就需要相應的資金來負擔額外的應收帳款。因此，應收帳款週轉期的延長與企業借款規模的擴大往往並存。如果應收帳款週轉期增加，其原因很多，可能是企業信用失去控制，也可能是擴大信用政策的結果，還可能是客戶發生了財務困難等。

(4) 對計算公式中分子的選擇

在利用上述公式計算應收帳款週轉率時，由於應收帳款是一個時點指標，易於受季節性、偶然性和人為因素的影響，應收帳款餘額的波動性較大。為了使應收帳款週轉率盡可能地接近實際值，應盡量使用更詳盡的計算資料，如按季或按月計算應收帳款平均餘額。

(5) 對行業因素的分析

應收帳款是平均數，它在某些情況下可能被曲解，同時也必須考慮行業因素。週轉期增加可能是由於少數債務大戶比其他賒銷債務人付款期長，這樣計算出的數字就無法代表大多數債務人的清帳期。所以在進行分析時，應查清具體原因，才能採取相應的糾正措施。

(6) 正確理解該比率

應收帳款週轉率指標並非越高越好。過高的應收帳款週轉率可能是企業的信用政策、付款條件過於苛刻，其結果是限制企業銷售的增長，從而影響企業的獲利能力。

(7) 對該比率存在的局限性分析

應收帳款週轉率在實際運用中也存在缺陷：應收帳款週轉率公式中的分子為賒銷收入淨額，它表示企業當期發生的賒銷淨額，表現為經營資金週轉過程中從「存貨」到「應收帳款」這一環節的數據；但應用該數據計算應收帳款週轉率時，得出的結論可能有問題。當企業的應收帳款的收回體現出比較正常的狀況時，即當企業發生的應收帳款增加額與收回的應收帳款數額差異不大時，現有的計算公式尚能反應出企業的應收帳款的週轉情況；但當企業的應收帳款發生異常的波動時，現有的計算公式就會大大地「拉平」這種波動，從而歪曲現實情況。

10.2.5 存貨週轉率的解讀與分析

10.2.5.1 存貨週轉率指標的計算

存貨週轉率是指一定時期主營業務成本與存貨平均餘額的比率，也稱存貨週轉次數。該指標用於衡量企業的銷售能力和存貨週轉速度。

其計算公式為：

存貨週轉率 = 主營業務成本 ÷ 存貨平均餘額

存貨平均餘額 = （期初存貨餘額 + 期末存貨餘額）÷ 2

存貨週轉率反應存貨的週轉速度，它是衡量和評價企業購入存貨、投入生產、銷售收回等各環節管理狀況的綜合性指標。存貨週轉率指標的好壞反應企業存貨管理水平的高低，它影響到企業的短期償債能力，是整個企業管理的一項重要內容。一般來講，存貨週轉率速度越快，存貨的占用水平越低，流動性越強，存貨轉換為現金或應收帳款的速度越快。因此，提高存貨週轉率可以提高企業的變現能力。

存貨週轉率還可以用週轉天數來衡量。存貨週轉天數是指存貨週轉一次所需要的時間。

其計算公式為：

存貨週轉天數 = 計算期天數 ÷ 存貨週轉率

同理，相對於週轉次數，存貨週轉天數更容易理解，也更有意義。通過比較存貨週轉天數，可以更直觀地分析存貨變現速度的快慢。

一般來說，該比率高於 12 次或低於 30 天均表示存貨控制狀況良好。

案例【10-5】某公司 2011 年 12 月 31 日商品賒銷收入、期初和期末存貨等數據如表 10-5 所示，試計算該公司的存貨週轉率與存貨週轉天數。

表 10-5　　　　　　　　　某公司部分財務數據
2011 年 12 月 31 日　　　　　　單位：人民幣萬元

項目	金額
主營業務成本	93,181.39
期初存貨	4,886.35
期末存貨	5,267.38

計算過程（單位：萬元）：

存貨週轉率（次數）= 主營業務成本 ÷ 平均存貨
　　　　　　　　　= 93,181.39 ÷ [（4,886.35 + 5,267.38）÷ 2]
　　　　　　　　　≈ 18.35（次）

存貨週轉天數 = 計算期天數 ÷ 存貨週轉率
　　　　　　 = 360 ÷ 18.35
　　　　　　 ≈ 19.6（天）

從計算結果可以看出：該企業的存貨週轉率為 18.35 次，存貨週轉天數為 19.6 天，很明顯，該企業的存貨管理狀況良好。

10.2.5.2 存貨週轉率的解讀與分析要點

(1) 存貨週轉率有兩種計算方式的分析

一是以成本為基礎的存貨週轉率，即上述計算存貨週轉率的公式，主要用於流動性分析；二是以收入為基礎的存貨週轉率，即一定時期的主營業務收入與存貨平均餘額的比率，主要用於盈利性分析。

(2) 從該比率分析其存貨管理狀況

存貨週轉速度的快慢，不僅反應企業採購、儲存、生產、銷售各環節管理工作的好壞，而且對企業的償債能力會產生決定性的影響。因此，通過對存貨週轉率的分析，有利於找出存貨管理中存在的問題，盡可能降低資金占用水平。此外，存貨是流動資產的重要組成部分，其質量和流動性對企業流動比率具有舉足輕重的影響，並進而影響企業的短期償債能力。故一定要加強存貨管理，以提高其變現能力。

(3) 要對存貨週轉率的大小作出合理的判斷

一方面，存貨週轉率指標較低，是企業經營情況欠佳的一種表現，它可能是由於企業存貨中出現殘次品、存貨不適應生產銷售需要、存貨投資資金過多等原因造成的；另一方面，存貨週轉率指標較高，也不能完全說明企業的存貨狀況很好，也可能是由於企業存貨資金投入少，使存貨儲備不足而影響生產或銷售業務的進一步發展；此外，存貨週轉率的提高還可能是由於企業提高了銷售價格而存貨成本並未改變等原因。分析時應結合具體情況。

(4) 對經營環境進行相關分析

如果企業的生產經營活動具有很強的季節性，則年度內各季度的銷售成本與存貨都會有較大幅度的波動。因此，為了客觀反應企業的營運狀況，平均存貨應按月份或季度餘額計算。即先求出各月份或各季度的平均存貨，然後再計算全年的平均存貨。另外，在分析存貨週轉速度的具體原因時，企業應當進一步考察存貨的構成，通過比較、分析存貨的內部結構及影響存貨週轉速度的重要項目，查找影響存貨利用效果的具體原因。

10.2.6 營業週期的解讀與分析

10.2.6.1 營業週期指標的計算

營業週期是指從取得存貨開始到銷售存貨收回現金為止的這段時間。

其計算公式如下：

營業週期 = 存貨週轉天數 + 應收帳款週轉天數

營業週期的長短取決於存貨週轉天數和應收帳款週轉天數。該指標表明，需要多長的時間能將期末存貨全部變為現金。營業週期越短，說明資金週轉速度越快；營業週期越長，說明資金週轉速度越慢。

案例【10-6】根據上述案例計算該公司的營業週期。

計算過程：

營業週期 = 存貨週轉天數 + 應收帳款週轉天數

= 19.6 + 20.6

= 40.2（天）

從計算結果可以看出：該企業的營業週期為40.2（天），該企業的營業週期並不具有競爭力（越短越好，最好小於10天）。

10.2.6.2 營業週期的解讀分析要點

（1）對存貨的計價方式進行分析

不同企業對存貨的計價方法會存在較大差異，不同的存貨計價方法會導致不同的期末存貨價值，從而會縮短或延長存貨週轉天數。因而，會影響營業週期的長短。

（2）對壞帳準備的提取方法及比例進行分析

根據中國現行制度規定，企業可自行確定壞帳準備的提取方法、提取比例，從而會使不同企業之間的應收帳款週轉天數的計算結果產生差異。因而，也會影響營業週期的長短。

（3）注意帳款分析中的分母的數據選擇

外部報表使用者通常只能根據銷售淨額而非賒銷淨額計算應收帳款週轉天數。在存在大量現金銷售的情況下，就會誇大應收帳款週轉率，縮短應收帳款的週轉天數，進而會縮短企業的營業週期。

10.2.7 影響資產週轉率的因素分析

影響資產週轉率的因素，除了上述資產負債表和利潤表中的相關指標外，有一些表外因素也會影響資產週轉速度的快慢，對這些表外影響因素進行分析，可以更客觀地評價資產運用效率，並有針對性地改善資產的使用效率，加速資產週轉。

10.2.7.1 企業所處行業及其經營背景不同，會導致不同的資產週轉率

不同的行業有不同的資產占用，如製造業可能需占用大量的原材料、在產品、機器、設備、廠房等，其資產占用量越大，資產週轉相對越慢，但在服務業，尤其是勞動密集型或知識型的服務業，企業除了人力資源，其他資源幾乎很少涉及，因此這類行業的總資產占用較少，其資產週轉速度相對較快。企業的經營背景不同，其資產週轉也會呈現不同趨勢：越是落後的、傳統的經營和管理，其資產週轉可能相對越慢；相反，在現代經營和管理背景下，各種先進的技術手段和理念的運用，可以有效地提高資產運用效率，加速資產週轉率。

10.2.7.2 企業營業週期長短不同，會導致不同的資產週轉率

營業週期的長短對資產週轉率有重要影響：營業週期越短，資產的流動性相對越強，在同樣時期內實現的銷售次數越多，銷售收入的累積額相對越大，資產週轉相對越快；反之亦然。

10.2.7.3 企業資產的構成及其質量不同，也將導致不同的資產週轉率

在資產總額構成中，按其變現速度及其價值轉移形式不同，分為流動資產和非流動資產；按其占用期限不同，分為短期資產和長期資產。就理論上而言，流動資產通常屬於短期資產，非流動資產通常屬於長期資產。但在實務中，由於主觀或客觀的原因，某些流動資產長時間無法改變其占用形態，如超齡應收帳款、超儲積壓存貨等，不再具有較強的流動性，則已轉化為實質上的長期資產。企業在一定時點上的資產總量，是企業取得收入和利潤的基礎。然而，當企業的長期資產、固定資產占用過多或出現有問題資產、資產質量不高時，就會形成資金積壓、資產流動性低下，以致營運資本不足；另一方面，流動資產的數量和質量通常決定著企業變現能力的強弱，而非流動資產的數量和質量則通常決定著企業的生產經營能力。非流動資產只有伴隨著產品或商品的銷售才能形成銷售收入。在資產總量一定的情況下，非流動資產所占的比重越大，企業所實現的週轉價值越小，資產的週轉速度也就越慢；反之亦然。

10.2.7.4 資產管理的力度和企業採用的財務政策不同，也將導致不同的資產週轉率

資產管理力度不同，會有較大的資產構成和資產質量差異，資產管理力度越大，擁有越合理的資產結構和越優良的資產質量，資產週轉率越快；反之則越慢。企業所採用的財務政策，決定著企業資產的帳面占用總量，如折舊政策決定固定資產的帳面價值，信用政策決定應收帳款的占用量等，因此，它自然會影響資產週轉率：當企業的其他資產不變時，採用快速折舊政策可減少固定資產帳面淨值，從而提高資產週轉率。信用政策的影響是：越是寬鬆的信用政策，導致應收帳款的占用越多，尤其是當它對銷售的促進作用減弱時，資產的週轉速度就越慢。

總之，資產週轉率受諸多因素的影響。通過對這些因素的分析和瞭解，一方面告訴我們不同行業、不同經營性質和經營背景的企業，其資產週轉率不能比較，或者說比較的意義很小。即使在同行業、同類型企業之間進行比較，也應注意它們在資產構成、財務政策等方面是否存在差異，如果有差異則應將其影響剔除後才能得到較客觀的比較結論。另一方面，我們也瞭解到：加大資產管理力度，合理安排資產結構，提高資產的質量，選擇有利的財務政策，可以提高資產管理效率，加速資產週轉。

本章小結

本章從資產運用效率的衡量入手，重點研究了資產運用效率各種衡量指標的含義、計算公式及分析要點，在此基礎上，進一步分析了影響資產運用效率的因素。

資產運用效率是資產運用和管理效果的重要體現。資產運用效率高，其週轉速度就會提高。因此，通常使用資產週轉率指標衡量資產運用效率的好壞。資產週轉率指標主要包括應收帳款週轉率、存貨週轉率、流動資產週轉率、固定資產週轉率及總資產週轉率。這些指標通常採用主營業務收入淨額與相關營運資產的平均餘額之比。一般而言，週轉率指標越大，表明資產的運用效率越高，資產管理效果越好；反之，則表明資產的運用效率低下。但不能一概而論，還應結合企業的具體情況分析。

在對資產運用效率進行評價時，除應用各種資產週轉率指標外，還有一些因素會影響到資產運用效率的好壞，如企業所處行業及其經營背景、企業經營週期的長短、企業資產的構成及其質量、資產管理的力度及企業的財務政策等。另外，為了正確評價資產運用效率的好壞，還要結合企業歷史情況、同業平均水平等加以分析，以便尋找差距，提高資產運用效率。

復習題

1. 資產運用效率分析常用的指標有哪些？分別怎樣評價？
2. 分析應收帳款週轉率應注意哪些問題？
3. 分析存貨週轉率應注意哪些問題？
4. 哪些因素對總資產週轉率有影響？
5. 什麼是流動資產週轉率？有何作用？
6. 什麼是固定資產週轉率？有何作用？
7. 某公司年初存貨為90,000元，年初應收帳款為76,200元；年末流動比率為2：1，速動比率為1.5：1，存貨週轉率為4次，流動資產合計為16,200元。

要求：

（1）計算公司本年銷貨成本。

（2）如公司本年銷售淨收入為936,600元，除應收帳款外，其他速動資產忽略不計，則應收帳款週轉次數是多少？

（3）該公司的營業週期是多長？

8. 某企業連續三年的資產負債表相關資產項目的數額如表10-6所示。

表10-6　　　　　　　　　　資產負債表　　　　　　　　單位：人民幣萬元

項目	2009年末	2010年末	2011年末
應收帳款	512	528	520
存貨	480	477	485
流動資產	1,250	1,340	1,430
固定資產	1,750	1,880	1,800
資產總額	3,992	4,225	4,235

已知2011年主營業務收入額為4,800萬元，比2010年增長20%，其主營業務成本為3,850萬元，比2010年增長18%。

要求：計算該企業2010年和2011年的應收帳款週轉率、存貨週轉率、營業週期、流動資產週轉率、固定資產週轉率及總資產週轉率，並對該企業的資產運用效率進行評價。

11 財務報表的結構性分析

前面章節是通過某個時期的財務報表進行的單獨性分析、財務比率的單項性分析，本章主要介紹基於資產負債表的資本結構、資產結構及兩者匹配關係的分析，利潤表及現金流量表的結構性分析。

11.1 資產負債表的資本結構的分析

11.1.1 資產負債表的資本結構的含義

資本結構有廣義概念與狹義概念之分。廣義的資本結構是指企業全部資本的構成及其比例關係，全部資本既包括長期資本，也包括短期資本；狹義的資本結構是指企業各種長期資本的構成及其比例關係。本章中分析的主要是廣義的資本結構，即除了分析流動負債、非流動負債、所有者權益各項目資本內部構成情況外，還分析債務資本與所有者權益資本的比例變動情況。在中國，由於目前企業的流動負債比例很大，如果單純從長期資本的角度分析，難以得出正確的結論，因而從廣義上理解資本結構的概念更有現實意義。

在分析企業的長期償債能力時，資本結構問題是十分重要的，資本結構分析是判斷企業長期償債能力的一個重要因素。對企業債權人而言，資本結構分析的主要目的是判斷其自身債權的償還保證程度，即確認企業能夠按期還本付息；對企業投資人而言，資本結構分析的主要目的是判斷自身所承擔的終極風險與可能獲得的財務槓桿利益，以確定投資決策；對企業的經營者來說，資本結構分析的主要目的是優化資本結構和降低資本成本。

在企業的資金來源中，負債的比重越高，企業不能如期償還債務本金、支付債務利息的可能性就越大，財務風險就越大；反之，所有者權益的比重越高，企業的穩定性越強，對債務的保證程度越高，財務風險越低。同時，負債的比重越高，企業的資本成本就越低。因此，安排最佳的資本結構，就是要權衡負債與所有者權益的風險和成本，找到恰當的均衡點。

11.1.2 最佳資本結構的影響因素

一般認為，最佳資本結構的理論標準主要有兩條：第一，不同來源的資金籌集成本和使用成本都較低，綜合的加權平均資金成本最低。第二，股東財富最大，企業市

場價值最大。此外,盡量使企業獲取資金的數量更充足,以確保企業生產經營和發展的需要以及企業財務風險較小也是評價最優資本結構的輔助條件。事實上,企業最佳資本結構受多種因素的影響。由於企業面臨的內外部環境總是不斷變化和發展的,同一個企業在不同的資本市場、不同的時期,最佳資本結構的表現都不會相同。影響最佳資本結構的因素通常可以有宏觀和微觀兩大方面。

11.1.2.1 宏觀因素分析

(1) 經濟週期分析

在市場經濟條件下,任何國家的經濟都既不會長時間地增長,也不會較長時間地衰退,而是在波動中發展的,這種波動大體上呈現出服務、繁榮、衰退和蕭條的階段性週期循環。一般而言,在經濟衰退、蕭條階段,由於整個宏觀經濟不景氣,多數企業經營舉步維艱,財務狀況常常陷入困境,企業應盡可能壓縮負債,甚至採用「零負債」策略。而在經濟復甦、繁榮階段,由於經濟走出低谷,市場供求趨旺,大部分愜意銷售順暢,利潤上升,企業應果斷增加負債,迅速擴大規模,不能為了保持資本成本最小而放棄良好的發展機遇。

(2) 國家各項宏觀經濟政策。國家通過貨幣、稅收及影響企業發展環境的各種政策來調控宏觀經濟,也間接影響著企業的資本結構狀況。例如,稅收政策決定了不同的行業可能施行不同的稅率,在某些所得稅稅率極低的行業,財務槓桿的作用不大,舉債籌資帶來的減稅好處不多,負債資金比重就較小;反之,某些所得稅稅率較高的行業,財務槓桿的作用較大,舉債籌資帶來的減稅好處就多,因此這類企業宜選擇負債資金比重大的資本結構。

(3) 金融市場因素。現代企業籌措資金與金融市場密不可分,不論是向銀行借款,還是發行債券或股票,金融市場的發育程度和運行態勢將在一定程度上制約企業的籌資行為和資本結構。如果一個國家貨幣市場相對資本市場來說發達、健全,或者是股票市場正處於低迷狀況,企業可以適當提高負債的比重,以期達到最優資本結構。此外,日期發展的金融市場催生了各種新的金融工具,如可轉換企業債券、兼具債券和股票雙重特性,對最優資本結構的影響更為複雜。

(4) 行業差別因素。不同行業的生產經營具有不同的特點,相應的最優資本結構也有較大差異,主要體現在以下兩方面:第一,企業所處行業競爭程度。一個行業的競爭度越高,企業的數量越多,且進入市場壁壘越低,則任何一個企業控制行業與市場的能力越弱,其面臨的不確定性與市場風險也就越大,企業所受到的約束也就越強。為了抵禦風險,求得穩定發展,這些企業往往採取低負債與高累積的資本結構策略。第二,行業生命週期。處於不同生命週期階段的行業經營風險等級也不相同,伴隨著企業成長週期而發生的信息約束條件、企業規模和資金需求量均是企業最優資本結構的重要因素。

11.2.1.2 微觀因素分析

(1) 企業的資金成本

在市場經濟條件下,資金的籌措和使用都不是無償的。但從資金成本上看,普通股的成本最高,優先股成本次之,債券成本再次之,銀行借款成本最低。事實上,企

業不可能只依靠單一的資金來源和方式進行融資，而是採用多種籌資方式組合而成，這樣，綜合資金成本的高低就成為企業進行資本結構決策和選擇最優資本結構的重要因素。

（2）企業的資產結構

企業的資產結構是構成企業全部資產的各個組成部分在全部資產中的比例。不同類型的企業具有不同的資產結構，不同的資產結構會影響融資的渠道和方式，進而形成不同的資本結構。例如，企業持有的資產中固定資產較多，則需考慮固定資產具有投資大、投資回收期長的特點，一般應通過長期借款和發行股票籌集資金；高科技行業的企業負債較少，一般採用股權資本融資方式。

（3）企業要根據自己的償債能力來決定其資本結構中的債務資本比例。企業通過流動比率、速動比率、資產負債表、利息保障倍數等指標的分析得知企業的償債能力相當強，則可在資本結構中適當加大負債的比率，以充分發揮財務槓桿作用，增加企業的盈利。相反，如果企業的償債能力較弱，就不應該過度負債，而應該多考慮發行股票等權益性資本的融資方式。

（4）經營風險和財務風險

經營風險是指與企業經營相關的風險，它是由於企業生產經營上的原因而給企業息稅前利潤帶來的不確定性。財務風險只發生在負債企業，就其產生的原因來看分為現金性財務風險和收支性財務風險。當企業負債經營時，不論利潤多寡債務利息總是固定不變的，當利潤增加時，每一元利潤所負擔的利息就會相對減少，從而使投資者收益有更大幅度的提高，反之亦然。因此，在資本總額、息稅前盈餘相同的情況下，負債比例越高，財務槓桿系數越高，財務風險也越大。如果企業同時利用經營槓桿和財務槓桿，則同時存在經營風險和財務風險。

11.1.3 資本結構的具體分析

11.1.3.1 資產結構的具體分析

（1）流動資產結構變動分析

所謂流動資產結構變動分析是指選取不同時期流動資產的各個項目，通過計算構成流動資產的各項目在流動資產總額中的比重及其變動的差異，根據結構比及其變動差異進行相關分析。

案例【11-1】：某公司2011年度的流動資產如下表11-1所示。

表11-1　　　　　　某公司2011年度流動資產變動分析表　　　　單位：人民幣萬元

項目	2011年初	結構比（%）	2011年末	結構比（%）	結構差額（%）
列次	①	②	③	④	⑤=④-②
貨幣資金	3,967.43	32.20	4,359.23	32.09	-0.11
交易性金融資產	2,20.72	1.79	160.58	1.18	-0.61

表11－1(續)

項目	2011年初	結構比（％）	2011年末	結構比（％）	結構差額（％）
應收票據	6,48.59	5.26	490.35	3.61	－1.65
應收帳款	2,468.26	20.03	3,215.98	23.68	＋3.64
其他應收款	129.50	1.05	89.23	0.66	－0.39
存貨	4,886.35	39.67	5,267.38	38.78	－0.88
流動資產合計	12,320.85	100.00	13,582.75	100.00	0.00

（註：流動資產結構比的計算是指將某項流動資產除以流動資產總額的比值。如：2011年年初的貨幣資金結構比＝2011年初貨幣資金金額3,967.43萬元÷2011年初流動資產總額12,320.85萬元＝32.20％）。

通過上表計算表明：該公司2011年末與年初的流動資產結構均發生了變化，其中流動資產中的貨幣資金、交易性金融資產、應收票據、其他應收款、存貨均有不同程度的下降，並分別減少了0.11％、0.61％、1.65％、0.39％、0.88％；而唯一發生增長性變化的流動資產為應收帳款項目，其增加了3.64％。從該公司流動資產結構的變化可以看出，該公司經過一年的營運，現金支付能力不但沒有得到提升，反而有所下降；儘管存貨有一定程度的下降，但該公司在銷售庫存後沒有及時得到貨款的回收，這在一定程度上增加了公司應收帳款的風險；另外，公司的其他應收款得到了一定程度的控制與改善。

（2）非流動資產結構變動分析

所謂非流動資產結構變動分析是指選取不同時期非流動資產的各個項目，通過計算構成非流動資產的各項目在非流動資產總額中的比重及其變動的差異，根據結構比及其變動差異進行相關分析。

案例【11－2】：某公司2011年度的非流動資產如表11－2所示。

表11－2　　　　　某公司2011年度非流動資產變動分析表　　　　單位：人民幣萬元

項目 列次	2011年初 ①	結構比（％） ②	2011年末 ③	結構比（％） ④	結構差額（％） ⑤＝④－②
可供出售金融資產	10,923.45	19.93	12,579.43	21.90	＋1.97
長期股權投資	17,635.23	32.18	20,532.19	35.74	＋3.56
固定資產淨額	19,327.90	35.26	18,635.23	32.43	－2.83
在建工程	896.32	1.64	589.23	1.03	－0.61
生產性生物資產	233.47	0.43	189.47	0.33	－0.10
無形資產	4,329.04	7.90	3,828.90	6.66	－1.24
開發支出	536.78	0.98	348.92	0.61	－0.37
長期待攤費用	90.35	0.16	70.46	0.12	－0.04
遞延所得稅資產	835.59	1.52	679.28	1.18	－0.34

表11－2(續)

項目	2011年初	結構比（%）	2011年末	結構比（%）	結構差額（%）
非流動資產合計	54,808.13	100.00	57,453.11	100.00	0.00

（註：流動資產結構比的計算是指將某項非流動資產除以非流動資產總額的比值。如：2011年年初的可供出售金融資產結構比＝2011年初可供出售金融資產金額10,923.45萬元÷2011年初非流動資產總額54,808.13萬元＝19.93%）。

通過上表計算表明：該公司2011年末與年初的非流動資產結構均發生了變化，其中非流動資產中除可供出售金融資產和長期股權投資兩項非流動資產獲得增長外，其他的非流動資產均出現了不同程度的下降，而這些非流動資產的下降大部分均系正常發生情況，由於這些非流動資產系消耗性資產，這些消耗雖然屬於利潤扣除項目，但最終將從銷售價格中得到補償。值得注意的是，該公司的長期股權投資及可供出售金融資產的結構變動分別為1.97%、3.56%，這表明公司除關注企業日常營運管理之外，還必須加強長期股權投資和可供出售金融資產的管理，避免投資出現失誤或可供出售金融資產出現減值現象。

(3) 總資產結構變動分析

所謂總資產結構變動分析是指選取不同時期流動資產與非流動資產項目，通過計算構成流動資產與非流動資產在資產總額中的比重及其變動的差異，根據結構比及其變動差異進行相關分析。

案例【11－3】某公司2011年度的總資產數據如表11－3所示。

表11－3　　　　　某公司2011年度總資產變動分析表　　　　單位：人民幣萬元

項目 列次	2011年初 ①	總結構比（%） ②	流動與非流動比值（倍）	2011年末 ③	總結構比（%） ④	流動與非流動比值（倍）	總結構差額（%） ⑤＝④－②
貨幣資金	3,967.43			4,359.23			
交易性金融資產	220.72			160.58			
應收票據	648.59			490.35			
應收帳款	2,468.26			3,215.98			
……	…			…			
流動資產合計	12,320.85	18.35		13,582.75	19.12		＋0.77
可供出售 金融資產	10,923.45			12,579.43			
長期股權投資	17,635.23			20,532.19			
固定資產淨額	19,327.90			18,635.23			
……	…			…			

表11-3(續)

項目	2011年初	總結構比（%）		2011年末	總結構比（%）		總結構差額（%）
非流動資產合計	54,808.13	81.65	4.45	57,453.11	80.88	4.23	-0.77
資產合計	67,128.98	100.00		71,035.86	100.00		

（註：總資產結構比的計算是指將構成總資產的流動資產或非流動資產除以資產總額的比值。如：2011年初的流動資產結構比＝2011年初流動資產金額12,320.85萬元÷2011年初資產總額67,128.98萬元＝18.35%）。

通過上表計算表明：該公司2011年末與年初的總資產結構均發生了一定程度的變化，從2011年年初到2011年末，該公司的流動資產的結構比增加了0.77%，其非流動負債的結構比下降了0.77%；但尤其值得注意的是該公司不論在年初或年末，其總資產結構中高達80%以上的資產屬於非流動資產，這極大約束了公司資產的流動性，儘管流動資產對公司的盈利能力比固定資產的盈利能力相對較弱，但過高結構差異（流動與非流動比值＝非流動負債結構比/流動負債結構比；通過計算得知2011年初非流動資產與流動資產比值為4.45倍；2011年末非流動資產與流動資產比值為4.23倍）依然嚴重影響了營運資本的盈利能力；同時，公司的變現能力、償債能力均受到高非流動資產的制衡，呈現出弱償債能力。

11.2　負債結構的具體分析

所謂負債結構的具體分析是指將構成負債的各個項目與負債總額的比值，通過計算各個項目在負債中的比重及其變動的差異，根據結構比及其變動差異進行相關分析。負債結構的具體分析包括流動負債結構變動分析、非流動負債結構變動分析及總負債結構變動分析三種。

11.2.1　流動負債結構變動分析

所謂流動負債結構變動分析是指選取不同時期流動負債的各項目，通過計算構成流動負債的各項目在流動負債中的比重及其變動的差異，根據結構比及其變動差異進行相關分析。

案例【11-4】某公司2011年度的流動負債如表11-4所示。

表11-4　　　　　某公司2011年度流動負債變動分析表　　　　單位：人民幣萬元

項目	2011年初	結構比（%）	2011年末	結構比（%）	結構差額（%）
列次	①	②	③	④	⑤＝④-②
短期借款	4,000.00	49.66	4,500.00	53.55	+3.89
應付票據	169.43	2.10	248.32	2.96	+0.86

表11-4(續)

項目	2011年初	結構比（%）	2011年末	結構比（%）	結構差額（%）
應付帳款	1,569.36	19.48	1,658.23	19.74	+0.26
預收帳款	968.12	12.02	320.90	3.82	-8.20
應付職工薪酬	208.40	2.59	256.65	3.05	+0.46
應交稅費	236.42	2.94	290.45	3.46	+0.52
應付利息	123.90	1.54	78.93	0.94	-0.60
應付股利	689.26	8.56	928.36	11.05	+2.49
其他應付款	89.37	1.11	120.38	1.43	0.32
流動負債合計	8,054.26	100.00	8,402.22	100.00	0.00

（註：流動負債結構比的計算是指將某項流動負債除以流動負債總額的比值。如：2011年初的短期借款結構比＝2011年初短期借款金額4,000.00萬元÷2011年初流動負債總額8,054.26萬元＝49.66%）。

通過上表計算表明：該公司2011年末與年初的流動負債結構均發生了變化，其中流動負債中的短期借款結構比上升了3.89%，為2011年度期間上升速度最快的一項流動負債，這也說明了公司所承擔的短期負債越來越重，並且說明公司依然在依靠短期負債維持企業營運；而應付帳款結構比上升了0.26%，基本上沒有太大變化，說明公司與供應商的談判能力依然沒有得到提升，需要加強對供應商的管理能力和掌控能力；另外預收帳款結構比下降了8.2%，這充分說明該公司產品競爭力逐漸在削弱，公司管理層需要著重加強產品競爭力的管理；應付股利結構比上升了2.49%，亦表示公司需要增加現金盈利能力，避免股利的數額不斷增加，以增強股東和投資者的信心。其他各項流動負債的變化均與企業營運管理無過多的關聯度。

11.2.2 非流動負債結構的變動分析

所謂非流動負債結構變動分析是指選取不同時期非流動負債的各項目，通過計算構成流動負債的各項目在流動負債中的比重及其變動的差異，根據結構比及其變動差異進行相關分析。

案例【11-5】某公司2011年度的流動負債如表11-5所示。

表11-5　　　　某公司2011年度非流動負債變動分析表　　　　單位：人民幣萬元

項目	2011年初	結構比（%）	2011年末	結構比（%）	結構差額（%）
列次	①	②	③	④	⑤=④-②
長期借款	7,000.00	82.58	7,000.00	72.90	-9.68
應付債券	0.00	0.00	0.00	0.00	0.00
長期應付款	0.00	0.00	0.00	0.00	0.00
專項應付款	880.00	10.38	1,647.9	17.16	+6.78

表11-5(續)

項目	2011年初	結構比（%）	2011年末	結構比（%）	結構差額（%）
預計非流動負債	0.00	0.00	0.00	0.00	0.00
遞延所得稅負債	356.98	4.21	564.39	5.88	+1.67
其他非流動負債	239.42	2.83	390.23	4.06	+1.23
非流動負債合計	8,476.40	100.00	9,602.52	100.00	0.00

（註：非流動負債結構比的計算是指將某項非流動負債除以非流動負債總額的比值。如：2011年初的長期借款結構比＝2011年初長期借款金額7,000.00萬元÷2011年初非流動負債總額8,476.40萬元＝82.58%）。

通過上表計算表明：該公司2011年年末與年初的非流動負債結構中長期短期借款結構比有較大幅度下降了9.68%，是2011年度期間下降速度最快的一項非流動負債，也是唯一結構比變化比較明顯的一項非流動負債，這說明了公司所承擔的長期負債在逐步減輕，也說明了公司依靠長期借款維持營運的能力在逐漸降低。而非流動負債中的專項應付款的結構比上升了6.78%，表示公司的營運資金中逐漸增加了專項應付款的額度來用以維持營運管理。

11.2.3 總負債結構的變動分析

所謂總負債結構變動分析是指選取不同時期流動負債與非流動負債兩個項目，通過計算構成流動負債與非流動負債在負債總額中的比重及其變動的差異，根據結構比及其變動差異進行相關分析。

案例【11-6】某公司2011年度的總負債數據如表11-6所示。

表11-6　　　　某公司2011年度總負債變動分析表　　　　單位：人民幣萬元

項目	2011年初	總結構比（%）	流動與非流動比值（倍）	2011年末	總結構比（%）	流動與非流動比值（倍）	總結構差額（%）
列次	①	②		③	④		⑤＝④－②
短期借款	4,000.00			4,500.00			
應付票據	169.43			248.32			
應付帳款	1,569.36			1,658.23			
預收帳款	968.12			320.90			
……	…			…			
	8,054.26	48.72		8,402.22	46.66		－2.06
長期借款	7,000.00			7,000.00			
應付債券	0.00			0.00			
長期應付款	0.00			0.00			

表11-6(續)

項目	2011年初	總結構比（%）		2011年末	總結構比（%）		總結構差額（%）
……	…			…			
非流動資產合計	8,476.40	51.28	1.05	9,602.52	53.32	1.14	+2.06
總負債合計	16,530.66	100.00		18,004.74	100.00		

（註：總負債結構比的計算是指將構成總負債的流動負債或非流動負債除以負債總額的比值。如：2011年初的流動負債結構比＝2011年初流動負債金額8,054.26萬元÷2011年初負債總額16,530.66萬元＝48.72%）。

通過上表計算表明：該公司2011年年末與年初的總負債結構發生了一定的變化。從2011年年初到2011年年末，該公司的流動負債的結構比下降了2.06%，其非流動負債的結構比上升了2.06%；公司的流動負債與非流動負債的比率（非流動負債比率＝非流動負債結構比/流動負債結構比）從年初的1.05上升到1.14，這說明公司債務結構中在逐漸增加利用非流動負債的能力，減少依賴流動負債來維持企業正常營運，這也表示企業的短期償債能力逐步得到一定程度的改善。

11.3　所有者權益結構變動分析

通常所有者權益結構變動分析包括所有者權益結構變動分析與負債與所有者權益結構變動分析兩大類。

11.3.1　所有者權益結構變動分析

所謂所有者權益項目結構變動分析，同流動負債和非流動負債結構變動分析一樣，是在不同時期通過計算構成所有者權益的各項目在所有者權益中所占的比重，來分析說明所有者權益結構及其增減變動的情況。

案例【11-7】某公司2011年度的所有者權益數據如表11-7所示。

表11-7　　　某公司2011年度所有者權益變動分析表　　　單位：人民幣萬元

項目	2011年初	結構比（%）	2011年末	結構比（%）	結構差額（%）
列次	①	②	③	④	⑤＝④－②
實收資本（股本）	12,500.00	24.70	12,500.00	23.57	－1.13
資本公積	4,497.60	8.89	6,803.65	12.83	＋3.94
減：庫存股	－198.00	－0.39	－198.00	－0.37	＋0.02
盈餘公積	8,737.89	17.27	12,823.56	24.18	＋6.91
未分配利潤	19,349.20	38.24	16,552.65	31.21	－7.03

表11-7(續)

項目	2011年初	結構比（%）	2011年末	結構比（%）	結構差額（%）
歸屬於母公司股東權益合計	44,886.69	88.71	48,481.86	91.42	+2.71
少數股東權益	5,711.63	11.29	4,549.26	8.58	-2.71
所有者權益合計	50598.32	100.00	53,031.12	100.00	0.00

（註：所有者權益結構比的計算是指將某項所有者權益除以所有者權益總額的比值。如：2011年初的實收資本結構比＝2011年初實收資本額12,500.00萬元÷2011年初所有者權益總額50,598.32萬元＝24.70%）。

通過上表計算表明：該公司2011年末與年初的所有者權益項目中，實收資本結構比下降了1.13%；資本公積、盈餘公積和歸屬於母公司股東權益合計的結構比分別上升了3.94%、6.91%及2.71%，這種結構的變化表示了股東的總權益增加是由於公司營運管理獲得了很好的盈利，從而從利潤中提取了各種公積金，同時也說明了公司投資效益良好；在該公司2011年度的所有者權益結構中，儘管未分配利潤減少了7.03%，依然讓股東的利益得到了提升。但值得注意的是，如果未分配利潤是虧損引起的，這就需要公司經營管理層加強企業營運管理，提高經濟效益，這樣能給股東或投資者帶來更好的回報；但如果是董事會決議實施了利潤分配，則只要考慮如何更好地提升公司經營效益即可。

11.3.2 負債與所有者權益結構變動分析

所謂負債與所有者權益結構變動分析，與上述結構分析原理基本相同，即將不同時期的負債和所有者權益通過與負債與所有者權益總合計數進行計算，得出負債和所有者權益在負債及所有者權益總合計數中所占的比重，來分析說明公司營運的資本結構和股東的權益變化情況。

案例［11-8］：某公司2011年度的負債和所有者權益數據如表11-8所示。

表11-8　　某公司2011年度負債及所有者權益變動分析表　　單位：人民幣萬元

項目	2011年初	總結構比（%）	2011年末	總結構比（%）	總結構差額（%）
列次	①	②	③	④	⑤=④-②
流動負債合計	8,054.26	12.00	8,402.22	11.83	-0.17
非流動資產合計	8,476.40	12.63	9,602.52	13.52	+0.89
總負債合計	16,530.66	24.63	18,004.74	25.35	+0.72
所有者權益合計	50598.32	75.37	53,031.12	74.65	-0.72
負債及所有者權益合計	67,128.98	100.00	71,035.86	100.00	0.00

通過表11-8中的數據進行計算，可以看到公司的總負債及所有者權益的結構比

分別上升和下降 0.72%。這說明公司在資產總額（總資產＝負債＋所有者權益）的構成中，總負債的比重在逐漸提升，即使資產總額在不斷上升，但也充分表明了所有者權益在總資產中的比重在逐步減少，用具很通俗的話說，就是公司欠債權人的份額在逐漸增加，這一點希望該公司經營管理層引起足夠的重視。

11.4　利潤表的結構變動分析

所謂利潤表的結構變動分析是指不同時期構成利潤表的各個項目與銷售淨額的比重，通過不同時期的利潤表中的項目與銷售淨額進行計算，得出利潤表各組成項目在銷售淨額中所占的比重，來分析說明公司影響利潤的盈利因素及其變化情況。利潤表的結構分析可以分為銷售毛利、營業利潤的結構分析、利潤總額的結構分析三種分析形式。

11.4.1　營業毛利的結構分析

所謂營業毛利的結構變動分析是指不同時期構成營業毛利的各個項目與銷售淨額的比重，通過不同時期的營業毛利的項目與銷售淨額進行計算，得出營業毛利各組成項目在銷售淨額中所占的比重，來分析說明公司影響營業毛利的因素及其變化情況。

案例【11-9】某公司 2010 年度、2011 年度的營業毛利表數據如表 11-9 所示。

表 11-9　　某公司 2010 年度、2011 年度營業毛利變動分析表　　單位：人民幣萬元

項目	2010 年度	結構比（％）	2011 年度	結構比（％）	結構差額（％）
列次	①	②	③	④	⑤＝④－②
一、營業收入	102,897.35	100.00	132,378.96	100.00	
減：營業成本	78,363.92	76.16	93,181.39	70.39	－5.77
營業稅金及附加	1,028.97	1.00	1,323.9	1.00	0.00
營業毛利	23,504.46	22.84	37,873.67	28.61	＋5.77

（註：營業毛利的結構比的計算是指將構成毛利的各項目除以營業收入的比值。如：2010 年度的營業毛利結構比＝2010 年營業毛利額 23,504.46 萬元÷2010 年銷售淨額 102,897.35 萬元＝22.84%）。

通過上表計算表明：該公司 2011 年與 2010 年的營業毛利相比，上升了 5.77%。這說明該企業在 2012 年度內有較大幅度獲取邊際貢獻的能力，從而提升了企業的盈利能力。從營業成本項目下降了 5.77% 角度來看，獲取良好的營業毛利主要是企業營業成本大幅度降低所致。企業管理層一方面需要對影響成本降低的原因做進一步詳細分析，同時也應該更多地總結分析並讓企業保持引起管理成本降低的有效管理措施，為企業進一步提升盈利能力奠定堅實基礎。

11.4.2 營業利潤的結構分析

所謂營業毛利的結構變動分析是指不同時期構成營業毛利的各個項目與銷售淨額的比重，通過不同時期的營業毛利的項目與銷售淨額進行計算，得出營業毛利各組成項目在銷售淨額中所占的比重，來分析說明公司影響營業毛利的因素及其變化情況。

案例【11-10】某公司 2010 年度、2011 年度的營業毛利表數據如表 11-10 所示。

表 11-10　　某公司 2010 年度、2011 年度營業毛利變動分析表　　單位：人民幣萬元

項目	2010 年度	結構比(%)	2011 年度	結構比(%)	結構差額(%)
列次	①	②	③	④	⑤=④-②
一、營業收入	102,897.35	100.00	132,378.96	100.00	
……	……	……	……	……	……
二、營業毛利	23,504.46	22.84	37,873.67	28.61	+5.77
減：銷售費用	3,978.45	3.87	8,213.92	6.20	+2.33
管理費用	5,863.29	5.70	7,823.55	5.91	+0.21
財務費用	883.27	0.86	650.43	0.49	-0.37
資產減值損失	192.37	0.19	235.19	0.18	-0.01
加：公元價值變動收益（損失應以「-」號填列）	89.24	0.09	-234.68	-0.18	-0.27
投資收益（損失應以「-」號填列）	528.19	0.51	-109.28	-0.08	-0.59
加：其他業務利潤	998.23	0.97	365.27	0.28	-0.69
三、營業利潤	13,146.36	12.78	21,190.45	16.01	+3.23

（註：營業利潤的結構比的計算是指將構成營業利潤的各項目除以營業收入的比值。如：2010 年度的營業利潤結構比 = 2010 年營業利潤額 13,146.36 萬元 ÷ 2010 年銷售淨額 102,897.35 萬元 = 12.78%）。

通過上表計算表明：該公司 2011 年與 2010 年的營業利潤相比，上升了 3.23%。但由於在營業毛利結構分析中我們得知公司 2011 年度的營業毛利上升了 5.77%，遠高於 2011 年度與 2011 年度相比的營業利潤。這說明該企業在 2012 年度內儘管有較大幅度的邊際貢獻提升，但由於 2011 年度的銷售費用與管理費用分別上升了 2.33%、0.21%，同時業務利潤和投資收益又出現了一定程度的虧損（相比 2010 年度有較大情況的負面轉變），分別下降了 0.59%、0.69%，這就直接導致了該公司營業利潤的增長幅度與營業毛利增長幅度相比存在明顯的不匹配。通過對該公司的營業利潤結構分析，我們可以得出：2011 年度的費用管理存在較大問題，需要對費用進行控制（尤其是銷售費用）；另外，該公司的投資收益出現虧損，需要盡快對公司的投資情況進行整改。

11.4.3 利潤總額的結構分析

所謂利潤總額的結構變動分析是指不同時期構成利潤總額的各個項目與銷售淨額的比重，通過不同時期的利潤總額的項目與銷售淨額進行計算，得出利潤總額各組成項目在銷售淨額中所占的比重，來分析說明公司影響利潤總額的因素及其變化情況。

案例【11－11】某公司2010年度、2011年度的利潤表數據如表11－11所示。

表11－11　　某公司2010年度、2011年度利潤總額變動分析表　　單位：人民幣萬元

項目	2010年度	結構比（％）	2011年度	結構比（％）	結構差額（％）
列次	①	②	③	④	⑤＝④－②
一、營業收入	102,897.35	100.00	132,378.96	100.00	
……	……	……	……	……	
三、營業利潤	13,146.36	12.78	21,190.45	16.01	＋3.23
補貼收入	569.28	0.55	980.26	0.74	＋0.19
營業外收入	723.69	0.70	129.86	0.10	－0.60
減：營業外支出	138.25	0.13	－236.59	－0.18	－0.31
其中：非流動資產處置損失	98.34	0.10	67.23	0.05	－0.05
影響利潤的其他科目	0.00	0.00	0.00	0.00	0.00
四、利潤總額	14,301.08	13.90	22,537.16	17.02	＋3.13

（註：利潤總額的結構比的計算是指將構成利潤總額的各項目除以營業收入的比值。如：2010年度的利潤總額結構比＝2010年利潤總額14,301.08萬元÷2010年銷售淨額102,897.35萬元＝13.90％）。

通過上表計算表明：該公司2011年與2010年的利潤總額相比，上升了3.13％。但由於在營業利潤結構分析中我們得知公司2011年度的營業利潤上升了3.23％，高於2011年度的利潤總額增長率0.1％（＝3.23％－3.13％）。從利潤總額結構分析中我們可以看出，主要是由於2012年度的營業外收入下降幅度比較明顯，下降了0.6％。但要提醒管理層的是，公司應該更關注營業毛利、營業利潤的結構分析，因為這關乎企業營運管理結果的好壞。對於利潤總額的分析的重要性比前兩項比較則顯得較弱。

11.5　現金流量表的結構分析

現金流量表的結構變動分析是指不同時期構成現金流入、流出的各個現金收支項目與其流入、流出總額的比重，通過不同時期的現金流入、流出的項目與其流入、流出總額進行計算，得出現金流量表各組成項目在其總額中所占的比重，來分析說明公司影響現金收支因素及其變化情況。現金流量表的結構分析可以分為經營活動現金流

量、投資活動現金流量的結構分析、籌資活動現金流量的結構分析及總現金流量的結構分析四種分析形式。

11.5.1 經營活動現金流量的結構性分析

所謂經營活動現金的結構變動分析是指不同時期構成經營活動現金流入、流出的各個經營活動現金收支項目與其流入、流出總額的比重，通過不同時期的經營活動現金流入、流出的項目與其流入、流出總額進行計算，得出經營活動現金流量表各組成項目在其總額中所占的比重，來分析說明公司影響經營活動現金收支因素及其變化情況。經營活動現金流量表的結構分析可以分為經營活動現金流入與銷售總額的結構、經營活動現金流入結構、經營活動現金流出結構及經營活動現金流出與銷售總額結構分析四種具體分析形式。

11.5.1.1 經營活動現金流入與銷售總額結構分析

經營活動現金流入結構分析是指不同時期構成經營活動現金流入與銷售總額的比重，通過不同時期的經營活動現金流入與銷售總額進行計算，得出經營活動現金流入總額在銷售總額中所占的比重，來分析說明經營活動現金流入的變化情況。

案例【11－12】某公司 2010 年度、2011 年度的經營活動現金流入數據如表 11－12 所示。

表 11－12　某公司 2010 年度、2011 年度經營現金流入與銷售總額變動分析表

單位：人民幣萬元

項目	2010 年度	結構比（％）	2011 年度	結構比（％）	結構差額（％）
列次	①	②	③	④	⑤＝④－②
營業收入	102,897.35		132,378.96		
經營活動產生的現金流入	85,841.43	83.42	118,183.95	89.28	＋5.86

（註：經營活動現金流入與銷售總額結構比的計算是指將構成經營活動現金流入除以營業收入的比值。如：2010 年度的經營活動現金流入與銷售總額結構比＝2010 年經營活動現金流入 85,841.43 萬元÷2010 年銷售總額 102,897.35 萬元＝83.42％）。

通過上表計算表明：該公司 2011 年與 2010 年相比，公司銷售收入收取現金的比率上升了 5.86％。這表示公司在銷售回款方面加大了力度，回款工作得到了加強。

11.5.1.2 經營活動現金流入結構分析

經營活動現金流入結構分析是指不同時期構成經營活動現金流入的各個項目與經營活動流入總額的比重，通過不同時期的經營活動現金流入的項目與其流入總額進行計算，得出經營活動流入總額中各組成項目在經營活動現金流入總額中所占的比重，來分析說明公司影響經營現金流入的因素及其變化情況。

案例【11－13】某公司 2010 年度、2011 年度的經營活動現金流入數據如表 11－13 所示。

表11-13　　某公司2010年度、2011年度經營現金流入變動分析表　單位：人民幣萬元

項目	2010年度	結構比(%)	2011年度	結構比(%)	結構差額(%)
列次	①	②	③	④	⑤=④-②
經營活動產生的現金流量					
銷售商品、提供勞務收到的現金	83,527.46	97.30	113,546.72	96.07	-1.23
收到的稅費返還	368.29	1.59	3,248.03	2.76	+1.17
收到的其他與經營活動有關的現金	845.68	1.10	1,389.2	1.17	+0.06
經營活動產生的現金流入	85,841.43	100.00	118,183.95	100.00	0.00

（註：經營活動現金流入結構比的計算是指將構成經營活動現金流入各項目除以經營活動現金流入的比值。如：2010年度的銷售商品、提供勞務收到的現金結構比＝2010年銷售商品、提供勞務收到的現金83,527.46萬元÷2010年經營活動產生的現金流入85,841.43萬元＝97.30%）。

通過上表計算表明：該公司2011年與2010年的經營活動現金流量結構相比，2011年度的銷售商品、提供勞務收到的現金結構比與2010年度相比，降低了1.23%，這有可能說明公司加大了賒銷力度，將導致公司增加帳款回收風險；收到的其他與經營活動有關的現金結構比同2010年度相比上升了0.06%，說明公司可能收取預收帳款的能力維持不變，也反應公司的產品競爭力較強；同時，上表也顯示了公司收到的稅費返還得到了較好的成長，該項經營活動現金流入2011年度比2010年度上升了1.17%，這表明公司對國家稅務政策的運用能力進一步得到提升。建議公司管理層盡可能加大帳款回收力度，加強稅務籌劃能力。

11.5.1.3　經營活動現金流出與銷售收入結構分析

經營活動現金流出結構分析是指不同時期構成經營活動現金流出與銷售總額的比重，通過不同時期的經營活動現金流出與銷售總額進行計算，得出經營活動現金流出總額在銷售總額中所占的比重，來分析說明經營活動現金流出的變化情況。

案例【11-14】某公司2010年度、2011年度的經營活動現金流出與銷售總額數據如表11-14所示。

表11-14　　某公司2010年度、2011年度經營現金流出與銷售總額變動分析表

單位：人民幣萬元

項目	2010年度	結構比(%)	2011年度	結構比(%)	結構差額(%)
列次	①	②	③	④	⑤=④-②
營業收入	102,897.35		132,378.96		
經營活動產生的現金流出	82,175.72	79.86	94,828.59	71.63	-8.23

（註：經營活動現金流出與銷售總額結構比的計算是指將構成經營活動現金流出除以營業收入的比值。如：2010年度的經營活動現金流出與銷售總額結構比＝2010年經營活動現金流出82,175.72萬元÷2010年銷售總額102,897.35萬元＝79.86%）。

通過上表計算表明：該公司 2011 年與 2010 年經營活動現金流出與銷售總額的結構比下降了 8.23%，說明公司在 2011 年度內控制現金支付方面有了很大的進步，但需要進一步分析是否有拖欠客戶貨款現象，如果存在，則需要改進以減少債務人的風險，同時經營管理層仍需要進一步控制以現金支付的各種費用，以減少經營活動現金流出，加快公司現金回流的速度。

11.5.1.4 經營活動現金流出結構分析

經營活動現金流出結構分析是指不同時期構成經營活動現金流出的各個項目與經營活動流出總額的比重，通過不同時期的經營活動現金流出的項目與其流出總額進行計算，得出經營活動流出總額中各組成項目在經營活動現金流出總額中所占的比重，來分析說明公司影響經營現金流出的因素及其變化情況。

案例【11－15】某公司 2010 年度、2011 年度的經營活動現金流出數據如表 11－15 所示。

表 11－15　　某公司 2010 年度、2011 年度經營現金流出變動分析表　單位：人民幣萬元

項目	2010 年度	結構比（%）	2011 年度	結構比（%）	結構差額（%）
列次	①	②	③	④	⑤＝④－②
購買商品、接受勞務支付的現金	73,248.29	89.14	83,298.72	87.84	－1.30
支付給職工以及為職工支付的現金	8,267.38	10.06	10,289.47	10.85	＋0.79
支付的各項稅費	420.18	0.51	673.23	0.71	＋0.20
支付的其他與經營活動有關的現金	239.87	0.29	567.17	0.60	＋0.31
經營活動產生的現金流出	82,175.72	100.00	94,828.59	100.00	0.00

（註：經營活動現金流出結構比的計算是指將構成經營活動現金流出各項目除以經營活動現金流出的比值。如：2010 年度的購買商品、接受勞務支付的現金結構比 = 2010 年購買商品、接受勞務支付的現金 73,248.29 萬元 ÷ 2010 年經營活動產生的現金流出 82,175.72 萬元 = 89.14%）。

通過上表計算表明：該公司 2011 年與 2010 年購買商品、接受勞務支付的現金結構比下降了 1.3%，如果公司正處在快速增長期，那麼這可能存在拖欠貨款的可能，公司存在貨款支付風險。另外，支付的各項稅費結構上升了 0.2%，在業績增加的條件下，這種增長基本屬於正常增長情況。

11.5.2　投資活動現金流量的結構性分析

所謂投資活動現金的結構變動分析是指不同時期構成投資活動現金流入、流出的各個投資活動現金收支項目與其流入、流出總額的比重，通過不同時期的投資活動現金流入、流出的項目與其流入、流出總額進行計算，得出投資活動現金流量表各組成項目在其總額中所占的比重，來分析說明公司影響投資活動現金收支因素及其變化情

況。投資活動現金流量表的結構分析可以分為投資活動現金流入結構、投資活動現金流出結構兩種具體分析形式。

11.5.2.1 投資活動現金流入結構分析

投資活動現金流入結構分析是指不同時期構成投資活動現金流入的各個項目與投資活動流入總額的比重，通過不同時期的投資活動現金流入的項目與其流入總額進行計算，得出投資活動流入總額中各組成項目在投資活動現金流入總額中所占的比重，來分析說明公司影響投資現金流入的因素及其變化情況。

案例【11－16】某公司2010年度、2011年度的投資活動現金流入數據如表11－16所示。

表11－16　　某公司2010年度、2011年度投資活動現金流入變動分析表

單位：人民幣萬元

項目	2010年度	結構比（％）	2011年度	結構比（％）	結構差額（％）
列次	①	②	③	④	⑤＝④－②
取得投資收益所收到的現金	1,487.92	14.70	2,389.27	29.46	＋14.76
處置固定資產、無形資產和其他長期資產所收回的現金淨額	8,632.59	85.30	5,721.36	70.54	－14.76
投資活動產生的現金流入	10,120.51	100.00	8,110.63	100.00	0.00

（註：投資活動現金流入結構比的計算是指將構成投資活動現金流入各項目除以投資活動現金流入的比值。如：2010年度取得投資收益所收到的現金結構比＝2010年取得投資收益所收到的現金1,487.92萬元÷2010年投資活動產生的現金流入10,120.51萬元＝14.70％）。

通過上表計算表明：該公司2011年與2010年的投資活動現金流入結構相比，取得投資收益所收到的現金上升了14.76％，說明公司在投資方面取得了良好的效益，增長幅度高達1倍以上，管理層應進一步關注公司投資方向。而處置固定資產等收回的現金方面出現了大幅度下滑，下降了14.76％，說明公司在資產剝離、轉產經營等方面告一段落，但公司管理層仍需將剝離資產作為一種常態化管理。

11.5.2.2 投資活動現金流出結構分析

投資活動現金流出結構分析是指不同時期構成投資活動現金流出的各個項目與投資活動現金流出總額的比重，通過不同時期的投資活動現金流出的項目與其流出總額進行計算，得出投資活動流出總額中各組成項目在投資活動現金流出總額中所占的比重，來分析說明公司影響投資現金流出的因素及其變化情況。

案例【11－17】某公司2010年度、2011年度的投資活動現金流出數據如表11－17所示。

表 11－17　某公司 2010 年度、2011 年度投資活動現金流出變動分析表

單位：人民幣萬元

項目 列次	2010 年度 ①	結構比 （％） ②	2011 年度 ③	結構比 （％） ④	結構差額 （％） ⑤＝④－②
購建固定資產所支付的現金	16,983.18	80.51	18,236.61	76.38	－4.13
購建無形資產所支付的現金	3,129.25	14.83	5,129.80	21.48	＋6.65
購建其他長期資產所支付的現金	982.17	4.66	512.09	2.14	－2.52
投資活動產生的現金流出	21,094.60	100.00	23,878.50	100.00	0.00

（註：投資活動現金流出結構比的計算是指將構成投資活動現金流出各項目除以投資活動現金流出的比值。如：2010 年度的購建固定資產所支付的現金結構比＝2010 年購建固定資產所支付的現金 16,983.18 萬元÷2010 年投資活動產生的現金流出 21,094.60 萬元＝80.51％）。

　　通過上表計算表明，該公司 2011 年度購建固定資產所支付的現金結構比下降了 4.13％，說明公司在擴產方面得到了一定程度的遏制或擴產正在逐步減少，如果產能能夠滿足公司未來發展戰略的需求，則應盡快調整產能擴張策略，以達到緩減現金支出的目的。而購建無形資產所支付的結構比上升了 6.65％，則說明了公司對無形資產的投資加大了，對公司的未來發展將取得可持續性的發展動力。另外，該公司也在逐步減少對其他長期資產的現金支出，在不影響企業正常營運能力的情況下，仍應嚴格控制各項與企業未來發展無關的各種投資支出，並密切注意投資效益的好壞。

11.5.3　籌資活動現金流量的結構性分析

　　所謂籌資活動現金的結構變動分析是指不同時期構成籌資活動現金流入、流出的各個籌資活動現金收支項目與其流入、流出總額的比重，通過不同時期的籌資活動現金流入、流出的項目與其流入、流出總額進行計算，得出籌資活動現金流量表各組成項目在其總額中所占的比重，來分析說明公司影響籌資活動現金收支因素及其變化情況。籌資活動現金流量表的結構分析可以分為籌資活動現金流入結構、籌資活動現金流出結構兩種具體分析形式。

11.5.3.1　投資活動現金流入結構分析

　　投資活動現金流入結構分析是指不同時期構成投資活動現金流入的各個項目與投資活動流入總額的比重，通過不同時期的投資活動現金流入的項目與其流入總額進行計算，得出投資活動流入總額中各組成項目在投資活動現金流入總額中所占的比重，來分析說明公司影響籌資活動現金流入的因素及其變化情況。

　　案例【11－18】某公司 2010 年度、2011 年度的籌資活動現金流入數據如表 11－18 所示。

表 11-18　某公司 2010 年度、2011 年度籌資活動現金流入變動分析表

單位：人民幣萬元

項目	2010 年度	結構比（％）	2011 年度	結構比（％）	結構差額（％）
列次	①	②	③	④	⑤＝④－②
取得借款收到的現金	6,000.00	71.78	9,000.00	68.08	－3.70
收到的其他與籌資活動有關的現金	2,359.27	28.22	4,218.90	31.92	＋3.70
籌資活動產生的現金流入	8,359.27	100.00	13,218.90	100.00	0.00

（註：籌資活動現金流入結構比的計算是指將構成籌資活動現金流入各項目除以籌資活動現金流入的比值。如：2010 年度的取得借款收到的現金結構比＝2010 年取得借款收到的現金 6,000.00 萬元÷2010 年籌資活動產生的現金流入 8,359.27 萬元＝71.28％）。

通過上表計算表明：該公司 2011 年與 2010 年的籌資活動現金流入結構相比，取得借款所收到的現金下降了 3.70％，說明公司籌集資金方面逐步改變以前依賴借款進行籌資的方式，而採取借款以外的籌資方式進行企業營運資本的籌集，減少了公司的償債風險，也有利於降低公司的融資成本。

11.5.3.2　籌資活動現金流出結構分析

籌資活動現金流出結構分析是指不同時期構成籌資活動現金流出的各個項目與籌資活動現金流出總額的比重，通過不同時期的籌資活動現金流出的項目與其流出總額進行計算，得出籌資活動流出總額中各組成項目在籌資活動現金流出總額中所占的比重，來分析說明公司影響籌資現金流出的因素及其變化情況。

案例【11-19】某公司 2010 年度、2011 年度的籌資活動現金流出數據如表 11-19 所示。

表 11-19　某公司 2010 年度、2011 年度籌資活動現金流出變動分析表

單位：人民幣萬元

項目	2010 年度	結構比（％）	2011 年度	結構比（％）	結構差額（％）
列次	①	②	③	④	⑤＝④－②
償還債務所支付的現金	3,908.24	75.93	5,219.08	76.74	＋0.81
分配股利、利潤或償付利息所支付的現金	876.39	17.03	1,290.76	18.98	＋1.95
支付的其他與籌資活動有關的現金	362.53	7.04	290.81	4.28	－2.76
籌資活動產生的現金流出	5,147.16	100.00	6,800.65	100.00	0.00

（註：籌資活動現金流出結構比的計算是指將構成籌資活動現金流出各項目除以籌資活動現金流出的比值。如：2010 年度的償還債務所支付的現金結構比＝2010 年償還債務所支付的現金 3,908.24 萬元÷2010 年籌資活動產生的現金流出 5,147.16 萬元＝75.93％）。

通過上表計算表明：2011 年度償還債務、分配股利等方面都存在結構比上升的情況，分別上升了 0.81%、1.95%，這說明公司在減少債務、分配股利方面加強了重視，不僅降低了公司的債務風險，也提高了股東、投資人的信心。同時該公司還積極減少其他與籌資活動有關的現金，也充分說明了公司在資金管理方面得到了一定程度的提升。

11.6　總現金流量的結構性分析

所謂總現金流量的結構變動分析是指不同時期構成現金流入、流出的各項目與其總流入、總流出的比重，通過不同時期的現金流入、流出的項目與其總流入、總流出進行計算，得出現金流量表各現金流入、流出項目在其流入總額、流出總額中所占的比重，來分析說明公司影響現金流入、流出因素及其變化情況。總現金流量的結構分析可以分為總現金流入結構、總現金流出結構兩種具體分析形式。

11.6.1　總現金流入結構分析

總現金流入結構分析是指不同時期構成總現金流入的各項目占總現金流入的比重，通過不同時期的現金流入與總現金流入進行計算，得出每項現金流入在總現金流入中所占的比重，來分析說明影響總現金流入的因素及其總體變化情況。

案例【11-20】某公司 2010 年度、2011 年度的現金總流入數據如表 11-20 所示。

表 11-20　　某公司 2010 年度、2011 年度總現金流入變動分析表　單位：人民幣萬元

項目	2010 年度	結構比（%）	2011 年度	結構比（%）	結構差額（%）
列次	①	②	③	④	⑤ = ④ - ②
經營活動產生的現金流入	85,841.43	82.29	118,183.95	84.72	+2.43
投資活動產生的現金流入	10,120.51	9.70	8,110.63	5.81	-3.89
籌資活動產生的現金流入	8,359.27	8.01	13,218.90	9.47	+1.46
總現金流入	104,321.21	100.00	139,513.48	100.00	0.00

（註：總現金流入結構比的計算是指將構成現金流入項目除以總現金流入的比值。如：2010 年度的經營活動產生的現金流入與總現金流入結構比 = 2010 年經營活動產生的現金流入 85,841.43 萬元 ÷ 2010 年總現金流入 104,321.21 萬元 = 82.29%）。

通過上表計算表明：該公司 2011 年與 2010 年相比，該公司的總現金流入中經營活動產生的現金流入與籌資活動產生的現金流入結構比分別上升了 2.43% 和 1.46%，但投資活動產生的現金流入結構比下降了 3.89%。這表明公司的營運管理仍趨於正常並有上升趨勢，但公司仍然未脫離依賴籌資來解決公司營運管理對資金的需求，同時公司也縮減了投資活動。

11.6.2 總現金流出結構分析

總現金流出結構分析是指不同時期構成總現金流出的各項目占總現金流出的比重，通過不同時期的現金流出與總現金流出進行計算，得出每項現金流出在總現金流出中所占的比重，來分析說明影響總現金流出的因素及其總體變化情況。

案例【11-21】某公司2010年度、2011年度的現金總流出數據如表11-21所示。

表11-21　　某公司2010年度、2011年度總現金流出變動分析表　單位：人民幣萬元

項目	2010年度	結構比（%）	2011年度	結構比（%）	結構差額（%）
列次	①	②	③	④	⑤=④-②
經營活動產生的現金流出	82,175.72	75.80	94,828.59	75.55	-0.25
投資活動產生的現金流出	21,094.60	19.45	23,878.50	19.03	-0.42
籌資活動產生的現金流出	5,147.16	4.75	6,800.65	5.42	+0.67
總現金流出	108,417.48	100.00	125,507.74	100.00	0.00

（註：總現金流出結構比的計算是指將構成現金流出項目除以總現金流出的比值。如：2010年度的經營活動產生的現金流出與現金流出結構比=2010年經營活動產生的現金流出82,175.72萬元÷2010年總現金流入108,417.48萬元=75.80%）。

通過上表計算表明：該公司2011年與2010年相比，該公司的總現金流出中經營活動產生的現金流出與籌資活動產生的現金流出結構比分別下降了0.25%和0.42%，但投資活動產生的現金流出結構比上升了0.67%。這表明公司的資金用於經營活動和投資活動的投入在逐漸降低，同時也增加了較少籌資活動的資金支出。

本章小結

本章主要是分析財務報表的結構性，通過對財務報表結構性的分析，便於讀者能進一步理解財務報表的分析，從而把握財務報表對企業營運管理的重要性和全面性。

首先，介紹的是資產負債表的結構分析，通過該表的分析，能夠從資產負債表的數字化管理轉化為資產負債表的趨勢分析，從而為企業營運管理提供更多、更好的管理決策。

其次，介紹了利潤表的結構性分析，通過對利潤表的結構進行分析，使得學員能夠對公司的盈利能力和盈利趨勢有更充分的瞭解。

最後，介紹的是現金流量表的結構性分析。我們都清楚對企業來說現金是公司營運管理的「血液」，企業一旦離開了「血液」，公司自然無法維持正常運轉，最終企業也可能會因為嚴重「缺血」而導致破產，因此，必須加強公司的現金管理和維持公司「血液」的正常化。

本章主要從現金流量角度進行結構性分析，分別從現金流入角度、現金流量角度

進行現金流量的結構性分析，這樣便於對現金的流入結構、流出結構有更詳細的瞭解。

通過本章對現金結構的分析，能夠讓管理層更加清晰地認識到現金在企業的內部流動路線，也便於管理層能夠更準確地找到加強現金管理的總體方向，以保證公司的營運管理有足夠的現金保障，為企業的可持續經營奠定堅實的平臺。

本章主要從現金流量表的三種類型進行結構性分析，要更清晰理解和掌握現金「運動」，需要讀者將後面關於現金的比較分析一起閱讀，這樣更能提升現金運用和支配的能力。

復習題

1. 什麼是資產負債表的結構性分析？並說明其具體作用。
2. 資產負債表的結構性分析包括哪幾類具體分析形式？並一一說明其對企業的影響。
3. 什麼是利潤表的結構性分析？並說明其具體作用。
4. 利潤表的結構性分析包括哪幾類具體分析形式？並一一說明其對企業的影響。
5. 什麼是現金流量表的結構性分析？並說明其具體作用。
6. 現金流量表的結構性分析包括哪幾類具體分析形式？並一一說明其對企業的影響。
7. 什麼是總現金流入結構性分析？
8. 什麼是總現金流出結構性分析？
9. 請學員按本章案例形式對某公司的財務報表進行結構性分析。

12 財務報表綜合分析

前面各章是從不同角度對財務報表的某一方面進行分析和評價。本章是把財務報表的各個方面統一起來，作為一個整體進行分析，故稱為綜合分析。本章在闡述綜合分析的意義之後，重點介紹了沃爾分析法、杜邦分析法、中國企業績效評價體系、經濟附加值（economic value added，EVA）評價法、國外綜合評價的新進展等內容。

12.1 財務報表綜合分析的意義與特徵

12.1.1 財務報表綜合分析的內涵與特徵

所謂財務報表綜合分析，就是以企業的財務會計報告等核算資料為基礎，將各項財務分析指標作為一個整體、系統、全面、綜合地對企業財務狀況、經營成果及現金流量情況進行剖析、解釋和評價，說明企業整體財務狀況和效益的優劣。

財務報表分析的最終目的在於全面、準確、客觀地揭示企業財務狀況和經營情況，並借以對企業經濟效益優劣作出合理的評價。顯然，要達到這樣一個目的，僅僅從企業的償債能力、盈利能力和營運能力，以及資產負債表、利潤表、現金流量表、所有者權益變動表、會計報表附註分析的不同側面，分別對企業的財務狀況和經營成果進行具體的分析，是不可能得出合理、正確的綜合性結論的，甚至還可能得出錯誤的結論。企業的經濟活動是一個有機的整體，要全面評價企業的經濟效益，僅僅滿足於某些局部的分析是不夠的，而應將相互關聯的各種報表、各項指標聯繫在一起，從全局出發，進行全面、系統、綜合的分析。

財務報表綜合分析與前述的財務單項分析相比，具有以下特點。

12.1.1.1 分析方法不同

單項分析通常採用由一般到個別，把企業財務活動的總體分解為每個具體部分，然後逐一加以考察分析；而綜合分析則是通過歸納綜合，對個別財務現象從財務活動的總體上作出總結。因此，單項分析具有實務性和實證性，綜合分析則具有高度的抽象性和概括性，著重從整體上概括財務狀況的本質特徵。單項分析能夠認識每一個具體的財務現象，可以對財務狀況和經營成果的某一方面作出判斷和評價，並為綜合分析提供良好的基礎。但如果不在此基礎上抽象概括，把具體的問題提高到理想高度認識，就難以對企業的財務狀況和經營業績作出全面、完整和綜合的評價。因此，綜合分析要以各單項分析指標及其各指標要素為基礎，要求各單項指標要素及計算的各項

指標一定要真實、全面和適當，所設置的評價指標必須能夠涵蓋企業盈利能力、償債能力及營運能力等諸多方面總體分析的要求。只有把單項分析和綜合分析結合起來，才能提高財務報表分析的質量。

12.1.1.2　分析的重點和比較基準不同

單項分析的重點和比較基準是財務計劃、財務理論標準，而綜合分析的重點和基準是企業整體發展趨勢。因此，單項分析把每個分析的指標置於同等重要的地位，忽視各種指標之間的相互關係。而財務綜合分析強調各種指標有主輔之分，並且特別注意主輔指標間的本質聯繫和層次關係。

12.1.2　財務報表綜合分析的意義

通過將財務報表綜合分析同單項財務分析加以區分，可以看出財務報表綜合分析在管理上是十分必要的，具有重要意義。

（1）財務報表綜合分析有利於全面、準確、客觀地揭示與披露企業財務狀況和經營情況，並對企業經濟效益優劣作出合理的評價。局部不能代表整體，某項指標的好壞不能說明整個企業經濟效益的高低。因此，要達到對公司整體狀況的分析，僅僅測算幾個簡單、孤立的財務指標，或者將若干個孤立的財務指標羅列起來考察的經營狀況，都不能得出科學、合理、正確的結論。因此，只有將企業償債能力、盈利能力、營運能力等各項指標聯繫起來，作為一個完整的作用，相互配合使用，才能從整體上把握企業財務狀況的經營情況，對企業作出綜合評價。

（2）財務報表綜合分析的結果有利於同一企業不同時期的分析比較和不同企業之間的比較分析。財務報表綜合分析的結果在進行同一企業不同時期的比較分析和不同企業之間的比較分析時，消除了時間上和空間上的差異，使之更具有可比性，有利於企業從整體上、本質上反應和把握企業的財務狀況和經營成果。

12.1.3　財務報表綜合分析的依據和方法

12.1.3.1　財務報表綜合分析的依據

財務報表綜合分析的依據主要是企業提供的有關核算資料。由於會計信息具有不對稱性，企業的外部人員、與企業經營活動不相關的內部人員很難獲得完整的核算資料。因此，財務報表綜合分析的主要依據是財務報表，以及一些有關的資料，如上市公司披露的年度報告等綜合分析的基礎資料。

12.1.3.2　財務報表綜合分析的方法

在財務報表綜合分析的過程中，把作為研究客體的財務指標稱為成果指標，把作為評價成果指標特性的指標稱為因素指標。可見，財務報表綜合分析就是運用一系列專門方法從成果指標體系過渡到因素指標體系，並揭示因素指標變動對成果指標特性的影響。

財務報表綜合分析方法有很多，其中主要有杜邦分析法、沃爾財務狀況綜合評價

模型和中國企業績效評價體系等傳統的財務狀況綜合分析方法，以及經濟增加值、平衡計分卡等新興的財務報表分析方法。

12.2　沃爾評分法

12.2.1　沃爾評分法的含義

　　財務狀況綜合評價的先驅者之一是亞歷山大·沃爾。他在20世紀初出版的《信用晴雨表研究》和《財務報表比率分析》中提出了信用能力指數的概念，把若干個財務比率用線性關係結合起來，以評價企業的信用水平。沃爾選擇了七項財務比率，分別給定了其在總評價中占的比重，總和為100分，然後通過與標準比率進行比較，評出各項指標的得分及總體指標的總評分，依次對企業的財務狀況作出評價，這一評價方法被稱為沃爾評分法。

12.2.2　沃爾評分法的評價

　　採用沃爾評分法對某公司的財務狀況進行綜合分析，如表12-1所示。

表12-1　　　　　　　　　　　　沃爾評分法

財務比率	比重% ①	標準比率 ②	實際比率 ③	相對比率 ④=③÷②	評分 ⑤=①×④
流動比率	25	2	2.33	1.17	29.25
資本負債率	25	1.5	0.88	0.59	14.75
固定資產比率	15	2.5	3.33	1.33	19.95
存貨週轉率	10	8	12	1.50	15.00
應收帳款週轉率	10	6	10	1.67	16.70
固定資產週轉率	10	4	2.66	0.67	6.70
淨資產週轉率	5	3	1.63	0.54	2.70
合計	100	—	—	—	105.05

（註：資本負債率＝淨資本÷負債；固定資產比率＝資產÷固定資產；淨資產週轉率＝主營業務收入÷淨資產）

　　從表12-1可以看出，該公司得分105.05，分數越高，公司價值越好，表明公司的財務狀況較為理想。該公司的流動比率、固定資產比率、存貨週轉率、應收帳款週轉率的相對比率均大於1，而資本負債率、固定資產週轉率、淨資產週轉率的相關比率均小於1，小於1的財務比率是公司關注的重點。

　　沃爾評分法從理論上講有一個明顯的問題，就是未能證明為什麼要選擇這七個指標，而不是更多或者更少些，或者選擇別的財務比率，以及未能證明每個指標所占比

重的合理性。這個問題至今仍然沒有從理論上解決。另外，沃爾評分法從技術上講也有一個問題，就是某一個指標嚴重異常時，會對總評分產生不合邏輯的重大影響。這個缺陷是由財務比率與其比重相乘引起的。財務比率提高一倍，評分就增加100%，而縮小一半，其評分只減少50%。

儘管沃爾評分法在理論上有待證明，在技術上也不完善，但它還是在實踐中被應用。耐人尋味的是，很多理論上相當完善的經濟計量模型在實踐中往往很難應用，而實際使用並行之有效的模型卻在理論上無法證明。這可能是由於人類對經濟數量關係的認識還是相當有限的。

12.3 杜邦分析法

12.3.1 杜邦分析法的含義和特點

杜邦分析法，又稱為杜邦財務分析體系，簡稱杜邦體系，是利用各主要財務比率指標間的內在聯繫，對企業財務狀況及經濟效益進行綜合系統分析評價的方法。該體系是以淨資產收益率為龍頭，以資產淨利率和權益乘數為核心，重點揭示企業獲利能力及權益乘數對淨資產收益率的影響，以及各相關指標的相互影響作用關係。因其最初由美國杜邦公司成功應用，所以得名。

如前所述，以前各章節用比率分析法分析企業的償債能力、營運能力、盈利能力，以評價企業的財務狀況和經營業務。但上述分析都是從某一特定的角度就企業經營的某方面進行分析，因此，都不能全面評價企業的總體財務狀況和經營成果，杜邦財務比率分析模型彌補了這一不足。

杜邦分析法的特點在於：它通過集中主要的財務比率之間的相互關係，全面、系統、直觀地反應出企業的財務狀況，從而大大節省了財務報表使用者的時間。

12.3.2 杜邦財務分析體系

利用杜邦財務分析體系進行綜合分析時，可以把各項財務表之間的關係匯成杜邦財務分析體系圖，說明各項財務指標之間的相互關係，如圖12-1所示。

從圖12-1可以看出，杜邦財務分析體系中幾種主要的財務指標關係為：

所有者權益報酬率 = 總資產淨利潤 × 權益乘數

總資產淨利率 = 銷售淨利率 × 總資產週轉率

因此，

所有者權益報酬率 = 銷售淨利率 × 總資產週轉率 × 權益乘數

上述公式表明，股東（所有者）權益報酬率是一個綜合性最強的財務分析指標，是杜邦分析體系的核心。財務管理的目的之一是使股東財富最大化，股東（所有者）權益報酬率反應企業所有者投入資本的獲利能力，不斷提高股東（所有者）權益報酬率是所有者權益最大化的基本保證。所以，這一財務分析指標是企業所有者、經營者

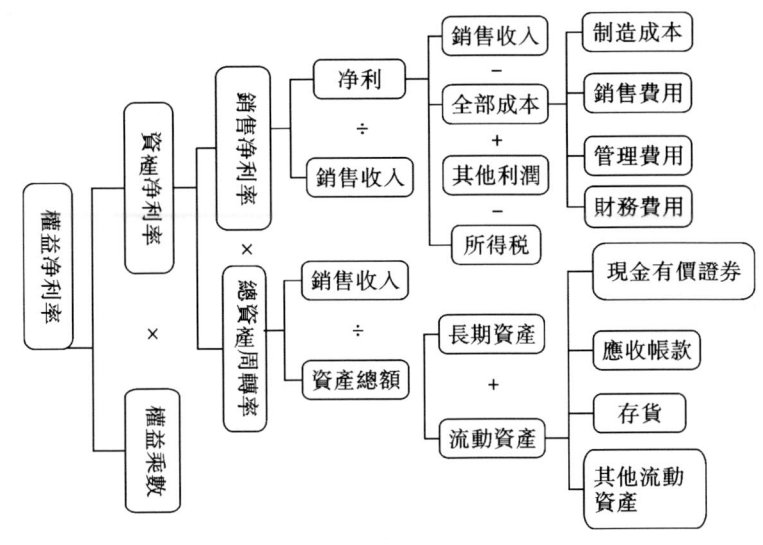

圖 12-1　杜邦財務分析體系圖

都十分關心的。而股東（所有者）權益報酬率高低的決定因素主要有三個方面，即銷售淨利率、總資產週轉率和權益乘數。這樣分解以後，就可以將股東（所有者）權益報酬率這一綜合指標發生升降變化的原因具體化，比只用一項綜合性指標更能說明問題。

下面對上述三個因素進行逐一分析。

12.3.2.1　權益乘數

權益乘數表示企業的負債程度，權益乘數越大，企業負債程度越高。通常的財務比率都是除數，除數的倒數叫乘數。權益除以資產是資產權益率，權益乘數是其倒數。計算公式為：

權益乘數 = 1 ÷ （1 - 資產負債率）

式中的資產負債率是指全年平均資產負債率，它是企業全年平均負債總額與全年平均資產總額的百分比。

權益乘數主要受資產負債比率的影響。資產負債比率越大，權益乘數就越高，說明企業有較高的負債程度，能給企業帶來較大的槓桿利益，同時也給企業帶來較大的奉獻；反之，企業負債程度較低，意味著企業利用財務槓桿的能力較弱，但債權人的權益卻能得到較大的保障。對權益乘數的分析要聯繫銷售收入分析企業的資產使用是否合理，聯繫權益結構分析企業的償債能力。在資產總額不變的條件下，開展合理的負債經營，可以減少所有者權益所占的份額，從而達到提高所有者權益淨利率的目的。同時，也應分析企業淨利潤與利息費用之間的關係，如果企業承擔利息費用太多，就應當考慮企業的權益乘數或負債比率是否合理。不合理的籌資結構會影響到企業所有者的收益。

12.3.2.2　銷售淨利率

銷售淨利率高低的因素分析，需要我們從銷售額和銷售成本兩個方面進行。經營管理者除根據有關盈利能力指標進行財務分析外，還可以根據企業的一系列內部報表和資料進行更詳盡的分析，而企業外部財務報表使用人不具備這個條件。

銷售淨利率反應企業利潤與銷售收入的關係，它的高低取決於銷售收入與成本總額的高低。要想提高銷售淨利率，一是要擴大銷售收入，二是要降低成本費用。擴大銷售收入具有特殊重要意義，既有利於提高銷售淨利率，又可提高總資產週轉率，這樣自然會使總資產報酬率升高。降低成本費用是提高銷售淨利率的另一個重要因素，為了詳細瞭解企業成本費用的發生情況，在具體列示成本總額時，還可根據重要性原則，將那些影響較大的費用單獨列示（如利息費用等），以便為尋求降低成本的途徑提供依據。

12.3.2.3　總資產週轉率

總資產週轉率是反應運用資產以產生銷售收入能力的指標。對資產週轉率的分析，需對影響資產週轉的各因素進行分析。影響總資產週轉率的一個重要因素是資產總額，它由流動資產和長期資產組成。它們的結構合理與否將直接影響資產的週轉速度。一般來說，流動資產直接體現企業的償債能力和變現能力，而長期資產則體現該企業的經營規模、發展潛力，兩者之間應保持一種合理的比率關係。除此之外，還可以通過對流動資產週轉率、存貨週轉率、應收帳款週轉率等有關各資產組成部分使用效率的分析，判明影響總資產週轉的主要問題出在哪裡。

12.3.3　杜邦分析法的作用

通過杜邦財務分析體系自上而下或自下而上的分析，不僅可以瞭解企業財務狀況的全貌及各項財務分析指標間的結構關係，而且還可以查明各項主要財務指標增減變動的影響因素及存在問題。杜邦分析體系提供的上述財務信息，能夠較好地解釋指標變動的原因和趨勢，這為進一步採取具體措施指明了方向，而且還為決策者優化經營結構和理財結構，提高企業償債能力和經營效益提供了基本思路，即提高股東權益報酬率的根本途徑在於擴大銷售、改善經營結構，節約成本費用開支，合理資源配置，加速資金週轉，優化資本結構。此外，通過與本行業平均指標或同類企業對比，杜邦財務分析體系有助於解釋變動的趨勢。

應當指出，杜邦財務分析體系是一種分解財務比率的方法，而不是另外建立新的財務指標，它可以用於各種財務比率的分解。例如，可以通過資產淨利率來分解，也可以通過分解利潤總額和全部資產的比率來分析問題。為了顯示正常的盈利能力，我們還可以採用非經營項目的淨利和總資產的比率的分解來說明問題。總之，杜邦分析法和其他分析方法一樣，關鍵不在於指標的計算而在於對指標的理解和運用。

12.4　經濟增加值評價法

　　經濟增加值，是近年來最引人注目和廣泛使用的企業業績考核指標，它是一種把盈利基礎和市場基礎結合起來的評價方法。目前，經濟附加值逐漸被資本市場投資者接受，全球有四百多家大企業採用經濟附加值 A 作為業績評價和獎勵經營者的重要依據。瑞典工業部國有企業局要求其管理的競爭性企業的首要目標是「創造價值」，引入經濟增加值指標來考核國有企業，將其與雇員及管理層的報酬掛勾；新西蘭國有企業被要求每年在《企業目標報告》中說明未來三年的財務績效目標，包括總資產回報率、淨資產收益率和經濟增加值；新加坡淡馬錫公司要求其持有股份的「與政府有聯繫的公司」在經濟增加值、總資產回報率和淨資產收益率方面使財務績效最大化；高盛公司認為，經濟附加值與每股收益、股本回報率等其他傳統的評估方法相比更能準確地反應經濟現實（相對於會計結果）。在中國，國資委新修訂的《中央企業負責人經營業績考核暫行辦法》要求，從 2010 年 1 月 1 日起，國資委對所有中央企業實施經濟增加值考核，並且其權重超過利潤總額指標。

12.4.1　經濟增加值的內涵

　　經濟增加值是由美國學者斯圖爾特（Stewart）提出，並由美國著名的斯騰斯特諮詢公司（Stern Stewart & Co.）註冊並實施的一套以經濟增加值理念為基礎的財務管理系統、決策及時及激勵報酬制度。它是基於稅後營業淨利潤和產生這些利潤所需資本投入總成本的一種企業績效財務評價方法。

　　具體來說，經濟增加值是指息前稅後利潤扣除投資的資本總成本（包括債務資本和股權資本）之後的差額。如果差額為正數，則說明企業創造了價值；如果差額為負數，則說明沒有為股東創造價值。

　　這裡說的資本成本是經濟學家所說的機會成本，而不是會計上的「實際支出成本」。機會成本是投資者由於持有公司證券而放棄的，在其他風險相當的股票和債券上的投資所預期帶來的回報。

　　正確理解經濟增加值的內涵應把握以下幾點。

12.4.1.1　經濟增加值是股東衡量利潤的方法

　　資本費用是經濟增加值最突出、最重要的一個方面。在傳統的會計利潤條件下，大多數公司都在盈利。但是，許多公司實際上是在損害股東財富，因為所得利潤是小於全部資本成本的。經濟增加值糾正了這個錯誤，並明確指出，管理人員在運用資本時，必須為資本付費，就像付工資一樣。考慮到包括淨資產在內的所有資本的成本，經濟增加值顯示了一個企業在每個報表時期創造或損害了的財富價值量。換句話說，經濟增加值 是股東定義的利潤。假設股東希望得到 10% 的投資回報率，他們認為只有當他們所分享的稅後營運利潤超出 10% 的資本金的時候，他們才是在「賺錢」。在此之

前的任何事情,都只是為達到企業風險投資的可接受報酬的最低量而努力。

12.4.1.2 經濟增加值使決策與股東財富一致

思騰思特公司提出了經濟增加值衡量指標,幫助管理人員在決策過程中運用兩條基本財務原則。第一條原則,任何公司的財務指標必須是最大限度地增加股東財富。第二條原則,一個公司的價值取決於投資者對利潤是超出還是低於資本成本的預期程度。從定義上來說,經濟增加值的可持續性增長將會帶來公司市場價值的增值。這條途徑在實踐中幾乎對所有組織都十分有效,從剛起步的公司到大型企業都是如此。經濟增加值的當前的絕對水平並不真正起決定性作用,重要的是經濟增加值的增長,正是經濟增加值的連續增長為股東財富帶來連續增長。

12.4.1.3 經濟增加值全面衡量要素生產率

經濟增加值之所以能成為傑出的衡量標準,就在於它採用了核算資本費用和消除會計扭曲的方法。經濟增加值扣減為提高收益而必需的資本要素支出,真正評估公司發展狀況,從而準確地全面衡量要素生產率。

經濟增加值成了所有公司的最佳「平衡計分牌」,也是管理者權衡利弊作出正確選擇的指向標。

12.4.1.4 經濟增加值幫助你更好地權衡利弊

人們經常面臨選擇:以較低價格大批量購買原材料是不是划算呢?在降低單位成本的同時卻減少了存貨週轉率;或者小批量生產並未加快機器運轉頻率;減少存貨但會提高單位生產成本。其他一些選擇則關係到宏觀的管理問題。提高市值或利潤率會有良好回報嗎?兼併價格該是多少才合適呢?像這樣的問題很難得出一個確定的答案,因為這會涉及諸如利潤上升而資產收益率下降的問題。經濟增加值幫助你決策時全面權衡利弊,將資產負債表和收益表結合起來,其結果是提高經濟增加值。

12.4.1.5 避免為獲得年度報酬而忽視長期發展

年度獎勵計劃通常會對長期的激勵計劃造成損害,因為它大多只基於年度績效的評估,而對來年的報酬沒有影響。為消除這種短視行為,擴展決策者的視野,我們把「獎金存儲器」或「獎金庫」作為獎勵制度的重要組成部分。在正常範圍內的獎金隨經濟增加值的增長每年向員工支付,但超常的獎金則存儲起來以後支付,當經濟增加值下降的時候就會被取消。當管理者意識到如果經濟增加值下降存儲的獎金就會被取消時,他們就不會再盲目追求短期收益而忽視潛在問題了。「獎金存儲器」還有利於留住人才。即使是在經濟週期裡它也能提供穩定收入;同時,如果公司裡的人才想離去的話,就必須放棄存儲的獎金,這無疑是給他們戴上了一副「金手銬」。

12.4.1.6 確立有效配置資源的原則

我們的經濟增加值激勵計劃之所以如此重要,其中一個原因在於它深入瞭解到了資源配置有效性遭到破壞的關鍵。目前大多數公司採用現金流量貼現分析法來審核項目方案,理論上這頗為不錯,但在實踐中往往行不通。因為達到現金流量目標對管

者並沒什麼實際好處，他們也就不會真正去確保項目的預期現金流得以實現。公司高層瞭解到這一點，就會派出強硬的監管人員以獲得項目經理對現金流預期的有力說明。監管人員不停地盤問，而項目經理則沒好氣地反駁。其結果是整個項目預算過程充滿了相互欺騙。

12.4.1.7 讓資本得到有效利用

我們的經濟增加值獎勵計劃完全改變了決策環境，資本成本概念的引入使管理者能更理智地使用資本。管理者樂於提高資本的利用效率，因為資本利用是有成本的。管理者認識到，如果他們不能達到預期的經濟增加值增長目標，吃虧的是自己。他們不會對增長目標討價還價，同時由於資本成本的問題，管理者將更為精明審慎地利用資本，因為資本費用直接和他們的收入掛勾，而這對每次決策都會發生影響。

12.4.2 經濟增加值的局限性

12.4.2.1 經濟增加值指標的歷史局限性

經濟增加值指標屬於短期財務指標，雖然採用經濟增加值能有效地防止管理者的短期行為，但管理者在企業都有一定的任期，為了自身的利益，他們可能只關心任期內各年的經濟增加值，然而股東財富最大化依賴於未來各期企業創造的經濟增加值。若僅僅以實現的經濟增加值作為業績評定指標，企業管理者從自身利益出發，會對保持或擴大市場份額、降低單位產品成本以及進行必要的研發項目投資缺乏積極性，而這些舉措正是保證企業未來經濟增加值持續增長的關鍵因素。從這個角度看，市場份額、單位產品成本、研發項目投資是企業的價值驅動因素，是衡量企業業績的「超前」指標。因此，在評價企業管理者經營業績及確定他們的報酬時，不但要考慮當前的經濟增加值指標，還要考慮這些超前指標，這樣才能激勵管理者將自己的決策行為與股東的利益保持一致。同樣，當利用經濟增加值進行證券分析時，也要充分考慮影響該企業未來經濟增加值增長勢頭的這些超前指標，從而盡可能準確地評估出股票的投資價值。

12.4.2.2 經濟增加值指標信息含量的局限性

在採用經濟增加值進行業績評價時，經濟增加值系統對非財務信息重視不夠，不能提供像產品、員工、客戶以及創新等方面的非財務信息。這讓我們很容易聯想到平衡計分卡。考慮到經濟增加值與平衡計分卡各自的優缺點，可以將經濟增加值指標與平衡計分卡相融合創立一種新型的「經濟增加值綜合計分卡」。通過對經濟增加值指標的分解和敏感性分析，可以找出對經濟增加值影響較大的指標，從而將其他關鍵的財務指標和非財務指標與經濟增加值這一企業價值的衡量標準緊密地聯繫在一起，形成一條貫穿企業各個方面及層次的因果鏈，從而構成一種新型的「平衡計分卡」。經濟增加值被置於綜合計分卡的頂端，處於平衡計分中因果鏈的最終環節，企業發展戰略和經營優勢都是為實現經濟增加值增長的總目標服務的。經濟增加值的增長是企業首要目標，也是成功的標準。在這一目標下，企業及各部門的商業計劃不再特立獨行，而

是必須融入提升經濟增加值的進程中。在這裡，經濟增加值就像計分卡上的指南針，其他所有戰略和指標都圍繞其運行。

12.4.2.3 經濟增加值指標形成原因的局限性

經濟增加值指標屬於一種經營評價法，純粹反應企業的經營情況，僅僅關注企業當期的經營情況，沒有反應出市場對公司整個未來經營收益預測的修正。在短期內公司市值，會受到很多經營業績以外因素的影響，包括宏觀經濟狀況、行業狀況、資本市場的資金供給狀況和許多其他因素。在這種情況下，如果僅僅考慮經濟增加值指標，有時候會失之偏頗。如果將股票價格評價與經濟增加值指標結合起來，就會比較準確地反應出公司經營業績以及其發展前景。首先，採用經濟增加值指標後，對經營業績的評價更能反應公司實際經營情況，也就是股價更加能夠反應公司的實際情況。其次，兩者結合，能夠有效地將經營評價法和市場評價有機地結合起來，準確反應高層管理人員的經營業績。

12.5　平衡計分卡評價方法

12.5.1　平衡計分卡

在信息時代，僅僅用財務指標來評價企業績效是遠遠滿足不了企業發展需求的，當企業將大量的投資用於顧客、供應商、員工、流程、科技和創新時，僅以財務指標是無法客觀評價企業績效的。

1992年，哈佛大學教授羅伯特·卡普蘭（Robert Kaplan）與諾朗頓研究院（Nolan Norton Institute）的執行長大衛·諾頓（David Norton）提出並設計了平衡計分卡（balanced score card，BSC），經過將近二十多年的發展，平衡計分卡已經發展為集團戰略管理的工具，在集團戰略規劃與執行管理方面發揮非常重要的作用。

12.5.1.1　平衡計分卡概述

實際上，平衡計分卡方法打破了傳統的只注重財務指標的業績管理方法。平衡計分卡認為，傳統的財務會計模式只能衡量過去發生的事情（落後的結果因素），但無法評估組織前瞻性的投資（領先的驅動因素）。在工業時代，注重財務指標的管理方法還是有效的。但在信息社會裡，傳統的業績管理方法並不全面的，組織必須通過在客戶、供應商、員工、組織流程、技術和革新等方面的投資，獲得持續發展的動力。正是基於這樣的認識，平衡計分卡方法認為，組織應從四個角度審視自身業績：學習與成長、業務流程、顧客、財務。

（1）財務層面

財務指標是一般企業常用於績效評估的傳統指標。財務績效指標可顯示出企業的戰略及其實施和執行是否正在為最終經營目標的改善作出貢獻。但是，不是所有的長期策略都能很快產生短期的財務盈利。非財務績效指標（如質量、效率、新技術等）

的改善和提高是實現目的的主要手段,而不是目的的本身。財務指標衡量的主要內容包括收入的增長、收入的機構、降低成本、提高生產率、資產的利用和投資戰略等。

(2) 客戶層面

平衡計分卡要求企業將使命和策略詮釋為具體的與客戶相關的目標和要點。企業應以目標顧客和目標市場為經營方向,應當關注是否滿足核心顧客需求,而不是企圖滿足所有客戶的偏好。客戶最關心的不外乎五個方面:時間、質量、性能、服務和成本。企業必須為這五個方面樹立清晰的目標,然後將這些目標細化為具體的指標。客戶指標衡量的主要內容包括市場份額、老客戶挽留率、新客戶獲得率、顧客滿意率和從客戶處獲得的利潤率等。

(3) 內部經營流程層面

建立平衡計分卡的順序,通常是在先制定財務和客戶方面的目標與指標後,才制定企業內部流程的目標與指標,這個順序使企業能夠抓住重點,專心衡量那些與股東和客戶目標息息相關的流程。內部營運績效考核應以對客戶滿意度和實現財務目標影響最大的業務流程為核心。內部營運指標既包括短期的現有業務的改善,又涉及長遠的產品和服務的革新。內部營運指標涉及的企業改良與創新過程、經營過程和售後服務過程。

(4) 學習與成長層面

學習與成長的目標為其他三個方面的宏大目標提供了基礎架構,是驅使上述計分卡三個方面獲得卓越成果的動力。面對激烈的全球競爭,企業昔日的技術和能力已無法確保其實現未來的業務目標。削減對企業學習和成長能力的投資雖然能在短期內增加財務盈利,但由此造成的不利影響將在未來對企業帶來沉重打擊。學習和成長層面指標涉及員工的能力、信息系統的能力與激勵、授權與相互配合等。

12.5.1.2 平衡計分卡的具體特點

平衡計分卡反應了財務與非財務衡量方法之間的平衡,長期目標與短期目標之間的平衡,外部和內部的平衡,結果和過程平衡,管理業績和經營業績的平衡等多個方面。所以平衡計分卡能反應組織綜合經營狀況,使業績評價趨於平衡和完善,利於組織長期發展。

平衡計分卡方法因為突破了財務作為唯一指標的衡量工具,做到了多個方面的平衡。平衡計分卡與傳統評價體系比較,具有如下特點:

(1) 平衡計分卡為企業戰略管理提供強有力的支持

隨著全球經濟一體化進程的不斷發展,市場競爭的不斷加劇,戰略管理對企業持續發展而言更為重要。平衡計分卡的評價內容與相關指標和企業戰略目標緊密相連,企業戰略的實施可以通過對平衡計分卡的全面管理來完成。

(2) 平衡計分卡可以提高企業整體管理效率

平衡計分卡所涉及的四項內容,都是企業未來發展成功的關鍵要素,通過平衡計分卡所提供的管理報告,將看似不相關的要素有機地結合在一起,可以大大節約企業管理者的時間,提高企業管理的整體效率,為企業未來成功發展奠定堅實的基礎。

(3) 注重團隊合作，防止企業管理機能失調

團隊精神是一個企業文化的集中表現，平衡計分卡通過對企業各要素的組合，讓管理者能同時考慮企業各職能部門在企業整體中的不同作用與功能，使他們認識到某一領域的工作改進可能是以其他領域的退步為代價換來的，促使企業管理部門考慮決策時要從企業出發，慎重選擇可行方案。

(4) 平衡計分卡可提高企業激勵作用，擴大員工的參與意識

傳統的業績評價體系強調管理者希望（或要求）下屬採取什麼行動，然後通過評價來證實下屬是否採取了行動以及行動的結果如何，整個控制系統強調的是對行為結果的控制與考核。而平衡計分卡則強調目標管理，鼓勵下屬創造性地（而非被動）完成任務，這一管理系統強調的是激勵動力。因為在具體管理問題上，企業高層管理者並不一定會比中下層管理人員更瞭解情況，所作出的決策也不一定比下屬更明智。所以由企業高層管理人員規定下屬的行為方式是不恰當的。另一方面，目前企業業績評價體系大多是由財務專業人士設計並監督實施的，但是，由於專業領域的差別，財務專業人士並不清楚企業經營管理、技術創新等方面的關鍵性問題，因而無法對企業整體經營的業績進行科學合理的計量與評價。

(5) 平衡計分卡可以使企業信息負擔降到最少

在當今信息時代，企業很少會因為信息過少而苦惱，隨著全員管理的引進，當企業員工或顧問向企業提出建議時，新的信息指標總是在不斷增加。這樣，會導致企業高層決策者處理信息的負擔大大加重。而平衡計分卡可以使企業管理者僅僅關注少數而又非常關鍵的相關指標，在保證滿足企業管理需要的同時，盡量減少信息負擔成本。

12.5.1.3 實施平衡計分卡的障礙

(1) 溝通與共識上的障礙

根據瑞萊森斯（Renaissance）與財務總監馬格茲勒（Magazine）的合作調查，企業中少於十分之一的員工瞭解企業的戰略及戰略與其自身工作的關係。儘管高層管理者清楚地認識到達成戰略共識的重要性，但卻少有企業將戰略有效地轉化成能夠被基本員工理解且必須理解的內涵，並使其成為員工的最高指導原則。

(2) 組織與管理系統方面的障礙

據調查企業的管理層在例行的管理會議上花費近85%的時間，以處理業務運作的改善問題，卻以少於15%的時間關注於戰略及其執行問題。過於關注各部門的職能，卻沒能使組織的運作、業務流程及資源的分配圍繞著戰略而進行。

(3) 信息交流方面的障礙

平衡計分法的編製和實施涉及大量的績效指標取得和分析，是一個複雜的過程，因此，企業對信息的管理及信息基礎設施的建設不完善，將會成為企業實施平衡計分法的又一障礙。這一點在中國的企業中尤為突出。中國企業的管理層已經意識到信息的重要性，並對此給予了充分的重視，但在實施的過程中，信息基礎設施的建設受到部門的制約，部門間的信息難以共享，只是在信息的海洋中建起了座座島嶼。這不僅影響到了業務流程，也是實施平衡計分法的障礙。

（4）對績效考核認識方面的障礙

如果企業的管理層沒有認識到現行的績效考核的觀念、方式有不妥當之處，平衡計分法就很難被接納。長期以來企業的管理層已習慣於僅從財務的角度來測評企業的績效，並沒有思考這樣的測評方式是否與企業的發展戰略聯繫在一起，是否能有效地測評企業的戰略實施情況。

12.5.1.4 平衡計分卡的缺陷

當然，平衡計分卡也存在許多缺陷，主要有以下幾個方面：

（1）平衡計分卡中非財務指標難以用貨幣來衡量。非財務計量指標上的改進與利潤增長的關係較為模糊，很難辨認出非財務指標上的改進究竟引起利潤多大的變化，尤其對企業短期內的利潤指標幾乎不受影響。

（2）非財務指標之間的關係錯綜複雜。有些聯繫得很緊密，不易分別確定其重要程度；有些則可能是相互矛盾，一個指標需要其他指標作出犧牲方能得以改善，容易引起各部門之間的衝突。

12.6　綜合評分法的評價方法

12.6.1　綜合評分法的意義

在財務報表分析中，人們常遇到的一個主要的困難是在計算出各項財務指標後，無法直觀判斷其總體財務狀況的優劣。各種財務指標的堆砌常使信息使用者「只見樹木不見森林」，無法從整體上把握企業的財務狀況和經營業績。杜邦財務分析體系一定程度上彌補了這方面的缺陷，但杜邦財務分析法只應用了整個財務指標，尤其沒有利用到現金流量指標、發展能力指標，且其應用的重要意義在於深入分析影響淨資產收益率變動的原因。綜合評分法反應企業不同維度的財務指標，用一個簡捷的系統予以綜合，得出一個概括性的綜合評分，以此來反應企業綜合財務狀況和經營業績。用數學語言表述，綜合評分法就是構建函數 $P = f(X_1, X_2, \cdots, X_n)$ 來表達評價結論。其中 P 為綜合得分，$X_1, X_2, \cdots, X_n$ 為單因素的效用值。綜合評分法通常採用的形式有相加評分法、相乘評分法和加權相加評分法。

12.6.1.1　相加評分法

相加評分法是通過將單因素效用的測度值相加，得出綜合得分的一種評分方法。相加評分法的優點在於操作簡單、直觀。其局限在於對不同評價指標沒有區別對待，相當於以相等權重處理，無法區分指標主次。其計算公式為：

$$P = f(X_1, X_2, \cdots, X_n) = \sum_{i=1}^{n} X_i$$

12.6.1.2　相乘評分法

相乘評分法是通過將單因素的效用值計算綜合得分的一種評分方法。相乘評分法

簡單易懂，但局限性也同樣處在假設各評價因素是相互獨立、平等的，為考慮不同評價因素對總目標貢獻大小的區別。其計算公式為：

$$P = f(X_1, X_2, \cdots, X_n) = \prod X_i$$

12.6.1.3 加權相加評分法

加權相加評分法引入權重 W_i（要求 $\sum_{i=1}^{n} W_i = 1$），對效用值進行加權處理，再進行相加計算綜合分。這種方法避免了兩種方法未考慮不同指標重要性的缺陷。加權相加評分法實質上是在相加評分法的基礎上引入權重。換而言之，相加評分法其實是加權相加評分法的特例。其計算公式為：

$$P = f(X_1, X_2, \cdots, X_n) = \sum_{i=1}^{n} W_i X_i$$

12.7　財務預警分析評價法

12.7.1　財務預警分析的意義

財務預警分析，是通過對企業財務報表及相關資料的分析，利用數據將企業已面臨的危險情況預先告知企業經營者和其他利益關係人，並分析企業發生財務危機的可能原因和企業財務營運體系中隱蔽的問題，以便提前做好防範措施的財務分析系統。

企業因財務危機導致經營陷入困境，甚至宣告破產的例子屢見不鮮。企業產生財務危機是由企業經營者決策不當造成的。但任何財務危機都有一個逐步惡化的過程，因此，及早地發現財務危機信號，預測企業的財務危機，使經營者能夠在財務危機出現的萌芽階段採取有效措施改善企業經營，預防企業滑入泥潭；使投資者在發現企業的財務危機萌芽後及時轉移投資，減少更大的損失；銀行等金融機構可以利用這種語境，幫助企業做出貸款決策並進行貸款控制；相關企業可以在這種信號的幫助下做出信用決策並對應收帳款進行管理，審計師則利用這種信息確定其審計程序，幫助其判斷企業的前景。

12.7.2　一元判定模型

一元判定模型是指以個別財務指標來預測財務危機的模型，模型中所涉及的幾個財務比率趨勢惡化時，通常是企業發生財務危機的先兆。最早的財務預警研究是保羅·費茨帕特里克（Paul. Fitzpatrick）開展的單變量破產預測研究。費茨帕特里克1932年以19家企業為樣本，運用單個財務比率，將樣本劃分為破產與非破產兩組。費茨帕特里克發現，判別能力最高的是「股東權益報酬率」和「股東權益負債比」。

威廉·比弗（William H. beaver）於1966年考察了七個財務比率在企業陷入財務困境前1～5年的預測能力，發現「經營現金流量/負債總額」在破產前一年的預測正

確率可以達到87%。比弗研究發現發生財務危機的企業現金少，但應收帳款較多，而現金和應收帳款並入流動資產掩蓋了潛在的危機，因此預測企業的財務危機時，應對現金少、應收帳款多的企業特別警覺。

一元判定模型的優點在於簡單、易懂，使用方便。缺陷在於管理層有可能針對性地粉飾判別指標，而且個別幾個財務指標不可能充分反應企業財務狀況，總體判別精度不高。

12.7.3 多元線性判定模型

12.7.3.1 Z計分模型

最早由美國的愛德華‧阿爾曼（Edward I. Altman）在20世紀60年代中期提出「Z計分模型（Z-score Model）」。阿爾曼以1946—1965年間提出破產申請的33家公司和配對的33家非破產公司為樣本，通過五種財務比率，將企業償債能力指標、盈利能力指標和營運能力指標有機聯繫起來，綜合分析預測企業財務失敗或破產的可能性。判別函數形式如下：

$Z = 0.012X_1 + 0.014X_2 + 0.033X_3 + 0.006X_4 + 0.999X_5$

其中，X_1＝營運資本÷資產總額×100%，反應企業資產變現能力和規模特徵；X_2＝留存收益÷資產總額×100%，反應企業在一定時期內利用淨收益再投資的比例；X_3＝息稅前收益÷資產總額×100%，反應在不考慮利稅時企業資產的盈利能力；X_4＝股本市值÷負債面值×100%，反應在負債超過資產、企業無力償還債務前，權益資產可能跌價的程度；X_5＝銷售收入÷資產總額×100，反應企業資產營運能力。

Z值越低，企業越有可能發生破產。阿爾曼還提出了判斷企業破產的臨界值：如果企業的Z值大於2.675則表明企業的財務狀況良好，發生破產的可能性較小；若Z值小於1.81，則企業存在很大的破產風險；如果Z值處於1.81～2.675之間，阿爾曼稱之為「灰色地帶」。進入這個區間的企業財務狀況是極不穩定的。

12.7.3.2 埃德米斯特（Edminster）模型

由於Z計分模型是以製造業的中等資產規模（70萬～2,590萬美元）企業為樣本，對小企業實用性不是很強。1972年，埃德米斯特專門針對小企業建立了小企業財務危機預警分析模型。埃德米斯特模型中變量取值為1或0，判別函數形式如下。

$Z = 0.951 - 0.423X_1 - 0.293X_2 - 0.482X_3 + 0.277X_4 - 0.452X_5 - 0.352X_6 - 0.924X_7$

其中，X_1＝（稅前淨利＋折舊）÷流動負債，若$X_1 < 0.05$則$X_1 = 1$；若$X_1 \geq 0.05$，則$X_1 = 0$；

X_2＝所有者權益÷銷售收入，若$X_2 < 0.07$，則$X_2 = 1$；若$X_2 \geq 0.07$，則$X_2 = 0$；

X_3＝淨營運資本÷（銷售收入×行業平均值），若$X_3 < -0.02$，則$X_3 = 1$；若$X_3 \geq -0.02$，則$X_3 = 0$；

X_4＝流動負債÷所有者權益，若$X_4 < 0.48$，則$X_4 = 1$；若$X_4 \geq 0.48$，則$X_4 = 0$；

X_5＝存貨÷（銷售收入×行業平均值），若X_5若連續三年有上升趨勢，則$X_5 = 1$，

反之，則 $X_5 = 0$；

$X_6 =$ 速動比率÷行業平均速動比率趨向值，若 $X_6 < 0.34$ 有下降趨勢，則 $X_6 = 1$；反之，則 $X_6 = 0$；

$X_7 =$ 速動比率÷行業平均速動比率，若 X_7 連續三年有下降趨勢，則 $X_7 = 1$；反之，則 $X_7 = 0$。

12.8 「四尺度」評價法

羅伯特·霍爾（Robert Hall）認為評價企業的績效需以四個尺度為標準，即質量、作業時間、資源利用和人力資源。

12.8.1 質量尺度

霍爾把質量分為外部質量、內部質量和質量改進程序三種。外部質量是指顧客或企業組織外部的其他人對產品和服務的評價，它是產品和服務的精髓。具體指標包括：顧客調查情況、服務效率、保修及可靠性等。內部質量代表企業組織的營運質量。包括總產量、生產能力、檢驗比率及殘品和返工率等。質量改進程序是企業組織採用的確保高水平的內在和外在質量的程序或一系列的公式化的步驟。需要注意的是，今天的質量改進就是明天的內、外在質量。

12.8.2 作業時間尺度

霍爾認為作業時間是將原材料變為完工產品的時間段。具體包括：工具檢修時間、設備維修時間、改變產品和工序設計的時間、項目變更時間、工具設計和工具建造時間等。

12.8.3 資源利用尺度

該尺度用以計量特定資源的消耗及此相關的成本，如直接人工、原材料消耗、時間和機器的利用情況。前兩項指標是製造產品和提供勞務的直接成本，後兩項既包括直接成本因素，又包括間接和機會成本因素。

12.8.4 人力資源尺度

霍爾提出企業需要有一定的人力資源儲備和能恰當評價和獎勵雇員的管理系統。

霍爾把質量、時間和人力資源等非財務指標納入企業的績效評價系統，並認為企業組織可以通過對上述四個尺度的改進，減少競爭風險。霍爾把作業時間作為業績評價標準有十分重要的意義。第一，作業時間的衡量有助於幫助企業關注潛在的增值區域，發現非增值活動。第二，作業時間的衡量提供了有關企業靈活性的有用信息。在今天的市場中，顧客是上帝，產品和服務滿足特殊需要的能力是企業生存的關鍵。為完成這一目標，企業必須以訂單為導向從事業務活動，而作業時間的衡量恰恰反應企

業是如何進行生產經營活動的。

同時，霍爾還認為，要求企業做出全方位的改變是困難的，企業通常只能在一段時間內取得四個方面的逐漸改進。需要注意的是，任何指標的改進都不應該以犧牲其他指標為代價，如作業時間的改進不應以降低質量為代價，同樣，在質量方面的改進也不應以犧牲資源為代價。但霍爾的「四尺度」論在人力資源開發方面沒有提出更具體的建議，這也是其缺陷所在。

12.9 「雷達圖」分析法

12.9.1 「雷達圖」分析法概述

所謂「雷達圖」分析法亦可稱為「財務狀況圖」，是指用來將公司當期財務比率與歷史或同行業平均水平進行綜合比較，然後將這些比較通過一個類似雷達的坐標圖中分別標示出來，顯示出企業當前財務狀況的一個直觀圖形，達到綜合反應企業總體財務狀況目的的一種分析方法，同時我們將這個圖稱為「雷達圖」。

12.9.2 「雷達圖」分析法的分析步驟

第一步選擇6~8個關於企業盈利和週轉效率的財務比率。
在實務中，我們用於比較的財務比率指標有：資產負債率、速動比率、流動比率、流動資產週轉率、銷售利潤率、資產利潤率、淨值報酬率和銷售增長率等指標。
第二步計算該企業的各項財務比率。
在選擇好用於比較的財務指標後，必須計算出被選中的各項財務比率。
第三步描繪「雷達圖」。
任意畫一圓圈，半徑為各指標的比較標準值，這些比較標準值來自於參照物的財務比率值，並將這些標準值在該圓圈中一一標示出來。同時將所選擇的本參照物的標準值作為100%，最後將本企業的各財務指標實際值換算為它的比例，再將這一比率畫在途中，並用虛線相連，這樣就形成了本企業的一個「雷達圖」形。
第四步比較分析。
通過雷達圖，可以直觀看出本企業實際的「雷達圖」形與表示參照物標準值的圓圈之間的圖形差異，如果本企業的財務比率值在圓圈以內的，則表示該指標所反應的財務狀況較參照物標準值差；反之，則表示為優。
案例【12-2】假設某企業的財務比率選擇有流動比率、速動比率、資產負債率、流動資產週轉率、銷售利潤率、資產利潤率、淨值報酬率和銷售增長率八項財務指標，其財務比率值分別如下表所示，其中，本公司選擇的參照物為行業平均水平。
計算各財務比率並與行業平均水平進行比較。

表 12-6　　　　　　　　　　本企業的各項財務指標值

財務比率	流動比率		速動比率		資產負債率		流動資產週轉率		銷售利潤率		資產利潤率		淨值報酬率		銷售增長率	
	指標	比例	指標	比例	指標	比例	指標	比例	指標	比例	指標	比例	指標	比例	指標	比例
行業平均水平	2.1	100%	1.2	100%	60%	100%	5	100%	14%	100%	16%	100%	22%	100%	10%	100%
本公司水平	1.9	90%	1.1	90%	95%	120%	4.5	90%	12%	85%	14%	87%	20%	91%	12%	120%

將上表中的各項財務比率數據、行業平均水平及各個財務比率與行業平均水平的比例值在圖 12-2 中表示出來。

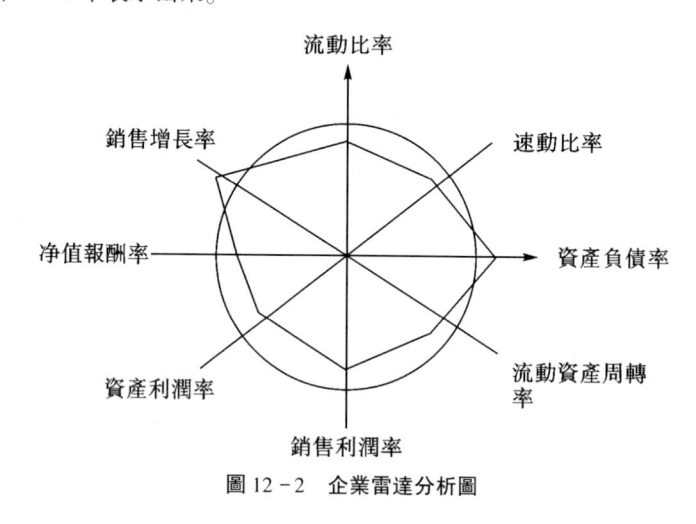

圖 12-2　企業雷達分析圖

通過「雷達圖」可以直觀地看到：該公司除了銷售增長率、資產負債率這兩項財務指標略比行業平均水平高以外，其餘六項財務指標均低於同行業平均水平，說明該企業的財務狀況比同行業平均水平差，該公司的經營狀況不甚理想，需要做出經營決策的調整。

本章小結

財務報表分析的最終目的在於全面地、準確地、客觀地揭示企業財務狀況和經營情況，並借以對企業經濟效益優劣做出合理的評價。要全面評價企業的經濟效益，應將相互關聯的各種報表、各項指標聯繫在一起，從全局出發，進行全面、系統、綜合的分析。財務報表綜合分析是單項分析的深化，是分析者對企業的「會診」。本章從綜合分析的內涵、特徵出發，著重介紹了綜合分析的幾種主要方法。

財務報表綜合分析是系統、全面、綜合地對企業財務狀況、經營成果及現金流量情況進行剖析、解釋和評價，說明企業整體財務狀況和效益的優劣。財務報表綜合分析與財務單項分析相比，分析方法不同，分析的重點和比較基準不同。

沃爾評分法是較早的財務狀況綜合評價理論。它在理論上還有待證明，在技術上也不完善，但它還是在實踐中被廣泛應用。

　　杜邦分析法是利用主要財務指標間的內在聯繫，綜合、系統分析企業財務狀況及其經濟效益。杜邦分析法的關鍵在於對指標的理解和運用。

　　企業績效評價體系是企業一定經營期間的財務效益狀況、資產營運狀況、償債能力狀況和發展能力狀況，進行定性和定量對比分析，作出真實、客觀、公正的客觀評價。

　　經濟增加值根據經過調整的稅後營業淨利潤和基於市場的資本成本來計算，把會計評價和市場評價結合起來，把資本預算、業績評價和激勵報酬結合起來，具有非常誘人的前景。

　　平衡計分卡是通過財務指標和非財務指標來評價企業的業績評價系統。但是，非財務指標難以用貨幣來衡量，難以辨認出非財務指標上的改進究竟對利潤的影響程度有多大。

　　本章也介紹了其他財務報表的綜合分析方法：經濟增加值、財務預警分析評價法、「四尺度」分析法與「雷達圖」分析法等。主要是從報表的不同角度進行財務分析，揭露企業經營狀況和經營成果，以謀求更完整及全面評價企業的財務狀況。

復習題

1. 試評沃爾分析法。
2. 什麼是杜邦財務分析體系？其作用有哪些？
3. 經濟增加值評價法的基本原理是什麼？它有哪些優缺點？
4. 平衡計分卡是如何評價企業的業績的？它有哪些缺點？
5. 如何進行經濟附加值評價？
6. 什麼是財務預警分析評價法？其主要有哪些分析類型？
7. 什麼是「四尺度」分析法？
8. 什麼是「雷達圖分析法」？它有哪些缺點？

13 企業可持續性盈利分析

13.1 企業可持續性盈利分析的目的

13.1.1 企業可持續發展能力的含義

企業可持續性發展能力（sustainable development ability），也稱為企業的發展潛力，是指企業通過自身的生產經營活動，不斷擴大累積而形成的發展潛能。傳統的財務分析僅從靜態的角度分析企業的財務狀況和經營狀況，強調企業的盈利能力、營運能力和償債能力，但這三方面能力的分析僅能提供企業過去的經營狀況，並不意味著企業有持續性發展能力。然而對於企業的利益相關者來說，他們關注的不僅是企業目前的、短期的盈利能力，更重要的是企業未來的、長期的和持續的增長能力。比如，對於大股東來說，持有股票並不是為了滿足簡單的投機性需求，而是看好企業未來的發展潛力，希望在企業長期、持續而穩定的發展中獲得更多的股利和資本利得。對於債權人來說，長期債權的實現必須依靠企業未來的盈利能力。因此，企業可持續發展能力的評價無論是對企業的利益相關者，還是企業自身都是至關重要的。可持續性發展能力分析對於判斷企業未來一定時期的發展後勁、行業地位、面臨的發展機遇與盈利發展變化以及穩定中長期發展計劃、決策等具有重要的意義和作用。

隨著企業的快速增長，企業的股票市場價值與利潤一般是增加的，企業增長對管理當局具有較大的誘惑力。但是，企業快速增長會使其資源變得相當緊張，有時管理及生產技術水平也不一定能夠及時跟上。因此，除非管理當局能夠及時意識到這一點，並採取積極的措施加以控制。否則，快速增長可能會對企業不利甚至是帶來災難性的後果。事實上，因增長過快而破產的企業數量，與因為增長太慢而破產的企業數量幾乎一樣多。因此，正確分析企業增長狀況，合理控制企業的增長速度是非常必要的。

13.1.2 企業可持續性發展能力分析的目的

企業能夠持續增長對投資者、經營者及其他利益團體至關重要。對於投資者而言，企業能夠持續穩定，不僅關係到投資者的投資報酬，而且關係到企業是否真正具有投資價值。對企業的經營者來說，要使企業獲得成功，就不能僅僅注重目前的暫時的經營能力，更應該注意企業未來的、長期的、持續的發展能力。對債權人來說，可持續發展能力同樣至關重要，因為企業償還債務尤其是長期債務主要是依靠未來的盈利能力，而不是目前的。

正因為發展能力如此重要，所以有必要對企業的可持續發展能力進行深入分析。可持續性發展能力分析的目的具體體現在以下四個方面：

13.1.2.1 分析企業可持續發展的因素

利用可持續性發展能力的有關指標衡量和評價企業的實際成長能力，分析影響企業可持續性發展能力的因素。企業經營活動的根本目標是不斷增強企業自身持續生產和發展的能力。反應企業可持續發展能力的指標包括資產增長率、銷售增長率、收益增長率等。用實際的發展能力指標與計劃、同行業平均水平、其他企業的同類指標相比較，可以衡量企業發展能力的強弱；將企業不同時期的發展能力指標數值進行比較，可以評價企業在生產、銷售收入、收益等方面的增長速度和增長趨勢。

13.1.2.2 判斷企業擁有資源的能力

通過對企業資產的成長能力分析，可以判斷企業擁有資源的服務潛力、未來變化趨勢，包括未來盈利能力、變現能力、未來需要追加投入數額、技術先進性及其未來更新改造等情況。

13.1.2.3 分析企業負債變化趨勢

通過企業可持續性發展能力的分析，可以判斷企業在未來一定時期內融資變化趨勢，繼而分析企業再融資能力。企業再融資能力除取決於企業資產的優良程度及其未來一定時期的創利能力外，還取決於企業現有債務負債率及其結構。企業通過債務結構整合不僅可以提高企業負債效益，而且可以減緩債務壓力甚至可以進一步提高債務比率，使其槓桿效益最大化。

13.1.2.4 正確確定企業未來的發展速度和政策

企業經營策略研究表明，在企業市場份額和行業分析既定的情況下，如果企業採取一定的經營策略和財務策略，就能夠使企業的價值實現最大化。也就是說企業經營策略和財務策略的不同組合能夠影響企業的未來發展能力。因此，在評價企業目前的盈利能力、營運能力、償債能力和股利政策的基礎上，通過深入分析影響企業持續增長的相關因素，並根據企業的實際經營情況和發展戰略，確定企業未來的增長速度，相應調整其經營策略和財務策略，能夠實現企業的持續增長。

13.1.3 影響企業可持續性盈利的主要因素分析

衡量企業可持續性發展能力的核心是企業價值增長率，而影響企業價值增長率的因素主要有以下幾個方面：

13.1.3.1 銷售收入

企業可持續性發展能力的形成要依賴於企業不斷增長的銷售收入。銷售收入是企業收入的主要來源，也是導致企業價值變化的根本動力。只有銷售收入不斷穩定地增長，才能體現企業的不斷發展，才能為企業的不斷發展提供充足的資金來源。

13.1.3.2 資產規模

企業的資產是取得收入的保證，在總資產收益率固定的情況下，資產規模與收入規模之間存在著正比例關係。同時總資產的現有價值反應著企業清算時的可獲得現金流入額。

13.1.3.3 淨資產規模

在企業淨資產收益率不變的條件下，淨資產規模與收入規模之間也存在著正比例關係。只有淨資產規模不斷增長，才能反應新的資本投入，表明所有者對企業的信心，同時對企業負債融資提供保障，有利於企業的進一步發展對資金的需求。

13.1.3.4 資產使用率

一個企業的資產使用效率越高，其利用有限資源獲取收益的能力越強，就越能給企業價值帶來較快的增長。

13.1.3.5 淨收益

淨收益反應企業一定時期的經營成果，是收入與費用之差。在收入一定的條件下，費用與淨收益之間存在著比例關係。只有不斷地降低成本，才能增長淨收益。企業的淨收益是企業價值增長的源泉，所有者可將部分收益留存於企業用於擴大再生產，而且客觀的淨收益可以吸引更多新的投資者，有利於企業的進一步發展對資金的需求。

13.1.3.6 股利分配

企業所有者從企業獲得的利益分為兩個方面：一方面是資本利得，另一方面是股利。一個企業可能有很強的盈利能力，但企業如果把所有利潤都通過各種形式轉化為消費，而不是注意企業的資本累積，那麼即使這個企業效益指標很高，也不能說這個企業的可持續性發展能力很強。

13.2　企業可持續盈利能力分析

13.2.1　商譽競爭力分析法

商業競爭力使用商譽價值指標來衡量。商譽價值的計量一般有直接法和間接法兩種。由於間接法一般在企業併購時使用，因此這裡僅介紹直接法。

直接法又稱超額收益法。這種方法是指將商譽理解為「超額收益的現值」，即通過估測由於存在商譽而給企業帶來的預期超額收益，並按一定方法推算出商譽價值的一種方法。一般有如下三種計算方法：

13.2.1.1 超額收益現值法

這種方法是通過計算企業未來若干年可獲得的「超額收益」的淨現值來衡量商譽的價值。基本步驟如下：

（1）計算企業的超額收益

超額收益的計算公式為：

超額收益＝預期報酬率－正常收益

＝可辨認淨資產公允價值×（預期報酬率－同行業平均投資報酬率）

（2）將各年的預期超額收益折現

其計算公式為：

累積的預期超額收益現值＝∑年預期超額收益×折現系數

（3）將各年的超額收益現值匯總得出商譽價值

其計算公式為：

商譽價值＝∑各年超額收益現值

13.2.1.2 超額收益資本化法

這種方法是根據一種資本化價格的原理，對超額收益進行資本化處理，收益資本化就是將若干平均超額收益除以投資者應獲得的正常投資報酬率。其計算公式為：

商譽價值＝年超額收益÷資本化率

13.2.1.3 超額收益倍數法

這種方法是用超額收益的一定倍數計算商譽的價值。

商譽價值＝年超額收益×倍數

商譽價值指標越大，說明企業的商譽為企業帶來的預期超額收益越多，企業的市場潛力越大，可持續發展能力越強。

13.2.2 人才競爭力分析法

人才競爭力分析法使用高等人才比率和人力資源穩定兩個指標來衡量。

13.2.2.1 高等人才比率

高等人才指是具有自身專業背景、豐富行業經驗、擔任行業內最頂尖企業的高級管理人士。通常情況下，這些行業專業人才能給企業帶來更好的管理、更豐富的行業經驗、技術、技能和發展戰略規劃能力。該比例越高說明企業競爭力越強，企業可持續性發展能力越大。其計算公式為：

$$K = \frac{Q_{ho} + Q_{h1}}{Q_0 + Q_1}$$

式中：K表示高等人才比率；Q_{ho}是期初高等人才數量；Q_{h1}是期末高等人才數量；Q_o是期初在冊人數；Q_1是期末在冊人數；

13.2.2.2 人才資源穩定率

企業是否有發展前景，發展前景是否能夠持續、穩定，人力資源是一個非常重要的因素，或者說人力資源起到了關鍵性的作用。如果企業人才大量流失，必然不利於企業的未來發展。反應人力資源穩定率的指標主要有人力資源穩定率和人力資源流動

率。其計算公式為：

$$人力資源穩定率 = 1 - 人力資源流動率$$

$$人力資源流動率 = \frac{Q_N}{(Q_0 + Q_1)/2} \times 100\%$$

式中：Q_N 是補充離職人員新招數量；Q_0 是期初在冊人數；Q_1 是期末在冊人數。

如果企業人力資源穩定率越高，越有利於企業的未來發展；如果人力資源穩定度越低，越不利於企業的長遠發展，更無從談起企業可持續性發展能力的建立。

13.2.3 產品競爭力分析法

產品的競爭力能夠體現企業產品是否具有很強的生命力，是承載企業發展的動力。通常用技術投入比率和固定資產成新率來反應。

13.2.3.1 技術投入比率

現代企業之間的競爭，很大程度上是體現企業的技術競爭，技術需要研發，並且轉化為可用的成果。技術投入比率是當年技術轉讓費和研發費用占主營業務收入的比率，反應企業在技術創新方面的支出。企業只能通過不斷地創新、才能保證企業持續發展，因此技術投入比率在一定程度上反應了企業的創新能力和企業可持續發展能力。

其計算公式為：

$$技術投入比率 = \frac{C_T + C_R}{NOI} \times 100\%$$

式中：C_T 是當年技術轉讓費支出；C_R 是當年研發投入；NOI 是當年主營業務收入淨額。

13.2.3.2 固定資產成新率

固定資產成新率是指企業當年平均固定資產淨值與平均固定資產原值的比率，該指標反應企業擁有的固定資產的新舊程度。

其計算公式為：

$$K_F = \frac{F_{N0} + F_{N1}}{F_0 + F_1} \times 100\%$$

式中：K_F 是指固定資產成新率；F_{N0} 是指期初固定資產淨值；F_{N1} 是指期末固定資產淨值；K_0 是指期初固定資產原值；K_1 是指期末固定資產原值。

如果該指標較低，則說明企業的固定資產比較陳舊，生產能力落後，產出效率較低，不利於企業的可持續性發展；如果該指標越高，說明企業的固定資產更新比較快，產出效率較高，有利於提高企業產品競爭力，有利於企業的可持續性發展。

13.3 增長率分析法

13.3.1 內含增長率分析法

所謂內含增長率是指企業在不使用任何外部資金，僅依靠新增的留存收益和自然融資形成的資源的條件下能夠保持的最大增長率（internal growth rato）。

其計算公式為：

$AFN = (A/S) gS_0 - (L/S) gS_0 - [M(1+g) S_0 - D_{iv}]$

式中：AFN 為無外部追加資金，即 $AFN=0$；g 表示銷售增長率；D_{iv} 表示股利；M 為銷售淨利率；A/S 表示為資產與期初銷售收入的比率；S_0 表示基期銷售收入；L/S 表示為自發增加的負債與期初銷售收入的比率關係。

當 $AFN=0$ 時，其計算公式為：

$AFN = (A/S) gS_0 - (L/S) gS_0 - [M(1+g) S_0 - D_{iv}] = 0$

$g = (MS_0 - D_{iv}) / \{S_0 \times [(A/S) - (L/S) - M]\}$

假設公司每年股利支付率為 d，且保持不變，則下一年度的股利為：

$D_{iv} = dMS_0 (1+g)$

將 D_{iv} 代入上公式中，即可得到內含增長率 g 計算公式為：

$g = [M(1-d)] / [(A/S) - (L/S) - M(1-d)]$

內含增長率與銷售淨利率 M 正相關，與股利支付率 d 負相關。銷售淨利率越高，說明內含增長率越高；股利支付率越高，則說明內含增長率越低。公式中的分母是每單位增量銷售收入所需追加的增量資金。

為了便於學員能夠正確理解內含增長率分析法，還是讓我們首先看一個案例。

案例【13-1】假設某企業 2013 年的預計銷售增長率為 6%（M），股利支付率（d）為 66.67%，$A/S=0.6$；$L/S=0.1$，則公司內含增長率計算為：

$g = [6\% \times (1-66.67\%)] \div [0.6 - 0.1 - 6\% \times (1-66.67\%)]$

$= 4.17\%$

上述計算結果表明，該公司的內部資金可使該公司的內含增長率維持在 4.17% 的水平上，超過這一增長水平，公司將不得不追加外部資金。

13.3.2 可持續增長率分析法

如果一個公司增長所需資金完全來自於內部（留存收益或自然融資），那麼經過一段時間後公司資金總額中的股東權益將不斷增加，由此引起負債比率不斷下降。如果公司希望繼續保持原有的資本結構，就需要發行新債融資。可持續增長率（sustainable growth rate）是指在財務槓桿不變的條件下，運用內部資金和外部資金所能支持的最大增長率。

如果公司新增的股東權益僅來自留存收益，而留存收益的高低又取決於下一年度的銷售收入、股利支付率、銷售淨利率。

留存收益增加額 = 淨利潤 × （1 – 股利支付率） = MS_0 （1 + g） × （1 – d）

在長期負債與股東權益比率一定的情況下，公司追加借款數額取決於留存收益和槓桿比率（D/E，即有息債務/股東權益）兩個因素。

借款增加額 = 留存收益增加數 = MS_0 （1 + g） × （1 – d） × （D/E）

如果資產增長與銷售增長相符，則資產需求增加額等於自然融資增加額、留存收益增加額和借款增加額之和。

(A/S) gS_0 = (L/S) gS_0 + MS_0 （1 + g） × （1 – d） + MS_0 × （1 + g） × （1 – d） × （D/E）

= (L/S) gS_0 + MS_0 × （1 + g） × （1 – d） × （1 + D/E）

整理上式後，增長率 g 可表示與財務政策（槓桿比率、股利支付率等）相一致的最大的銷售收入增長率，即可持續增長率，通常用 g^* 表示。

g^* = [M （1 – d） × （1 + D/E）] ÷ [（A/S） – （L/S） – M （1 – d） （1 + D/E）]

可持續增長率與財務槓桿比率（D/E）和銷售淨利率正相關，與股利支付率負相關。負債比率越大，增長率越高，利潤率越高，增長越快。但股利支付率越高，增長率越低。

在其他因素一定的情況下，由於可持續增長率是運用內部和外部資金的最大增長率，因此，它一般高於內含增長率。在上例中，假設該公司的基期槓桿比率為 66.67%，假設銷售淨利率、股利支付率保持不變，則：

g^* = [6% （1 – 66.67%） × （1 + 66.67%）] ÷ [0.6 – 0.1 – 6% × （1 – 66.67%） × （1 + 66.67%）]

= 7.14%

上述計算結構表明，在各種比率保持不變的情況下，公司運用內外部資金的最大可持續增長率為 7.14%，低於預期銷售增長率 10%，公司必須調整經營計劃或改變財務政策，以平衡發展與增長之間的關係。

總之，市值/面值越高，則說明該公司的未來盈利越強；反之，則越低。

13.4　市值比率分析法

13.4.1　市值/面值比率法

市值/面值分析法是指公司股本的市場價值與帳面價格的比率，如果是上市公司則面值表示為用公司普通股本（面值）來預測該公司股本的市場價值。由於公司的帳面價值忽視了公司盈利能力和再投資機會的重要作用，因此，需用公司的市場價值來表示公司未來的盈利能力和再投資機會。

其計算公式為：

市值/面值 = M/B

式中：M 代表公司的股本市場價值；B 代表公司股本的帳面價格。

公司的股票市價高出帳面價值的溢價部分是表示對公司管理層過去為股東創造的價值以及在未來預計能為股東創造價值的反應。

案例【13-2】某公司的股票市價為每股32元人民幣，該公司發行在外的股票為6億股，帳面價值為36億元人民幣，則該公司的市值/面值的比值計算為：

市值/面值 = 32 ÷ (24 ÷ 6)

＝ 32 ÷ 4

＝ 8（倍）

上述計算表明公司的市場價值等於其帳面價值的8倍。說明該公司未來的發展潛力和盈利能力較好。

13.4.2　托賓 Q 比率分析法

托賓 Q 比率是指公司的市場價值與公司的重置成本的比值。顯然，公司的市場價值會對公司投資於生產性資產的積極性產生重大影響。如果一個公司的股票和債券的市場價值超過擴充生產能力的成本，那麼由於這種投資會提高公司的股票價格，公司就有了增加投資提高生產能力的內在動力，則可為公司的可持續性發展提供發展動力。

其計算公式為：

Q = 公司的市場價值/公司的重置成本

案例【13-3】某公司的市場價值為32億元人民幣，該公司的重置成本為8億元人民幣，則該公司的托賓 Q 比率的比值計算為。

市值/面值 = 32 ÷ 8

＝ 4（倍）

上述計算表明公司的托賓 Q 比率為4倍，公司的市場價值是該公司的重置成本的4倍，說明該公司未來的發展潛力和盈利能力較好。

托賓 Q 比率值越高，說明該公司的未來盈利越強；反之，則越低。

本章小結

企業的可持續性發展既受到企業自身內部原因的制約，也受到企業行業環境、金融環境、經營政策等外部環境的影響。通過對企業可持續發展能力的全面分析，其最終目的就是瞭解企業，分析企業存在的問題，並尋求真正解決問題的有效途徑。

本章主要有分析影響企業發展的主要因素：銷售增長、資產規模、淨資產規模、資產利用率、淨收益和股利分配、商譽等。對企業的可持續發展能力分析，主要從商譽競爭力法、人才競爭力分析法、內含增長率分析法、可持續性增長分析法、市值/面值分析法及托賓 Q 比率分析法六種具體的評估方法進行分析，每種分析法都是從某一

方面來反應，存在一定的片面性，這需要學員結合各種評估分析法，進行綜合分析，才能全面合理地分析企業的可持續性發展能力。

復習題

1. 什麼是企業可持續性發展能力？
2. 企業可持續性發展能力分析的目的是什麼？
3. 影響企業可持續發展能力的因素有哪些？
4. 企業可持續發展能力分析的主要指標有哪些？
5. 如何計算內含增長率分析法？
6. 什麼是商譽競爭力分析法？如何計算？
7. 什麼是人才競爭力分析法？如何計算？
8. 什麼是托賓 Q 比率分析法？如何計算？

14 財務報表的「生命週期」分析

對於一個企業而言，要做到客觀評價企業的經營狀況，往往在對財務報表進行分析的時候還應將被評價企業的客觀情況結合起來，這樣才能夠對被評價企業的經營狀況有更全面的瞭解。本章所講的企業客觀情況就是指企業所處的生命週期階段。比如，我們對一個小孩的行為進行評價時，往往對小孩的很多過錯行為或無意識行為容易理解，就是這個道理。因此，在分析企業財務報表時，應密切關注企業所處的生命週期階段，只有這樣才能對企業的經營狀況有更多的理解和信任，並能客觀評價出企業經營狀況，根據客觀評價進行合理的管理策略調整與改進。

14.1 財務報表的「生命週期」分析含義

所謂財務報表的生命週期「整合」分析是指企業在分析財務報表時，結合企業的生命週期進行的一種綜合分析方法。財務報表分析者只有理解企業所處的生命週期階段，對企業的財務報表分析才能更加客觀、真實、公平。因此，財務報表使用者必須正確理解和高度關注生命週期與財務報表分析之間的關係。

14.2 財務報表的「生命週期」分析的作用

對財務報表的生命週期進行分析能對報表分析者所起到的作用有以下幾點：

14.2.1 為報表分析者提供客觀事實依據

企業的生命週期往往能客觀反應出企業所處的經營環境，這些客觀的經營環境為報表分析者提供出更多的事實依據和客觀狀況。當報表分析者瞭解到企業經營的這些事實情況後，便能夠對企業的經營狀況有更全面、更深刻的理解。

14.2.2 為決策者提供決策依據

企業決策者在分析財務報表時，如果能夠準確判斷出企業所處的生命週期階段，則能夠在進行決策時不僅依靠財務報表的分析，而是同時對財務報表和企業生命週期進行分析，這樣才能夠找到更加正確的決策依據。

14.3　企業生命週期概述

世界上任何事物的發展都存在著生命週期，企業也不例外。企業生命週期如同一雙無形的巨手，始終左右著企業發展的軌跡。一個企業要想立於不敗之地必須掌握企業生命週期的變動規律，並及時調整企業的發展戰略，面向市場推動該企業的穩定、健康發展。

14.3.1　企業「生命週期」含義

企業生命週期是指企業從創業到衰退的一個完整過程。具體包括創業期、成長期、振蕩期、成熟期、飽和期五個階段。如圖 14-1 所示。

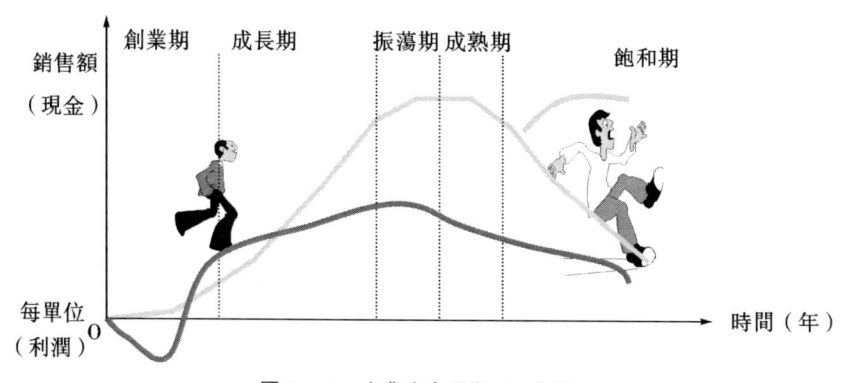

圖 14-1　企業生命週期（S 曲線）

下面分別就企業生命週期的四個階段進行分析。

14.3.2　企業生命週期的現實意義

企業生命週期的現實意義主要體現在以下兩個方面：
（1）幫助管理者制定管理策略

這是企業管理中一種非常有用且應用廣泛的一種方法。它能夠有效地幫助企業管理層根據企業是否處於成長、成熟、衰退或其他狀態來制訂適當的管理策略。
（2）幫助管理者制訂競爭策略

企業生命週期有利於企業管理層認清企業的競爭狀況，並且判斷出企業競爭狀況的具體差異，從而根據這種競爭差異制訂戰略策略。

14.4　財務報表的「生命週期」分析

財務報表的生命週期分析一般包括以下財務報表的創業期分析、財務報表的成長

期分析、財務報表的振蕩期分析、財務報表的成熟期分析、財務報表的衰退期分析五個方面。

14.4.1 財務報表的創業期分析

在創業期內，企業的銷售量一般都很低，基本上在市場上沒有競爭力。處在這個階段的企業存在著各種各樣的風險，包括經營風險、財務風險等。所謂企業的經營風險即企業隨時可能出現銷售困難，客戶無法接受企業的產品，企業有隨時關門的風險；所謂企業的財務風險即企業存在較低的財務支付能力、較低的盈利能力，此時，企業可能隨時出現財務困難，引發破產。

歸納起來，財務報表的創業期分析的財務特徵包括以下幾個方面：

14.4.1.1 低資產負債率

企業在創業期階段，由於企業的經營資本幾乎全部來自股權投資，企業很難獲得金融機構的各種貸款，同時，也由於企業在該階段的信用體系尚未建立，供應商的貨款大部分支付的方式都是現金支付，從而導致企業在該階段的資產負債率出現較低的情況。

14.4.1.2 現金儲備不足

除了那些資本實力很雄厚的企業外，一般企業在創業期的貨幣資金規模都較小，由於無法獲得更多的外部投資者和金融機構、企業供應商的資金支持，所以，企業的現金儲備明顯不足，很多時候容易出現支付困難。另外，由於企業產品對客戶的吸引力又較弱，還容易造成企業銷售貨物後無法及時收取現金，這對企業本來就不足的現金儲備帶來更不利的影響。

14.4.1.3 低償債能力

處在該階段的企業，由於貨幣資金不充裕，銷售情況不甚理想，這樣就容易造成資金緊張，從而出現較低的流動比率、速動比率。

14.4.1.4 偏高資產效率

由於受該階段資金的影響，企業在該階段的固定資產投資偏少。企業更多的是流動資產，而流動資產的流動性一般都高於固定資產。這樣說來，企業在該階段往往比較容易出現高資產效率。

14.4.1.5 盈利、盈現能力均較差

由於企業在創業期擁有的全部資產中基本以流動資產為主，所以，必然導致盈利能力差。同時，又由於企業的產品競爭力弱，企業的定價策略往往以低價格吸引客戶（除高技術含量的產品可以定高價外），再加上較低的管理水平，這樣就導致了企業盈利能力低，往往體現出較低的銷售毛利率，可想而知處在該階段企業的盈現能力也較低。

14.4.2 財務報表的成長期分析

在成長期內，企業的銷售量一般都很低，產品在市場逐漸被消費者或客戶所接受，企業的競爭力逐步得到提升。但是，處在這個階段的企業的經營風險在逐漸降低，財務風險卻依然較高。

歸納起來，財務報表的成長期分析的財務特徵包括以下幾個方面：

14.4.2.1 較低資產負債率

企業在成長期階段，企業的經營資本除了股東（投資人）投資外，還有一部分來自債權人。此時，由於受到盈利能力的約束和資產抵押能力的不足，通過金融機構獲取資金的方式依然有限。因此，企業的資產負債率比創業期有所升高，企業的營運資本主要依賴債權人的債務不斷追加方式獲取。

14.4.2.2 現金支付能力弱

除了那些資本實力很雄厚的企業外，一般企業在成長期的貨幣資金規模都較小，由於能獲得部分供應商的部分資金支持，此時，維持基本營運管理的資金逐漸趨於平衡，但是，企業的現金支付能力依舊明顯偏弱。

14.4.2.3 較低償債能力

處在該階段的企業，由於貨幣資金僅能維持基本營運，所以，一旦出現債權人壓縮信用，則容易出現償債風險。企業此時的流動比率（一般≥2）、速動比率（一般≥1）依然比行業平均水平低。

14.4.2.4 資產效率逐漸下降

該階段中，企業的銷售業績在逐漸提升，企業的資產規模也在不斷增加，但此時表現的特徵是銷售業績的增長往往低於資產規模的增加，所以往往導致企業資產週轉效率在逐步下滑。例如，存貨週轉率、資產週轉率、應收帳款週轉率均可能出現效率下滑狀況。

14.4.2.5 盈利、盈現能力逐步上升

由於企業在成長期擁有的全部資產中依然是以流動資產為主，但由於逐步增加固定資產投資，因此，固定資產在全部資產中所占的比例逐步上升。所以，處在該階段的企業的盈利能將隨著固定資產的增長而帶來資產營運效率提升，從而逐步提升企業的盈利、盈現能力。

14.4.3 財務報表的震盪期分析

在振盪期內，企業的銷售量一般都會維持在某個水平線，不會有較大幅度的減少，也不會有較大幅度的增長。因此該階段的企業的經營風險、財務風險也將維持在某個水平，得不到明顯的改善。此階段的企業，往往處在與客戶競爭、消費者博弈的階段。

財務報表的振盪期分析的特徵基本與成長期相似，歸納起來，主要包括以下幾個

方面的財務特徵：

14.4.3.1 較高資產負債率

在振蕩期內，企業的經營風險逐步降低，企業管理層迫於盈利的壓力，不斷採取高財務槓桿，試圖通過高風險獲取高盈利。另外，企業也希望擴大產能提升以滿足未來市場的需要，因此，這個階段的企業會不斷提高資產負債率。

14.4.3.2 現金支付能力平衡

該階段企業的產品逐漸在市場中得到客戶的認可，銷售能力在小幅度提升，債權人對公司的信用評估慢慢得到提升。此時，除了維持基本營運管理的資金平衡外，甚至可能出現貨幣資金有少量盈餘的情況，但是這不能說明企業的現金支付能力強，只能用不弱兩個字來形容。

14.4.3.3 償債能力趨於穩定

處在該階段的企業，由於貨幣資金不僅能維持基本營運，還有適量盈餘，企業此時的流動比率（一般≥2）、速動比率（一般≥1）基本接近行業水平。

14.4.3.4 資產效率逐漸降低

該階段中，儘管企業的銷售業績還在增長，但增速比較緩慢，此時，企業的資產增加速度也不會太明顯，這樣會導致企業的資產效率會出現「僵化」，即在該階段基本維持不變。如，存貨週轉率、資產週轉率、應收帳款週轉率會逐漸降低。

14.4.3.5 盈利、盈現能力逐步上升

由於銷售業績趨於穩定，並逐步呈現上升趨勢，因此，企業的盈利、盈現能力都將得到一定程度的上升。

14.4.4 財務報表的成熟期分析

在成熟期內，企業的銷售量保持穩定，企業在市場上有很強的競爭力。處在這個階段的企業不僅經營風險基本不存在，財務風險也較低。

歸納起來，財務報表的成熟期分析的財務特徵包括以下幾個方面：

14.4.4.1 合理的資產負債率

企業在成熟期階段，企業的競爭力和市場份額均達到一定高水平。在該階段後期，由於銷售增長逐漸穩定，盈利能力也相對穩定，因此，企業會適度降低財務風險，降低財務槓桿，不但降低較高的財務利息費用，也有利於提高企業的盈利能力。因此，資產負債率會從振蕩期、成熟期前階段的較高水平逐漸降低，迴歸到一個正常的負債水平（如美國企業的資產負債率一般維持在50%）。

14.4.4.2 現金充裕

處在該階段的企業，由於產品競爭力、管理能力、市場份額都維持在一個相對很高的水平，企業的盈利能力較強，所以，此階段的現金比較充裕。

14.4.4.3 高償債能力

由於企業客戶對產品有相當的依賴性，這導致企業的盈利能力很強，因此，該階段的企業不僅營運資本充足，流動比率、速度比率均高於行業水平。

14.4.4.4 高資產效率

該階段企業的銷售增長非常旺盛，而資產的擴張水平趨於穩定，因此，資產效率較高。如，資產週轉率、存貨週轉率、應收帳款週轉率均高於行業水平。但隨著成熟期的延長，這些效率指標又將逐步出現下滑。

14.4.4.5 高盈利、盈現能力

由於企業產品競爭能力很強、市場份額較高，則該階段的企業出現了高盈利並呈現出很強的盈現能力。

14.4.5 財務報表的衰退期分析

在衰退期內，企業的銷售量一般會趨於飽和並呈現出下降趨勢。原有產品的競爭力在不斷下降，此時的企業需要新的投資（如新產品、新行業的投資）來維持增長。

歸納起來，財務報表的衰退期分析的財務特徵包括以下幾個方面：

14.4.5.1 逐漸升高資產負債率

企業在衰退期階段，由於該階段需要進行新的投資，需要大量資金重新投入到企業之中，因此，企業的資產負債率將逐漸上升。

14.4.5.2 現金儲備緩慢下降

受企業銷售業績下滑的影響，企業不但贏取現金的能力越來越弱，同時，企業由於要追加投資需要，使得企業的貨幣資金也隨之不斷下降。一方面，企業繼續加大債務風險來獲取資金，另一方面，企業也通過減少公司現金儲備以釋放企業對資金的需要。

14.4.5.3 償債能力逐漸降低

處在該階段的企業，由於貨幣資金不斷投資到新的增長領域，會大幅度降低貨幣資金。此時，企業的流動比率（一般≥2）、速動比率（一般≥1）稍高於行業平均水平。

14.4.5.4 資產效率下滑速度加快

該階段中，儘管企業的銷售業績還在增長，但增速比較緩慢。但該階段的資產會大量增加固定資產的投資額度和速度，這樣會導致企業的資產效率出現短期內大幅下滑，尤其是資產週轉效率的下滑速度很快。

14.4.5.5 盈利、盈現能力下降

由於銷售業績不斷下滑，市場份額逐步下降，而新的投資又無法在短期內形成快速增長，因此，企業的盈利、盈現能力均會出現下降趨勢。

總之，對於企業經營管理者而言，在分析財務報表的時候，不僅需要單純從財務報表角度出發，而更應該結合企業生命週期進行綜合分析。只有通過這種綜合分析，才有可能對企業的經營狀況有全面、客觀的正確判斷，才能夠根據財務報表和生命週期作出更科學的管理決策。

本章小結

　　本章主要介紹了一種新的財務報表分析方法，即財務報表的生命週期分析。通過這種分析，使得報表分析者能更好地評價企業的經營成果和經營狀況。並對各個時期的經營成果和經營狀況形成良好的「理解」，這樣不僅能為管理層提供下一步決策的依據，也能夠對企業營運管理作出科學的評估。

　　本章主要從生命週期的創業期、振盪期、成長期、成熟期、衰退期五個階段進行分析，總結出五個階段的不同財務特徵，從而對單純依靠財務報表分析進行了很好的補充。

復習題

1. 什麼是財務報表的生命週期分析？
2. 財務報表的生命週期分析分為哪幾個階段？
3. 財務報表的生命週期分析中各個階段的財務分析特徵有哪些？
4. 學員可根據某公司的財務報表嘗試進行財務報表的生命週期分析。

國家圖書館出版品預行編目(CIP)資料

財務報表分析 / 楊和茂編著. -- 第二版.
-- 臺北市：財經錢線文化出版：崧博發行, 2018.10
　面；　公分
ISBN 978-986-97059-1-2(平裝)
1.財務報表　2.財務分析
495.47　　　　107017673

書　　名：財務報表分析
作　　者：楊和茂　編著
發行人：黃振庭
出版者：財經錢線文化事業有限公司
發行者：崧博出版事業有限公司
E-mail：sonbookservice@gmail.com
粉絲頁　　　　　網　　址：
地　　址：台北市中正區延平南路六十一號五樓一室
8F.-815, No.61, Sec. 1, Chongqing S. Rd., Zhongzheng Dist., Taipei City 100, Taiwan (R.O.C.)
電　　話：(02)2370-3310　傳　真：(02) 2370-3210
總經銷：紅螞蟻圖書有限公司
地　　址：台北市內湖區舊宗路二段 121 巷 19 號
電　　話：02-2795-3656　傳真：02-2795-4100　網址：
印　　刷：京峯彩色印刷有限公司（京峰數位）

　本書版權為西南財經大學出版社所有授權崧博出版事業有限公司獨家發行電子書及繁體書繁體版。若有其他相關權利及授權需求請與本公司聯繫。
定價：600元
發行日期：2018 年 10 月第二版
◎ 本書以POD印製發行